U0228868

粗杂粮加工与利用

汤晓智　吴迪　编著

化学工业出版社

·北京·

内容简介

为探讨如何科学高效地加工利用粗杂粮，减少粗杂粮加工过程中的营养损耗，使其中的营养成分更多地保留下来，《粗杂粮加工与利用》以主流粗杂粮产品为例，进行了粗杂粮产品加工的产品分类和详细的实例阐述。《粗杂粮加工与利用》共七章内容，第一章为粗杂粮加工与利用中的科学问题、趋势预测以及展望，第二章至第七章分别介绍了全麦、糙米、高粱、荞麦等粗杂粮的研究实例。

本书可供高校食品类相关专业的师生以及从事粗杂粮食品开发的技术人员参考。

图书在版编目（CIP）数据

粗杂粮加工与利用 / 汤晓智，吴迪编著. 一北京：化学工业出版社，2024.1

ISBN 978-7-122-44088-4

Ⅰ. ①粗… Ⅱ. ①汤… ②吴… Ⅲ. ①粮食加工 Ⅳ. ①TS210.4

中国国家版本馆 CIP 数据核字（2023）第 169073 号

责任编辑：李建丽　　文字编辑：朱雪蕊
责任校对：杜杏然　　装帧设计：韩　飞

出版发行：化学工业出版社（北京市东城区青年湖南街 13 号　邮政编码 100011）
印　　装：大厂聚鑫印刷有限责任公司
710mm×1000mm　1/16　印张 20¾　字数 396 千字　2024 年 1 月北京第 1 版第 1 次印刷

购书咨询：010-64518888　　售后服务：010-64518899
网　　址：http://www.cip.com.cn
凡购买本书，如有缺损质量问题，本社销售中心负责调换。

定　　价：99.00 元

前言

粗粮是相对于细粮而言的，通常指除了精白米和白面粉之外的所有没有经过精加工处理的粮食，以全麦、糙米为代表。随着国家经济高速发展和人民生活水平的不断提升，国民的膳食结构也由从“吃得饱”变为“吃得好”。而粗粮加工食品可以很好地补充细粮加工过程中流失的营养素，深受消费者的青睐。此外，粗粮的生产也是粮食加工和生产过程中“节粮减损”和适度加工的重要体现，是国家大力提倡的研究方向。

杂粮是重要的粮食作物，也是我国主要的经济作物。目前，我国杂粮总产量居世界首位，播种面积近 487.21 万公顷，单产 2585.15 千克/公顷，年产量 1259.51 万吨（2018 年国家统计局数据）。随着近年来杂粮产品受到消费者青睐，我国杂粮总需求量也出现大幅上涨，目前稳定在 2500 万吨左右，但人均需求量仍较低。为了更好满足人民对美好生活的向往和落实“健康中国 2030”战略，应该加快粗杂粮加工与利用相关研究，为产业发展提供有力支撑。

本书共七章，第一章为粗杂粮加工与利用中的科学问题、趋势预测以及展望，第二章至第七章分别介绍了全麦、糙米、高粱、荞麦等粗杂粮的研究实例。

本书比较全面、系统地总结了编著者的研究成果及国内外大宗杂粮食品的发展趋势，书中引用了国内外大量的研究文献，既能反映国际谷物科学学科的发展动态，又能反映我国粗杂粮加工利用相关研究的进展情况，在此向这些研究人员表示感谢。本书相关内容的研究工作得到了江苏高校粮食流通与安全协同创新中心、国家自然科学基金委、科技部十三五重点研发计划等项目的资助；在试验研究和本书撰写过程中，扈战强、尹方平、高利、孙旭阳、王佳玉、雷思佳、马红等投入了大量的时间和精力，在此一并表示衷心的感谢。

粗杂粮的加工是一个复杂体系下的系统工程，涉及内容众多，在理论研究和实际生产中还有诸多亟待解决和深入讨论的问题。因此，本书不足之处恐难避免，敬请广大读者批评指正，以期共同推进本领域的深入研究。

编著者

2023 年 7 月

目 录

第一章 绪论

1.1 粗杂粮加工与利用过程中的科学问题

谷物科学是食品科学的重要组成部分，围绕谷物中含有的多种人类必需营养素（如碳水化合物、蛋白质、油脂、膳食纤维、维生素和矿物质等）进行深入研究，以达到为人类提供营养、卫生、安全、美味和便捷的谷物食品的目的。在此过程中，谷物加工利用经历了由粗加工到精深加工，又回归适度加工的不同阶段，当下消费者对于粗粮的青睐使得粗粮加工领域的研究爆发式增长，伴随着对谷物营养素功能特性的深入理解，杂粮凭借更为均衡的营养和突出的生物功能活性成为谷物食品加工领域的热点。

粗粮是相对我们平时吃的精米白面等细粮而言的，它与精粮的区别在于加工精度的不同。随着人们生活水平的提高，生活观念也发生了改变。

中华人民共和国成立初期，消费者一度陷入过度追求“精米白面、主食精细化”的饮食消费误区。粮食加工企业为了迎合市场，过度加工情况较多。数据显示，目前我国市场供应的精米占90%以上，细面超过70%，加工精度更高的麦芯粉、雪花粉等产品的市场份额也在不断扩大。在过度追求精米白面的消费过程中，大量的膳食纤维、维生素等营养物质损失，能耗增加，水电资源浪费，成品粮出品率降低。更重要的是，长期食用精米白面也有可能出现因膳食纤维、维生素和矿物质等营养素缺乏导致的“隐性饥饿”，对居民身体健康有潜在风险。随着消费市场不断升级，人们的消费观念从“吃得好”向“吃得营养”“吃得健康”转变，不再一味追求“精米白面”，对以全谷物、糙米为代表的粗粮产品消费量明显增加。在此过程中，粮食加工企业也从过度加工向适度加工转变。近年来，我国实施优质粮食工程，制定了“中国好粮油”系列行业标准，突出绿色优质、营养健康、节粮减损。各地以此为基础制定地方好粮油标准，积极引导粮食加工企业从追求加工精度导致的过度加工向生产优质粮油产品的适度加工转变。以大米为例，若适度加工，粳米出米率约为70%，籼米约为68%。据调查，目前我国粳稻出米率平均为65%左右，籼稻为63%左右。应用适度加工生产技术，出米率可提高3%至5%，一吨稻谷可增加30公斤至50公斤大米产量，以大米每公斤6元计，每吨可增加效益180元至300元。按2019年

1.59 亿吨食用稻谷加工量计算，可增加出米量 470 万吨至 790 万吨，以亩[1]产 470 公斤计算，相当于增加了约 1000 万亩至 1600 万亩耕地的稻谷产量。而且，适度加工可以降低企业能耗，提升企业经济效益。

粗粮种类多样，营养价值高，各种粗粮所含的营养素各有所长。粗粮加工过程简单，保存了许多细粮中没有的营养成分。从营养成分上看，大部分粗粮蛋白质含量相对偏少，淀粉、纤维素、矿物质，以及 B 族维生素含量丰富。

在众多粗粮产品中，全麦和糙米产业化程度最高，深受广大消费者的青睐。糙米是指稻谷除去外壳后保留的全谷粒，主要由糠层（7%～9%）、胚乳（89%～90%）、胚（2.5%～3%）构成。常说的大米是指糙米经过碾米加工保留部分胚或除去胚且除去部分或全部皮层的不同加工等级制品。糙米再经加工碾去皮层和胚，留下的胚乳，即为食用的大米。从营养学角度来说，皮层与胚的去除造成了糙米营养物质的大量流失，如蛋白质、脂肪、维生素、矿物质等。但是果皮与种皮中含有大量的粗纤维，严重影响糙米蒸煮后的食用口感，不能被人们广泛接受。随着人们对功能性食品的不断关注，糙米这种丰富的谷物资源顺理成章地进入了人们的视线，也成为了研究工作者们的研究对象。为了更好地解决糙米营养流失与食用口感粗糙的矛盾，各种处理方式不断涌现，如超声波处理、生物酶制剂处理、部分抛光处理、射线辐照处理、发芽处理等。这些处理方式可以一定程度地改善糙米的食用品质，但是仍然不能满足人们对食用口感的要求。糙米中营养更为丰富的还有发芽糙米。发芽糙米即在适宜的培养环境下，使胚芽萌发到一定的芽长，一般以 0.5～1.5mm 为宜，然后将获得的发芽糙米低温干燥，使水分含量低于 14%，以便发芽糙米的储存。糙米发芽是一种新陈代谢的过程，内源酶被激活，分解部分生物高分子，如淀粉、非淀粉多糖和蛋白质等，产生发芽所需要的小分子的糖和氨基酸等营养物质；并且在发芽过程中伴随着一些功能性物质的生成与转化，如 γ-氨基丁酸（GABA）、谷维素等，虽然目前还不清楚这些物质对糙米发芽的具体作用，但是它们的富集大大提高了糙米的营养价值。此外，生物高分子的不断分解，使得发芽糙米变得柔软富有弹性，有利于蒸煮后食用品质的改善，但是受到发芽工艺条件与经济效益的影响，目前还没有大规模的工业化生产。

与米制品不同，面制品粗粮全麦更受市场青睐，但其对适度加工技术要求更为严格。1999 年，美国谷物化学师协会将全谷物定义为由完整的、碾磨的、压碎的成碎片状谷物籽实组成的颖果，其基本组成为淀粉质胚乳、胚芽和糠麸，各组分以它们在完整颖果中相同的比例存在。2015 年，我国首个粮食行业标准《全麦粉》（LS/T 3244—2015）规定，全麦粉是指“以整粒小麦为原料，经制粉工艺制成的，且小麦胚乳、胚芽与麸皮的相对比例与天然颖果基本一致的小麦全粉”。其关键指标为膳食

[1] 1 亩≈666.7 平方米。

纤维（≥9.0%）和烷基间苯二酚（≥200μg/g）含量。与精白面粉相比，全麦粉不仅包括了淀粉质胚乳，还保留了小麦籽粒的胚芽与皮层。胚乳的比例相对稳定，约占整个籽粒质量的80%。小麦胚芽虽然仅占籽粒质量的3%，皮层占籽粒质量的13%～16%，却富含维生素、叶酸等生物活性物质，矿物质如钾、镁、锌、硒、钙等，膳食纤维以及微量营养素。全麦粉的灰分含量为小麦粉的2倍、总膳食纤维含量是小麦粉的5～10倍。流行病学和营养学结果表明，全麦食品的摄入能够有效地预防多种慢性病和代谢综合征。全麦粉具有较低的血糖生成指数，能够预防肥胖和糖尿病的发生。全麦粉中膳食纤维能够到达结肠从而发酵产生短链脂肪酸，具有降低炎症发生的效果；不能发酵的膳食纤维能够结合胆汁酸降低血清胆固醇的水平，更好地抑制结肠癌的发生。与发达国家相比，我国全麦粉加工技术滞后，尚处于起步阶段，另外，全麦制品品种单一稀少，诸如全麦挂面、全麦半干面、全麦馒头等，且因全麦麸皮的大量存在，易导致产品质地过硬、颜色发暗等品质问题。因此，发展全麦粉及全麦产品，不仅可以改善国民的膳食结构，保证营养，也可以解决粮食浪费的问题，确保粮食安全。

杂粮，俗称小杂粮，泛指除了玉米、水稻、大豆、小麦、薯类等大宗粮食作物以外的其他小宗粮豆作物的总称。它们的共同特点就是生育期比较短，种植面积比较小，地域性比较强，比较抗干旱、耐瘠薄，营养价值相对较高，多数口味比较独特，同时具有一定的保健功能。我国是一个农业大国，在世界上素有“杂粮王国”之称，杂粮资源十分丰富，其中栽培面积较大的杂粮有谷子、高粱、荞麦、燕麦、大麦、糜子、绿豆、小豆、豌豆和蚕豆等，其中荞麦、糜子的面积和产量都居世界第2位，蚕豆占世界总产量的1/2，绿豆、小豆占世界总产量的1/3。目前，我国杂粮产量约占世界杂粮总产量的17.1%，占国内粮食总产量的10%。

在北方广大旱区，种植业是保持生态环境的主要基础。中国干旱、半干旱、半湿润地区占国土总面积52.5%，旱作耕地占总耕地面积34.0%，主要分布于北方15个地区。这些地区山地、丘陵、瘠薄地占较大比重，这类耕地种植大宗粮食作物产量低、效益差，而种植杂粮能获得相对较好的收成，效益也较显著。因此，发展杂粮生产将直接影响当地农民生活水平。基于杂粮在旱作农区农业生产中占有的重要地位，杂粮生产可持续发展成为旱作农区可持续发展的重要组成部分，也是救灾补荒的重要作物，对实现旱作农业可持续发展有着重要的战略意义，甚至具有不可替代的作用。此外，在全球变暖、水资源日益短缺的背景下，发展普遍具有抗旱、节水性能的杂粮生产，也是确保国家粮食安全和生态安全的必由之路。

杂粮营养丰富，含有较多的功能性营养因子。常食杂粮可通血脉，防止大脑疾病，保障大脑健康；杂粮能保持人体酸碱平衡，降低人体胆固醇含量，防止血管硬化，延缓心脏衰老进程；杂粮能保证人体组织营养需要，提高免疫能力，减少器官疾病，保持机体旺盛生命力。

进入 21 世纪，人们的生活水平日益提高，许多人对精米、精面倍加青睐，误认为大米白面、大鱼大肉是最好的膳食，而对一些粗粮、杂粮却不屑一顾。我国居民膳食指南建议每日粗杂粮的摄入量为 50～150g，但调查结果显示，成年人目前每日粗杂粮摄入量仅为 14g，不到推荐摄入量的 1/3，且食用种类单一。但从人体的营养角度而言，长期食用精米、精面，杂粮的食用比例过小，膳食结构失衡，会导致营养失调，给人体健康带来许多不利影响，例如肥胖病、高血脂、糖尿病等多种“富贵病”的发生，饮食越精，上述疾病的发病率越高。基于此，我国的膳食指南中提出了“要注意粗细搭配，经常吃一些粗粮、杂粮”的建议。中国中长期食物发展战略研究也提出，每人每年消费的约 200 公斤粮食中杂粮应占 42%。

据报道，随着与营养相关慢性病如肥胖症、糖尿病与心脑血管疾病等的发病率逐年上升，用于这些慢性病的医疗支出已占到总医疗支出的 30%以上，这对于国民身体素质、劳动能力与社会生产率的发展将产生严重影响。解决这一问题最有效最经济的办法是“防患于未然”，即合理营养，平衡膳食。粗杂粮具有天然的健康品质，可以根据人群差异和食品差异化要求，针对不同人群的健康需求有的放矢，突出粗、杂粮的营养价值功能，开发出有针对性的营养复配重组食品，如针对怀孕妇女、哺乳期妇女的功能食品，针对婴幼儿发育的全营养食品、辅助食品，针对慢性消耗性疾病的预防保健食品和辅助治疗食品，针对老年人的健康保健食品，针对城市亚健康状态人群的全营养健康餐等。这些均充分显示了粗、杂粮在调节膳食营养结构、增强全民体质中的重要作用，证明杂粮产业具有深度开发和市场拓展的巨大潜力。

根据研究角度不同，我国粗杂粮加工和利用过程中的关键科学问题划分也有出入，现主要就粗杂粮加工和利用过程中营养素的变化进行分析和讨论。

第一，粗杂粮加工适应性问题。

不同原料的理化特性不同，这造成了其食品加工适用性的不同，而不同的食品也需要特定的原料，这是原料学的重要研究内容。随着粮食加工精度的提高，谷物及杂粮麸皮中富含的膳食纤维以及籽粒结构中的胚芽被当成副产物，导致膳食纤维、矿物质、维生素等对健康有益的营养物质大量流失，造成了“隐性饥饿”现象。针对这一现象，国际、国内倡导全谷物消费观和粮食产品适度加工理念，以应对日益严重的现代文明病。但是，粗杂粮食品中较高的膳食纤维使得成品的口感粗糙，消费者接受度低，迫切需要从消费者的角度出发，在深入理解粗杂粮加工适应性的基础上，提升粗杂粮食用口感和生产工艺。

根据粗杂粮原料的品种、理化特性、加工特性和产品生产工艺与产品质量的相关性研究，确定各类食品的原料品质、生产工艺适宜性。目前，我国全麦和杂粮面条与馒头、新兴粗杂粮制品（冲调粉、谷物棒和全麦片）等食品品种相对较单一、加工颇耗时、口感仍欠佳、品质不稳定、缺乏评价标准，尚未建立粗杂粮食品的品质评价体系，也未制定相应的标准及规范。需要以保障粗杂粮食品品质为基础，改善其面团粉质、拉伸、持气等加工特性，解决粗杂粮主食品（馒头、面包、面条等）成型难、易开裂、口感差等问题，制定相关食品的原料标准、产品品质标准和生产技术规范，促进粗杂粮食品产业可持续发展。

其中，为提高以糙米、小麦为代表的粗粮原料加工利用过程中副产物综合利用率，实现粗粮的高值化利用，需要针对麦麸、麦胚、米糠等副产物营养成分（膳食纤维、维生素、多酚黄酮类等）高、食品化利用率低的现状，开展粗粮高值化利用技术研究，探索副产物利用新模式。结合挤压改性、高压均质、蒸汽爆破、质构重组、生物酶解与发酵等新技术和新型磨粉工艺，实现麦麸、麦胚和米糠的灭酶和微细化，重点钝化脂肪氧化酶、多酚氧化酶等，减缓产品褐变速度，进一步延长粗粮产品货架期，同时减小谷物物料粒度，提升口感和膳食纤维含量。此外，针对杂粮原料品类众多、产地繁杂、理化性质差异大的特点，以国家重大科技计划项目为依托，建立以杂粮产品和杂粮种类为分类标准的理化性质和加工特性数据库，梳理总结不同杂粮产品加工特性对于原粮理化品质要求，尽快实现粮食加工数字化和智能化；同时，提升杂粮中优质蛋白质、葡聚糖、杂豆多糖、γ-氨基丁酸、多酚黄酮类物质和微量元素等有益成分的提取和再利用，通过工艺改造和技术升级，进一步实现杂粮产品精深加工和高值化利用。

第二，粗杂粮食品加工和利用过程中营养成分的变化及其机制问题。

针对粗杂粮食品中的主要营养成分，研究淀粉在糊化/老化、复蒸（煮）、复水、油炸、烘焙等过程中多层次结构演化过程，明确淀粉结构变化与粗杂粮食品的加工特性、口感和货架期的关系；研究粗杂粮面团中各类蛋白质在不同处理及加工条件下的聚合与解聚特性，明确蛋白质多级结构演化对面团黏弹性、热特性和食品质构的影响机制；探究粗杂粮食品加工、储运过程中淀粉、蛋白质、脂类、添加剂等各组分间的互作规律，揭示复合物种类、结构与含量对使用品质的影响。重点研究各食品组分在加工过程中的化学、物理、生物学变化规律及其对食品品质、营养和安全的影响。研究各食品组分在粗杂粮复杂体系中的不同加工方式以及该条件下其结构和性质的变化及其对食品加工、贮藏性能的影响。通过研究不同加工条件下的响应机制，探讨粗杂粮食品物理加工、化学加工、生物加工过程中多组分的相互作用及其对食品营养、加工特性、品质和安全的影响，为营养、安全食品的理性设计和生产提供理论基础。

其中，以淀粉为例。粗杂粮加工制备的传统主食品以谷物为主要原料，淀粉含量通常高于 60%，经过蒸煮、油炸和烘焙后，若不能马上食用，其在贮藏过程中会存在老化、霉变、复蒸、复水性及安全性差等关键科学问题，严重制约传统主食产业化发展。因此在明确多种粗杂粮中淀粉结构规律及其回生规律基础上，突破抗老化技术是保证粗杂粮食品食用品质、延长产品货架期的首要因素，也关系到传统粗杂粮主食能否成功实现商业化与工业化生产。同时，不同来源粗杂粮淀粉多层次结构差异性显著，这为抗老化技术突破增加了难度。此外，在粗杂粮实际加工过程中，食品组分间的相互作用也会对淀粉回生产生影响，所以应加强粗杂粮食品组分在加工过程中变化的分子基础及其行为效应研究，探明复杂加工过程中粗杂粮淀粉老化与食品品质和新物质形成与演化规律。

第三，粗杂粮制粉及传统主食连续化、规模化加工成套设备创制问题。

目前，我国粗杂粮制粉及深加工多借用稻米或小麦加工设备，不能满足粗杂粮加工的特异性要求，加工装备总体专业化、规模化和连续化程度低，能耗高、污染大、产品得率低。而粗杂粮制品品类仍相对单一，主要以饼干、早餐谷物、面包等形式为主，而符合我国传统消费习惯的馒头、挂面、鲜湿面等大宗主食中，粗杂粮制品比例仍较低，且缺乏专用的成套加工设备。目前，瑞士布勒公司生产的粗杂粮脱壳、脱皮、分级、制粉、挤压装备处于国际领先水平，被证明可以有效减少谷物污染和营养损失。但目前国内相关技术研发仍处于跟跑阶段，能够一次性解决多种粗杂粮制粉、加工的连续化、规模化成套设备仍需进行科研攻关。

第四，粗杂粮原粮（粉）及加工食品收储运过程中的品质劣变问题。

与传统主粮相比，粗杂粮原粮（粉）及加工食品在收储运过程中，更易受到环境中水分及氧气影响，发生吸潮结块、氧化酸败、发热霉变等品质劣变。目前针对隐蔽性真菌毒素在粗杂粮原料中产生、迁移、转化和代谢消长规律还有待进一步研究，相应绿色高效生物防霉剂和局部处理技术研究也有待进一步加强。此外，应开展从原料到制成品全程、全要素安全性研究。针对粮油制成品的质量和专用性质要求，从原料流通、中转储存、配制与加工、制成品的包装、管理和发放全过程的安全性研究，实现真正意义上的绿色、营养、优质、安全。具体来说，传统的布袋、编织袋、纸袋等包装材料较差的阻湿阻气性能，不利于粗杂粮食品保鲜；而现有的活性包装技术虽然可一定程度延长粗杂粮原粮粉及加工食品的货架期，提高其长期储存食用品质，但目前相对较高的成本也制约了其推广应用；真空包装技术成熟、成本较低，但通常会影响产品质构。因此，可以通过研发新型活性智能包装技术延长生鲜面制食品保质期，降低贮藏及物流损失，延长产品货架期。另外，针对不同粗杂粮产品的定制化气调包装技术可实现高效生产、灵活应用，引起业界广泛关注。尚处于起步阶段的天然可降解抗菌包装膜、可食膜、抗氧化包装膜等产品符合市场要求，也具有极高研发价值。

第五，粗杂粮食品生产过程中危害物迁移转化机制与安全控制问题。

粗杂粮食品组分在加工过程中往往因加工参数而发生诸多变化，这些变化有的可以赋予食品特殊的风味、营养功能和优良的产品品质，但也会产生一些危害物，带来安全隐患。食品安全问题与国民健康和食品产业发展密切相关，粗杂粮食品加工过程中危害物的产生、迁移及控制已引起国内外学术界的高度关注。其中，比较突出的是粗杂粮食品在炸制、烤制过程中产生的危害物。目前在这一领域的研究还不够深入，对一些粗杂粮加工过程中产生的新危害物的产生机制和危害仍缺乏扎实的基础研究和理论。需要开展粗杂粮及其制品加工过程危害物控制，危害物风险评估、检验监测与预警技术的相关研究。

由于粗杂粮食品组分和加工过程的复杂性，原辅料组分间、组分与添加剂间、组分与加工条件间、组分与食品功能间的多重关系均会随加工过程发生动态生化变化，又给相关的食品安全研究增加了难度。因此，应从分子水平深入研究粗杂粮加工过程这种危害物形成及其影响食品安全性、健康性的机制，以解决导致粗杂粮危害物生成的加工模式和原料组成的有效定向调控问题。

第六，粗杂粮传统主食的品质稳定化和活性组分保持问题。

在粗杂粮加工过程中，不同营养功能成分发生差异化损失降效，造成了食品食用品质的不稳定。所以针对粗杂粮品质加工过程稳定化与重要功能活性组分保持的科学及技术问题研究显得尤为重要。应重点研究粗杂粮中含量丰富的营养功能成分（多酚黄酮类、可溶性膳食纤维、慢消化淀粉、杂豆多糖、功能脂质、支链氨基酸）在初加工（脱壳、脱皮、抛光、碾磨、机械撞击、气流粉碎等）、深加工（蒸煮、挤压、干燥等）、贮藏（时间、光照、温度、湿度、包装方式）等主要加工过程中的活性组分含量及生理活性动态变化规律，阐明典型加工中功能组分的活性变化调控机制，研究蛋白质、淀粉、非淀粉多糖等宏量组分对粗杂粮食品活性组分功能稳定性的影响，采用萌发、发酵、低温喷雾干燥等技术，保持调控粗杂粮主食活性组分，并进一步开发杂粮加工过程中品质稳定化与活性组分保持的关键技术，有助于实现传统粗杂粮主食工业化生产，达到口感与营养功能的协调。此外，为保障粗杂粮传统主食的口感、风味、品质等，还要从深层次上研究原料配方、工序选择、工艺指标等对粗杂粮主食中基本成分的结构、相互作用等的影响，以及影响粗杂粮主食品质的机制，从而为改良配方、改善工艺及提高粗杂粮主食品质奠定基础，以实现对传统粗杂粮手工食品的超越，使粗杂粮主食能更好地满足消费者的需求。

多肽、多酚、多糖等作为粗杂粮中的主要功能因子，需要明确其在加工、食用过程中的构效关系。具体来说，部分粗杂粮原粮中缺乏能形成网络结构的面筋蛋白，使其在传统主食加工过程中成型困难，影响了粗杂粮在传统主食中的应用，所以亟须突破“gluten-free”粗杂粮制品加工成型关键技术问题，明确在低面筋含量甚至无面筋蛋白的粗杂粮面团中非面筋网络结构的形成规律和其对主食食用品质的影响机制。在加工阶段和食品消化阶段，需要阐明 β-葡聚糖（青稞、燕麦等）、多酚（苦荞、黑麦）、芦丁（荞麦）、抗性淀粉（杂豆）及活性多肽（高粱）等功能因子的消化特性与其降糖降脂等功能的关系。粗杂粮中苦味、致敏性和抗营养因子脱除及口味提升、功能因子保持技术有待进一步研究。

第七，粗杂粮与主粮营养复配科学基础研究。

合理营养是健康的物质基础，而平衡膳食是合理营养的唯一途径。所谓平衡膳食，是指达到营养供给量的平衡膳食，它不仅在热能与营养素上使摄食者满足了生理上的需要，而且在各种营养素之间建立起一种生理上的平衡。要使膳食达到营养平衡，第一个简便的做法是多吃几种食物来达到营养素互补，如日本就提出健康长寿的秘诀是杂食，并要求国民每天要食 15 种以上的食品，此法虽简便，但要在一家一户的日常膳食中实施似乎不太现实。因此，目前较现实可行的办法还是研制和生产营养素平衡的食品来满足摄食者对平衡膳食的需求。中华民族以谷物为主的饮食习惯已经沿袭了数千年的历史，因此进行谷物杂粮营养复配的研究就是顺应平衡膳食的需求而提出的。

近年来，绿色食品消费潮流的兴起为粗杂粮加工业的发展提供了机遇。但目前我国粗杂粮资源高效及综合利用研究水平偏低，仅有 20%～30%左右的粗杂粮用来作为主食，且多数只经过简单加工，产品口感粗糙，其余绝大部分作为饲料及鲜食。因此，提高我国粗杂粮产业的技术含量、运用现代食品高新加工技术和工程重组技术将粗杂粮进行深度加工，改善其口感，实现各种营养成分互补及营养功能化开发与生产的能力，开发粗杂粮复配深加工食品，尤其是主食品，将在增进人们健康、提高特色粗杂粮的附加值、增加农民收入等方面具有重要的意义。

针对粗杂粮与主粮复配科学依据不足，功能化产品缺乏等问题，开展粗杂粮体外模拟消化，筛选具有改善胰岛素抵抗、调节脂代谢功能的粗杂粮，研究不同粗杂粮之间的协同/拮抗作用，确定协同作用明显的组合、比例及量效关系，分离鉴定模拟消化液中的活性成分及含量，粗杂粮与主粮复配，开展胰岛素抵抗和调节脂代谢功能的粗杂粮主食动物实验、糖耐量减低人群实验，评价粗杂粮主食对动物和人体生理生化指标及肠道微生态环境的影响，进行粗杂粮与主粮复配后蛋白质、碳水化合物的消化、吸收、代谢等营养综合评价，探究粗杂粮食品功能因子对机体健康的影响机制，解析其与营养健康的构效关系，是促进传统粗杂粮食品产业向营养健康方向转型首要解决的关键科学问题。结合现代生物信息学、系统生物学、大数据与信息技术、营养组学、代谢组学等多种技术手段，充分发掘粗杂粮农业资源潜力，重点研究粗杂粮食品原料中功能因子的快速高效筛选与鉴定技术，围绕食品营养与健康的关系，探究膳食功能因子对人体靶基因表达的影响，阐明食品功能因子之间的协同作用及其与健康的构效关系，利用宏基因组学、营养功能组分稳态化保持与靶向递送技术，深入研究基于个体需求的营养健康食品靶向设计与精准制造技术，增加食品中功效组分的消化吸收效率，提高食品的生物利用度，从而有效预防营养代谢类疾病的发生和提高健康水平。通过化学计量学、信息学与构效关系研究，为我国粗杂粮传统食品功能性的提高、特色粗杂粮资源原料的挖掘及规模化应用，以及精准营养或精准食疗的普及提供前期理论基础。

第八，粗杂粮食品风味感官提升。

食品风味直接影响了消费者购买决策。当前，食品风味智能化辨识和融合重组技术对于提升粗杂粮食品风味意义重大。风味组学、代谢组学、心理学、分子感官学等技术手段迅猛发展，使得针对主要粗杂粮原料与传统主食加工风味品质趋变和调控机制探明成为可能。通过对分子感官与电极偶联效应进行多重矩阵修正和权重解析，探究食品风味品质定量预测模型的构建方法，开展食品风味趋变与智能化辨识策略研究及喜好风味心理反应研究，从而为食品风味品质调控、新型调味配料制备等关键技术创制、风味品质智能化辨识系统开发、新型食品开发提供前期基础。

苦涩味是消费者不愿接受的味道，为提高产品口感，部分食品在加工过程中会进行苦味物质的检测和控制。燕麦中生物碱、蛋白质分解、脂肪酸氧化和荞麦中黄酮、芦丁都会导致产品产生苦味，使消费者接受度降低。因此，阐明苦味物质来源和产生条件，解析苦味物质化学结构及苦味阈值，阐明不同苦味物质结合受体种类、苦味信号转导途径，是保障燕麦、荞麦等杂粮产业稳定发展和食品安全急需解决的一项关键问题。应确定粗杂粮特征风味的主要成分，采用挤压、焙烤、炒制等加工手段，掩盖/去除不良风味，强化特征风味，采用多原料复配方式，丰富杂粮主食风味。

1.2 粗杂粮加工与利用趋势预测及展望

目前，从整体上看，虽然我国粗粮加工产品层出不穷，但利用率较发达国家仍有差距，以大米为例，目前我国稻谷出米率仅为 65%左右，而日本稻谷出米率为 68%～70%，平均出米率比我国要高 3%～5%。而每增加一次抛光就会增加 1%的损失，整精米率损失增大，也会使得动耗成本增加。据测算，稻米加工行业每增加一次抛光工序，将增加用电 20 亿 kW·h 以上，这相当于一个三线城市半年用电量。在碳中和、碳达峰战略实现的关键时刻，粮食适度加工一定会成为未来国家推进的重点工程。

我国杂粮产业在国家农业发展中的地位越来越重要，在当今粮食国际竞争和主粮生产技术成熟度较高的背景下，发展杂粮生产可以有力保障国家粮食安全，特别对于提升北方、西部地区区域经济，改善国民食物结构有着重大意义。但不可忽略的是，目前我国杂粮产业仍以原料购销为主，加工和利用产业规模仍相对薄弱，虽然存在部分龙头企业和生产基地，但精深加工品种较少，企业研发能力较差，需要持续加大科技创新和成果转化，提升产业工业化、信息化和智能化水平。此外，品种老化、种植栽培技术更新较慢导致的产量不稳、质量不高，对杂粮的重要性认识不足，政策支持不够等原因也制约了杂粮产业的发展。在国家乡村振兴、国家粮食安全和健康中国战略实现的关键时刻，杂粮加工与利用也应该成为未来国家腾飞的助推器。

粗杂粮加工与利用涵盖农学、生物学、化学、信息学、食品科学、粮食工程等多学科内容，需要进行充分学科交叉融合和共同努力，相信未来会在以下方面实现突破：

① 粗杂粮品种创新及组分、加工特性基础数据库建立；

② 粗杂粮健康营养因子提取和功能特性及保健机理确认；

③ 绿色粗杂粮加工利用新技术研发及生产设备智能智造；

④ 传统粗杂粮产品品质提升及相关标准建立；

⑤ 多元化粗杂粮新产品和特医食品创制；

⑥ 粗杂粮食品绿色储藏及智能包装。

粗杂粮加工与利用是实现上游粮食作物的高值化和土地利用高效化的必要手段，也是确保国民营养健康和国家粮食安全的重要组成，同时，对于推动“一带一路”建设和实现“人类命运共同体”有着重要意义。希望在广大同仁和科研工作者的共同努力下，可以延长粗杂粮加工的产业链，增加其宽度和厚度，推动粗杂粮产业做大做强。大力发展粗杂粮高值加工与利用，以转变经济增长方式为目标，发展高科技含量、高附加值、高市场占有率的“三高”企业，重点培育外向型粗杂粮加工企业，培育规模经济，增强综合实力，持续改进加工工艺和技术设备。根据市场需求，推陈出新，为国内提供多样化、功能化、标准化、方便化的高品质粗杂粮产品，最终实现粗杂粮加工与利用技术创新和相关产业的高质量发展。

第二章　全麦食品加工利用实例（一）——全麦面团的改良及对全麦食品品质的影响

2.1　概述

2.1.1　研究背景及意义

随着我国经济水平的不断提升，人们对食物的要求也变得更加精致，精细食品的摄入量也越来越高。小麦是我国主要的粮食作物，小麦粉是重要的主食来源，属于精深加工产物，在加工过程中，除去了不利于口感和储藏品质的麸皮和胚芽，同时也除去了大部分膳食纤维、维生素及矿物质等有益营养成分。小麦粉的加工精度越高，麸皮和胚芽的含量就越少，营养价值就越低。久而久之，肥胖症、糖尿病、心脑血管疾病、癌症等慢性疾病发病率逐渐升高（汪丽萍等，2013）。而被除去的膳食纤维却可以有效预防这些慢性疾病的发生（Lindström 等，2006）。膳食纤维进入人体消化道后，易吸水膨胀，增加胃肠道的蠕动，能够有效降低体重，预防肥胖和便秘（Castillejo 等，2006），肠胃蠕动加快，还可以减少肠道微生物产生致癌物的机会，降低肠道中致癌物的留存时间，从而降低肠道癌症的发病率（Ulrike 等，2003）。可溶性膳食纤维吸水膨胀后可截留消化酶，有效抑制碳水化合物的消化，减弱葡萄糖的扩散，有效抑制餐后血糖的快速上升，对糖尿病防治有积极作用（薛菲，2014）。因此，具有较高膳食纤维含量和营养价值的全谷物食品逐渐受到人们的关注。全谷物中的膳食纤维在维持人体健康的过程中扮演着至关重要的角色。综上可知，膳食纤维对人们的健康生活影响深远，而富含膳食纤维的全麦制品也越来越受欢迎。常见的全麦粉加工方法主要有两种，一种是由完整的小麦籽粒直接碾碎研磨制成的，保留了胚芽和麸皮，称为全粉碎法；另一种是将麸皮和胚芽按原有比例回添到精制小麦粉中，称为回添法，这样就保留了小麦籽粒中原有的各种维生素、矿物质和膳食纤维等营养物质（陈佳佳，2018）。

现今人们对健康的关注度越来越高，因而全麦食品在全球也越来越流行，不同种类的全麦食品逐渐出现在人们的视野中。全麦食品因为麸皮和胚芽的存在具有较高的营养价值且对人体健康有益，但也因为大量麸皮和胚芽的存在造成了全麦粉制品体积减小、硬度大、口感粗糙等不利影响，使得全麦食品的推广受到了一定程度的限制。因此改善全麦食品品质势在必行，而作为全麦粉和全麦食品中间过渡的全麦面团的改良就变得尤为重要，全麦面团的不同状态极大地决定了全麦食品的品质。

酶制剂、乳化剂、外源蛋白质或亲水胶体可以有效改善全麦面团的流变特性及其加工性能进而改变全麦食品的品质，本部分研究旨在添加外源物质对全麦面团流变特性进行改良，分别研究酶及乳化剂、天然蛋白质和挤压改性淀粉对全麦面团流变特性影响，进而研究全麦面团的变化对全麦食品品质的影响，期望可以改善全麦食品的品质，满足消费者的需求，为全麦食品加工提供参考依据。

2.1.2 国内外研究现状

（1）全麦食品研究进展

随着社会不断发展，人们生活质量不断提升，在饮食方面的要求也有所提高，绿色、安全、健康的饮食理念深入人心，全麦作为一种高营养的健康绿色食品，在国内和国外都备受关注，各种各样的全麦食品逐渐问世。但因为全麦粉中保留了麸皮和胚芽部分，麸皮的粗糙口感和硬度会给全麦食品带来不利的影响。Li 等（2014）研究全麦撒盐饼干的烘烤品质时表明，水分在全麦面团内会从面筋网络迁移到阿拉伯木聚糖基质中，导致全麦饼干烘烤品质变差，增加破裂强度，减小堆积高度和比容。全麦麸皮的粒度对全麦食品品质也有很大影响，Niu（2014）研究发现粗麸皮颗粒对全麦面条的品质破坏作用较大，全质构（TPA）测定的煮熟面条的硬度高，产品品质差。Cao（2017）等研究表明随着全麦粉添加水平的提高，方便面的硬度、内聚性、黏合性和回弹性分别降低了 11.63%、16.23%、16.67%和 20.00%。全麦粉使面条的表面颜色变暗，且增加了油含量，通过扫描电子显微镜观察到全麦方便面多孔且不均匀的结构。谢洁（2011）采用回添工艺制作全麦粉生产全麦馒头，研究发现，全麦麸皮使得全麦馒头的感官评分降低。赵吉凯等（2017）研究了不同粉碎粒度对馒头品质的影响，结果表明，粉碎后全麦面团稳定性降低，全麦馒头比容与普通面粉馒头相比明显降低。张成龙等（2012）研究 3 种不同麸皮回添比例（10%、20%、30%）的全麦粉，测定 3 种全麦粉理化指标和流变学特性。结果表明 10%麸皮的全麦面包质量最优，随着麸皮回添量加大，面包体积、色泽及质构等品质变差。综上可知，全麦粉中大量纤维的存在导致了全麦食品硬度高、口感差、食用品质降低，因此，如何在保证较高纤维存在的条件下，提高全麦食品品质，国内外学者做了大量的相关研究。

（2）酶制剂在面制品改良中的应用

酶制剂作为一种安全绿色的食品添加剂，在食品研究领域备受青睐，研究者们尝试使用不同酶制剂来改善面团流变学特性，从而提升面制品品质。目前研究中应用的酶制剂主要有淀粉酶、蛋白酶、木聚糖酶、谷氨酰胺转氨酶（CTG 酶）、脂肪酶等。

冯莉等（2013）研究表明，在面团中添加 0.001%木聚糖酶和 0.00013%脂肪酶可以显著改善面包的品质。陈书明（2015）利用复合酶制剂，优化配方来改善面包品质，研究发现最佳复合酶制剂的配方为木聚糖酶 0.3g/kg、TG 酶 0.6g/kg、脂肪酶 0.1g/kg、α-淀粉酶 0.3g/kg，在此配方下得到的面包评分最高。王芬等（2013）研究发现 α-淀粉酶在面团发酵过程中可将直链淀粉分解，有效抑制面包回生，木聚糖酶能够将水不溶性非淀粉多糖降解为可溶性小分子多糖，有效提高面筋网络，改善面团持气性，从而降低面包硬度。王石峰等（2011）在馒头中添加适量的耐热木聚糖酶，结果发现，木聚糖酶可显著提高面团弹性，提升面团的加工稳定性，从而使馒头体积增加。Romeih 等（2017）研究表明，谷氨酰胺转氨酶（TG 酶）能催化蛋白质分子发生交联，可以有效改善面团的流变特性。Huang 等（2010）通过添加 TG 酶研究其对燕麦面团流变学和热学性质的影响，结果表明添加 TG 酶改变了燕麦面团的热机械性能，TG 酶的加入对储能模量（G'）和损耗模量（G''）有显著影响，并证实了 TG 酶催化燕麦蛋白质交联。彭飞等（2016）通过在燕麦中添加 TG 酶来改善面条蒸煮品质。研究表明，酶制剂的使用也可以提高全麦面团以及食品的品质。张成龙等（2013）使用木聚糖酶处理小麦麸皮，结果显示，全麦面团拉伸曲线面积、拉伸阻力减小，有效改善了全麦面团的延伸度，得到的全麦面包和馒头表现出比容增大、硬度减小，使含有麸皮的产品品质得到很大改善。Niu 等（2018）研究发现，TG 酶和葡萄糖氧化酶有效促进了全麦面团中蛋白质的聚合。

（3）乳化剂在面制品改良中的应用

面制品常用的乳化剂有双乙酰酒石酸单双甘油酯（DATEM）、硬脂酰乳酸钠（SSL）、蔗糖脂肪酸酯（SE）等。乳化剂可通过面粉中的淀粉和蛋白质相互作用，形成复杂的复合体，起到增强面筋、提高加工性能、改善面包组织、延长保鲜期等作用，乳化剂还可促进淀粉和面筋蛋白形成复合物，能有效增强面筋结构，从而提高面团强度，改善面团流变学性质和食品品质（樊海涛，2012）。Manuel 等（2004）研究发现 DATEM 改变了小麦面团的流变学性质，并赋予小麦面团更高的强度。任顺成等（2011）采用质构仪研究添加不同乳化剂对冷冻面团拉伸特性的影响，结果显示适量添加 DATEM 可改良冷冻面团品质。Bilgiçli 等（2014）将乳化剂添加到小麦-羽扇豆面粉混合物中研究其对面团和面包性能的影响，研究发现，硬脂酰乳酸钠（SSL）+双乙酰酒石酸单双甘油酯（DATEM）复合使用后，在 24h 和 72h 时得到的面包体积最大和面包屑硬度最低。Patil 等（2016）在全麦粉中添加硬脂酰乳酸钠、双乙酰酒石酸单双甘油酯和单硬脂酸甘油酯（GMS）制作无酵饼，研究发现，乳化剂能够改善全麦面团的流变特性，提升面团品质。Kumar 等（2018）在杂粮面团中添加 SSL 和 DATEM，发现乳化剂可以提升蛋白质基质的连续性，有效提高高纤维含量杂粮饼干的品质。

（4）外源蛋白质在面制品改良中的应用

为了改善面制品品质，研究者们也尝试了添加外源蛋白质来提升面制品口感和质地。Padalino 等（2011）将蛋清蛋白质和水胶体添加到玉米粉-燕麦麸混合粉中，研究无麸质面条制造工艺，研究其对面团流变特性以及面食品质质地的影响，结果表明，添加水胶体和蛋清蛋白质都改善了面条样品的特性，表现出良好的弹性和硬度，低黏附性。为了提升饼干营养价值、感官和质地特性，Öksüz 等（2016）在荞麦粉的饼干配方中加入蛋清蛋白质，研究发现，添加蛋清增加了饼干面团的内聚力，显著改善饼干品质。王凤等（2009）研究了蛋清蛋白质、面筋蛋白质和大豆蛋白质对燕麦面团热机械学和流变学特性的影响，结果表明，3 种蛋白质均显著提高面团形成时间，增加了燕麦面团的稳定性，且添加 15%蛋清蛋白质和 10%面筋蛋白质得到的燕麦面团稳定性最好。Kenny 等（2001）将酪蛋白酸钠（SC）和乳清蛋白浓缩物（WPC）添加到烘焙产品中以增加营养和功能特性。研究表明，添加 2%SC 或 4%SC 增加了面包的体积，改善了面包质地。Tandazo 等（2013）为了研究高质量无麸质产品，利用玉米蛋白质、辅助蛋白质和淀粉制成混合面团，研究发现酪蛋白、酪蛋白酸钠的添加可有效提高混合面团黏弹性。Buresova 等（2016）将酪蛋白酸钠、酪蛋白酸钙和羧甲基纤维素添加到大米面团中提高了大米荞麦面包总体感官接受度。结果表明，酪蛋白酸盐可提高大米荞麦面团流变特性以及面包品质。

（5）淀粉或改性淀粉在面制品改良中的应用

淀粉是一类常见的天然食品原料，糊化后淀粉或改性淀粉特有的高吸水性、黏性及凝胶性，在面食类、点心类食品生产中发挥着独特的作用。岳书杭等（2020）研究发现，复配改性淀粉的使用比单一变性淀粉效果更佳，添加到面团中后，可显著改善面团的持水性与质构特性，还可以提高熟面坯的感官特性。赵保堂等（2019）在藜麦-小麦混合体系中添加马铃薯淀粉，研究复配体系的流变特性和质构特性的变化。研究表明，添加适量小麦粉与 3%马铃薯淀粉可提升藜麦面团的流变特性。50%的小麦粉或 5%马铃薯淀粉能够优化面团加工特性，提升面条蒸煮特性和品质。王亚楠等（2017）将不同比例的改性马铃薯淀粉添加到面团中，对面团进行冷冻及解冻处理，结果表明，改性马铃薯淀粉使面包比容增加，改善了面包在冻藏过程中的品质。Seetapan 等（2013）研究改性木薯淀粉和黄原胶在 4℃储存条件下对面团黏弹性和质地稳定性的影响，研究发现，改性淀粉和黄原胶复合使用，可以得到与对照具有相似面团黏弹性，有利于冷冻/冷藏饺子品质的提升。Wronkowska 等（2010）对比了物理改性后小麦、马铃薯和豌豆淀粉流变学性质的变化，研究发现在添加 10%改性淀粉后，在 30℃到 60℃的温度下与对照样品相比未发酵的小麦面团的流变特性显著增强。Balic 等（2016）研究小麦和木薯淀粉的辛烯基琥珀酸酐（OSA）改性淀粉在面包配方中作为脂肪替代品的有效性，结果表明 4%OSA 可以用作面包生产中的脂肪替代品。Pojić 等（2016）将 OSA 改性淀粉添加到小麦面团研究其对面包体积变化的影响，研究发现 OSA 面团具有刚性且其抗变形性高，温度范围为 20～60℃时，OSA 淀粉颗粒对水的吸收更高，且 OSA 面团的抗变形能力也不断提高，可有效提高面包品质。

2.2 酶和乳化剂对全麦面团和全麦食品品质的影响研究

全麦粉包含了胚乳、麸皮与胚芽，富含膳食纤维和各种微量元素，经常食用全谷物类食品能有效降低慢性疾病的发生率（赵慧敏等，2017；Jiang 等，2018）。然而，全麦粉中大量纤维的存在会导致全麦食品的质构及感官品质下降，消费者接受程度降低（Bressiani，2017）。木聚糖酶能够通过将水不溶性阿拉伯木聚糖水解成水溶性木聚糖而有效改善高含量纤维食品的性质，如面团的流变学特性和相应烘焙食品的质量（Selinheimo，2006）。Caballero 等（2007）使用木聚糖酶、转谷氨酰胺酶（TG 酶）等酶制剂添加到小麦粉中以此来改善面团的流变特性，提高小麦粉的加工特性。Schoenlechner 等（2013）通过添加木聚糖酶和乳化剂来优化由小麦-小米复合面粉改善面包质量，提高其感官可接受性。魏晓明等（2016）研究发现，TG 酶能够促进荞麦面条中蛋白质交联，使得荞麦面条的微观结构得到改善，同时提升了荞麦面团的加工特性及面条的品质。双乙酰酒石酸单双甘油酯（DATEM）是应用最广泛的乳化剂之一（Frauenlob，2018）。祁斌等（2013）研究发现，DATEM 可有效改变面包质构特性，增加面包比容；杨联芝等（2013）将 DATEM 添加到小麦粉中发现，DATEM 可以改变面团的流变特性，提高面条品质。基于此，本研究将木聚糖酶、TG 酶和 DATEM 添加到全麦粉中，研究其对全麦面团的混合特性、流变特性、拉伸特性及面团微观结构以及对全麦馒头的影响，为生产高品质的全麦食品提供借鉴。

2.2.1 材料与设备

（1）试验材料

全麦粉：中粮面业（海宁）有限公司；木聚糖酶（50000U/g，适宜温度 20～60℃，最适 pH 4.0～5.5）：北京索莱宝科技有限公司；TG 酶（12000U/g）：泰兴市东圣生物科技有限公司；双乙酰酒石酸单双甘油酯（DATEM）：源叶生物科技有限公司；高活性即发干酵母：安琪酵母股份有限公司。

（2）主要试剂

硫酸铜、硫酸钾、硫酸、硼酸、氢氧化钠、氢氧化钾、磷酸二氢钠、磷酸氢二钠、无水乙醇、石油醚：国药集团化学试剂有限公司；4×蛋白质上样缓冲液（含巯基）：北京索莱宝科技有限公司；5×Tris-甘氨酸电泳缓冲液：北京索莱宝科技有限公司。

（3）仪器设备

K-360 凯氏定氮分析仪	瑞士 Buchi（步琦）公司
B-811 索氏抽提仪	瑞士 Buchi（步琦）公司
Fibertec1023 纤维测定仪	丹麦 Foss（福斯）公司
冷冻干燥机	美国 Labconco 公司
Mixolab	法国肖邦技术公司
LEICA CM1900 冷冻切片机	徕卡显微系统（上海）贸易有限公司
TM-3000 扫描电镜	日本 Hitachi（日立）公司
Anton Paar MCR 302 动态流变仪	奥地利安东帕有限公司
TA-XT2i 型质构分析仪	英国 Stable Microsystems 公司
Nikon Ti-E-AIR 型激光共聚焦	日本 Nikon 公司
Bio-Rad（伯乐）电泳仪	美国 Bio-Rad（伯乐）公司
JHMZ 和面机	北京东方孚德技术发展中心
JXFD 8 型醒发箱	北京东方孚德技术发展中心

2.2.2 试验方法

（1）原料制备

木聚糖酶（0～0.4%）、TG 酶（0～0.025%）、DATEM（0～1.0%）添加到全麦粉中，添加量混合均匀后使用。原料的基本组分含量见表 2-1。

表 2-1 原料的基本组分含量（湿基/%）

淀粉	蛋白质	脂肪	灰分	粗纤维	水分	湿面筋
65.65±0.15	14.57±0.01	2.02±0.00	1.40±0.05	1.53±0.01	11.63±0.05	30.77±0.07

（2）热机械学特性测定

采用 Mixolab 混合实验仪研究不同 TG 酶添加量对全麦粉在搅拌成形、加热糊化以及后期冷却过程中面团的热机械学特性变化的影响。采用测定程序为肖邦协议（Chopin+），面团质量规定 75g。其中每个样品重复三次。

（3）拉伸特性测定

参考 Liu 等（2017）的方法。样品采用 Mixolab 混成的面团，在扭矩达 1.1N · m 时取出面团，放入质构仪 TA/XT2i 拉伸测定的面团制备槽中，并用压板压制成 2mm×60mm 的面团条。静置 90min 后，将面团条从面团制备槽中取出，放在质构仪面团的拉伸位置，探头上升直到面团条断裂，得到面团的抗拉伸力（g）及拉伸距离（mm）。

（4）流变特性测定

参考 Torbica 等（2010）的方法测定木聚糖酶、TG 酶不同添加量、不同酶反应时间对全麦面团样品流变特性的影响，测定方法稍作修改。样品取 Mixolab 制备的面团，面团样品在扭矩为 1.1N • m 时取出，并用保鲜膜包裹静置 15min、45min、60min、90min、120min。使用 Anton Paar MCR 302 流变仪，采用平板直径为 25mm 的转子（PP25），设定平板间距为 1mm。面团样品装载完成后，设定静置时间为 10min，以消除残余应力，并用矿物油密封面团边缘，防止水分散失。测得样品线性黏弹区为 0.01%～1%，设定频率变化范围为 0.1～20Hz，样品测试温度为 25℃，获得面团的储能模量（G'）、损耗模量（G''）和黏性角正切值 $\tan\delta$（G'/G''）。

（5）扫描电镜（SEM）

参照汤晓智等（2014）的方法稍作修改，取 Mixolab 混合时扭矩达 1.1N • m 时的面团样品，并用保鲜膜包裹，静置 90min。静置后的面团放入−20℃冰箱过夜保存，取出后冷冻干燥（−80℃，72h），离子溅射喷金后扫描电子显微镜下观察面团内部结构。

（6）激光共聚焦（CLSM）

参考 Han 等（2018）的方法稍作修改，制备的不同 TG 酶添加量的面团，将面团样品与包埋剂−20℃冷冻过夜，使用振动切片机从面团内部切下厚度为 10μm 的薄片，立即转移到显微镜载玻片上，用荧光染料罗丹明 B（0.0001g/mL）和异硫氰酸荧光素（0.0001g/mL）染色后在 Nikon 激光共聚焦显微镜 100 倍下观察，设置通道发射波长为 488.0nm 和 543.5nm，1024×1024 分辨率下观察图片。

（7）蛋白质分子量变化（SDS-PAGE）

参考 Luo 等（2016）的方法测定加入 TG 酶后全麦面团样品中蛋白质分子量的变化。TG 酶处理后的面团样品放入−20℃冰箱冷冻过夜，将冷冻处理后的面团样品进行冷冻干燥（−80℃，72h），并研磨成冻干粉过 60 目筛。取面团样品冻干粉 7mg 放入离心管中，加入稀释后的蛋白质上样缓冲液 1mL，混合均匀后沸水浴加热 5min，于 12000*g* 离心 15min，取上清液 10μL 加入凝胶中，电泳浓缩胶设定电压 80V，分离胶电压 100V。凝胶用 0.25%考马斯亮蓝染色，20%甲醇和 10%乙酸脱色。

（8）全麦馒头制作

馒头制作方法参考 GB/T 35991—2018。

（9）全麦馒头品质测定（TPA）

全质构测试程序选用 TPA 测试，选用 P36 探头，安装并进行校正，把全麦馒头条切成 2cm×2cm×2cm 的小方块进行测试，设定测定前速度 1mm/s，压缩过程中的速度 2.0mm/s，返回速度 1mm/s，压缩比 75%，两次压缩中间停止时间 5s。

（10）全麦馒头比容测定

采用菜籽置换法。具体方法如下：将全麦馒头进行称重 m(g)，然后放在量筒中，将量筒内倒入菜籽将其填满，读出馒头和菜籽的总体积是 V_1(cm^3)，馒头拿出后，读

出菜籽体积 V_2(cm³)，比容的计算按照式（2-1）：

$$比容（cm^3/g）=\frac{(v_1-v_2)}{m} \tag{2-1}$$

2.2.3 结果与分析

（1）木聚糖酶对全麦面团混合特性的影响

木聚糖酶对全麦面团的混合特性影响的结果如表 2-2 所示，由 Mixolab 结果可知，随着木聚糖酶添加量的增加，全麦面团的吸水率、面团形成时间逐渐降低，面团稳定时间呈现先减少后增加的趋势，蛋白质弱化度上升，峰值黏度降低。Laurikainen 等（2015）研究发现添加木聚糖酶，吸水率、面团稳定性降低，并增加了弱化度，这些结论与本研究结果一致。水不溶性多糖会与面筋蛋白竞争水合，使得面筋蛋白水合不充分，从而减弱了面筋蛋白的交联，不利于面筋蛋白网络结构的形成。木聚糖酶能够将水不溶性阿拉伯木聚糖水解成小分子的水溶性木聚糖，减弱了水不溶性多糖的水合能力，在混合过程中表现出吸水率下降，木聚糖酶的作用，使得面筋蛋白在水合过程中阻碍减小，使得形成时间降低。但由于全麦粉中纤维大分子对面筋网络的破坏严重，少量添加木聚糖酶对缓解其破坏作用不明显，反而会一定程度降低面团的稳定时间。但当木聚糖酶添加量继续增加时，稳定时间有所回升。由于吸水率降低，同时蛋白质充分水合后结合了体系中大部分水，在后期加热过程中淀粉糊化可利用水减少，导致峰值黏度减小（Chen 等，2011；Zhang 等，2015）。回生值在 0.03%木聚糖酶添加量时最低，当添加量为 0.4%时有显著上升，有报道指出，木聚糖酶添加量过大会增大回生，然而其机制尚不清楚（Avdelas 等，2010）。

表 2-2　木聚糖酶对全麦面团混合特性的影响

添加量/%	吸水率/%	形成时间/min	稳定时间/min	弱化度/(N · m)	峰值黏度/(N · m)	回生值/(N · m)
0	$68.60±0.17^{ab}$	$4.95±0.13^{a}$	$8.09±0.07^{ab}$	$0.58±0.01^{e}$	$1.51±0.00^{a}$	$0.97±0.07^{ab}$
0.03	$68.90±0.14^{a}$	$3.91±0.30^{b}$	$7.51±0.41^{bc}$	$0.64±0.01^{d}$	$1.42±0.01^{c}$	$0.81±0.05^{c}$
0.06	$68.35±0.21^{bc}$	$4.13±0.22^{b}$	$6.75±0.74^{cd}$	$0.69±0.03^{c}$	$1.46±0.01^{b}$	$0.84±0.02^{bc}$
0.10	$68.00±0.00^{c}$	$3.83±0.00^{b}$	$6.26±0.11^{d}$	$0.74±0.01^{a}$	$1.43±0.03^{bc}$	$0.82±0.06^{bc}$
0.20	$68.65±0.21^{ab}$	$3.98±0.21^{b}$	$7.70±0.07^{c}$	$0.73±0.01^{ab}$	$1.38±0.01^{d}$	$0.86±0.08^{abc}$
0.40	$62.25±0.35^{c}$	$1.11±0.04^{c}$	$8.87±0.47^{a}$	$0.70±0.01^{bc}$	$1.42±0.01^{c}$	$1.00±0.07^{a}$

注：同一列中所带字母不同表示差异性显著（$p<0.05$）。

（2）木聚糖酶对全麦面团拉伸特性的影响

木聚糖酶对全麦面团拉伸特性的影响结果见表 2-3。由拉伸结果可知，木聚糖酶添加后可以显著（$p<0.05$）影响全麦面团的拉伸距离和抗拉伸力，添加量为

0.10%时，较未添加木聚糖酶的全麦面团拉伸距离增加了 36.06%，抗拉伸力降低了 35.22%。Katina 等（2006）指出，木聚糖酶可以降低麸皮较高的吸水性。本研究结果表明添加木聚糖酶后吸水率下降，由于水不溶性多糖在酶的作用下降解为小分子，减弱了水合竞争，水在淀粉、蛋白质和麸皮颗粒之间的分布更加均衡，使得面筋网络结构形成更加充分，分布也更均衡，从而减缓面团体系内面筋局部聚集，有效降低面团强度，增加其延伸性，并利于全麦面团在实际生产加工中的应用。

表 2-3　木聚糖酶对全麦面团拉伸特性的影响

添加量/%	拉伸距离/mm	抗拉伸力/g
0	39.79±0.50[c]	15.90±2.21[a]
0.03	44.97±0.82[b]	12.03±0.76[bc]
0.06	41.96±0.92[c]	12.54±1.18[b]
0.10	54.14±3.36[a]	10.30±0.81[c]
0.20	45.01±1.38[b]	12.53±1.55[b]
0.40	45.13±2.11[b]	14.06±0.84[b]

注：同一列中所带字母不同表示差异性显著（$p<0.05$）。

（3）木聚糖酶对全麦面团流变特性的影响

通过在线性黏弹性范围内进行的振荡频率扫描实验来研究木聚糖酶对全麦面团样品黏弹性的影响，结果如图 2-1～图 2-3 所示。图 2-1 和图 2-2 中显示了木聚糖酶不同添加量及不同酶反应时间全麦面团弹性模量 G'和损耗模量 G''变化的结果。从图 2-1 中可以看出，相比于未添加木聚糖酶的全麦面团，添加木聚糖酶后，酶反应时间在 15～60min 内，所有添加水平均显示出更高的 G'［图 2-1（a）～（c）］和 G''［图 2-2（a）～（c）］，随着酶反应时间的增加，所有添加量下的全麦面团弹性模量 G'和损耗模量 G''均逐渐下降，且变化范围差异越来越小。

tanδ 值反映了全麦面团的综合黏弹性，tanδ 值小通常代表硬的刚性面团，而 tanδ 值高则代表黏性面团（刘俊飞等，2015）。图 2-3 中显示了木聚糖酶不同添加量及不同酶反应时间全麦面团 tanδ 变化的结果。观察图 2-3（a）～（d），综合酶反应时间及不同添加量来看，在添加量为 0.03%时，全麦面团在不同酶反应时间均显示出了较好的黏弹性，最有利的酶反应时间在 90min 以内。酶反应时间过长，添加量过大，均会对全麦面团的黏弹性产生不利的影响。Martínez-Anaya 等（1998）和 Redgwell 等（2001）提出淀粉和非淀粉水解酶导致游离水的释放并改变面团体系中的可溶性部分，这种效应在混合后立即显现，并且在静置松弛期间继续反应，使得水分被面筋蛋白充分利用，进而改变了面团的黏弹性。木聚糖酶可以水解全麦粉中水不溶性阿拉伯木聚糖，释放可溶性阿拉伯木聚糖并降低其分子量。木聚糖的大量水解使水在阿拉伯木聚糖、面筋和淀粉中重新分配，得到具有适宜黏弹性的全麦面团，增加其加工利用性（Butt，2008）。

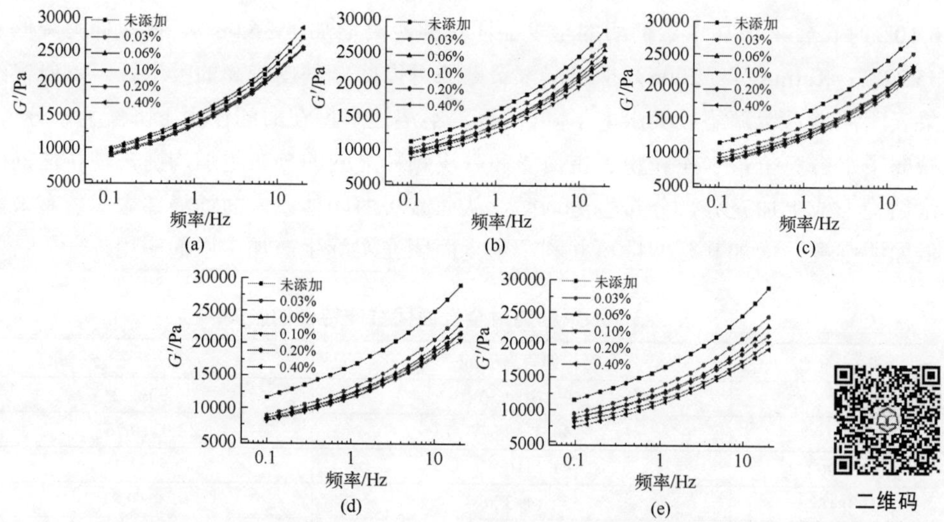

图 2-1　不同木聚糖酶添加量及不同酶反应时间全麦面团弹性模量（G'）测定

（a）～（e）分别代表酶反应 15min、45min、60min、90min、120min 后的弹性模量（G'）

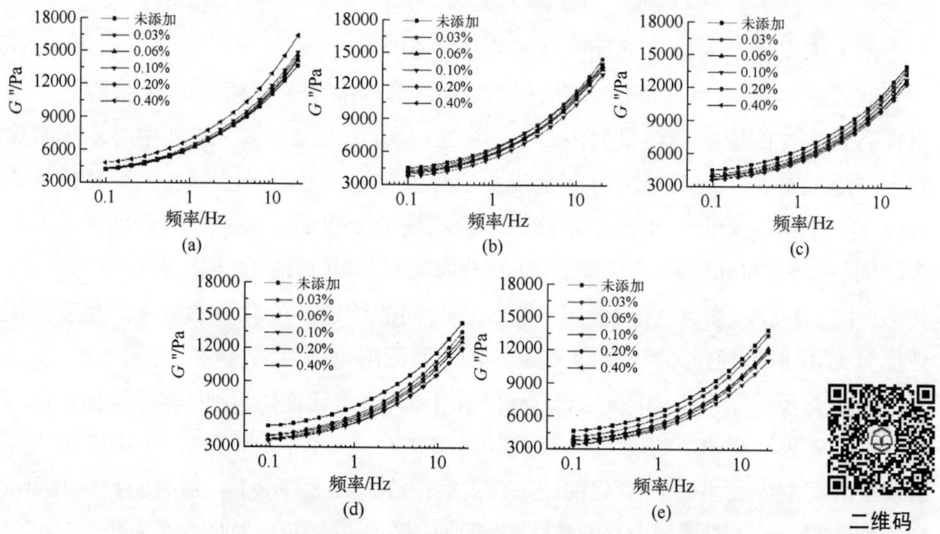

图 2-2　不同木聚糖酶添加量及不同酶反应时间全麦面团损耗模量（G''）测定

（a）～（e）分别代表酶反应 15min、45min、60min、90min、120min 后的损耗模量（G''）

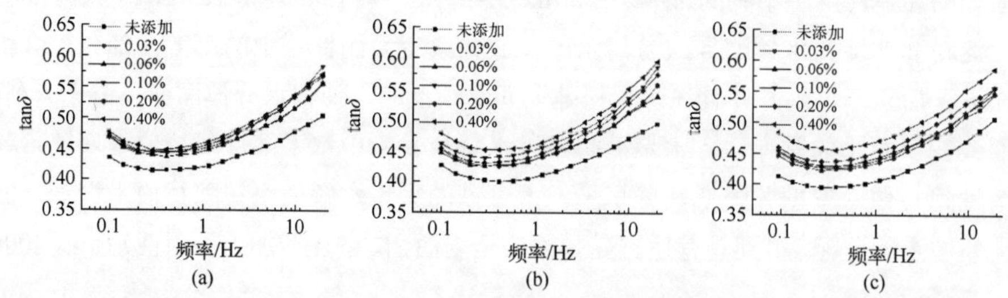

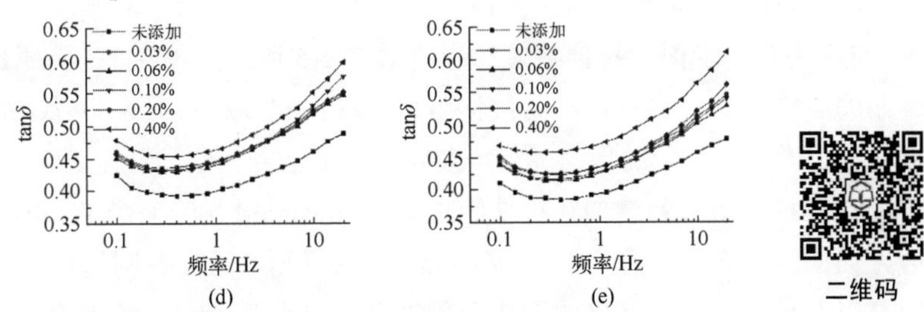

图 2-3　不同木聚糖酶添加量及不同酶反应时间全麦面团的损耗角正切值（tanδ）

（a）～（e）分别代表酶反应 15min、45min、60min、90min、120min 后的损耗角正切值（tanδ）

（4）TG 酶对全麦面团混合特性的影响

TG 酶对全麦面团混合特性的影响如表 2-4 所示。随着 TG 酶添加量的增加，全麦面团在混合过程中吸水率、面团形成时间、稳定时间、蛋白质弱化度均呈现先升高后降低的趋势，峰值黏度呈上升趋势，回生值显著下降。李鑫等（2013）研究 TG 酶对小麦粉品质影响结果显示，添加 TG 酶可以促进蛋白质分子聚集，改善了面筋网络结构，使得面团的形成时间和稳定时间增加。Mixolab 可以反映面团混合过程中机械剪切应力和温度双重作用下蛋白质和淀粉特性的变化，而面团的形成过程实质上是面筋蛋白吸水形成面筋网络的过程，因此随着 TG 酶添加量升高，短时间内可能导致蛋白质局部交联聚集，反而影响了面筋蛋白吸水形成良好的面筋网络的过程，游离于面筋结构外可糊化的淀粉总量增加，从而导致吸水率、面团形成时间、蛋白质弱化度、稳定时间的先升后降，淀粉峰值黏度升高。随着 TG 酶添加量的增加回生值显著降低，由于全麦面团在机器中搅拌时间以及酶反应时间的延长，TG 酶较充分地诱导了全麦面团中蛋白质分子发生交联，形成良好的面筋网络结构，同时面团体系变得均匀，糊化后淀粉均匀镶嵌在面筋结构中，导致在降温过程中回生值降低（Wu，2005），这与王雨生等（2012）研究结果一致。回生值的降低有利于烘焙产品的品质及货架期。

表 2-4　TG 酶对全麦面团混合特性的影响

添加量/%	吸水率/%	形成时间/min	稳定时间/min	弱化度/(N • m)	峰值黏度/(N • m)	回生值/(N • m)
0	68.60±0.17^{b}	4.95±0.13^{ab}	8.09±0.07^{d}	0.58±0.01^{c}	1.51±0.00^{d}	0.97±0.07^{a}
0.005	69.40±0.00^{a}	4.96±0.18^{ab}	8.99±0.19^{bc}	0.62±0.03^{b}	1.53±0.01^{d}	0.70±0.04^{b}
0.010	68.70±0.00^{b}	5.20±0.33^{ab}	9.36±0.08^{ab}	0.64±0.01^{ab}	1.54±0.03^{d}	0.66±0.05^{bc}
0.015	68.07±0.06^{c}	5.31±0.38^{a}	9.47±0.02^{a}	0.66±0.04^{a}	1.57±0.02^{c}	0.60±0.06^{bc}
0.020	67.80±0.00^{d}	4.72±0.17^{bc}	8.85±0.35^{c}	0.64±0.02^{ab}	1.61±0.02^{b}	0.57±0.01^{c}
0.025	67.70±0.17^{d}	4.34±0.31^{c}	8.32±0.33^{d}	0.64±0.02^{ab}	1.67±0.01^{a}	0.56±0.08^{c}

（5）TG 酶对全麦面团拉伸特性的影响

TG 酶对全麦面团拉伸特性的影响如表 2-5 所示，随着 TG 酶添加量的增加，拉伸阻力随之增加。拉伸距离与拉伸阻力呈现出相反趋势，说明 TG 酶诱导蛋白质分子交联，形成大分子的聚集体，其有效增强了全麦面团的强度，但使其延展性变差，从而导致拉伸阻力的增加和拉伸距离减小（Basman，2002）。当 TG 酶添加量为 0.025% 时，面团强度有所下降，结合 Mixolab 结果可知，适当控制酶反应时间对蛋白质的交联以及良好的面筋网络的形成至关重要，也直接影响了面团的拉伸特性。

表 2-5　TG 酶对全麦面团拉伸特性的影响

添加量/%	拉伸距离/mm	拉伸阻力/g
0	46.73 ± 0.58^{a}	20.77 ± 1.60^{f}
0.005	44.92 ± 1.68^{a}	22.95 ± 0.57^{e}
0.010	42.24 ± 1.35^{b}	31.66 ± 1.52^{d}
0.015	41.33 ± 1.51^{bc}	36.53 ± 0.29^{c}
0.020	37.98 ± 0.50^{d}	45.61 ± 0.29^{a}
0.025	39.33 ± 0.29^{cd}	43.46 ± 0.39^{b}

注：同一列中所带字母不同表示差异性显著（$p<0.05$）。

（6）TG 酶对全麦面团流变特性的影响

图 2-4 可知，在不同的反应时间下，所有全麦面团随着 TG 酶添加量的增加，弹性模量（G'）随之增加。随着反应时间的延长，G'相应的增加。结果表明 TG 酶诱导了蛋白质分子交联，显著增加了全麦面团的强度（Jafari 等，2017；Meerts 等，2017；Caballero，2007）。添加 TG 酶后全麦面团样品的损耗模量（G''）变化与弹性模量（G'）的变化结果相似，均呈现出随着添加量的增加以及反应时间的延长持续增加（图 2-5）。全麦面团的综合黏弹性可以用损耗角正切值（$\tan\delta$）来反映（Kim 等，2014）（图 2-6）。从图中可以看出，全麦面团的 $\tan\delta$ 值与其损耗模量和弹性模量呈现出相反的变化趋势，即 TG 酶添加量越高，$\tan\delta$ 值越低。当酶反应时间达到 120min 时，各添加水平的综合黏弹性变化曲线趋于重合，$\tan\delta$ 值不再继续降低，甚至开始升高。由结果分析可知，TG 酶的加入进一步促进了全麦面团中蛋白质分子之间发生交联，并聚集缠绕，形成良好的面筋网络结构，一定程度上消除了全麦中粗纤维等对面团强度的影响，使得全麦面团的黏弹性增加。但当过量添加或者过长时间反应，易造成蛋白质过量交联及聚集，反而不利于全麦面团的综合黏弹性。Ndayishimiye 等（2016）研究发现，TG 酶减少了谷蛋白和麦醇溶蛋白的含量，同时引入了新的交联键，导致弹性模量（G'）和损耗模量（G''）增加。随着 TG 酶添加水平的增加以及反应时间的延长，会形成更多的交联（Caballero，2005）。Bauer 等（2003）研究也表明，TG 酶添加使得小麦面团强度增加，但 TG 酶浓度过高会导致

面筋网络结构完全丧失，面团加工性能变差。因此，在实际应用中，应选择合适的TG酶浓度同时适度控制酶反应时间。

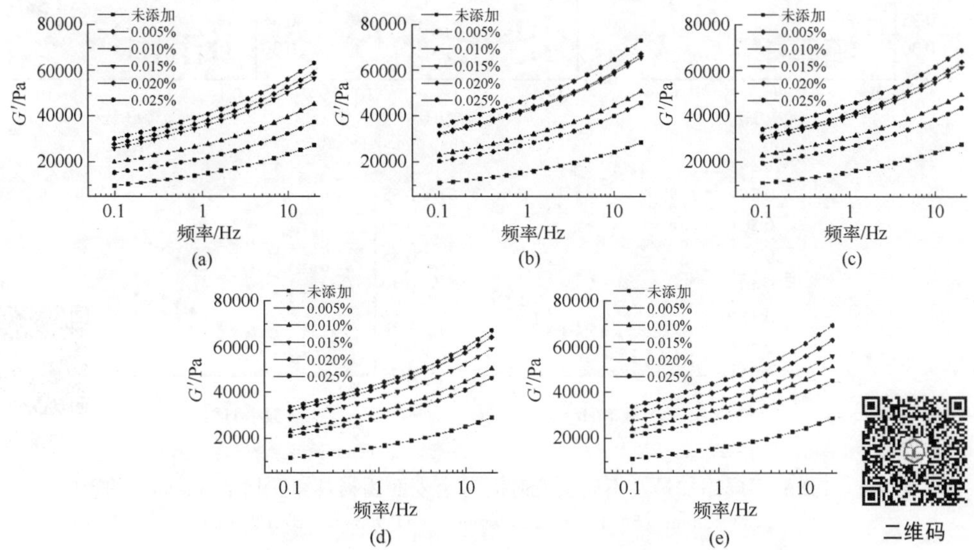

图 2-4　TG 酶不同添加量及不同反应时间对全麦面团弹性模量（G'）的影响

（a）15min；（b）45min；（c）60min；（d）90min；（e）120min

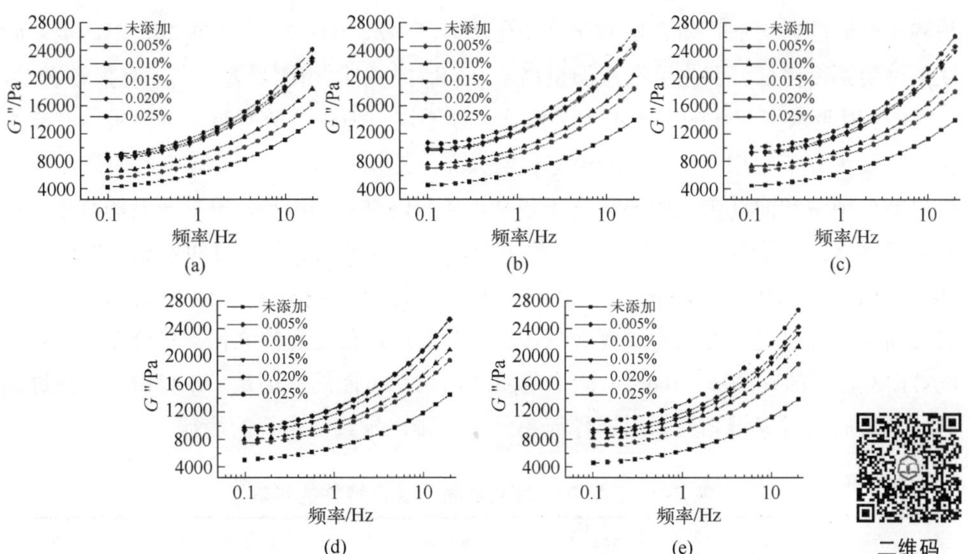

图 2-5　TG 酶不同添加量及不同反应时间对全麦面团损耗模量（G''）的影响

（a）15min；（b）45min；（c）60min；（d）90min；（e）120min

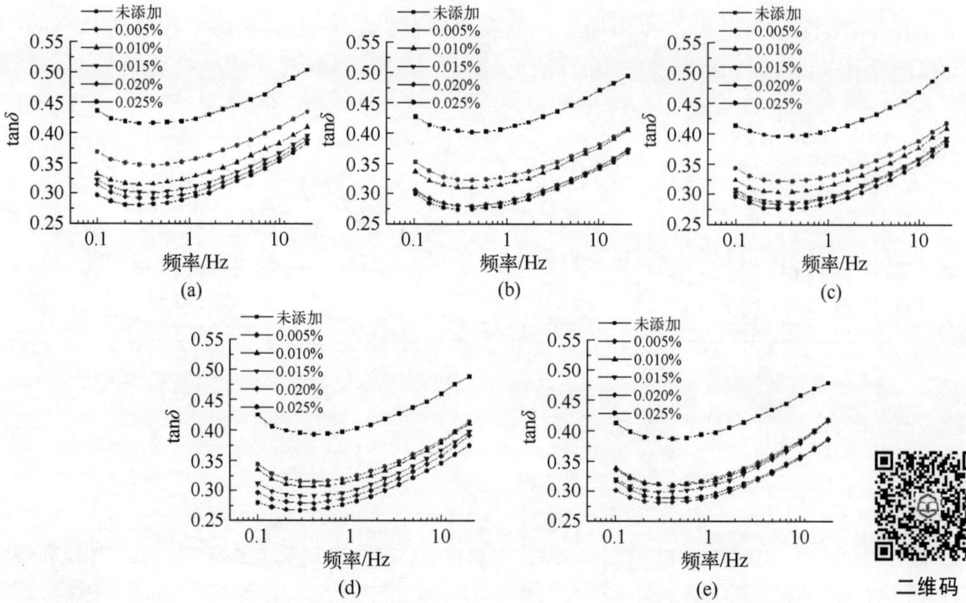

二维码

图 2-6　TG 酶不同添加量及不同反应时间对全麦面团损耗角正切值（tanδ）的影响

（a）15min；（b）45min；（c）60min；（d）90min；（e）120min

（7）DATEM 对全麦面团混合特性的影响

DATEM 对全麦面团混合特性的影响结果如表 2-6 所示。Mixolab 结果显示，随着 DATEM 添加量的增加，全麦面团的吸水率与对照组相比变化不明显，面团形成时间与稳定时间随之增加，蛋白质弱化度变化不显著（$p>0.05$），在加热过程中，全麦面团的峰值黏度降低，回生值在添加量高于 0.8%时与对照相比显著升高。有报道表明，DATEM 对吸水率变化的影响不大，但其可以通过与面团中的脂肪、蛋白质以及碳水化合物发生分子间相互作用，来稳定和增强面筋结构；同时 DATEM 中的阴离子残基可以有效地中和面筋蛋白中的阳离子残基，从而促进面筋凝聚，改善面筋的强度，使得面筋网络结构增强，导致在混合过程中面团的形成时间和稳定时间增加（Zhang 等，2007；Bi 等，2009）。Gaupp 等（2007）报道 DATEM 可提高小麦淀粉的糊化温度，且淀粉和乳化剂之间可以形成复合物，导致在加热过程淀粉的糊化黏度降低。但随着 DATEM 含量的升高（>0.6%）回生值随之增加。可能的原因是，DATEM 含量过高时，其可能通过氢键相互作用诱导淀粉分子重排，导致回生值的增加。

表 2-6　DATEM 对全麦面团混合特性的影响

添加量/%	吸水率/%	形成时间/min	稳定时间/min	弱化度/(N·m)	峰值黏度/(N·m)	回生值/(N·m)
0	68.60±0.17^{ab}	4.95±0.13^{b}	8.09±0.07^{d}	0.58±0.01^{a}	1.51±0.00^{a}	0.97±0.07^{bc}
0.2	68.60±0.17^{ab}	5.02±0.13^{ab}	8.81±0.25^{c}	0.58±0.01^{a}	1.51±0.01^{a}	0.92±0.07^{c}

续表

添加量/%	吸水率/%	形成时间/min	稳定时间/min	弱化度/(N·m)	峰值黏度/(N·m)	回生值/(N·m)
0.4	68.60±0.17^{ab}	5.28±0.22^{ab}	8.67±0.02^{c}	0.57±0.01^{a}	1.48±0.01^{b}	0.97±0.07^{bc}
0.6	68.30±0.00^{b}	5.17±0.22^{ab}	8.89±0.23^{bc}	0.57±0.02^{a}	1.48±0.01^{b}	1.09±0.06^{ab}
0.8	68.37±0.12^{b}	5.31±0.43^{ab}	9.14±0.14^{ab}	0.57±0.01^{a}	1.44±0.02^{c}	1.18±0.05^{a}
1.0	68.77±0.25^{a}	5.45±0.08^{a}	9.27±0.16^{a}	0.56±0.01^{a}	1.44±0.01^{c}	1.21±0.09^{a}

注：同一列中所带字母不同表示差异性显著（$p<0.05$）。

（8）DATEM 对全麦面团拉伸特性的影响

DATEM 对全麦面团拉伸特性的影响结果如表 2-7 所示。从结果可知，随着 DATEM 添加量的增加，拉伸阻力逐渐增加；但在添加量大于 0.6%时，拉伸阻力虽有增加但变化不显著；拉伸距离与拉伸阻力呈负相关关系，随着 DATEM 添加量的增加略有降低。DATEM 中的阴离子残基能够中和面筋蛋白的正电荷，诱导面筋蛋白发生聚集，使得面筋结构增强（Köhler，2001），从而表现出全麦面团拉伸强度增加，但延展性略有降低。

表 2-7 DATEM 对全麦面团拉伸特性的影响

添加量/%	拉伸阻力/g	拉伸距离/mm
0	20.77±1.60^{d}	46.73±0.58^{a}
0.20	24.92±0.75^{bc}	42.89±1.86^{b}
0.40	24.31±2.04^{c}	44.90±3.26^{ab}
0.60	26.42±1.31^{ab}	46.20±2.76^{ab}
0.80	27.07±0.71^{a}	45.35±2.57^{ab}
1.00	28.08±1.68^{a}	45.58±2.95^{ab}

注：同一列中所带字母不同表示差异性显著（$p<0.05$）。

（9）DATEM 对全麦面团流变特性的影响

图 2-7 显示了 DATEM 添加后全麦面团流变特性的变化。从流变结果可知，添加 DATEM 后，全麦面团的弹性模量（G'）和损耗模量（G''）随着添加量的增加而升高，当添加量大于 0.8%时，面团的弹性模量和损耗模量变化不再显著；tanδ 值反映了面团的综合黏弹性变化，所有面团样品的 tanδ 均小于 1，表现出弱凝胶的动态流变学特性（Ponzio 等，2013）。在频率扫描范围内，tanδ 先降低后升高［图 2-7（c）］，表明在高频率下混合体系的结构较不稳定，易被破坏。添加 DATEM 后，tanδ 值相对于原全麦粉有所下降，即面团的综合黏弹特性因 DATEM 的加入有所改善，这与 Jafari 等（2017）的研究结果相类似。DATEM 可能通过促进脂质、蛋白质和淀粉之间的相互作用，诱导面筋网络结构增强，从而降低全麦中纤维等对面团结构的影响，改善其流变特性（Sciarini，2012）。

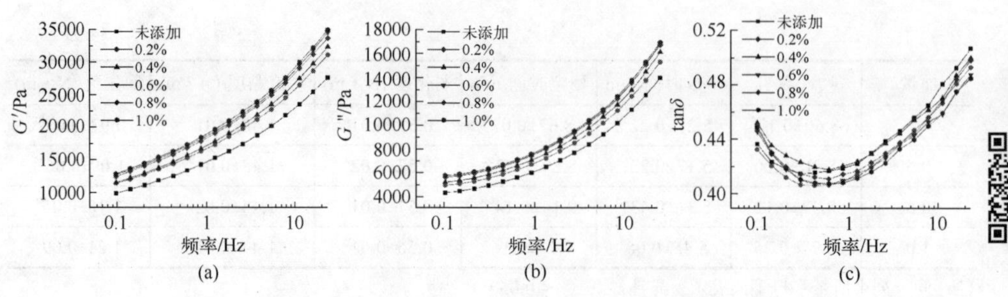

图 2-7　DATEM 对全麦面团流变特性的影响

（a）弹性模量（G'）；（b）损耗模量（G''）；（c）损耗角正切值（$\tan\delta$）

（10）酶或乳化剂对全麦面团微观结构（SEM）的影响

由面团的热机械学特性和流变特性可得，木聚糖酶在添加量为 0.03%时，对全麦面团的改善效果较好，选择木聚糖酶添加量为 0.03%，选择 TG 酶添加量为 0.015%和 0.025%，控制酶反应时间 90min，考虑 DATEM 对全麦面团稳定时间和回生值等的影响，选择添加量为 0.4%和 1.0%，进行全麦面团微观结构观察及后续研究。木聚糖酶对全麦面团微观结构的影响结果如图 2-8 所示，从面团扫描电镜的结果看，未添加木聚糖酶的全麦面团［图 2-8（a）］结构中有很多裂痕和大的孔洞，可见麸皮的存在严重破坏了面筋的连续性，面筋结构破坏严重，这与 Gan 等（1989）的观察结果一致。当木聚糖酶添加量为 0.03%时，面团［图 2-8（b）］的电镜显示出比图 2-8（a）中的结构略好一点，但仍清楚可见面筋结构的断裂和孔洞。在酶反应 90min 后［图 2-8（c）］显示出较图 2-8（a）更连续，孔洞更少的面筋结构。由以上结果可知，全麦粉中大量纤维的存在可能导致其与其他聚合物极大地竞争水分，破坏面团的连续性，并导致面团变弱（Rosell，2010），而木聚糖酶的加入能有效改善全麦面团的面筋结构，改变面团的黏弹特性。同时，有利于面团后期的加工利用，从而赋予产品更好的品质。图 2-8（d）与图 2-8（e）显示了添加 TG 酶后全麦面团微观结构的变化，从图中可知，添加 TG 酶后，面筋网络结构的空洞与断面明显减少，面筋结构变得连续均匀，淀粉颗粒、纤维被很好地分散在面筋网络结构中，说明在 TG 酶的作用下，面筋蛋白发生聚集与交联，全麦面团的微观结构得到明显改善（Niu 等，2017；Wu 等，2017）。对比不同添加量，酶反应时间为 90min 条件下，TG 酶添加量为 0.025%时全麦面团的微观结构较 0.015%更加完整紧致。添加 0.4%的 DATEM 后，孔洞及不连续结构与对照组相比［图 2-8（a）］明显减少，证明了 DATEM 可能和脂质、淀粉、蛋白质之间生成了复合物，增强面筋结构，促进各组分之间的相容性（Sciarini 等，2012），从而使被纤维破坏的面筋结构得到明显改善；当添加量为 1.0%时，面团内部的微观结构更加紧致细密，面筋网络结构连续且均匀，断裂处明显减少，结构平滑，Ribotta 等（2004）研究也发现添加 DATEM 可以增强小麦面团强度，明显改善其面团微观结构。

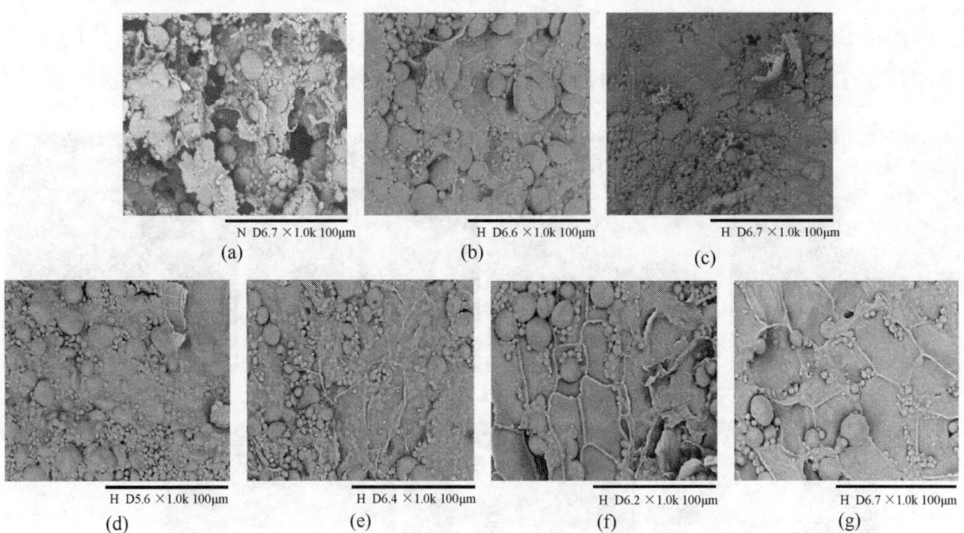

图 2-8　酶或乳化剂对全麦面团微观结构的影响（SEM）

（a）未添加（全麦）；（b）添加木聚糖酶 0.03%；（c）添加木聚糖酶 0.40%；（d）添加 TG 0.015%；（e）添加 TG0.025%；（f）添加 DATEM 0.4%；（g）添加 DATEM 1.0%.

（11）酶或乳化剂对全麦面团微观结构（CLSM）的影响

为了进一步探究酶和乳化剂对全麦面团微观结构变化的影响，采用了激光共聚焦（CLSM）来观察其变化。激光共聚焦可以通过染色观察全麦面团中纤维和面筋蛋白网络结构的分布情况，其结果如图 2-9 所示。CLSM 观察到的结果与 SEM 观察到的结果一致。从 CLSM 可以看出，在全麦面团［图 2-9（a）］微观结构中可以清晰地看到大量麸皮存在，且麸皮周围出现大量断面结构，导致面筋结构出现大的孔洞和缝隙，连续结构严重被破坏。当木聚糖酶添加量为 0.03%时，面筋结构的破坏得到减缓，大量连续孔洞减少，孔洞间存在部分面筋网络，当添加量为 0.4%时，大量的孔洞又出现，面筋结构形成的连续性差，因此，过量添加木聚糖酶反而不利于面筋结构的形成（图 2-11）。添加 TG 酶后的全麦面团如图 2-9（d）～（e）所示，可以明显观察到在 TG 酶的作用下面团中的孔洞数量及断裂空隙减少，麸皮周围结构变得连续，面筋交联紧密（Beck 等，2011）。同时，从图中可以观察到，当添加量为 0.025%时，面团微观结构中的连续性优于 0.015%添加量时的面团，其可以将麸皮与面筋结构结合得更加紧密，在麸皮存在处减少断裂空隙，增加面团整体的连续性，利于加工。

添加 0.4%DATEM［图 2-9（f）］后，这种破坏的情况得到改善，麸皮周围的孔洞和缝隙被少量连续结构连接，开始出现较为良好的面筋结构；当 DATEM 添加量为 1.0%时，可以观察到，良好的面筋网络形成，麸皮周围孔洞和缝隙明显减少，麸皮与面筋结构的结合更加紧密连续，增加面团整体的连续性，从而利于后续产品的加工（Ding 和 Yang，2013）。通过 SEM 和 CLSM 对面团微观结构的观察也印证了 DATEM 对全麦面团的热机械学特性以及流变特性的改良作用。

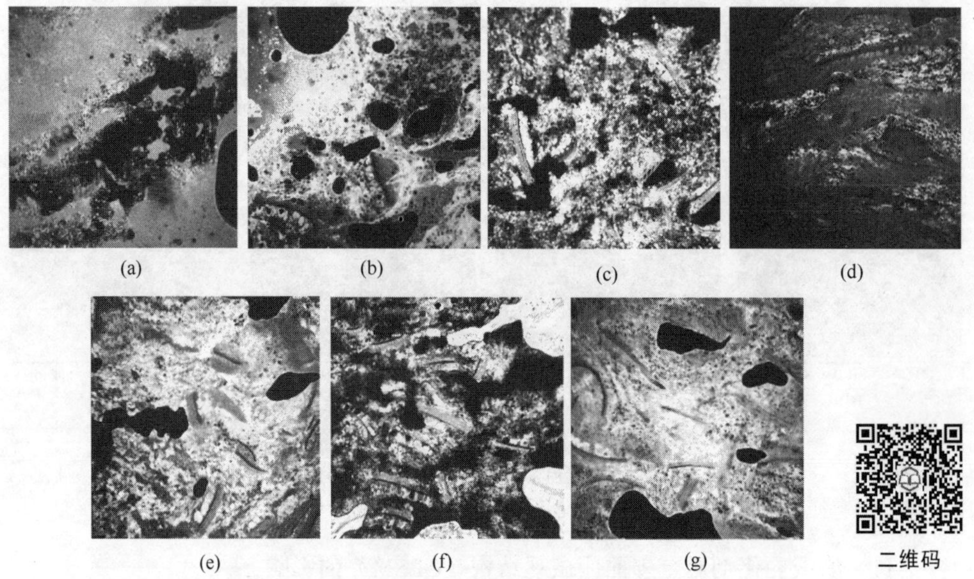

图 2-9 酶或乳化剂对全麦面团微观结构的影响（CLSM）

（a）未添加（全麦）；（b）添加木聚糖酶 0.03%；（c）添加木聚糖酶 0.40%；（d）添加 TG 0.015%；（e）添加 TG 0.025%；（f）添加 DATEM 0.4%；（g）添加 DATEM 1.0%.

（12）酶或乳化剂对全麦面团中蛋白质分子量变化的影响（SDS-PAGE）

从图 2-10 中可以看出，添加木聚糖酶（条带 3 和 4）和 DATEM（条带 7 和 8）的电泳条带几乎无变化，说明两者对全麦面团的作用与蛋白质分子量变化无关，而添加 TG 酶的条带可以看到明显变化。从图 2-10 中可以清晰地观察到加入 TG 酶后（条带 5 和 6）蛋白质变化的情况。与全麦粉样品（条带 2）相比，TG 酶样品条带在 20～100kDa 处总体减少，在 100～245kDa 处增加。从变化可知，TG 酶的加入，使得小分子量蛋白质减少，小分子蛋白质相互交联且聚集成大分子蛋白质，从而使得大分子量处条带增加；且在 TG 酶样品条带上端（分离和堆积凝胶顶部）显示出大的聚集体（分子质量大于 245kDa 的蛋白质），说明 TG 酶的存在使得大量小分子蛋白质交联聚集成大分子（Scarnato 等，2017；Wang 等，2011），面筋蛋白的适当交联形成网络结构可以有效弥补麸皮对面团的影响，使全麦面团内部结构连续均匀（Steffolani，2010）。Bauer 等（2003）研究表明，TG 催化形成的蛋白质分子交联对面粉或面团中面筋蛋白分子量有很大影响，TG 处理面粉或面团后，麦醇溶蛋白和谷蛋白的含量显著减少同时大分子量蛋白质含量增加。Aalami 等（2008）研究小麦面团的电泳结果表明，TG 酶催化的蛋白质交联反应，形成了更高分子量的聚合物，且随着 TG 酶浓度的增加，聚合度增加，出现了更高分子量的新条带。但当过度交联时可能导致蛋白质分子量过大，成片聚集，有可能不利于形成良好的面团网络结构（图 2-12）。

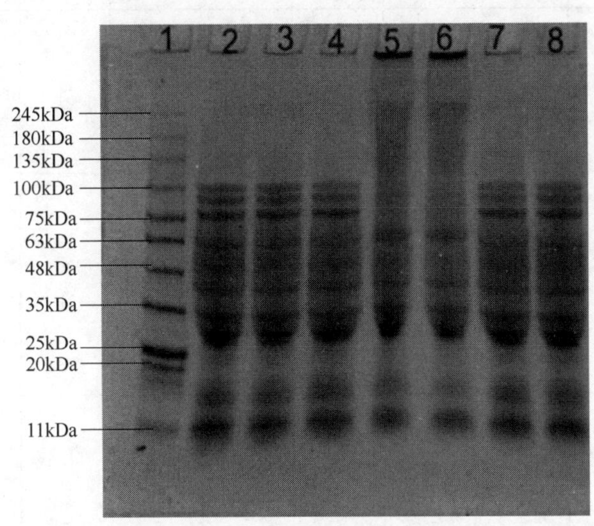

图 2-10 酶或乳化剂对全麦面团中蛋白质分子质量变化的影响（SDS-PAGE）

1～8 分别代表：标记，全麦，XY 0.03%，XY 0.40%，TG 0.015%，TG 0.025%，DATEM 0.4%，DATEM 1.0%

（13）酶或乳化剂对全麦馒头品质的影响

从结果可知，添加了木聚糖酶（XY）和乳化剂（DATEM）后，全麦馒头硬度显著下降（$p<0.05$），全麦馒头的比容显著增加，而 TG 酶加入后，全麦馒头硬度升高，比容显著降低。添加木聚糖酶后面团的延展性增加，使得发酵面团在受热后气体容易作用于面团内部，产生蓬松感。而 TG 酶增加了面团的强度，使得面团内部紧实致密，在受热过程中气体产生的作用力小于面团内部的作用力，使得馒头很难膨胀。添加 DATEM 后，全麦馒头的硬度显著下降（$p<0.05$）且随着添加量的增加逐渐减小；全麦馒头的弹性有所增加。DATEM 具有较强的乳化作用，能有效增强面团的弹性、韧性和持气性，在受热过程中可增大馒头体积，改善组织结构。添加了 0.4%的 DATEM 后，全麦馒头的内瓤中气孔分布情况得到明显的改善，气孔分布状态及大小变得更加均匀。添加 1.0% DATEM 后，全麦馒头的内瓤结构变得均匀细密，气孔分布均匀，大气孔明显减少，这与 Peter 等（1999）的研究结果一致（图 2-13）。可见，DATEM 可以通过有效增强面筋网络结构，提高面团强度，最终改善全麦馒头的品质，Aamodt 等（2006）研究也表明，DATEM 可提升小麦面团的强度，增加面包比容。

表 2-8 为酶或乳化剂对全麦馒头品质的影响。

表 2-8 酶或乳化剂对全麦馒头品质的影响

面团种类	硬度/g	弹性	黏聚性	胶着度	咀嚼度	回复性	比容
全麦	1546.70 ± 114.81^{b}	0.84 ± 0.04^{a}	0.74 ± 0.04^{ab}	1142.00 ± 34.99^{b}	953.32 ± 25.16^{b}	0.36 ± 0.04^{a}	1.81 ± 0.06^{c}
XY 0.06	965.98 ± 108.09^{c}	0.85 ± 0.01^{a}	0.74 ± 0.02^{ab}	710.43 ± 79.45^{c}	600.79 ± 70.22^{cd}	0.35 ± 0.01^{ab}	2.14 ± 0.02^{a}
XY 0.40	690.06 ± 85.23^{d}	0.85 ± 0.02^{a}	0.70 ± 0.02^{cd}	485.64 ± 68.69^{d}	414.96 ± 57.66^{e}	0.33 ± 0.01^{b}	1.92 ± 0.05^{b}
TG0.015	1685.40 ± 90.77^{b}	0.85 ± 0.04^{a}	0.71 ± 0.02^{bc}	1205.10 ± 86.37^{b}	1023.10 ± 117.81^{b}	0.33 ± 0.01^{b}	1.46 ± 0.07^{d}
TG0.025	2545.50 ± 151.07^{a}	0.81 ± 0.15^{a}	0.68 ± 0.02^{d}	1743.00 ± 144.93^{a}	1412.20 ± 331.74^{a}	0.28 ± 0.03^{c}	1.30 ± 0.07^{e}
DATEM0.4	984.45 ± 131.82^{c}	0.88 ± 0.02^{a}	0.73 ± 0.01^{abc}	716.32 ± 91.95^{c}	629.48 ± 76.04^{c}	0.34 ± 0.01^{ab}	2.16 ± 0.02^{a}
DATEM1.0	680.56 ± 53.34^{d}	0.86 ± 0.01^{a}	0.75 ± 0.03^{a}	513.41 ± 49.22^{d}	441.21 ± 44.94^{de}	0.35 ± 0.02^{ab}	1.91 ± 0.03^{b}

注：同一列中所带字母不同表示差异性显著（$p<0.05$）。

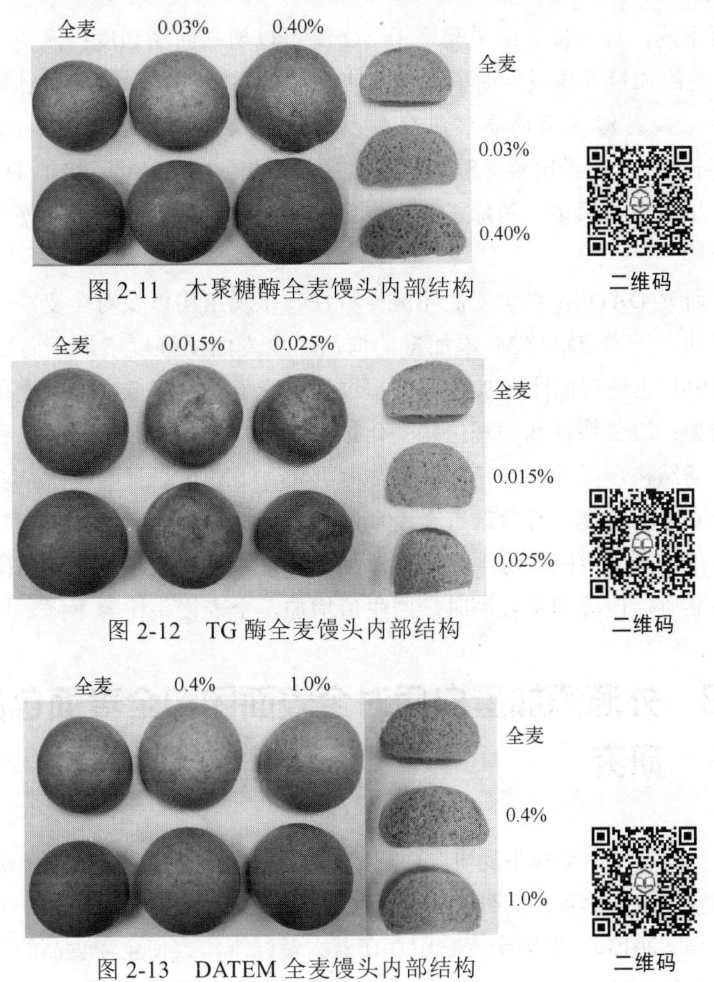

图 2-11　木聚糖酶全麦馒头内部结构

图 2-12　TG 酶全麦馒头内部结构

图 2-13　DATEM 全麦馒头内部结构

2.2.4　小结

研究木聚糖酶对全麦面团的混合特性、流变特性、拉伸特性和微观结构影响，结果表明，随着木聚糖酶添加量的增加，全麦面团的吸水率、面团形成时间逐渐降低，面团稳定时间呈现先减少后增加的趋势，弱化度上升，峰值黏度降低，延展性增加，因此，木聚糖酶添加可以赋予全麦面团较优的延伸性能，有效降低面团的硬度；在木聚糖酶添加量为 0.03%时，全麦面团的弹性模量 G'和损耗模量 G''均有提高，tanδ 降低，表明此添加量可以改善面团的黏弹特性；扫描电镜结果显示，木聚糖酶添加量为 0.03%，酶反应时间 90min 时，面团面筋结构能得到有效改善。

随着 TG 酶添加量的增加，全麦面团在混合过程中吸水率、面团形成时间、稳定时间、蛋白质弱化度均呈现先升高后降低的趋势，峰值黏度呈上升趋势，回生值显著下降；拉伸特性结果验证了 TG 酶可以增强面团强度；流变特性表明了适当的 TG 酶添加量及酶反应时间使得全麦面团的黏弹性增加，但当过量添加或者过长时间反应，易造成蛋白质过量交联及聚集，反而不利于全麦面团的综合黏弹性。SDS-PAGE、扫描电镜（SEM）与激光共聚焦（CLSM）证实了 TG 酶诱导蛋白质分子发生交联和聚集，消除了全麦中纤维等对面团强度的影响，使得面团微观结构均匀连续。

研究 DATEM 对全麦面团流变特性、微观结构以及对全麦馒头品质的影响。结果表明，随着 DATEM 添加量的增加，全麦面团强度增加，而延展性降低；同时 DATEM 也使得面团在加热及冷却过程中峰值黏度降低，回生值在添加量较高时显著增加；流变特性和微观结构变化结果表明，添加 DATEM 可以有效改善全麦面团的面筋结构，提升黏弹特性；添加 0.4%DATEM 可以显著提升全麦馒头的比容，降低全麦馒头硬度，有效改善全麦食品品质，而添加 1.0%DATEM 时，面团比容略微减小但仍大于对照。综上，适量添加 DATEM 可有效改善全麦面团特性以及全麦馒头的品质，但添加量较高时，回生值增加，全麦馒头比容下降。

2.3 外源添加蛋白质对全麦面团和全麦面包品质的影响研究

全麦粉是由整粒小麦研磨而成的，包含了胚乳、麸皮与胚芽，含有丰富的膳食纤维和多种微量元素，长期摄入可有效预防糖尿病、心血管疾病等慢性疾病的发生（温纪平等，2013）。但因全麦粉中存在着大量纤维，致使全麦食品的口感质地及消费者可接受度降低（Bressiani 等，2017）。谷朊粉源于小麦蛋白，可以促进面筋蛋白网络形成，赋予面制品良好的黏弹性，很多学者选择添加谷朊粉来改善小麦、粗粮及杂粮制品的品质（曹希雅等，2018）。然而谷朊粉中氨基酸分布不平衡是其存在的问题，研究者们更倾向于在改善全谷物食品品质的同时能够强化食物的营养品质，保证氨基酸的均衡。因此，是否可以用其它不同的蛋白质代替谷朊粉，在改善全麦产品品质的同时又可提供不同来源的营养素以及更为均衡的氨基酸组成，是尚待解决的问题。

蛋清粉（egg white powder，EW）来源于鸡蛋，富含蛋白质（卵伴白蛋白、卵清蛋白、卵球蛋白、卵黏蛋白等）、多种维生素及 Fe、Ca、K、P 等矿物质元素，是具有高营养价值的纯天然食品，有很好的起泡性和热凝胶性，被广泛应用于食品中，可以有效改善食品品质（蔡杰等，2016）。王莉等（2018）研究改善马铃薯全粉面包时发现添加蛋清可有效提高面包的质构特性，赋予其较优口感。Erem 等（2010）研究发现 EW 的使用极大改善了淀粉基焙烤食品的品质。Shimoyamada 等（2004）研究表明 EW 影响淀粉和面筋之间的相互作用，改变面条的流变学特性，进而改善了中国面条感官特性。

酪蛋白酸钠（sodium casinate，SC）主要生产原料为脱脂乳、脱脂奶粉或干酪素，富含人体所需各种必需氨基酸，具有很高的营养价值。因其来源于牛奶制品，属于安全无害的食品添加剂，具有很好乳化和增稠的作用，被广泛应用于各种食品生产中（1989）。Erdogdu-Arnoczky 等（1996）将酪蛋白添加到面团中，面包体积显著增加，有效改善面包质量。Tandazo 等（2013）将 SC 添加到无麸质体系中，发现 SC 可以有效改善玉米-大米面团的流变特性，使其接近于小麦面筋相同流变学性质。刘志皋等（1996）表明酪蛋白酸钠具有良好的乳化性，常用于焙烤食品，可提高产品质量并延长货架期。

基于此，本研究将两种蛋白质添加到全麦粉中，并添加谷朊粉为对照，期望其可以弥补全麦中麸皮带来的不利影响，改善全麦面团的流变特性，进而达到改善全麦食品品质的目的，为全麦食品品质改良提供参考。

2.3.1 材料与设备

（1）试验材料

全麦粉	中粮面业（海宁）有限公司
谷朊粉	河南蜜丹儿商贸有限公司
蛋清蛋白粉	安徽亳州市众意蛋业有限公司
酪蛋白酸钠	源叶生物科技有限公司
即发干酵母	安琪酵母股份有限公司

（2）仪器设备

SCIENTZ-12N 冷冻干燥机	宁波新芝生物科技股份有限公司
Mixolab	法国肖邦技术公司
TM-3000 扫描电镜	日本 Hitachi（日立）公司
Anton Paar MCR 302 动态流变仪	奥地利安东帕有限公司
TA-XT2i 型质构分析仪	英国 Stable Microsystems 公司
JHMZ 和面机	北京东方孚德技术发展中心
JKLZ 烤炉	北京东方孚德技术发展中心
JXFD 8 型醒发箱	北京东方孚德技术发展中心

2.3.2 试验方法

（1）热机械学特性测定

测定方法同 2.2.2。

（2）流变特性测定

测定方法参考 2.2.2 并稍作修改，面团在形成过程中采用与纯全麦面团相同加水量。

（3）微观结构（SEM）

测定方法同 2.2.2。

（4）全麦面包制作

参考 GB/T 14611—2008 制作全麦面包，所有面包配方中采用与纯全麦面包相同加水量，即固定加水量。

（5）全麦面包品质（TPA）测定

全质构测试程序选用 TPA 测试，选用 P36 探头，安装并进行校正，将全麦面包切成 2cm×2cm×2cm 的小方块进行测试，其中测试前探头运行速度 1mm/s，测试过程中的探头运行速度 5mm/s，返回速度 5mm/s，两次压缩中间停止时间 5s，压缩比 70%。

（6）全麦面包比容测定

测定方法同 2.2.2。

2.3.3 结果与讨论

（1）外源蛋白对全麦面团混合特性的影响

EW 对全麦面团混合特性的影响结果如表 2-9 所示。由结果可知，随着 EW 添加量的增加，全麦面团吸水率降低，形成时间和稳定时间增加，当 EW 添加量高于 1.0%时，全麦面团的形成时间和稳定时间高于 G3.0 对照，蛋白质弱化度整体低于全麦面团但高于 G3.0 对照，说明 EW 添加有利于增加全麦面团的稳定性；在加热过程中，随着 EW 添加量的增加全麦面团的峰值黏度和回生值呈增加趋势。罗云等（2015）研究表明，EW 吸水率小于面筋蛋白且 EW 具有较高的持水性，随着 EW 添加量的增加，面团的吸水率逐渐降低。EW 与水结合后，可以将水分固定，导致全麦粉中的淀粉和蛋白质不能吸收更多的水分从而使得吸水率降低。在混合过程中，因水分在面筋蛋白和 EW 间的不均匀分布，导致全麦-EW 混合体系内面筋充分形成的时间延长，又因 EW 中含有大量大分子蛋白质，吸水后具有较高的黏度，进而导致面团的形成时间和稳定时间随着添加量的增加而逐渐增加（顾雅贤和王建生，2005；Alleoni，2006；Van，2013）。当温度升高后，混合体系中 EW 在受热状态下，发生热变性，使得 EW 中疏水基团暴露，分子间相互作用增加，导致混合体系内凝胶强度变大，进而使得峰值黏度增加；同时导致在降温过程中，混合面团的回生值增加（李俐鑫等，2008）。

表 2-9　EW 对全麦面团混合特性的影响

面团种类	吸水率/%	形成时间/min	稳定时间/min	弱化度/(N·m)	峰值黏度/(N·m)	回生值/(N·m)
全麦粉	$68.17±0.29^{b}$	$3.63±0.06^{e}$	$7.12±0.10^{f}$	$0.64±0.01^{a}$	$1.49±0.02^{cd}$	$0.85±0.02^{d}$
G3.0	$71.17±0.29^{a}$	$4.42±0.13^{c}$	$8.22±0.06^{d}$	$0.55±0.02^{c}$	$1.43±0.02^{e}$	$0.71±0.01^{e}$
EW0.5	$68.43±0.12^{b}$	$4.11±0.13^{d}$	$7.69±0.08^{e}$	$0.56±0.02^{bc}$	$1.48±0.02^{d}$	$0.83±0.02^{d}$
EW1.0	$67.60±0.17^{c}$	$4.54±0.04^{c}$	$8.36±0.08^{d}$	$0.62±0.06^{a}$	$1.48±0.01^{d}$	$0.89±0.02^{c}$

续表

面团种类	吸水率/%	形成时间/min	稳定时间/min	弱化度/(N • m)	峰值黏度/(N • m)	回生值/(N • m)
EW3.0	64.33±0.29^{d}	4.70±0.02^{c}	8.76±0.11^{c}	0.60±0.02^{ab}	1.52±0.01^{b}	0.95±0.01^{b}
EW5.0	62.47±0.15^{e}	5.64±0.22^{b}	9.19±0.04^{b}	0.57±0.01^{bc}	1.51±0.01^{bc}	1.00±0.02^{a}
EW7.0	59.60±0.17^{f}	6.55±0.29^{a}	9.82±0.07^{a}	0.62±0.02^{a}	1.53±0.02^{a}	0.99±0.02^{a}

注：表中 G3.0 表示添加谷朊粉 3.0%作为对照，EW 表示添加蛋清粉。

SC 对全麦面团混合特性的影响结果如表 2-10 所示。由结果可知，随着 SC 添加量的增加，全麦面团的吸水率和蛋白质弱化度增加，蛋白质弱化度在 SC 添加量为 0.5%～5.0%范围内低于全麦对照，但高于 G3.0 对照；形成时间和稳定时间呈现出先增加后降低的趋势，在 SC 添加量大于 1.0%时，形成时间和稳定时间均高于 G3.0 对照，在加热阶段，全麦面团的峰值黏度随着 SC 添加量的增加而降低，回生值随着 SC 添加量的增加而升高，在添加量低于 3.0%时，低于全麦对照，但高于 G3.0 对照。酪蛋白酸钠（SC）属于蛋白质类的亲水性胶体或乳化剂，添加到全麦粉中会提高面团形成过程中的吸水率（王璇等，2014；梁琪，2002），在混合过程中，SC 可与全麦粉中的面筋蛋白复合形成蛋白质大分子聚集体，因此，提高了面筋网络的形成时间和稳定时间，进而提升了全麦面团的强度（张芳和徐学万，2001），但当添加量高于 3.0%时，全麦面团的稳定时间下降，蛋白质弱化度升高，可能的原因是过高的 SC 带来过高的吸水率，影响了面筋蛋白之间的交联（Kenny，2000）。面团峰值黏度下降，主要原因是 SC 的添加稀释了淀粉的含量，且 SC 与全麦粉中蛋白质的复合过程中会与淀粉竞争水分，导致淀粉加热过程糊化程度下降。Gani 等（2015）在小麦粉中添加 SC 时也发现峰值黏度显著降低，且其糊化后回生值降低。本研究中回生值随 SC 的添加量增加而增加，可能与加热后 SC 一定程度的凝胶化有关，导致最终的凝胶强度回升。

表 2-10　SC 对全麦面团混合特性的影响

面团种类	吸水率/%	形成时间/min	稳定时间/min	弱化度/(N • m)	峰值黏度/(N • m)	回生值/(N • m)
全麦粉	68.17±0.29^{f}	3.63±0.06^{e}	7.12±0.10^{e}	0.64±0.01^{b}	1.49±0.02^{a}	0.85±0.02^{c}
G3.0	71.17±0.29^{d}	4.42±0.13^{c}	8.22±0.06^{d}	0.55±0.02^{d}	1.43±0.01^{b}	0.71±0.01^{f}
SC0.5	68.50±0.00^{f}	3.91±0.09^{d}	8.12±0.05^{d}	0.56±0.01^{d}	1.47±0.01^{a}	0.74±0.02^{e}
SC1.0	69.43±0.12^{e}	4.44±0.20^{c}	8.66±0.10^{c}	0.57±0.02^{d}	1.43±0.02^{b}	0.79±0.02^{d}
SC3.0	72.17±0.15^{c}	4.88±0.03^{a}	9.94±0.07^{a}	0.58±0.02^{d}	1.38±0.01^{c}	0.85±0.02^{c}
SC5.0	76.73±0.12^{b}	4.68±0.04^{b}	9.53±0.12^{b}	0.62±0.01^{c}	1.27±0.02^{d}	0.88±0.01^{b}
SC7.0	83.27±0.25^{a}	4.29±0.06^{c}	8.77±0.07^{c}	0.66±0.01^{a}	1.17±0.02^{e}	0.93±0.02^{a}

注：表中 G 3.0 表示添加谷朊粉 3.0%作为对照。

（2）外源蛋白对全麦面团流变特性的影响

从图 2-14 中可知，添加 EW 后，全麦面团的弹性模量（G'）和损耗模量（G''）

均呈现出下降趋势，且随着添加量的增加，面团的弹性模量（G'）和损耗模量（G''）持续降低。tanδ 变化显示全麦面团综合黏弹性变化，由 tanδ［图 2-14（c）］变化可知，G3.0 对照的全麦面团黏弹性最佳，其次为 0.5%EW，且随着 EW 添加量越大，全麦面团的综合黏弹性持续减弱。由于含水量对面团的流变特性影响很大，本研究在固定含水量的情况下进行不同 EW 添加对全麦面团流变特性影响的测定，EW 的添加，从一定程度上稀释了面筋蛋白，导致 EW 嵌入面筋网络中，从而破坏了面筋网络的连续性结构，较高的含水量下，EW 黏度降低，导致面团的黏弹特性降低（张凤婕等，2019；王凤，2009）。

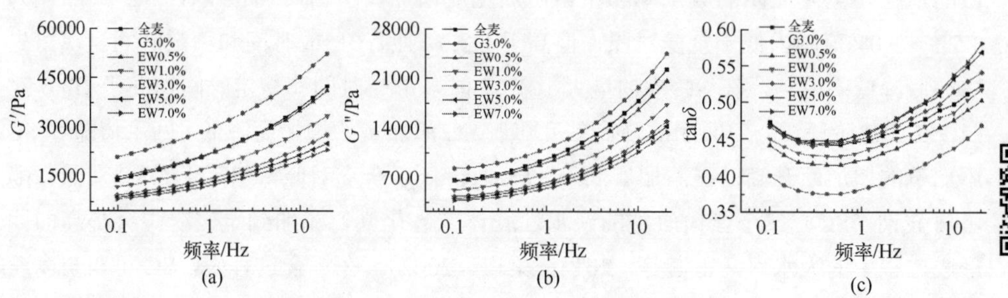

图 2-14　EW 添加对全麦面团流变特性的影响

（a）弹性模量（G'）；（b）损耗模量（G''）；（c）tanδ 变化。G3.0 表示添加 3.0%谷朊粉作为对照

从图 2-15 结果可知，当酪蛋白酸钠（SC）添加量大于 1.0%时，全麦面团的弹性模量（G'）和损耗模量（G''）随着 SC 添加量的增加显示出上升趋势，当 SC 添加量大于 3.0%时，全麦面团的弹性模量（G'）和损耗模量（G''）高于全麦和 G3.0 对照。添加 SC 后，SC 可与全麦粉中的面筋蛋白复合形成大分子聚集体，因此使得全麦面团的 G'和 G''增加。Ronda 等（2014）报道酪蛋白盐显著改变了面团流变特性，可能是由于氨基酸序列的特殊排列促进了共价键和氢键的作用进而形成了稳定紧密的多肽链，进而提升了面团的强度。Sudha 等（2014）研究同样发现 SC 含量较高时，可增加小麦面团的弹性，且随着 SC 含量的增加，面团的强度增加。从 tanδ 结果可知，G3.0 对照的综合黏弹性依然最佳，在 SC 添加量大于 1.0%时，tanδ 值大于全麦对照。可能是由于在固定加水量的条件下，过高的 SC 添加量与面筋蛋白强烈竞争水，影响了面筋蛋白网络结构的形成。但是值得一提的是，当扫描频率大于 10Hz 时，添加 SC 的全麦面团综合黏弹性均优于全麦对照，表明 SC 的添加使得全麦面团在高频下具有更好的稳定性，耐更强烈地揉混加工。

（3）外源蛋白质对全麦面团微观结构的影响（SEM）

蛋白质对全麦面团微观结构的影响变化见图 2-16 与图 2-17，从图中结果可知全麦面团［对照，图 2-16（a）、图 2-17（a）］中，因麸皮存在，使得面团中面筋网络结构遭到明显破坏，形成了大量断裂缝隙，导致了结构不连续，这种因麸皮带来的不利影响会使得面团的加工特性变差，进而会影响全麦食品的品质和口感。添加

G3.0［对照，图 2-16（b）、图 2-17（b）］后，面筋结构变得均匀连续，断裂处减少。添加 EW 后，可以观察到，随着添加量的逐渐增加，面团微观结构得到有效改善，内部孔洞显著减少，面团结构逐渐变得更加连续均匀，尤其是当添加量较高时，可清晰看到因 EW 的黏合性弥补了麸皮对面团的破坏，使面团结构变得均匀连续。这与马薇薇等（2020）的研究结果一致，其研究结果显示，EW 可以分布在面筋蛋白网络结构中，利用自身的黏结性增强了面筋蛋白包裹淀粉颗粒的能力，且随着 EW 添加量的增加，面筋蛋白网络结构逐渐改善。添加 SC 后，相比于全麦对照［图 2-17（a），对照］可知，随着 SC 添加量的增加，面团微观结构逐渐变得紧密，孔洞和缝隙逐渐减少。但是在较高添加量下［图 2-17（f）～（g）］，可以观察到面团微观结构与 G3.0 对照［图 2-17（b）］明显不同，面团结构连续且紧密，其可能是因为大分子蛋白质聚集体使面团结构致密。

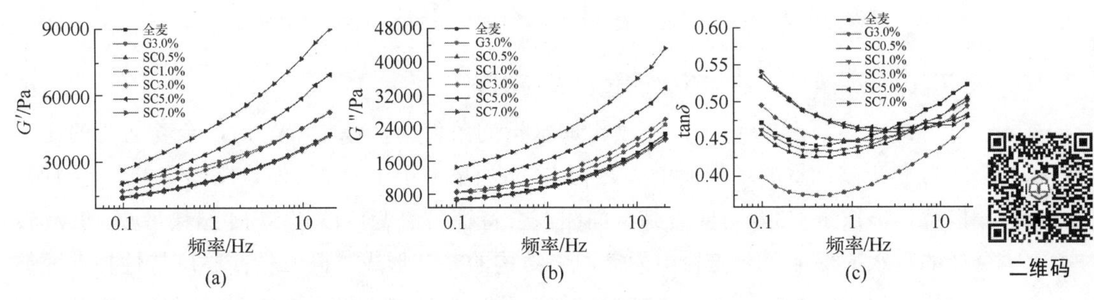

图 2-15 SC 对全麦面团流变特性的影响

（a）弹性模量（G'）；（b）损耗模量（G''）；（c）$\tan\delta$ 变化。G3.0 表示添加 3.0%谷朊粉作为对照

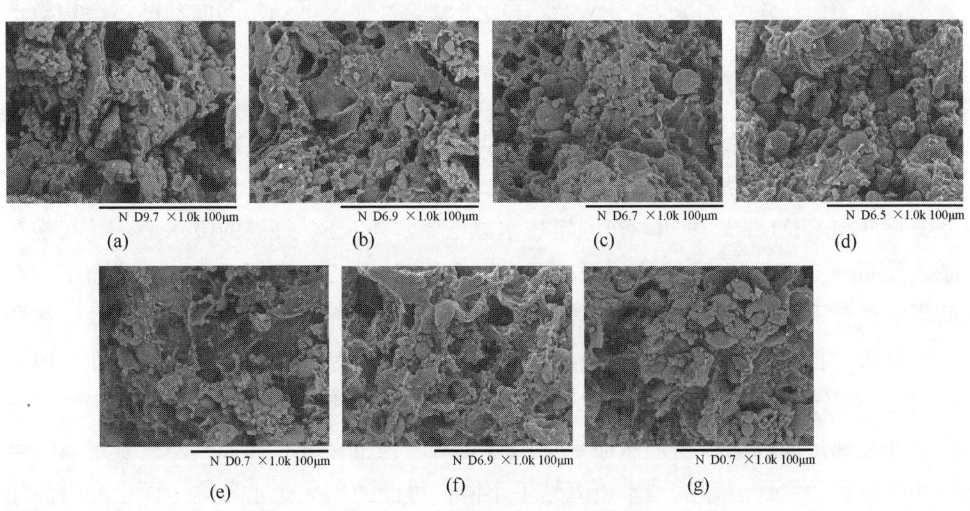

图 2-16 EW 面团扫描电镜图

（a）～（g）依次代表全麦、谷朊粉 3.0%、EW0.5%～7.0%

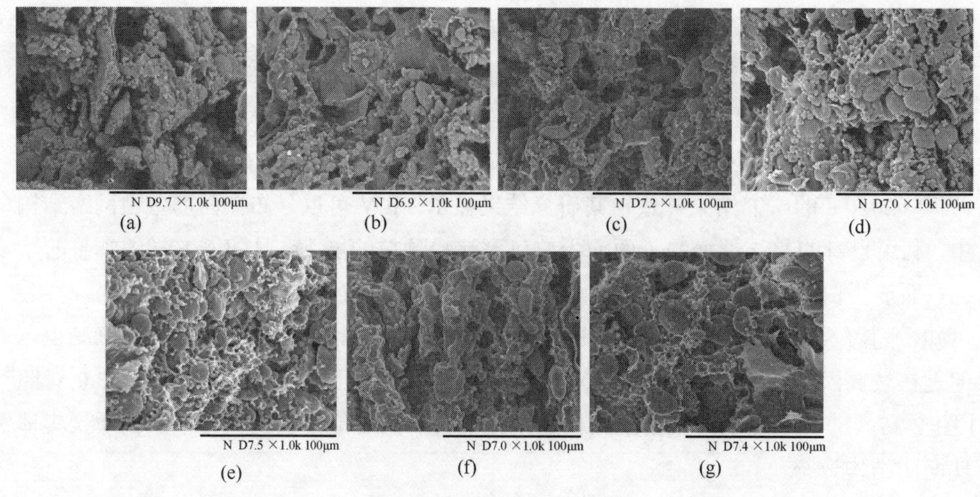

图 2-17　SC 扫描电镜图

（a）～（g）依次代表全麦、谷朊粉 3.0%、SC0.5%～7.0%

（4）外源蛋白质对全麦面包比容的影响

由表 2-11 结果可知，在固定加水量的条件下，添加 EW 后，全麦面包的比容随着 EW 添加量的增加而增大，当 EW 添加量大于 1.0%时，面包比容高于全麦对照，但整体仍低于 G3.0 对照。综合面团混合特性、流变特性和 SEM 结果可知，EW 较低的吸水率保证了全麦粉中面筋网络结构的充分形成，同时较高黏度特性辅助面筋网络导致添加 EW 后面团连续性较好，稳定性增强，面团内部强度降低，在醒发和烘烤过程中面团体积变大，面团内部结构更加疏松柔软（见图 2-18 内瓤结构），比容增大；当面包烘烤完成后，EW 较好的热凝胶特性，可以帮助面筋网络结构稳定面包的体积。Sang 等（2018）研究发现与 EW 相似的卵清蛋白添加到小麦粉中，可使面团黏弹性降低，馒头比容增加，这与本研究结果相似。SC 的添加对于面包比容的影响与 EW 的影响不同，由表 2-12 可知，面包比容随着 SC 添加量的增加呈现出先增加后减小的趋势，但均低于 G3.0 对照以及全麦面包对照。综合面团混合特性、流变特性和 SEM 结果可知，在固定加水量的条件下，SC 过高的吸水率，尤其是在添加量高于 3.0%时，可能导致面筋网络形成不充分，SC 之间以及与全麦粉中的面筋蛋白复合形成的大分子聚集体使得面团强度显著增加，面团内部更加紧致，在醒发和烘烤过程中，面团体积增加幅度减小，内瓤结构变得紧密（见图 2-19 面包内瓤结构），当面包烘烤完成后，较弱的面筋网络结构以及相对较低的淀粉糊化程度也难以更好地稳定面包的体积，从而导致比容降低。张中义等（2012）研究发现 SC 可增加无麸质面包比容，这与本研究结果不同，可能的原因是本研究中面包配方的加水量为固定加水量，而由 Mixolab 结果可知，SC 需要较高的加水量。

表 2-11　外源蛋白对面包比容的影响

面包种类	比容/(cm^3/g)	面包种类	比容/(cm^3/g)
全麦	3.10±0.02[cd]	全麦	3.10±0.02[b]
G3.0	3.43±0.05[a]	G 3.0	3.43±0.05[a]
EW0.5	3.01±0.04[d]	SC0.5	2.82±0.01[ef]
EW1.0	3.10±0.01[cd]	SC1.0	2.97±0.04[cd]
EW3.0	3.14±0.04[bc]	SC3.0	3.03±0.09[bc]
EW5.0	3.20±0.06[b]	SC5.0	2.92±0.01[de]
EW7.0	3.21±0.01[b]	SC7.0	2.81±0.02[f]

图 2-18　EW 对全麦面包内瓤结构的影响

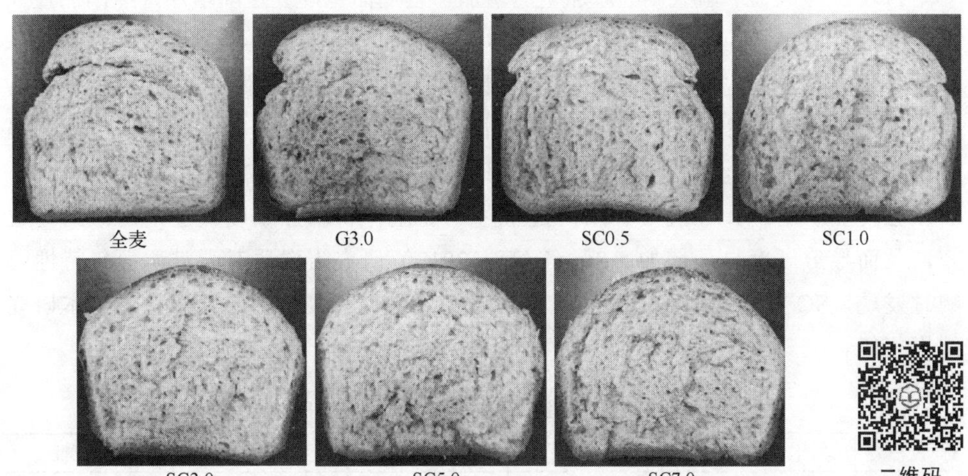

图 2-19　SC 对全麦面包内瓤结构的影响

（5）外源蛋白质对全麦面包品质特性的影响（TPA）

由表 2-12 可知，随着 EW 添加量的增加，全麦面包的硬度从 1913.90 下降到 1063.30，弹性、黏聚性和回复性与对照相比变化不显著，咀嚼度逐渐降低，且随着 EW 添加量的增加，全麦面包的质构特性逐渐接近 G3.0 对照，综上可知，EW 的添加降低了全麦食品特有的高硬度特性，产品品质得到明显改善。综合面团混合特性、流变和微观结构（SEM）结果可知，EW 添加后，面团结构变得连续，在面包配方中固定加水量的条件下，随着 EW 添加量的增加，面包面团在烘烤过程中可以很好地膨胀，且烘烤后能够有效地辅助面筋网络结构稳定面包体积，从而有效降低全麦面包的硬度，进而改善全麦面包的品质。张凤婕等（2019）将 EW 添加到了马铃薯中改善马铃薯全粉馒头的品质，同样发现 EW 可以提升产品质构特性，增加感官评分。

表 2-12　EW 全麦面包品质（TPA）

面包种类	硬度/g	弹性	黏聚性	咀嚼度	回复性
全麦粉	1913.90±99.03^{a}	0.93±0.01^{a}	0.73±0.04^{b}	1293.40±64.40^{a}	0.27±0.03^{ab}
G3.0	1028.20±209.46^{c}	0.89±0.11^{a}	0.79±0.04^{a}	722.22±205.59^{c}	0.30±0.02^{a}
EW0.5	2064.40±149.34^{a}	0.86±0.06^{a}	0.70±0.05^{b}	1233.20±119.37^{a}	0.25±0.03^{b}
EW1.0	1585.50±65.64^{b}	0.91±0.02^{a}	0.70±0.03^{b}	1005.40±51.52^{b}	0.25±0.01^{b}
EW3.0	1628.30±220.53^{b}	0.87±0.01^{a}	0.69±0.01^{b}	971.08±138.54^{b}	0.26±0.01^{b}
EW5.0	1472.00±124.09^{b}	0.90±0.01^{a}	0.71±0.02^{b}	927.88±68.20^{b}	0.27±0.01^{b}
EW7.0	1063.30±79.68^{c}	0.92±0.02^{a}	0.74±0.02^{b}	718.81±62.03^{c}	0.30±0.02^{a}

注：表中 G 3.0 表示添加谷朊粉 3.0%作为对照，EW 表示添加蛋清粉。

由表 2-13 可知，随着 SC 添加量的增加，全麦面包硬度逐渐增加，当添加量大于 3.0%时，全麦面包的硬度显著高于 G3.0 对照和全麦对照，全麦面包弹性随着添加量的变化不显著，咀嚼度变化趋势与硬度变化一致，黏聚性和回复性逐渐降低。当 SC 添加量为 0.5%～3.0%时，流变特性结果显示面团黏弹性相对较弱，面团强度较低，从而使得全麦面包硬度显著低于全麦对照，但当 SC 添加高于 3.0%时，面团强度显著增加，在醒发和烘烤过程中，面团体积增加幅度减小，内瓤结构致密，从而导致硬度显著增加。Storck 等（2013）研究蛋白质对无麸质面包特性影响时发现，SC 可增加面团的硬度，进而增加了面包的硬度和咀嚼度，这与本研究结果相似。

表 2-13　酪蛋白酸钠（SC）面包 TPA

面包种类	硬度/g	弹性	黏聚性	咀嚼度	回复性
全麦	1913.90±99.03^{b}	0.93±0.01^{a}	0.73±0.04^{b}	1293.40±64.40^{b}	0.27±0.03^{bc}
G3.0	1028.20±209.46^{d}	0.89±0.11^{ab}	0.79±0.04^{a}	722.22±205.59^{d}	0.30±0.02^{a}
SC0.5	1305.00±171.34^{c}	0.90±0.02^{ab}	0.73±0.01^{b}	857.70±120.46^{d}	0.29±0.01^{ab}

续表

面包种类	硬度/g	弹性	黏聚性	咀嚼度	回复性
SC1.0	1292.70±114.39[c]	0.86±0.01[b]	0.74±0.02[b]	816.62±60.95[d]	0.28±0.01[abc]
SC3.0	1746.70±217.68[b]	0.90±0.02[ab]	0.71±0.02[bc]	1109.00±113.70[c]	0.27±0.02[cd]
SC5.0	1943.20±197.12[b]	0.89±0.02[ab]	0.70±0.01[cd]	1203.20±138.87[bc]	0.25±0.01[d]
SC7.0	2735.30±305.38[a]	0.88±0.02[ab]	0.67±0.02[d]	1624.40±215.64[a]	0.23±0.01[e]

注：表中 G3.0 表示添加 3.0%谷朊粉作为对照。

2.3.4　小结

通过向全麦粉中添加蛋清粉（EW）和酪蛋白酸钠（SC），并对照谷朊粉研究外源蛋白质添加对全麦面团的混合特性、流变特性、微观结构及全麦面包品质的影响。

蛋清粉（EW）降低了全麦面团的吸水率和黏弹性，面团内部强度降低，同时 EW 的黏性和凝胶特性有效弥补了全麦面团中麸皮带来的不利影响，改善全麦面团的微观结构，使面团在醒发和烘烤过程中容易起发和膨胀，烘烤后能够稳定面包的体积，进而使全麦面包比容增大，硬度降低，有效改善全麦品质。

酪蛋白酸钠（SC）提高面团的吸水率，SC 之间以及与全麦粉中的面筋蛋白易复合形成大分子聚集体，使得面团强度显著增加，面团内部更加致密，在面包配方中固定加水量的条件下，面筋网络形成不充分，使面包比容降低，硬度增大。

研究表明，使用其他外源蛋白如 EW 有可能一定程度上代替谷朊粉用于提高全麦食品的品质，且营养价值更高。使用 SC 时，由于其较高的吸水率，在面包配方上可能需要做进一步研究，如加水量上做进一步调整，从而发挥其作用。

2.4　改性淀粉对全麦面团和全麦食品品质的影响研究

全麦粉富含膳食纤维和各种微量元素，因其营养价值高且对健康有益处而受到了广泛关注，但与精制小麦面粉相比，全麦粉中存在的大量纤维，破坏了全麦面团中面筋蛋白的连续性结构，从而对全麦食品品质产生了不利影响（Tebben 等，2018）。马铃薯是一种纯天然食品生产原料，其淀粉糊化后可形成具有弹性和强度的半透明凝胶，抗老化性强，能够显著改善面团的弹性和面筋韧度，改变面团的流变性，赋予淀粉基食品良好的口感，被广泛应用在食品生产中（吕振磊等，2010；马晓东等，2008）。但马铃薯淀粉添加到小麦面粉中后，会在一定程度上稀释面筋蛋白，影响小麦制品的品质（陈洁等，2018）。为了提高马铃薯淀粉的加工特性以用于全麦面团的改良，可对其进行改性处理，目前改性方法基本包括化学改性、物理改性及酶改性。其中，物理改性方法既改善了原淀粉的性能，同时又不会引入有害的化学物质（孙亚东，2016)。挤压技术具有高效、节能、无污染等特点，受到了食品行业的广泛关注（王强等，2018)，其利用热效应和剪切效应可将淀粉颗粒糊化、降解，以改变淀粉的性能，如黏性，凝胶特性等。Liu 等（2017）研究表明，大米淀粉经挤压预糊化后具有较强的凝胶稳定性。基于此，通过挤压技术改性马铃薯淀粉，研究改性马铃薯淀粉的黏度、流变及凝胶特性，以及添加改性马铃薯淀粉对全麦面团的流变特性和全麦油条品质特性的影响。通过本研究探索利用改性后马铃薯淀粉的黏性、凝胶性改善全麦面团的特性，进而改变全麦食品的品质。

2.4.1 材料与设备

（1）试验材料

全麦粉	中粮面业（海宁）有限公司
马铃薯淀粉	内蒙古蒙森农业科技股份有限公司
无铝害复配油条膨松剂	安琪酵母股份有限公司

（2）仪器设备

SCIENTZ-12N 冷冻干燥机	宁波新芝生物科技股份有限公司
Mixolab	法国肖邦技术公司
TM-3000 扫描电镜	日本 Hitachi（日立）公司
Anton Paar MCR 302 动态流变仪	奥地利安东帕有限公司
TA-XT2i 型质构分析仪	英国 Stable Microsystems 公司
DSE-20/40 型双螺杆挤压机	德国 Brabender 公司
ZM 200 超离心研磨仪	德国 Retsch 公司
DSC-8000	美国 PE 公司
RVA 快速黏度测定仪	澳大利亚 Newport Scientific 公司
12L 自动升降油炸锅	广东圣托智能设备有限公司
JXFD 8 型醒发箱	北京东方孚德技术发展中心

2.4.2 试验方法

（1）挤压改性马铃薯淀粉

将双螺杆挤压机参数设定为：温度为 60℃、90℃；螺杆转速为 60r/min，选用 2mm 模头，通过调整进料进水速度控制马铃薯淀粉样品含水量为 30%、42%、54%。将挤压改性后的马铃薯淀粉一部分 45℃烘干，一部分制备冻干样。将烘干后的样品研磨成粉末过 60 目筛。

（2）单位机械能耗 SME

挤压过程由计算机程序控制并记录，通过记录的数据提取扭矩、螺杆转速等参数，数据采集频率为 6min/次。根据式（2-2）计算出 SME：

$$SME=2\pi\times n\times T/MFR \tag{2-2}$$

式中，SME 为单位机械能耗（kJ/kg）；n 为螺杆转速（r/min）；T 为扭矩（N • m）；MFR 为产量（g/min）。

（3）改性马铃薯淀粉糊化度测定

将挤压改性后马铃薯淀粉冻干样品过 100 目筛，称取约 10mg 样品，记录样品质量并按比例 1∶2 加入纯水，密封后 4℃下平衡 24h。用差式扫描量热仪测定淀粉的糊化度，温度扫描范围为 25～120℃，升温速度为 5℃/min。

$$糊化度（\%）=（1-\Delta H_s/\Delta H_n）\times 100\% \tag{2-3}$$

式中，ΔH_s 为样品焓变；ΔH_n 为马铃薯淀粉焓变。

（4）改性马铃薯淀粉水溶性指数（WSI）和吸水性指数（WAI）测定

取样 1.0g（干基 W_0），放入已知质量的离心管中（W_1）中，加入 25mL 蒸馏水，振荡试管并完全分散。100℃水浴加热 30min，间隔 10min 手摇 30s。4200r/min 离心 15min。将上清液倒入 500mL 烧杯中（烧杯重 W_2），105℃烘至恒重（W_3），称离心管重（W_4），按式（2-4）和式（2-5）计算水溶性和吸水性指数。同时，取 1.0g 改性后马铃薯淀粉样品，放入玻璃瓶中，吸取 5.0mL 蒸馏水，注入玻璃瓶中，快速摇匀，使样品与水充分混合均匀，静置后拍照观察。

$$WAI=\frac{W_4-W_1}{W_0}\times 100\% \tag{2-4}$$

$$WSI=\frac{W_3-W_2}{W_0}\times 100\% \tag{2-5}$$

（5）改性淀粉-水混合液的静态流变测定

使用 Anton Paar MCR 302 流变仪，采用 PP25 转子，设定平板间距为 1mm，设定剪切应变为 0.1%，扫描频率设为 1.0Hz，剪切速率变化范围为 0～500/s，将上述改性淀粉-水混合液样品置于平板上进行测定，得到剪切速率-黏度变化曲线。

（6）改性马铃薯淀粉糊化特性（RVA）测定

准确称取 10%改性马铃薯淀粉-全麦粉的混合粉（3.5g±0.01g），水分基准为 14%，加入 25.0mL 蒸馏水于 RVA 专用铝盒中混合。测试程序为：50℃保持 1min，以 12℃/min 的速率升温 95℃，并在 95℃保持 2.5min，再以 12℃/min 的速率降温至 50℃，保持 1min。测试过程中搅拌器在开始搅拌时以 960r/min 的速度混匀样品并转动 10s，其余时间转速均保持在 160r/min。试样重复三次。

（7）热机械学特性测定

取 10%改性马铃薯淀粉添加到全麦粉中，混合均匀，测定方法同 2.2.2。

（8）拉伸特性测定

取10%改性马铃薯淀粉添加到全麦粉中混合均匀，在混合粉中加入与纯全麦对照等量水（以全麦粉吸水率计），混合成团。测定方法同2.2.2。

（9）流变特性测定

取10%改性马铃薯淀粉添加到全麦粉中混合均匀，在混合粉中加入与纯全麦对照等量水（以全麦粉吸水率计），混合成团。测定方法同2.2.2。

（10）微观结构（SEM）

测定方法同2.2.2。

（11）全麦油条的制备

原料准备（全麦粉或混合粉、无铝膨松剂在和面机中中速混匀）→和面（盐溶于水，完全溶解后倒入和面机中，中速搅拌1min，高速搅拌10min）→醒发（表面刷一层油，保鲜膜包好醒发1.5h，醒发20min后取出进行叠面，设定温度35℃、湿度75%）→揉面（擀成厚0.5cm，宽14cm）→切块（切成小长方块，长12cm，宽5cm，每两块叠在一起，中间用筷子压实，拉伸至30cm）→油炸（190℃，时间控制在2min）。

（12）全麦油条品质特性测定

参考2.2.2测定方法。将样品切成2cm×2cm×2cm小方块，设定测试前探头运行速度1mm/s，测试过程中的探头运行速度1mm/s，返回速度1mm/s，压缩比75%。

（13）全麦油条比容测定

测定方法同2.2.2。

2.4.3 结果与分析

（1）挤压过程SME变化

马铃薯淀粉在挤压改性过程中的单位机械能耗（SME）变化由图2-20所示。挤压温度和物料含水量分别影响物料的熔化程度、黏度和物料颗粒间的摩擦作用，进而改变物料的黏度和流动性，影响在挤压过程中的SME（耿贵工等，2013）。SME结果显示，在同一温度下，SME随着物料水分的增加而降低。说明同一温度下，在低水分时，物料流动性差，导致物料在挤压机内所受的机械剪切力大，淀粉颗粒受破坏程度变大；在高水分含量时，物料在挤压机内流动性好，降低了螺杆带来的剪切力，淀粉颗粒受损程度减弱；在同一水分含量时，物料在高挤压温度下，淀粉糊化程度增加，物料在机筒内的黏度增加，导致螺杆转动的阻力增加，剪切力变大。但当水分含量为30%时，淀粉适当的糊化有利于物料在挤压机内的流动，因此SME在60-30时比90-30时高（赵学伟等，2012）。

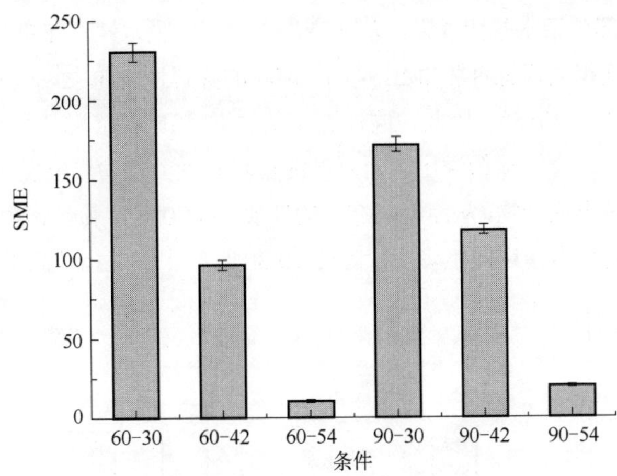

图 2-20 改性马铃薯淀粉 SME 变化

60 和 90 代表挤压温度，30、42 和 54 代表物料水分含量，余同

（2）改性马铃薯淀粉糊化度变化

改性马铃薯淀粉糊化度变化结果如图 2-21 所示，从图中可以看出，在同一温度下，随着物料水分的增加，糊化度呈现出逐渐降低的趋势；同一水分含量时，挤压温度越高，糊化度越高。王婷等（2019）研究低温挤压对粳糙米理化性质的影响时发现，高温、低水分挤压条件下，改性淀粉的糊化度高，这与本研究得到的结果相似。在挤压过程中，不同条件下淀粉颗粒受到不同程度的影响，综合 SME 结果可知，低水分条件下，淀粉颗粒受到的机械剪切力较大，剪切力导致淀粉颗粒结构的破坏。随着水分的增加，物料流动性逐渐加强，淀粉颗粒受损程度减弱，导致在测试过程中，改性马铃薯淀粉糊化度随着水分的增加逐渐降低，但明显高于原马铃薯淀粉（Cheyne 等，2005）；在较高温度条件下，淀粉颗粒在水和热的作用下发生糊化，但在水分含量高时，物料在机筒内流动性好，留存时间短，发生糊化作用的程度也有所减弱，从而导致了糊化度的降低，这与于双双等（2017）的研究结果一致。

（3）改性马铃薯淀粉水溶性指数和吸水性指数变化

从表 2-14 数据可知，在挤压改性后马铃薯淀粉的吸水性指数（WAI）和水溶性指数（WSI）都有显著的增加。在同一挤压温度下，吸水性指数和水溶性指数随着物料水分的增加而降低；在相同水分含量下，高温挤压条件下的改性马铃薯淀粉吸水性指数和水溶性指数高于低温挤压条件下的。淀粉的吸水性指数主要和淀粉的亲水性基团相关，淀粉糊化后，亲水基团暴露，吸水性指数上升。通常淀粉的糊化程度越高，吸水性指数越大。因此，在相同水分含量下，高温挤压条件下的马铃薯淀粉糊化程度高，淀粉颗粒膨胀变大容易与水分子相互作用，从而导致吸水性增加（吴娜娜等，2019）。然而，淀粉在挤压加工过程的糊化不光依赖于温度，剪切力也是重要影响因素。同样温度条件下，低水分时物料所受剪切力大，淀粉颗粒被破坏得较为严重，导致大部分亲水基团暴露，从而产生了较高的吸水性。淀粉的水溶性指数主要和淀粉的降解程度相关，而通常 SME 越高，淀粉的降解程度越大，产生的可溶性小分子也会增加（Shan 等，2015）。因此，同样温度条件下，SME 越大，水溶性指数越高。通常淀粉糊化过程中，直链淀粉溢出，而直链淀粉容易受剪切力影响发生降解，由大分子变成小分子的糊精类化合物，从而影响淀粉的性质。90-30 时淀粉糊化程度比 60-30 时高，直链淀粉易受到剪切力作用发生降解，因此 90-30 时的水溶性指数高于 60-30 时的。

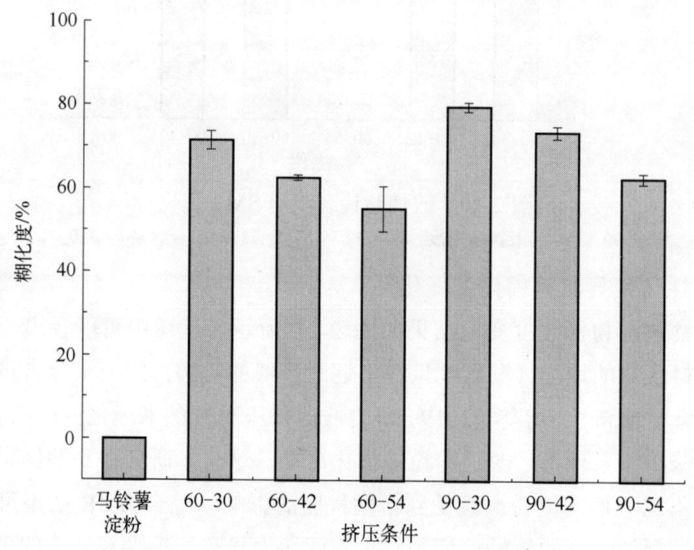

图 2-21　改性马铃薯淀粉糊化度变化

表 2-14　改性马铃薯淀粉水溶性指数和吸水性指数

种类	吸水性指数/(g/g)	水溶性指数/(g/g)
马铃薯淀粉	1.74±0.03[e]	0.00±0.00[f]
60-30	4.75±0.16[c]	0.10±0.00[c]
60-42	2.88±0.04[d]	0.04±0.00[d]
60-54	3.16±0.25[d]	0.02±0.00[e]
90-30	9.00±0.23[a]	0.27±0.01[a]
90-42	7.37±0.61[b]	0.13±0.01[b]
90-54	5.03±0.13[c]	0.03±0.00[de]

注：表中 60 和 90 代表挤压温度，30、42 和 54 代表物料水分含量。

图 2-22 为挤压改性马铃薯淀粉吸水后的凝胶特性，由 a 可见，马铃薯淀粉的水溶性和吸水性均较差，静置一段时间后，淀粉粒全部下沉，上部为清水，这是由于淀粉内部的氢键阻止其在冷水中的溶解。挤压改性后，所有样品的水溶性和吸水性均有所改善，尤其是 b、e 和 f 三个样品上清液极少，几乎全部吸水形成凝胶，改性淀粉的这种凝胶性将可能影响全麦面团的特性及全麦食品的品质。

（4）改性淀粉-水混合液的静态流变特性

由图 2-23 可知，对比原马铃薯淀粉的黏度变化，挤压改性后的马铃薯淀粉与水的混合液黏度均有所增加，与图 2-22 的呈现的凝胶特性一致，90-30、90-42 黏度最高。所有改性淀粉-水混合液呈现剪切变稀现象，在低剪切速率时，淀粉中的长链分子自发卷曲缠结，彼此阻碍流动，从而表现出较高的凝胶黏度。而在剪切速率增加时，卷曲缠结的分子链被拉直，使其沿着剪切力的方向有序排列，因而减少了分子间相互作用，流体表观黏度减小并逐渐趋近于稳定不变的黏度值（刘晓媛等，2019）。结合吸水性指数（WAI）和水溶性指数（WSI）的变化可知，挤压后淀粉发生糊化和降解，亲水基团暴露，比普通淀粉吸水性和水溶性增强，易与冷水作用形成凝胶，具有较高的冷糊黏度（石磊，2014；李坚斌等，2008）。由 SME 结果可知，高温或低水分挤压改性条件下，淀粉糊化程度和降解程度均较高，因此，淀粉吸水形成的凝胶强度增大，表现出更高的黏性。

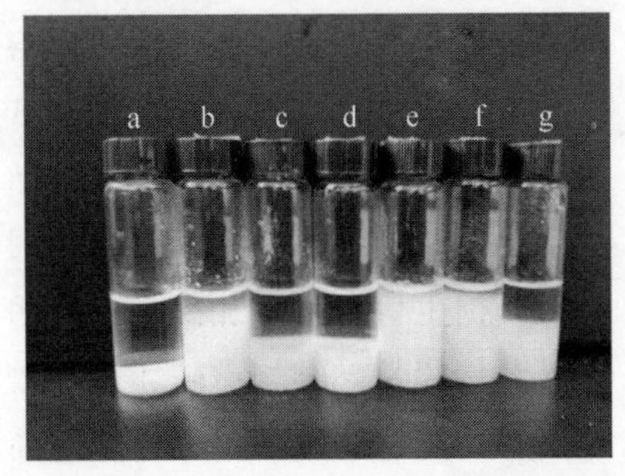

图 2-22 改性马铃薯淀粉的凝胶特性

（a：马铃薯淀粉；b：60-30；c：60-42；d：60-54；e：90-30；f：90-42；g：90-54）

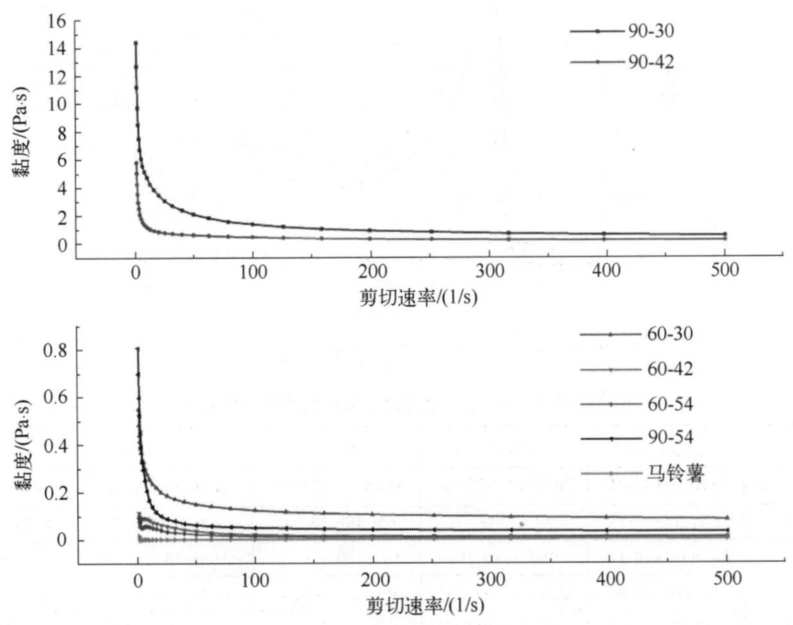

图 2-23 改性马铃薯淀粉静态流变曲线图

（5）改性马铃薯淀粉糊化特性变化

图 2-24 和表 2-15 显示了改性马铃薯淀粉的糊化特性，不同挤压条件下获得的马铃薯淀粉的糊化特性有着显著的差别。由图 2-24 可以观察到，原马铃薯淀粉有着

非常低的起始黏度，源于淀粉不溶于冷水。与马铃薯淀粉相比，所有挤压改性后的淀粉的起始黏度均有所升高，90-30、90-42 有着最高的起始黏度，60-54、60-42 起始黏度最低，这与前面静态流变结果一致。由表 2-15 可知，改性淀粉的峰值黏度、谷值黏度、崩解值、最终黏度、回生值均较原马铃薯淀粉降低，除了 60-54 时最终黏度和回生值有所增加。主要原因是淀粉在挤压过程中发生一定程度的糊化，淀粉颗粒结构和结晶结构被破坏，导致糊化黏度的降低。在相同温度下，糊化黏度的变化规律均随着物料的水分含量升高而升高，这主要与淀粉的糊化度相关，物料水分含量较低时，所承受的剪切力相对较大，淀粉颗粒被破坏程度较大。在相同水分条件下，温度的升高导致糊化度的升高，因此挤压改性淀粉的糊化黏度降低。值得一提的是，60-54 时，挤压改性淀粉呈现出较高的峰值黏度、谷值黏度、崩解值、最终黏度和回生值，最终黏度和回生值甚至远高于原马铃薯淀粉。其原因可能是在该挤压条件下，类似于淀粉的湿热处理，强化了淀粉无定型区域的规则排列，导致糊化后重结晶程度的增加（周星杰等，2018；李文婷等，2019）。

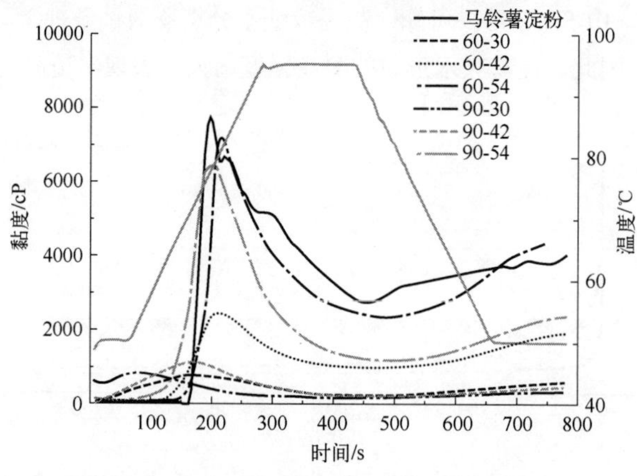

图 2-24　改性马铃薯淀粉糊化特性的变化

表 2-15　改性马铃薯淀粉糊化特性的变化

种类	峰值黏度/cP❶	谷值黏度/cP	崩解值/cP	最终黏度/cP	回生值/cP
马铃薯淀粉	8490.70±46.01[a]	2644.30±325.15[a]	5846.30±279.83[a]	4036.00±79.90[b]	1391.70±405.01[b]
60-30	911.67±7.51[f]	254.67±18.50[d]	657.00±25.24[e]	708.33±14.57[e]	453.67±11.59[d]
60-42	2438.00±29.31[d]	965.33±9.29[c]	1472.70±23.12[d]	1906.70±20.74[d]	941.33±13.20[c]
60-54	7195.30±51.96[b]	2288.30±31.66[b]	4907.00±45.21[c]	4441.00±68.55[a]	2152.70±42.36[a]
90-30	922.67±55.51[f]	152.33±29.94[d]	770.33±56.09[e]	313.33±66.56[f]	161.00±38.00[e]
90-42	1738.30±13.65[e]	359.67±10.26[d]	1378.70±8.50[d]	708.33±6.35[e]	348.67±10.79[de]
90-54	6412.00±97.60[c]	1164.00±33.06[c]	5248.00±65.02[b]	2361.00±36.59[c]	1197.00±20.81[bc]

注：表中 60 和 90 代表挤压温度，30、42 和 54 代表物料水分含量。

❶ 1cP=10^{-3}Pa • s。

（6）改性马铃薯淀粉对全麦面团热机械学特性的影响

添加10%改性马铃薯淀粉对全麦面团的热机械学特性影响结果见表2-16，由结果可知，添加原马铃薯淀粉使全麦面团的吸水率降低，但形成时间、稳定时间以及蛋白质弱化度均无显著影响，影响比较大的是糊化后的峰值黏度和冷却后的回生值，两者显著增加，这与淀粉在面团体系内的总量增加有关。添加挤压改性马铃薯淀粉后，全麦面团的吸水率显著升高，且变化与挤压后改性马铃薯淀粉的吸水性指数变化一致。总体来说，面团形成时间和稳定时间降低，90-30的最低，分别为2.47min和3.09min，与吸水率的变化趋势一致。添加改性马铃薯淀粉后，其较高的吸水率和吸水后快速凝胶化导致面团扭矩迅速达到1.1N · m，面团形成时间降低，同时，改性淀粉的持水特性使得全麦粉中的面筋蛋白未能充分水合，形成面筋蛋白网络来稳定面团，且改性淀粉添加后对面筋蛋白起到了一定的稀释作用，使得面团的稳定时间显著降低（孟娇等，2015；Fiorda等，2015）；值得一提的是，高水分挤压条件下（60-42，60-54，90-54），由于面团吸水率上升不明显，面团形成时间和稳定时间虽然有所降低，但远不如90-30时下降明显，表明面筋蛋白网络有较好地形成，且从蛋白质弱化度看，蛋白质弱化度甚至低于全麦粉，表明该条件下挤压改性淀粉的黏性和凝胶性可以辅助面筋蛋白网络来稳定面团。峰值黏度和回生值变化与糊化特性（RVA）得到的结果一致，且回生值均远低于全麦粉，这一特性可能有利于在一些需要降低回生值的食品中应用。

表2-16 改性马铃薯淀粉对全麦面团热机械学特性的影响

种类	吸水率/%	形成时间/min	稳定时间/min	弱化度/(N · m)	峰值黏度/(N · m)	回生值/(N · m)
全麦粉	70.00±0.00^{f}	4.54±0.24^{a}	8.40±0.21^{a}	0.58±0.02^{c}	1.49±0.03^{b}	0.91±0.02^{b}
马铃薯淀粉	66.10±0.36^{g}	4.46±0.25^{a}	8.38±0.11^{a}	0.56±0.01^{c}	1.62±0.03^{a}	0.99±0.09^{a}
60-30	74.67±0.29^{b}	3.78±0.15^{b}	5.44±0.23^{d}	0.68±0.03^{b}	1.25±0.04^{d}	0.56±0.01^{de}
60-42	71.67±0.29^{e}	4.48±0.22^{a}	7.76±0.11^{b}	0.49±0.01^{d}	1.39±0.03^{c}	0.69±0.03^{c}
60-54	72.33±0.29^{d}	4.72±0.18^{a}	7.83±0.17^{b}	0.56±0.03^{c}	1.37±0.01^{c}	0.68±0.04^{c}
90-30	76.33±0.29^{a}	2.47±0.18^{c}	3.09±0.10^{f}	0.83±0.03^{a}	1.16±0.01^{e}	0.49±0.05^{f}
90-42	75.00±0.50^{b}	3.68±0.12^{b}	4.71±0.08^{e}	0.70±0.02^{b}	1.19±0.00^{e}	0.51±0.01^{ef}
90-54	73.50±0.50^{c}	4.43±0.46^{a}	7.03±0.33^{c}	0.51±0.08^{cd}	1.24±0.01^{d}	0.62±0.03^{cd}

注：表中60和90代表挤压温度，30、42和54代表物料水分含量。

（7）改性马铃薯淀粉添加对全麦面团拉伸特性的影响

改性马铃薯淀粉添加对全麦面团拉伸特性的影响见表2-17，由数据可得，对比全麦面团和添加马铃薯淀粉的全麦面团，拉伸阻力在添加改性淀粉后显著（p<0.05）增加，拉伸距离减小，且在60-42与60-54时有较高的拉伸阻力，表明此时全麦面团的强度较高。全麦面团的拉伸特性与面筋蛋白形成的网络结构以及改性淀粉的黏

性和凝胶特性有关。挤压改性后淀粉易吸水形成凝胶，其黏性远高于原马铃薯淀粉，在改性马铃薯淀粉的黏结作用下面团内部紧密程度增加，导致混合面团的拉伸阻力增大和拉伸距离减小（申瑞玲等，2016；Wang 等，2013）。Filipovic 等（2009）在研究膨化玉米和面包改良剂用量对面包流变学和感官特性的影响时也得到类似的结论。但如果改性淀粉的吸水性和持水性过强，可能会影响良好面筋蛋白网络结构的形成，从而影响面团的拉伸特性，因此 90-30 时面团拉伸阻力又有所降低。

表 2-17　改性马铃薯淀粉添加对全麦面团拉伸特性的影响

种类	拉伸阻力/g	拉伸距离/mm
全麦粉	20.91 ± 1.60^{d}	41.08 ± 1.81^{a}
马铃薯淀粉	20.04 ± 1.02^{d}	38.78 ± 2.05^{ab}
60-30	25.51 ± 1.65^{ab}	38.99 ± 1.69^{ab}
60-42	27.51 ± 1.96^{a}	39.67 ± 2.83^{ab}
60-54	27.63 ± 1.18^{a}	37.49 ± 1.20^{bc}
90-30	23.84 ± 2.78^{bc}	39.18 ± 1.72^{ab}
90-42	23.20 ± 1.26^{c}	38.10 ± 2.55^{bc}
90-54	25.79 ± 1.11^{ab}	36.06 ± 0.87^{c}

注：表中 60 和 90 代表挤压温度，30、42 和 54 代表物料水分含量。

（8）改性马铃薯淀粉添加对全麦面团流变特性的影响

挤压改性马铃薯淀粉对全麦面团流变特性变化结果见图 2-25，从图中可以看出，弹性模量（G'）均大于损耗模量（G''），所有面团样品的 $\tan\delta$ 均小于 1，表明全麦面团弹性占主导地位。添加改性马铃薯淀粉后全麦面团的弹性模量（G'）和损耗模量（G''）均高于全麦和添加原马铃薯淀粉的对照组，损耗角正切值（$\tan\delta$）低于全麦和添加原马铃薯淀粉的对照组，表明添加改性淀粉后全麦面团的综合黏弹性有所提高。同全麦面团的拉伸特性类似，全麦面团的黏弹性也主要与面筋蛋白形成的网络结构以及改性淀粉的黏弹性有关。由改性马铃薯淀粉的凝胶性、流变特性及其水溶性和吸水性可知，挤压后淀粉发生糊化和降解，亲水基团暴露，比普通淀粉吸水性和水溶性增强，易与冷水作用形成凝胶，具有较高的冷糊黏度。添加到面团后，其快速吸水形成凝胶有助于黏合全麦面团中纤维、淀粉等组分，从而提高了全麦面团的黏弹性。张艳荣等（2018）高温挤压处理马铃薯全粉后也发现，挤压后的马铃薯全粉面团的弹性升高，且高温挤压的马铃薯全粉面团的弹性高于低温挤压。

（9）改性马铃薯淀粉添加对全麦面团微观结构的影响

改性马铃薯淀粉对全麦面团微观结构的影响见图 2-26，从扫描电镜的结果可知，全麦面团中麸皮含量高使得面筋蛋白基质的连续性被破坏，导致面团结构中形成空洞和大量的断裂（徐小云，2018）。添加马铃薯淀粉后，可见全麦面团微观结构中的大孔洞被马铃薯淀粉填充。添加改性淀粉后观察到面团微观结构得到改善，可以观察到 60-30 和 90-30 两个面团样品的微观结构较对照及其他样品表现得更加致密，由麸皮造成的断裂处得到了较好的弥补。这依然与改性淀粉的凝胶性和黏性相关，面团形成过程中，改性淀粉经吸水形成凝胶，有助于黏合全麦面团中纤维、淀粉等组分，从而使面团结构更加均匀连续（Jafari，2017）。

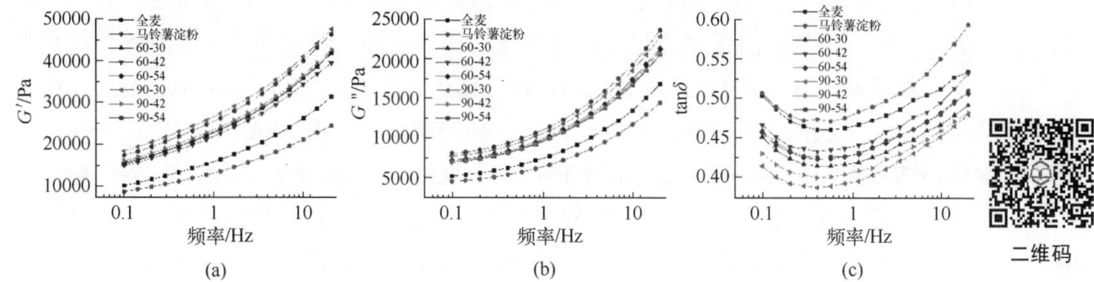

图 2-25 改性马铃薯淀粉对全麦面团流变特性的影响

（a）弹性模量（G'）；（b）损耗模量（G''）；（c）tanδ

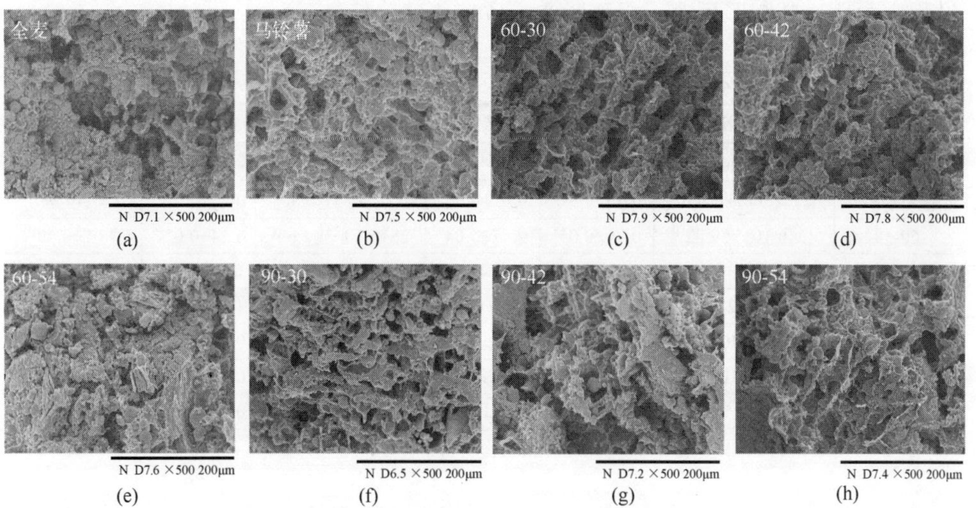

图 2-26 改性马铃薯淀粉对全麦面团微观结构的影响

（10）改性马铃薯淀粉添加对全麦油条品质特性的影响

改性马铃薯淀粉对全麦油条品质特性影响结果见表 2-18。从表中结果可知，全麦油条的硬度高达 12402.00g，高于普通油条 2～3 倍，有报道指出，全麦粉中的麸皮会破坏面筋结构，使得产品表面粗糙且硬度高，导致产品品质降低（özboy，1997）。添加马铃薯淀粉并没有使全麦油条硬度有所改善，相对于全麦对照，其硬度甚至有所增加，而弹性降低。但添加马铃薯淀粉后，全麦油条的比容有所增加，可能与淀粉糊化后其良好的膨化特性相关。Symons 等（2004）研究表明，淀粉含量低会导致黏度降低和最终产品质量的降低。在淀粉含量相对较高的体系中，加热过程中淀粉糊化会阻止水分蒸发，使产品膨胀，比容增加。添加挤压改性淀粉后，全麦油条的品质产生了不同的影响，当挤压条件为 60-30、60-42、90-42 时，三种挤压改性淀粉添加到全麦粉中后全麦油条硬度显著降低，弹性上升，比容增加。尤其在 60-42 时，全麦油条具有最低的硬度 3439.30g 和最高比容 3.31cm^3/g。而挤压条件为 60-54、90-30 时，与全麦油条对照相比，油条硬度依然较高，甚至高于全麦对照。综合差示扫描量热仪（DSC）、快速黏度测定仪（RVA）的结果可知，60-54 和 90-30 两个挤压条件下获得的改性淀粉具有较低或较高的糊化度。由 RVA 结果可见，60-54 条件下的改性淀粉其淀粉无定型区域的排列更规则，导致糊化后淀粉重结晶程度增加，最终黏度和回生值甚至远高于原马铃薯淀粉，导致全麦油条的硬度最高。90-30 条件下导致了挤压改性淀粉较高的吸水性和凝胶强度，当挤压改性淀粉吸水量过高时，全麦面团中水分分布不均匀，使面筋蛋白网络结构形成不充分，面团结构主要由淀粉的凝胶网络支撑，且面团黏性过高，面团强度过大，最终导致产品变硬，在油炸过程中面团内部膨胀困难，内瓤紧实，致使比容降低。

表 2-18　改性马铃薯淀粉对全麦油条品质特性的影响

种类	硬度/g	弹性	黏聚性	咀嚼性	回复性	比容/(cm^3/g)
全麦粉	12402.00±4274.07^{ab}	0.58±0.07^{bc}	0.64±0.04^{bc}	4515.30±1567.68^{a}	0.27±0.03^{ab}	2.71±0.19^{bc}
马铃薯淀粉	13829.00±4178.80^{a}	0.48±0.07^{d}	0.61±0.02^{c}	4007.50±1102.88^{ab}	0.26±0.03^{bc}	2.94±0.25^{abc}
60-30	4546.10±769.82^{cd}	0.76±0.05^{a}	0.67±0.04^{a}	2315.10±302.60^{c}	0.24±0.02^{cd}	3.01±0.49^{ab}
60-42	3439.30±898.65^{d}	0.77±0.01^{a}	0.66±0.03^{ab}	1730.70±372.69^{c}	0.22±0.01^{d}	3.31±0.23^{a}
60-54	12797.00±2716.97^{a}	0.51±0.09^{cd}	0.66±0.03^{ab}	4258.20±837.49^{a}	0.29±0.02^{a}	2.75±0.12^{bc}
90-30	11077.00±2082.02^{ab}	0.49±0.08^{d}	0.61±0.02^{c}	3268.90±667.20^{b}	0.24±0.02^{cd}	2.57±0.19^{bc}
90-42	6436.30±1161.34^{c}	0.74±0.01^{a}	0.68±0.02^{a}	3263.70±583.46^{b}	0.23±0.01^{cd}	2.99±0.16^{abc}
90-54	9595.50±1530.12^{b}	0.64±0.08^{b}	0.67±0.02^{a}	4075.20±469.39^{ab}	0.28±0.01^{ab}	2.56±0.06^{c}

注：表中 60 和 90 代表挤压温度，30、42 和 54 代表物料水分含量。

2.4.4　小结

利用双螺杆挤压机改性马铃薯淀粉，改性后马铃薯淀粉的吸水性指数（WAI）和水溶性指数（WSI）增加，在高温、低水分的挤压条件下具有较高糊化度、冷糊黏度、糊化黏度和较低的回生值。60-54 时，挤压改性淀粉呈现出较高的峰值黏度、谷值黏度、崩解值、最终黏度和回生值，最终黏度和回生值甚至远高于原马铃薯淀粉；添加 10%挤压改性马铃薯淀粉到全麦粉后，全麦面团吸水率显著升高，形成时间和稳定时间减少，稳定性降低，峰值黏度和回生值显著降低。改性淀粉黏性及凝胶特性有助于黏合全麦面团中纤维、淀粉等组分，使面团结构更加均匀连续，进而增加了面团的强度，导致拉伸阻力增大，拉伸距离减小；当挤压条件为 60-30、60-42、90-42 时，三种挤压改性淀粉添加到全麦粉中后全麦油条硬度显著降低，弹性上升，比容增加。一方面，适度糊化的挤压改性淀粉的特有凝胶性和黏性有助于黏合全麦面团中的纤维、淀粉等组分，从而使面团结构更加均匀连续，同时面团油炸膨胀后有助于稳定油条的体积。另一方面，添加的未完全糊化淀粉在油炸后的糊化也有助于全麦油条的膨胀、硬度的降低以及弹性的上升。

本研究表明，通过不同挤压加工条件，可以获得不同黏度和凝胶性质的改性马铃薯淀粉，并可能应用于不同的谷物加工产品中。可以进一步尝试添加不同量的上述改性马铃薯淀粉在全麦油条或者其它全麦产品中。

2.5　结论

本研究利用酶及乳化剂、外源蛋白质及挤压改性淀粉改良全麦面团品质，研究其对全麦食品的品质变化的影响。主要研究结果如下：

① 酶制剂作为一种安全绿色的食品添加剂在改善面制品品质方面应用广泛。木聚糖酶增加了全麦面团延展性，有效降低面团的强度，适量添加可以改善面团的流变特性，有效改善面团面筋结构。在实际生产加工中，由于不同面制品对面团特性要求有所不同，木聚糖酶对全麦面团产生的影响需要符合目标产品的生产要求，以此来选择合适的添加量，因此，需要进一步对具体全麦产品进行针对性的研究。TG 酶诱导全麦体系中蛋白质分子交联，使得全麦面团微观结构得到有效改善，进而增加了全麦面团的强度，但当过量添加或者过长时间反应，会使得全麦面团强度过大，产品硬度升高，可能是因为选取添加量过高，可以考虑在以后的研究中进一步探讨添加量的变化对产品品质的影响。DATEM 为最常用乳化剂，可以有效改善全麦面团的面筋结构，提升全麦面团流变学特性，适量添加（本研究为 0.4%）可以有效改善全麦食品品质。

② 多种绿色天然的外源蛋白质应用在提升面制品品质中，其自身特有的营养物质丰富了面制品的营养价值并能有效改善面制品品质。蛋清蛋白质（EW）特有的凝胶特性使得全麦面团的流变学特性得到有效改善，其降低了全麦面团的强度，显著改善全麦面团的微观结构，赋予全麦面团良好的加工特性，有效降低全麦面包硬度，增大比容。酪蛋白酸钠（SC）可与面筋蛋白联结形成复合物，适量添加可改善全麦面团的微观结构，提高面筋网络的连续性，增加面团强度，进而改善全麦面包品质。但添加量过高，反而不利于提升产品品质。因面团中水分含量对产品品质影响极大，适当加水量可对产品品质有很大提升。因此，还可进一步研究添加适量

水后全麦食品品质的变化。综上可知，本研究中选取的两种外源蛋白质可有效改善全麦食品品质，能够为以后全麦食品改良研究提供借鉴。同时，也可考虑进一步研究不同种类外源蛋白质或不同添加量对不同种类全麦食品的适用性，以求达到最好的改良效果。

③ 双螺杆挤压改性马铃薯淀粉不引入化学物质，具有安全、绿色、健康的优势。改性后马铃薯淀粉的吸水性增加，可增加面团的水分含量，有利于减缓产品水分的散失，其特有的凝胶特性和冷糊黏度可有效改善全麦面团的微观结构，提升全麦面团的加工性能，糊化特性结果显示改性淀粉具有低回生值，这有利于提升产品口感，达到改善产品品质的目的。挤压条件为 60-30、60-42、90-42 三种改性淀粉添加到全麦面团中可以很好地改善面团特性，使得全麦油条硬度降低，比容增加。可见，挤压改性淀粉能够有效改善全麦面团的特性，显著提升全麦食品品质，是一种很好的全麦食品改良剂，但对于不同品种的淀粉及不同挤压条件带来的效果不同，针对不同产品产生的效果也不相同，因此，挤压改性淀粉的开发利用还需要进行很多研究去深入了解。

参考文献

蔡杰, 张倩, 雷苗, 等, 2016. 蛋清粉凝胶特性改性研究进展[J]. 食品工业科技, 37(13):395-399.

曹希雅, 邓长建, 王永伟, 等, 2018. 谷朊粉在食品中的应用研究[J]. 现代农业科技, (08):238-239+241.

陈佳佳, 2018. 全麦粉在国内食品工业中的应用状况和前景[J]. 现代面粉工业, (5):53.

陈洁, 李璞, 王稳新, 等, 2018. 马铃薯生全粉对小麦粉面团特性的影响[J]. 粮食与油脂, 31 (07):41-44.

陈书明, 2015. 酶制剂对面包品质改良效果的研究[J]. 粮食与油脂, (05):48-51.

樊海涛, 刘宝林, 王欣, 等, 2012. 乳化剂对冷冻面团流变学性质的影响研究[J]. 食品工业科技, 33(6):149-152.

冯莉, 解云, 王珊珊, 等, 2013. 酶制剂对面包品质的影响[J]. 食品研究与开发, (14):66-68.

耿贵工, 张波, 严军辉, 等, 2013. 双螺杆挤压机操作参数对蚕豆挤出物径向膨化率的影响[J]. 中国粮油学报, 28(7):76-80.

顾雅贤, 王建生, 2005. 面团的形成时间和稳定时间对面包制作的影响[J]. 粮油仓储科技通讯, (06):47-48.

李坚斌, 李琳, 陈玲, 等, 2008. 淀粉糊流变特性研究新进展[J]. 食品科学, 29(11):689-691.

李俐鑫, 迟玉杰, 于滨, 2008. 蛋清蛋白凝胶特性影响因素的研究[J]. 食品科学, (03):12-15.

李文婷, 彭菁, 孙旭阳, 等, 2019. 双螺杆挤压对沙米复合粉理化及糊化特性的影响[J]. 中国粮油学报, 34(04):120-125+133.

李鑫, 赵燕, 李建科, 2013. 微生物谷氨酰胺转氨酶对小麦粉品质的影响[J]. 食品科学, 34(1):135-139.

梁琪, 2002. 酪蛋白酸钠功能性的研究[J]. 食品科学(3):30-33.

刘俊飞, 汤晓智, 扈战强, 等, 2015. 外源添加面筋蛋白对小麦面团热机械学和动态流变学特性的影响研究[J]. 现代食品科技, 31(02):133-137+273.

刘晓媛, 熊旭红, 曾洁, 等, 2019. 湿热处理对甘薯淀粉流变特性的影响[J]. 食品工业科技, 40(10):84-92+98.

刘志皋, 何涛, 1996. 酪蛋白酸钠的功能特性及其应用[J]. 中国食品添加剂, (1):18-21.

刘志皋, 张泽生, 凌恩福, 等, 1989. 酪蛋白酸钠的生产与应用[J]. 中国乳品工业, (2):50-56.

罗云，冯鹏，朱科学，等, 2015. 蛋清粉对小麦粉及挂面品质的影响[J]. 食品科学, (19):63-67.
吕振磊，李国强，陈海华, 2010. 马铃薯淀粉糊化及凝胶特性研究[J]. 食品与机械, 26(03):28-33.
马薇薇，李文钊，魏敬，等, 2020. 蛋清粉对糜米-小麦粉面团特性及馒头品质的影响[J].食品科学, 41(14):6.
马晓东，钟浩, 2008. 马铃薯淀粉的研究及在工业中的应用[J]. 农产品加工学刊, (02):59-61.
孟娇，沈丹，曹龙奎, 2015. 挤压膨化处理黑豆对其面团流变特性及馒头品质的影响[J]. 农产品加工, (6):1-8.
彭飞，许妍妍，孙晓静，等, 2016. 谷氨酰胺转氨酶对燕麦全粉面条品质的影响[J]. 食品工业(12):175-179.
祁斌，周会喜，钟昔阳,等, 2013. 复合改良剂对面包品质的影响研究[J]. 安徽农业科学, (12):317-320+339.
任顺成，李绍虹，王显伦，等, 2011. 乳化剂对冷冻面团(高筋粉)拉伸特性的影响[J]. 食品研究与开发, (01):30-34.
申瑞玲，吕静，张喜文，等，2016. 不同热处理小米粉对小麦粉面团流变学特性的影响[J]. 麦类作物学报, 36(11):1540-1546.
石磊, 2014. 颗粒度及糊化度对玉米面团理化性质的影响[D]. 咸阳西北农林科技大学.
孙亚东，陈启凤，吕闪闪，等, 2016. 淀粉改性的研究进展[J]. 材料导报, (21):71-77.
汤晓智，扈战强，周剑敏,等, 2014. 糙米粉对小麦面团流变学及饼干品质特性的影响[J]. 中国农业科学, 47(8): 1567-1576.
汪丽萍，吴飞鸣，田晓红，等, 2013. 全麦粉的国内外研究进展[J]. 粮食与食品工业, 20(04):4-8.
王芬，张清辉，黄炅栋，等, 2013. 复合酶制剂在面包保鲜中的应用研究[J]. 现代面粉工业, 027(002):36-37.
王凤, 2009. 燕麦面团的物性改善及其在燕麦面条中的应用[D]. 无锡：江南大学.
王凤，黄卫宁，刘若诗，等, 2009. 采用 Mixolab 和 Rheometer 研究含外源蛋白燕麦面团的热机械学和动态流变学特性[J]. 食品科学(13):144-149.
王莉，董欢，贺晓光，等, 2018. 马铃薯在面包加工工艺中的研究[J]. 食品研究与开发, 39(04):91-95.
王强，张金闯, 2018. 高水分挤压技术的研究现状、机遇及挑战[J]. 中国食品学报, 18(07):1-9.
王石峰，林孔亮，秦晓培,等，2011. 一株嗜热菌产耐热木聚糖酶对馒头品质和保质期的影响[J]. 食品科学, 32(11):137-140.
王婷，赵建伟，周星，等, 2019. 低温挤压对粳糙米营养特性及理化性质的影响[J]. 食品工业科技(12):12-17.
王璇，尹晓萌，梁建芬, 2014. 亲水胶体对冷冻面团及其面包品质的影响[J]. 农业机械学报, (S1):230-235.
王亚楠，侯召华，檀琮萍，等, 2017. 变性淀粉对冷冻面团面包焙烤特性的影响[J]. 粮食与油脂, 30(08):81-83.
王雨生，耿欣，陈海华，等, 2012. 酶制剂对面团流变学特性和面包品质的影响[J]. 中国食品学报, (09):134-142.
魏晓明，郭晓娜，朱科学，等, 2016. 谷氨酰胺转氨酶对荞麦面条品质的影响[J]. 食品与机械(3):188-192.
温纪平，郭林桦，丁兴丽，等, 2013. 全麦粉的生产技术研究进展[J]. 食品科技, (7):183-186.
吴娜娜，王娜，谭斌，等, 2019. 挤压糙米粉对糙米面团及面包品质的影响[J]. 中国食品学报, 19(11):159-164.
谢洁, 2011. 全麦面粉品质特性及全麦馒头品质改良研究[D]. 南宁：广西大学.
徐小云，徐燕，汪名春，等，2018. 麦麸超微粉碎对面团流变学特性与网络结构的影响[J]. 安徽农业大学学报, 45(06):13-18.
薛菲，陈燕, 2014. 膳食纤维与人类健康的研究进展[J]. 中国食品添加剂, (2):208-213.
杨联芝，孙伟，张剑, 2013. 双乙酰酒石酸单(双)甘油酯对面团及面条品质的影响[J]. 粮食与饲料工业, (07):24-26.
于双双，马成业, 2017. 用 DSC 方法研究挤压参数对脱胚玉米热性能影响[J]. 食品研究与开发, 38(16):1-4.
岳书杭，刘忠义，刘红艳，等, 2020.复配变性淀粉的性质及其在面团中的应用[J]. 中国粮油学报, 35(01):26-32.
张成龙，张杰，郑学玲，等, 2012. 全麦面包的储存稳定性研究[J]. 农产品加工(学刊), (11):83-86.
张成龙，郑学玲，刘翀, 2013. 木聚糖酶对全麦粉品质的影响研究[J]. 河南工业大学学报(自然科学版), 34(4):27-30.
张芳，徐学万, 2001. 酪朊酸钠在食品工业中的应用[J]. 肉类工业, (06):30-32.
张凤婕，任妍妍，张天语,等, 2019. 不同改良剂对高马铃薯全粉含量面团流变学特性的影响[J]. 食品工业科技, 40(11):5.
张凤婕，张天语，曹燕飞，等, 2019. 50%马铃薯全粉馒头的品质改良[J]. 食品科技, 44(5):142-147.
张艳荣，彭杉，刘婷婷，等, 2018. 挤压处理对马铃薯全粉加工特性及微观结构的影响[J]. 食品科学, 39 (11):107-112.
张中义，孟令艳，晁文，等, 2012. 牛乳蛋白对无麸质面包焙烤特性的改善作用[J]. 食品工业科技, (08):138-140+144.

赵保堂，吴晓庆，林娟，等，2019. 马铃薯淀粉添加量对藜麦-小麦面团复配体系流变学特性及质构特性的影响[J]. 食品与发酵科技, 55(06):1-8+29.

赵慧敏，郭晓娜，朱科学，等，2017. 回添固态发酵麸皮对重组全麦粉品质特性的影响研究[J]. 中国粮油学报，32(7):21-27.

赵吉凯，王凤成，付文军，等，2017. 不同粉碎粒度对全麦粉及其馒头品质的影响[J]. 河南工业大学学报(自然科学版), 38(1):52.

赵学伟,魏益民,张波, 2012.挤压对小米淀粉理化特性的影响[J].食品工业科技,33(06):185-188.

周星杰，余少璟，陈凯，等, 2018. 挤压糊化处理对苦荞粉理化性质的影响[J]. 食品科学, 39(11): 101-106.

Aalami M, Leelavathi K, 2008. Effect of microbial transglutaminase on spaghetti quality[J]. Journal of Food Science, 73(5):C306-C312.

Aamodt A, Magnus E M, Faergestad E M, 2006. Effect of flour quality, ascorbic acid, and DATEM on dough rheological parameters and hearth loaves characteristics[J]. Journal of Food Science, 68(7):2201-2210.

Alleoni, A C C, 2006. Albumen protein and functional properties of gelation and foaming[J]. Scientia Agricola, 63(3), 291-298.

Avdelas G, Galanis S, Hadjidimos A, 2010. Influence of enzymes on the texture of brown pan bread[J]. Journal of Texture Studies, 37(3):300-314.

Balic R, Miljkovic T, Ozsisli B, et al., 2016. Utilization of modified wheat and tapioca starches as fat replacements in bread formulation[J]. Journal of Food Processing and Preservation.

Basman A, Köksel H, Ng P K, 2002. Effects of increasing levels of transglutaminase on the rheological properties and bread quality characteristics of two wheat flours[J]. European Food Research and Technology, 215(5):447.

Bauer N, Koehler P, Wieser H, et al., 2003. Studies on effects of microbial transglutaminase on gluten proteins of wheat. ii. rheological properties[J]. Cereal Chemistry, 80(6): 787-790.

Bauer N, Koehler P, Wieser H, et al., 2003. Studies on effects of microbial transglutaminase on gluten proteins of wheat. I. biochemical analysis[J]. Cereal Chemistry, 80(6):781-786.

Beck M, Jekle M, Selmair P L, et al., 2011. Rheological properties and baking performance of rye dough as affected by transglutaminase[J]. Journal of Cereal Science, 54(1):29-36.

Bi Y, Li J, Feng Y Z, et al., 2009. Applicability of DATEM for Chinese steamed bread made from flours of different gluten qualities[J]. Journal of the Science of Food and Agriculture, 89(2):227-231.

Bilgiçli N, Demir M K, Yılmaz C, 2014. Influence of some additives on dough and bread properties of a wheat-lupin flour blend[J]. Quality Assurance and Safety of Crops & Foods, 6 (2): 167-173.

Bressiani J, Oro T, Santetti G S, et al., 2017. Properties of whole grain wheat flour and performance in bakery products as a function of particle size[J]. Journal of Cereal Science, 75.

Bressiani J, Oro T, Santetti G S, et al., 2017. Properties of whole grain wheat flour and performance in bakery products as a function of particle size[J]. Journal of Cereal Science, 75.

Buresova I, Masaříková. L, Hřivna L, et al., 2016. The comparison of the effect of sodium caseinate, calcium caseinate, carboxymethyl cellulose and xanthan gum on rice-buckwheat dough rheological characteristics and textural and sensory quality of bread[J]. LWT-Food Science and Technology, 68:659-666.

Butt M S, Tahirnadeem M, Ahmad Z, et al., 2008. Xylanases and their applications in baking industry[J]. Food Technology & Biotechnology, 46(1):22-31.

Caballero P A, Bonet A, Rosell C M, et al., 2005. Effect of microbial transglutaminase on the rheological and thermal properties of insect damaged wheat flour[J]. Journal of Cereal Science, 42(1):93-100.

Caballero P A, Gómez M, Rosell C M, 2007. Improvement of dough rheology, bread quality and bread shelf-life by enzymes combination[J]. Journal of Food Engineering, 81(1):42-53.

Caballero P A, M. Gómez, Rosell C M, 2007. Improvement of dough rheology, bread quality and bread shelf-life by enzymes combination[J]. Journal of Food Engineering, 81(1):42-53.

Cao X, Zhou S, Yi C, et al., 2017. Effect of whole wheat flour on the quality, texture profile and oxidation stability of instant fried noodles[J]. Journal of Texture Studies, 48(1):607-615.

Castillejo G, Mònica Bulló, Anguera A, et al., 2006. A controlled, randomized, double-blind trial to evaluate the effect of a supplement of cocoa husk that is rich in dietary fiber on colonic transit in constipated pediatric patients[J]. Pediatrics, 118(3): 641-648.

Chen J S, Fei M J, Shi C L, et al., 2011. Effect of particle size and addition level of wheat bran on quality of dry white Chinese noodles[J]. Journal of Cereal Science, 53(2):217-224.

Cheyne A, Barnes J, Gedney S, et al., 2005. Extrusion behaviour of cohesive potato starch pastes: Ⅱ. Microstructure-process interactions[J]. Journal of food engineering, 66(1): 13-24.

Ding S, Yang J, 2013. The influence of emulsifiers on the rheological properties of wheat flour dough and quality of fried instant noodles[J]. LWT-Food Science and Technology, 53(1):61-69.

Erdogdu-Arnoczky N, Czuchajowska Z, Pomeranz Y, 1996. Functionality of whey and casein in fermentation and in breadbaking by fixed and optimized procedures[J]. Cereal Chemistry, 73(3):309-316.

Erem F, Sontag-Strohm T, Certel M, et al., 2010. Functional characteristics of egg white proteins within wheat, rye, and germinated-rye sourdoughs[J]. Journal of Agricultural and Food Chemistry, 58(2):1263-1269.

Filipovic N, D. Šoronja S, Filipovic V, 2009. Breadmaking characteristics of dough with extruded corn[J]. Chemical Industry and Chemical Engineering Quarterly, 15(1):21-24.

Fiorda F A, Soares M S, Flávio A, et al., 2015.Physical quality of snacks and technological properties of pre-gelatinized flours formulated with cassava starch and dehydrated cassava bagasse as a function of extrusion variables[J]. LWT-Food Science and Technology, 62(2):1112-1119.

Frauenlob J, Scharl M, DAmico S, et al., 2018. Effect of different lipases on bread staling in comparison with Diacetyl tartaric ester of monoglycerides (DATEM)[J]. Cereal Chemistry, 95(3):367-372.

Gan Z, Ellis P R, Vaughan J G, et al., 1989. Some effects of non-endosperm components of wheat and of added gluten on wholemeal bread microstructure[J]. Journal of Cereal Science, 10(2):81-91.

Gani A, Broadway A A, Farooq A M, et al., 2015. Enzymatic hydrolysis of whey and casein protein-effect on functional, rheological, textural and sensory properties of breads[J]. Journal of Food Science and Technology, 52(12):7697-7709.

Gaupp R, Adams W, 2007. Diacetyl tartaric esters of monoglycerides (DATEM) and associated emulsifiers in bread making[M]. Emulsifiers in Food Technology. John Wiley & Sons, Ltd, 121-145.

Han W, Ma S, Li L, et al., 2018. Impact of wheat bran dietary fiber on gluten and gluten-starch microstructure formation in dough[J]. Food Hydrocolloids.

Huang W, Li L, Wang F, et al., 2010. Effects of transglutaminase on the rheological and Mixolab thermomechanical characteristics of oat dough[J]. Food Chemistry, 121(4):934-939.

Jafari M, Koocheki A, Milani E, 2017. Effect of extrusion cooking on chemical structure, morphology, crystallinity and thermal properties of sorghum flour extrudates[J]. Journal of Cereal Science, 75.

Jafari M, Koocheki A, Milani E, 2017. Effect of extrusion cooking on chemical structure, morphology, crystallinity and thermal properties of sorghum flour extrudates[J]. Journal of Cereal Science, 75.

Jafari M, Koocheki A, Milani E, 2017. Functional effects of xanthan gum on quality attributes and microstructure of extruded sorghum-wheat composite dough and bread[J]. LWT-Food Science and Technology: S0023643817308502.

Jiang Z, Liu L, Yang W, et al., 2018. Improving the physicochemical properties of whole wheat model dough by modifying the water-unextractable solids[J]. Food Chemistry, 259:18.

Katina K, Salmenkallio-Marttila M, Partanen R, et al., 2006. Effects of sourdough and enzymes on staling of high-fibre wheat bread[J]. LWT-Food Science and Technology, 39(5):479-491.

Kenny S, Wehrle K, Auty M, et al., 2001. Influence of sodium caseinate and whey protein on baking properties and rheology of frozen dough[J]. Cereal Chemistry, 78(4):458-463.

Kenny S, Wehrle K, Stanton C, et al., 2000. Incorporation of dairy ingredients into wheat bread: effects on dough rheology and bread quality[J]. European Food Research and Technology, 210(6):391-396.

Kim Y, Kee J I, Lee S, et al., 2014. Quality improvement of rice noodle restructured with rice protein isolate and transglutaminase[J]. Food Chemistry, 145:409-416.

Köhler P, 2001. Study of the effect of DATEM. 3: Synthesis and characterization of DATEM components[J]. LWT-Food Science and Technology, 34(6):359-366.

Kumar K A, Sharma G K, 2018. The effect of surfactants on multigrain incorporated short biscuit dough and its baking quality[J]. Journal of Food Measurement and Characterization, 12:1360-1368.

Laurikainen T, Härkönen H, Autio K, et al., 2015. Effects of enzymes in fibre-enriched baking[J]. Journal of the Science of Food & Agriculture, 76(2):239-249.

Li J, Hou G G, Chen Z, et al., 2014. Studying the effects of whole-wheat flour on the rheological properties and the quality attributes of whole-wheat saltine cracker using SRC, alveograph, rheometer, and NMR technique[J]. LWT-Food Science and Technology, 55(1):43-50.

Lindström J, Peltonen M, Eriksson J G, et al., 2006. High-fibre, low-fat diet predicts long-term weight loss and decreased type 2 diabetes risk: the finnish diabetes prevention study[J]. Diabetologia, 49(5): 912-920.

Liu W, Brennan M A, Serventi L, et al., 2017. Effect of cellulase, xylanase and α-amylase combinations on the rheological properties of Chinese steamed bread dough enriched in wheat bran[J]. Food Chemistry, 234:93-102.

Liu Y, Chen J, Luo S, et al., 2017. Physicochemical and structural properties of pregelatinized starch prepared by improved extrusion cooking technology[J]. Carbohydrate Polymers, 175:265-272.

Luo Y, Li M, Zhu K X, et al., 2016. Heat-induced interaction between egg white protein and wheat gluten[J]. Food Chemistry, 197:699-708.

Manuel Gómez, Real S D, Rosell C M, et al., 2004. Functionality of different emulsifiers on the performance of breadmaking and wheat bread quality[J]. European Food Research and Technology, 219(2):145-150.

Martínez-Anaya M A, Jiménez T, 1998. Physical properties of enzyme-supplemented doughs and relationship with bread quality parameters[J]. Zeitschrift für Lebensmitteluntersuchung und-Forschung A, 206(2):134-142.

Meerts M, Ammel H V, Meeus Y, et al., 2017. Enhancing the rheological performance of wheat flour dough with glucose oxidase, transglutaminase or supplementary gluten[J].Food and Bioprocess Technology, 10(1-2):2188-2198.

Ndayishimiye J B, Huang W N, Wang F, et al., 2016. Rheological and functional properties of composite sweet potato-wheat dough as affected by transglutaminase and ascorbic acid[J]. Journal of Food Science and Technology, 53(2):1178-1188.

Niu M, Hou G G, Kindelspire J, et al., 2017. Microstructural, textural, and sensory properties of whole-wheat noodle modified by enzymes and emulsifiers[J]. Food Chemistry, 223(Complete):16-24.

Niu M, Hou G, Lee B, et al., 2014. Effects of fine grinding of millfeeds on the quality attributes of reconstituted whole-wheat flour and its raw noodle products[J]. LWT-Food Science and Technology, 57(1):58-64.

Niu M, Xiong L, Zhang B, et al., 2018. Comparative study on protein polymerization in whole-wheat dough modified by transglutaminase and glucose oxidase[J]. LWT, 90:323-330.

Öksüz T, and KarakaşB, 2016. Sensory and textural evaluation of gluten-free biscuits containing buckwheat flour[J]. Cogent Food & Agriculture, 2(1):1178693.

Özboy Ö, Köksel H, 1997. Unexpected strengthening effects of a coarse wheat bran on dough rheological properties and baking quality[J]. Journal of Cereal Science, 1997, 25(1):77-82.

Padalino L, Mastromatteo M, Sepielli G, et al., 2011. Formulation optimization of gluten-free functional spaghetti based on maize flour and oat bran enriched in b-glucans[J]. Materials, 4(12):2119-2135.

Patil S P, Arya S S, 2016. Influence of additives on dough rheology and quality ofThepla: an Indian unleavened flatbread[J]. Journal of Food Measurement and Characterization, 10(2):327-335.

Peter K, Grosch W, 1999. Study of the effect of datem. 1. Influence of fatty acid chain length on rheology and baking[J]. Journal of Agricultural and Food Chemistry, 47(5):1863-1869.

Pojić M, Musse M, Rondeau C, et al., 2016. Overall and local bread expansion, mechanical properties, and molecular structure during bread baking: effect of emulsifying starches[J]. Food and Bioprocess Technology, 9(8):1287-1305.

Ponzio N R, Ferrero C, Puppo M C, 2013. Wheat varietal flours: Influence of pectin and DATEM on dough and bread quality[J]. International Journal of Food Properties, 16(1):33-44.

Redgwell R J, Jhde M, Fischer M, et al., 2001. Xylanase induced changes to water-and alkali-extractable arabinoxylans in wheat flour: their role in lowering batter viscosity[J]. Journal of Cereal Science, 33(1):83-96.

Ribotta P D, Pérez G T, León A E, et al., 2004. Effect of emulsifier and guar gum on micro structural, rheological and baking performance of frozen bread dough[J]. Food Hydrocolloids, 18(2):305-313.

Romeih E, Walker G, 2017. Recent advances on microbial transglutaminase and dairy application[J]. Trends in Food Science & Technology, 62(Complete):133-140.

Ronda F, Villanueva M, Collar C, 2014. Influence of acidification on dough viscoelasticity of gluten-free rice starch-based dough matrices enriched with exogenous protein[J]. LWT-Food Science and Technology, 59(1):12-20.

Rosell C M, Santos E, Collar C, 2010. Physical characterization of fiber-enriched bread doughs by dual mixing and temperature constraint using the Mixolab®[J]. European Food Research & Technology, 231(4):535-544.

Sang S, Zhang H, Xu L, et al., 2018. Functionality of ovalbumin during Chinese steamed bread-making processing[J]. Food Chemistry, 253:203-210.

Scarnato L, Montanari C, Serrazanetti D I, et al., 2017. New bread formulation with improved rheological properties and longer shelf-life by the combined use of transglutaminase and sourdough[J]. LWT-Food Science and Technology, 81:101-110.

Schoenlechner R, Szatmari M, Bagdi A, et al., 2013. Optimisation of bread quality produced from wheat and proso millet (Panicum miliaceum L.) by adding emulsifiers, transglutaminase and xylanase[J]. Lwt-food Science and Technology, 51(1):361-366.

Sciarini L S, Ribotta P D, León A E, et al., 2012. Incorporation of several additives into gluten free breads: Effect on dough properties and bread quality[J]. Journal of Food Engineering, 111(4):590-597.

Sciarini L S, Ribotta P D, León A E, et al., 2012. Incorporation of several additives into gluten free breads: Effect on dough properties and bread quality[J]. Journal of Food Engineering, 111(4):590-597.

Seetapan N, Fuongfuchat A, Gamonpilas C, et al., 2013. Effect of modified tapioca starch and xanthan gum on low temperature texture stability and dough viscoelasticity of a starch-based food gel[J]. Journal of food engineering, 119(3):446-453.

Selinheimo E, Kruus K, Buchert J, et al., 2006. Effects of laccase, xylanase and their combination on the rheological properties of wheat doughs[J]. Journal of Cereal Science, 43(2):152-159.

Shan S, Sulaiman R, Sanny M, et al., 2015. Effect of extrusion barrel temperatures on residence time and physical properties of various flour extrudates[J]. International Food Research Journal, 2015,22(3): 965-972.

Shimoyamada M, Ogawa N, Tachi K, et al., 2004. Effect of dry-heated egg white on wheat starch gel and gluten dough[J]. Food Science and Technology Research, 2004, 10(4):369-373.

Steffolani M E, Ribotta P D, Gabriela T P, et al., 2010. Effect of glucose oxidase, transglutaminase, and pentosanase on wheat proteins: Relationship with dough properties and bread-making quality[J]. Journal of Cereal Science, 51(3):366-373.

Storck C R, Elessandra D R Z, Gularte M A, et al., 2013. Protein enrichment and its effects on gluten-free bread characteristics[J]. LWT-Food Science and Technology, 53(1):346-354.

Sudha M L, Chetana R, Reddy S Y, 2014. Effect of microencapsulated fat powders on rheological characteristics of biscuit dough and quality of biscuits[J]. Journal of Food Science and Technology, 51(12):3984-3990.

Symons L J, Brennan C S, 2004. The effect of barley glucan fiber fractions on starch gelatinization and pasting characteristics[J]. Journal of Food Science, 69(4): 257-261.

Tandazo A S, 2013. Rheological properties of gluten free dough systems[J]. Dissertations & Theses-Gradworks.

Tebben L, Shen Y, Li Y, 2018. Improvers and functional ingredients in whole wheat bread: A review of their effects on dough properties and bread quality[J]. Trends in Food Science & Technology, 81:10-24.

Torbica A, Hadnađev M, Dapčevic' T, 2010. Rheological, textural and sensory properties of gluten-free bread formulations based on rice and buckwheat flour[J]. Food Hydrocolloids, 24(6):626-632.

Ulrike P, Rashmi S, Nilanjan C, et al., 2003. Dietary fibre and colorectal adenoma in a colorectal cancer early detection programme[J]. The Lancet, 361 (9368): 1491-1495.

Van S B, Pareyt B, Brijs K, et al., 2013. The effects of fresh eggs, egg white, and egg yolk, separately and in combination with salt, on mixogram properties[J]. Cereal Chemistry, 90(3):269-272.

Wang F, Huang W, Kim Y, et al., 2011. Effects of transglutaminase on the rheological and noodle-making characteristics of oat dough containing vital wheat gluten or egg albumin[J]. Journal of Cereal Science, 54(1):53-59.

Wang Y Y, Norajit K, Mi-Hwan K et al., 2013. Influence of extrusion condition and hemp addition on wheat dough and bread properties[J]. Food Science and Biotechnology, 22(1 Supplement):89-97.

Wronkowska M, Autio K, Soral-Smietana M, 2010. Physically modified starch preparations in gels and in dough-Rheological properties[J]. Journal of Food & Nutrition Research, 49(4):221-225.

Wu C, Hua Y, Chen Y, et al., 2017. Microstructure and model solute transport properties of transglutaminase-induced soya protein gels: effect of enzyme dosage, protein composition and solute size[J]. International Journal of Food Science & Technology, 52, 1527-1533.

Wu J, Corke H, 2005. Quality of dried white salted noodles affected by microbial transglutaminase[J]. Journal of the Science of Food & Agriculture, 85(15):2587-2594.

Zhang D, Moore W R, 2015. Effect of wheat bran particle size on dough rheological properties[J]. Journal of the Science of Food & Agriculture, 74(4):490-496.

Zhang X J, Sun J Q,Li Z G, 2007. Effects of datem on dough rheological characteristics and qualities of csb and bread[J]. Cereal Chemistry, 84(2):181-185.

第三章　全麦食品加工利用实例（二）——全麦速冻油条加工工艺及风味品质变化

3.1　概述

3.1.1　油条研究现状

（1）油条简介

油条是我国传统的油炸早餐食品，因其外酥脆内松软的独特口感和诱人的风味特征成为我国饮食文化中不可或缺的组成部分。以面粉、食盐、糖、膨松剂和水为原料，通过和面、叠面、饧发、切条制坯、炸制等一系列工序加工而成（苏德胜，1995）。其本质是以油脂作为热交换的介质，炸制时一方面使面坯中的蛋白质变性，淀粉颗粒膨胀、糊化，水分快速以蒸汽的形式逸出，从而形成蓬松多孔的结构和外皮酥脆的口感（张国治，2005）。另一方面，面坯中各种成分在高温油炸过程中会发生蛋白质降解、糖类降解、油脂氧化降解、美拉德反应，以及上述反应相互作用等一系列复杂反应（Bordin 等，2013），从而形成金黄色的外观和消费者喜好的芳香。然而，目前市场上加工制作的油条普遍存在高含油量、营养价值不高、工业化程度较低等诸多问题。随着消费者对高脂饮食的风险认知和健康饮食的需求不断提高，相对低脂、营养的全麦速冻油条的市场潜力愈发凸显。

（2）油条研究进展

目前对于油条的研究多集中于以下方面：

① 小麦粉对油条品质的影响

面粉是油条生产中最主要的原料，因此面粉特性的差异决定着油条品质的好坏。周丹（2011）通过测定 58 种面粉的特性与油条品质间的相关性，发现粉质吸水率、形成时间、稳定时间、拉伸面积、灰分、湿面筋含量、吹泡指标是影响油条品质的主要因素，其中，湿面筋含量对油条综合品质影响很大，是保证油条品质的关键指标，优质油条的湿面筋含量应控制在 30.0%～33.0%之间，这个范围下面团面筋网络结构较强，有利于 CO_2 的保持和油条的膨胀。但面筋强度（湿面筋含量＞35.0%，稳定时间＞10min）过高不利于油条的外观、结构、弹韧性和体积的形成，加工后易缩，不利于操作。这与戴文兵（2008）、张剑（2011）等的研究结论一致。康志敏（2012）对 20 种市售面粉进行研究，发现选取四种面粉复配成蛋白质含量为 11.4%～15.0%、湿面筋含量为 29.0%～36.0%时，可得到品质优良的一级油条专用面粉。

② 新型油条膨松剂的研究

传统油条配方中含有明矾、碳酸氢铵等物质，长期食用会导致铝含量超标，危害人体健康。李子廷（2010）以酵母、月桂酸单甘酯、碳酸氢钠、磷酸二氢钙、葡萄糖酸-δ-内酯和高直链玉米变性淀粉等原料复配开发了一种无铝膨松剂，并探究了不同配料对油条品质特性的影响，最优配方下产品感官评分比明矾配方产品高 0.54。蒋清君（2011）以不同酶制剂复配改良无铝膨松剂配方，通过正交试验对配方进行优化，发现添加葡萄糖氧化酶 80μg/g、真菌 α-淀粉酶 60～80μg/g、脂肪酶 20～30μg/g、戊聚糖酶 80μg/g 与 1.8%～1.9%的碳酸氢钠混合使用能够提高油条面团的拉伸特性，同时有利于油条面团网络结构的形成和稳定，油条产品的感官评分和质构特性指标较使用传统膨松剂的品质更好。丛广源（2016）研究以化学膨松剂与复合生物发酵剂复配的新型无铝膨松剂，通过响应面设计，最佳组合配方优于明矾配方。

③ 油条加工工艺参数的优化

油条制作的技术要求水平较高，制作工序和工艺参数稍有不同，其产品的品质就存在很大的差异，因原料配方组成不同，其工艺条件也有所区别。因此，对油条工艺优化进行探讨具有重要的研究价值。谷利军（2012）采用高中低筋三种类型的小麦粉首次建立新配方油条实验室制作程序，证明低筋粉不宜用于制作油条，中筋粉比较适合用于制作油条，高筋粉可以用于制作油条。用高筋粉制作油条的配方为，高筋面粉 200g（14%湿基），水添加量为粉质仪吸水率的 110%，膨松剂 6g，食盐 2g，糖 2g，间隔饧发时间为 30min，最后饧发时间为 7h。杨念（2012）在单因素试验的基础上通过响应面分析得到：小麦粉 100g，膨松剂 3g，酵母 1g，饧发时间 2.4h，速冻温度−35℃，速冻时间 20min 的最佳工艺条件下，发酵型速冻油条的比容可以达到 4.54mL/g。欧阳虎（2016）通过单因素和正交试验得出预制调理油条的最佳制作工艺参数为酵母添加量 0.4%，膨松剂添加量 4%，发酵时间 3.5h，油炸温度 210℃。然后对不同冷冻温度下油条解冻复炸后的比容和质构指标进行分析，发现−30℃下冷冻 19min 品质最好。

④ 降低油条含油率的研究

随着人们对高脂食品所引发的健康问题的日益重视，学者们提出了多种有效方法来降低油炸食品中油脂的含量。然而，任何一种降低油脂含量的措施都应满足以下条件，即在有效降低油炸食品含油率的同时，需要保持油炸食品原先的感官品质不变或变化量小到消费者感受不到明显差异（陈龙，2019）。油条作为我国传统油炸食品备受人们的喜爱，但油条含油率较高，极易引发健康问题，因此，控制油条含油率是生产者和消费者非常关心的问题。赵勇（2008）研究发现油条中的油脂含量随配方中泡打粉添加量的增加而升高，当泡打粉添加量为6.0%时，油条质地均匀、油腻感适中；当饧发时间小于 5h 时，饧发时间越长，油条的含油率越高。康志敏（2012）分别从原料性质、制作过程、膨松剂和添加剂等方面分析了降低油条含油率的措施。研究结果表明，对油条含油率影响最大的因素是面坯厚度，接下来依次是面粉粗细度、添加剂、面粉灰分含量及膨松剂添加量。通过正交试验得出，降低油条含油率的最佳指标是膨松剂添加量为3.0%，面坯厚度为1.5cm，面粉灰分含量为0.8%，羧甲基纤维素钠添加量 0.1%，在此条件下制作的油条含油率为 9.32%，显著小于市售油条的含油率。肖竹青（2013）研究了上海市不同来源的油条，发现其含油率在 7.71%～30.89%之间，高含油率的是路边摊油条，连锁店里的油条含油率普遍较低，这可能是因为连锁品牌对产品品质要求比较严格，选取优质原料，加工制作过程也相对规范，因此有利于含油率的控制。李玲等（2016）研究了配粉中全麦粉添加量的增加对油条品质的影响，发现纯全麦粉制作的油条其总含油率仅 11.25%，是最低的，与空白组（小麦粉油条）相比降低了 42.6%，表明全麦粉的添加能够显著降低油条的含油率，全麦粉可以用来生产一种低含油量、高营养价值的全麦油炸产品。

⑤ 油条风味物质的研究

有研究（张晓鸣，2009；Reineccius G，2016）指出，食品中总体风味成分的类型、含量和各物质间的平衡在一定程度上受加热时原料中氨基酸、蛋白质、脂肪酸等成分的含量和种类以及食品的加工条件和方式等因素所造成的化学反应等的影响。研究油条的风味成分可以帮助改善油条的质量特征，提升油条的品质，吸引更多的消费者。王琳（2013）通过全二维气相色谱（GC×GC-TOFMS）对油条进行风味物质分析，确定醇、醛、酮等物质是其主要的挥发性成分，油炸时间和油炸温度不同，醇、醛、酮等物质的相对含量也不同。李超文（2014）采用顶空固相微萃取和气质联用技术检测了油条皮和内芯中的风味物质，发现油条皮中所含酮类、杂环类、苯环类风味物质相对较多，油条内芯中主要以醛类、醇类、酯类为主，油条皮的风味物质形成了油条的主要风味；又分析了在添加烘烤后的麦麸后油条风味的变化。发现 3-甲基丁醛、糠醇、(*E*,*E*)-2,4-癸二烯醛、糠醛和 1-辛烯-3 醇等构成了油条中主要的风味成分。烘烤后麦麸的添加使醛类化合物的种类明显增多，油条风味物质更浓郁。王永倩（2017）通过单因素及正交试验确定了油条风味物质萃取的最佳条件，油条中含量最多的风味物质是醛类，(*E*,*E*)-2,4-癸二烯醛是其最主要风味物质成分，2-乙基-3,5-二甲基吡嗪为次要辅助风味物质成分。油温以及原料中葡萄糖、蛋白质、淀粉含量的高低，均会影响油条风味形成。

3.1.2 全麦研究现状

（1）全麦粉概述

我国首个粮食行业标准（LS/T 3244—2015《全麦粉》）规定，全麦粉是指“以整粒小麦为原料，经制粉工艺制成的，且小麦胚乳、胚芽与麸皮的相对比例与天然颖果基本一致的小麦全粉”。与精白面粉相比，全麦粉不仅包括了淀粉质胚乳，还保留了小麦籽粒的胚芽与皮层。胚乳的比例相对稳定，约占整个籽粒质量的 80%（Shewry 等，2019）。小麦胚芽虽然仅占籽粒质量的 3%，皮层占籽粒质量的 13%～16%，却富含维生素、叶酸等生物活性物质，矿物质如钾、镁、锌、硒、钙等，膳食纤维以及微量营养素。全麦粉的灰分为小麦粉的 2 倍、总膳食纤维是小麦粉的 5～10 倍（杨纬，2017；Ji 等，2020）。

流行病学和营养学结果表明，全麦食品的摄入能够有效地预防多种慢性病和代谢综合征（Lillioja 等，2013；Aune 等，2016；Zhu 等，2017）。全麦粉具有较低的血糖生成指数，能够预防肥胖和糖尿病的发生（Kikuchi 等，2018）。全麦粉中膳食纤维能够达到结肠从而发酵产生短链脂肪酸，具有降低炎症发生的效果（Fardet 等，2010）；不能发酵的膳食纤维能够结合胆汁酸降低血清胆固醇的水平，更好地抑制结肠癌的发生（Cecilie 等，2014）。

（2）全麦食品研究进展

随着对全麦粉健康营养功效认识的加深，消费者对高品质的全麦食品需求迫切。目前市面上大部分宣称的全麦食品只是添加了少量全麦粉或是由全麦粉再加工而成的，我国只制定了全麦粉的行业标准，而没有公布全麦食品的相关国家标准。由于现阶段我国全麦粉发展刚起步，全麦食品加工标准体系尚未建立，全麦食品企业加工标准各不相同，生产出来的全麦产品品质不一。与小麦粉相比，全麦粉及终产品在口感风味、加工品质和贮藏稳定性方面仍存在许多挑战。

① 全麦粉品质改良

麸皮会破坏全麦面团中的蛋白质-淀粉、蛋白质-蛋白质之间的交联，从而影响面筋蛋白网络结构的形成。例如，Hemdan 等（2018）研究发现麸皮具有较强的结合水的能力，与面筋蛋白竞争水分，麸皮的掺入对面团的黏弹性的影响显著，会阻碍面团中气体的扩散，导致气体达到的高度较低。Yadav 等（2010）研究发现在面包中添加麸皮后，面包的比容和松软度会降低，咀嚼度、黏着性和感官特性会下降。麸皮除了会稀释面筋外，其固有的属性也起着重要的作用，并且可能是面粉和麸皮成分之间的物理、化学性质或酶的作用等（Jacobs 等，2016）。因此，在保留全麦粉营养物质和提高全麦食品加工特性的前提下，如何降低麸皮存在时对全麦食品品质造成的不良影响，是改善全麦食品品质的关键问题。全麦粉粒度的差异对其自身的理化性质和终产品的品质影响显著。徐小云（2018）研究结果表明，回添超微粉碎细麦麸后的全麦面团的吸水率升高，制作出来的馒头的回生值、峰值黏度和淀粉热凝胶稳定性显著提高。Lin 等（2020）研究发现粗粒全麦面团表现出较低的延展性和稳定性，从而使面包的结构更紧凑，比体积更小，质地更硬，而细粒全麦粉可以改善面包品质和消化率。本课题中使用的是超微粉碎后的全麦粉。

② 全麦油炸面制品工艺优化

全麦油炸面制品的工艺优化可以从配方、工艺条件两个方面进行。曹新蕾（2017）通过对全麦方便面进行单因素及正交试验优化，优化后配方及工艺为：全麦粉取代率为60%，食用盐1.5%，食用碱0.2%（碳酸氢钠∶碳酸氢钾 =1∶1），油炸温度160℃，油炸时间 70s。在此优化工艺下制作的全麦方便面较普通小麦组提高了油炸方便面中的膳食纤维含量及粗蛋白含量；全麦方便面的抗性淀粉和慢消化淀粉增加、蛋白质消化率和快消化淀粉降低，多酚含量增加。邓璐璐（2014）通过对全麦沙琪玛进行单因素及正交试验优化，优化后配方及工艺为：混合粉（高筋小麦粉 30%，全麦粉 50%，谷朊粉 20%）100%，泡打粉 1%，鸡蛋 65%，碳酸氢铵 0.5%，油炸温度 160℃，油炸时间 70s，1∶1.8 拌糖。在此优化工艺下制作的全麦沙琪玛较小麦沙琪玛消化率和含油率低，膳食纤维含量、蛋白质含量、抗氧化能力高，风味物质种类和含量增多。李超文（2014）通过对麸皮油条进行单因素及正交试验优化，优化后配方及工艺为：小麦粉 95%，麸皮 5%，盐 1.2%，膨松剂添加量 3%，水 60%，面坯下压成 8mm 厚，175℃油炸 2.5min。在此优化工艺下制作的全麦油条较小麦油条抗氧化性增强，风味物质更加丰富。

③ 全麦食品抗氧化特性研究进展

一般来说，全麦粉比仅由胚乳制成的精制面粉含有更多的矿物质、膳食纤维、维生素和生物活性化合物，甾醇、植酸、类胡萝卜素、多酚类、γ-谷维素和烷基间苯二酚等在全麦中是决定其功能的关键因素，这些活性物质在全麦食品加工及储藏过程中仍具有一定的自由基清除能力。多酚是抗氧化能力的主要贡献者（Masis 等，2016），有研究表明，加工过程中热处理方式的不同会导致酚类物质含量的差异，煮制过程中酚类物质溶入水中导致含量降低，高温高压的挤压会导致酚类物质降解，所以蒸制对游离酚和结合酚造成的损失要低于煮制和挤压处理（杨凌霄，2014）。Nsabimana 等（2017）发现全麦甜甜圈中的多酚和抗氧化活性随着油炸温度的升高呈先上升后下降的趋势，在 180℃时酚类物质表现出最大的多样性，可能是因为结合态的复合物解聚使得酚类物质的释放，随后酚类物质参与美拉德反应进一步降低酚类含量。Maria 等（2018）对小麦粉、全麦粉及其制成的意大利面间的抗氧化性质进行比较，发现在未煮和煮熟的全麦面食中，总酚含量最高，烹饪后抗氧化性显著下降，但仍高于小麦组。徐小娟（2019）对比了改良前后的面包品质，发现与白面包相比，全麦面包的抗氧化性更显著，表现为总多酚含量较高，羟基自由基清除率、2,2′-联氮-双-3-乙基苯并噻唑啉-6-磺酸（ABTS）自由基清除率和 1,1-二苯基-2-三硝基苯肼（DPPH）自由基清除率均较高。因此，在全麦食品加工过程中，如何处理才能最大限度地对这些活性物质进行保留，将成为全麦食品加工过程中关注的重点问题。

3.1.3　研究目的与意义

油条，作为拥有源远历史的中华美食，一直备受消费者青睐。但主要原料小麦粉加工精度的日益提高，导致膳食纤维、矿物质等营养成分大量损失，成品油条含油量高，长期食用不利于人体健康。随着人们对健康、营养、安全的饮食需求的逐渐提高，保留了丰富的酚类、膳食纤维、必需氨基酸、低聚糖等功能性营养成分的全麦粉越来越受到人们的关注。全麦中富含天然抗氧化物质，特别是以酚酸类化合物为主，可能具有减缓或抑制油炸食品在油炸及贮藏过程中的氧化酸败和风味恶化的作用。

随着经济水平的发展和生活节奏的加快，食品行业正向着多元化、工业化方向推进。国家“十三五”把积极推进主食工业化进程列入粮食加工行业的发展规划中，油条作为我国传统主食之一，其产业化发展迫在眉睫。目前市面上尚未有由纯全麦粉制成的油条制品。预制速冻适应了现代化消费观念和食用安全要求，是油条工业化生产的一种重要形式，食用时可以选择微波、煎、蒸、炸、烤等多种方式，既保证了油条的食用方便，又保证了油条的安全卫生。在此背景下，全麦速冻油条应运而生，但是全麦粉本身性质会影响产品的品质，工艺条件摸索和冻藏过程中品质劣变可能会出现的一系列问题随之而来，基于此，本研究将研发全麦速冻油条。通过探索配方、油炸、速冻、复热等工序参数与全麦油条品质特性参数间的相关性，确定全麦速冻油条加工工艺，研究全麦速冻油条加工过程中特征风味物质以及抗氧化特性的变化情况，通过与小麦速冻油条对比，探究全麦速冻油条在冻藏过程中风味变化情况，探究全麦中富含的天然抗氧化物质与油条储藏过程中油脂氧化酸败的关系。本部分旨在为全麦食品的深加工和油条主食工业化加工技术的改良提供依据。

3.2　全麦速冻油条制作工艺的优化

油条是我国传统的油炸食品，在人们的日常饮食中占有重要地位。目前市场上油条的制作方式复杂耗时，生产效率低，储藏期很短，小作坊环境卫生条件堪忧，发展受限。随着经济水平的发展和生活节奏的加快，食品行业正向着多元化、工业化方向推进。国家“十三五”把积极推进主食工业化进程列入粮食加工行业的发展规划，油条作为我国传统主食之一，其产业化发展迫在眉睫。预制速冻适应了现代化消费观念和食用安全要求，是油条工业化生产的一种重要形式。目前市场上售卖的速冻油条存在比容较小、含油率较高、口感发硬等问题（杨念，2012），消费者反应不强烈。此外，随着主要原料小麦粉加工精度的日益提高，导致维生素、矿物质和膳食纤维等营养成分大量损失，长期食用则不利于人们体内营养物质的均衡（穆立敏，2015）。全麦粉保留了麸皮和胚芽，含有各种营养成分，营养价值更为全面，大量流行病学和营养学结果表明，全麦食品的摄入能够有效地预防多种慢性病和代谢综合征，同时能够预防癌症、肥胖和糖尿病的发生（Gómez M 等，2020）。因此，探索在油条加工中使用全麦粉，开发与研究出一款全麦速冻油条，从理论上来说，用全麦粉来制作油条不仅可以提升油条本身的营养价值，也为全麦食品今后的发展提供了一个新的方向。目前国内外对全麦速冻油条的研究还很少，工业化生产条件不明确，缺乏理论依据，因此，本研究通过研究原料、配方、油炸、速冻、复热等工序参数与全麦速冻油条品质特性参数间的相关性，确定全麦速冻油条加工工艺。

3.2.1 试验材料与仪器

（1）材料与试剂

原料：超微全麦粉，河北黑马面粉有限责任公司；安琪无铝害复配油条膨松剂、安琪百钻食用小苏打、安琪百钻精幼砂糖，安琪酵母股份有限公司；金龙鱼纯正菜籽油（一级），益海嘉里食品营销有限公司；中盐加碘精制盐，市售。

主要试剂：膳食纤维试剂盒，爱尔兰 Megazyme 公司；石油醚，国药；其他化学品和试剂至少为分析级。

（2）主要仪器

主要仪器设备见表 3-1

表 3-1 实验设备

名称	厂家
KSM75WH 和面机	美国厨宝 KitchenAid
JXFD-7 醒发箱	北京东方孚德技术发展中心
STWA-DZS8 油炸机	广东圣托智能设备有限公司
DW-86L 超低温保存箱	青岛海尔生物医疗股份有限公司
BCD-268WSV 冰箱	青岛海尔股份有限公司
S3500 激光粒度分析仪	美国 Microtrac（麦奇克）有限公司
SX2-6-13 型马弗炉	上海跃进医疗机械厂
K-360 凯氏定氮分析仪	瑞士 Buchi（步琦）公司
B-811 索氏抽提仪	瑞士 Buchi（步琦）公司
Fibertec1023 纤维测试仪	丹麦 Foss（福斯）公司
Mixolab 混合实验仪	法国 Chopin 公司
TA-XT2i 型质构分析仪	英国 Stable Microsystems 公司
XMTD-8222 电热恒温鼓风干燥箱	南京大卫实验设备有限公司

3.2.2 试验方法

（1）全麦粉基本化学组分的测定

灰分含量按照 GB 5009.4—2016 中的总灰分测定；

水分含量按照 GB 5009.3—2016 中的直接干燥法测定；

蛋白质含量按照 GB 5009.5—2016 中的凯氏定氮法测定；

脂肪含量按照 GB 5009.6—2016 中的索式抽提法测定；

膳食纤维含量按照 AACC32—2007 中的酶重量法测定；

湿面筋含量按照 GB/T 5506.1—2008 中的手洗法湿面筋测定。

（2）粒度测定

样品在湿法模式下测试，湿法测试前，样品与蒸馏水 1∶50（质量浓度）混合均匀，测试时以超纯水作为背景。采用 S3500 激光粒度分析仪测试样品粒度分布，遮光度 10%，分散剂折射率 1.530，借助系统自带软件分析。

（3）热机械学特性的测定

运用 Mixolab 混合实验仪对全麦粉面团的搅拌特性等进行研究。全麦粉的添加量根据面粉本身水分含量确定，大约为 50g，然后按照达到最佳稠度最大扭矩（1.1±0.05）N·m 的要求自动加水至面团质量到 75g。程序设定为：初始温度 30℃，保温 8min，而后以 4℃/min 的升温速度至 90℃并保持 8min，最后以 4℃/min 的降温速度至 50℃并保持 5min，搅拌速度始终为 80r/min。

（4）全麦速冻油条制作工艺

① 基本工艺流程

全麦粉、膨松剂充分混匀→盐、糖、小苏打溶于水→分两次加入→和面→叠面→静置→再次叠面→静置→第三次叠面→饧面→切条制坯→预炸成型→预冷→速冻→包装→贮藏→解冻→复热→成品。

② 操作要点

试验前：先将室温由空调控制在 25℃，醒发箱调节到 35℃，70%RH。

基本配方（以面粉 100%计算）：通过参考相关文献和预实验得出，安琪无铝害复配油条膨松剂 3%，盐 1.4%，糖 0.8%，小苏打 0.2%，水 66%。

面团制作：将面粉、膨松剂倒入和面钵中，快速混合均匀，然后停止和面钵，盐、糖、小苏打提前用温水溶解，分两次倒入和面钵中，先以低速（1 档）搅拌 2min（每次加水后搅拌 30s 停下，用刮板铲下粘壁面粉），后以中速（3 档）搅拌 7min，然后取出面团。

叠面与饧面：将和面机中的面团取出，先进行短时间手工揉制，再将揉制好的面团进行第一次叠面（先用手将面团压为饼状，再将四周的边面分别叠至中间，反复按压，每次叠面进行此操作两次），叠好完成后，将面团揉成表面光滑的面团，用保鲜膜包裹，以防面团表面与气体进行水分交换而干皮，送入 35℃、70%RH 的醒发箱进行静置，20min 后取出进行第二次叠面，重复上述操作，20min 后取出进行第三次叠面后，送入醒发箱饧发 5h。

切条制坯：在案板上撒少许粉，将面团擀制成宽 10.5cm、厚 0.7cm 的面坯后静置 5min，用刀切成宽约 2.2cm 的坯条。取一坯条，在非刀口面中间处迅速刷一道极细的水线再放上一条面剂重叠（刀口面在两侧），用筷子在中间揿压一下，使两个坯条粘连，形成高度为 8mm 的油条面坯，轻捏两头拉伸至 20cm 左右，用刀切掉面坯两头，整理为长度约为 17cm 的面坯。

预炸成型：将拉好的油条面坯放入 180℃的油锅内，当油条自然浮起后，要不断来回翻动，使其受热均匀，预炸 70s，捞出呈 80°斜放沥油。

预冷：室温（约 25℃）冷却 40min。

速冻：预冷合格的油条要迅速转入−40℃的超低温冰箱中速冻 30min，使速冻后产品的中心温度在−18℃以下。

冻藏：速冻完成后，取出油条装入自封袋中，放入−18℃冰箱中储藏。

复热：将冻藏 24h 后的油条室温解冻，180℃下复炸 60s，沥油，冷却。

（5）试验设计

① 单因素试验

在预试验的基础上，分别探讨膨松剂添加量、小苏打添加量、加水量、饧发时间、预炸温度、预炸时间、预冷温度、预冷时间、速冻温度以及速冻时间对全麦速冻油条饼干品质的影响。具体试验方案见表 3-2。

表 3-2　全麦速冻油条关键工艺单因素试验设计方案

加工因素	因素水平	控制条件
膨松剂添加量/%	2、2.5、3、3.5、4	小苏打 0.2%，水 66%，饧发 5h，180℃预炸 70s，25℃预冷 40min，−40℃速冻 30min
小苏打添加量/%	0、0.1、0.2、0.3、0.4	膨松剂 3%，水 66%，饧发 5h，180℃预炸 70s，25℃预冷 40min，−40℃速冻 30min
加水量/%	62、64、66、68、70	膨松剂 3%，小苏打 0.2%，饧发 5h，180℃预炸 70s，25℃预冷 40min，−40℃速冻 30min
饧发时间/h	3、4、5、6、7	膨松剂 3%，小苏打 0.2%，水 66%，180℃预炸 70s，25℃预冷 40min，−40℃速冻 30min
预炸温度/℃	160、170、180、190、200	膨松剂 3%，小苏打 0.2%，水 64%，饧发 5h，预炸 70s，25℃预冷 40min，−40℃速冻 30min
预炸时间/s	40、55、70、85、100	膨松剂 3%，小苏打 0.2%，水 66%，饧发 5h，180℃预炸，25℃预冷 40min，−40℃速冻 30min
预冷温度/℃	25、15、0、−5	膨松剂 3%，小苏打 0.2%，水 66%，饧发 5h，180℃预炸 70s，预冷 40min，−40℃速冻 30min

续表

加工因素	因素水平	控制条件
预冷时间/min	0、20、40、60	膨松剂 3%，小苏打 0.2%，水 66%，饧发 5h，180℃预炸 70s，25℃预冷，−40℃速冻 30min
速冻温度/℃	−20、−30、−40、−50	膨松剂 3%，小苏打 0.2%，水 66%，饧发 5h，180℃预炸 70s，25℃预冷 40min，速冻 30min
速冻时间/min	15、30、45、60	膨松剂 3%，小苏打 0.2%，水 66%，饧发 5h，180℃预炸 70s，25℃预冷 40min，−40℃速冻

② 正交试验

根据单因素试验结果，选取膨松剂添加量、小苏打添加量、加水量、预炸温度、预炸时间、速冻温度六个因素进行正交试验，对全麦速冻油条加工工艺进一步优化，采用正交试验表 L_8（2^7），如表 3-3 所示。

表 3-3　L_8（2^7）全麦速冻油条正交试验因素水平表

水平	因素					
	膨松剂添加量/%	小苏打添加量/%	加水量/%	预炸温度/℃	预炸时间/s	速冻温度/℃
	A	B	C	D	E	F
1	2.5	0.1	66	170	55	−30
2	3.0	0.2	68	180	70	−40

（6）油条品质测定

① 油条比容的测定

将速冻油条从冰箱中取出，室温（25℃）解冻 30min，放入 180℃的油中复炸至熟（60s），捞出沥油并室温冷却 5min 后，称取质量 m（g），测定两次，误差在±0.2g 以内，否则重测两次。把称重后的油条放于 1000mL 的量筒中，缓缓向量筒中倒入油菜籽（注意一定要淹没整根油条），然后轻轻晃动使油菜籽将量筒填至刻度线，记录油条与油菜籽的总体积（V_1），取出油条，再记录油菜籽的体积（V_2），油条的比容即油条和油菜籽的总体积减去油菜籽的体积的差与油条的质量的比值。所用数据均为 3 次测定结果的平均值。计算公式如下：

$$油条的比容=\frac{V_1-V_2}{m} \tag{3-1}$$

② 油条质构特性的测定

取解冻复热并冷却 5min 后的粗细均匀油条的中间部位，切成多个 4cm 长的小段，利用 TA-XT2i 型质构分析仪进行测定。全质构（TPA）测试程序中先安装 P/100 探头，测试方法选用开始返回测试模式，触发类型设置为“AUTO”，触发力为 20g，数据采集速率为 200pp/s，应变 70%；压缩前探头以 5mm/s 的速度运行，然后在压缩过程中以 5mm/s 的速度运行，最后以 5mm/s 的速度返回，两次压缩中间间隔时间均为 5s。每组样品测定七次。

③ 油条含水量的测定

参考 GB 5009.3—2016《食品安全国家标准　食品中水分的测定》中的直接干燥法，将按照上述步骤制作的油条解冻复热，冷却 5min 后剪成小碎片，称取一定质量的油条碎片放入烘箱中烘至恒重。油条含水量是失去的水分占油条重的比值。每组样品测定三次。

④ 油条含油率的测定

参考 GB 5009.6—2016《食品安全国家标准　食品中脂肪的测定》中的索式抽提法，直接用测过水分的油条作为干基。

⑤ 油条感官品质的测定

选择 10 名已经过感官评定培训的人员对工艺优化后制作的全麦速冻油条和市售小麦速冻油条进行评定。油条感官评价标准见表 3-4。

表 3-4　油条感官评价标准

项目	分值/分	评分标准
色泽	15	表皮有光泽，颜色分布均匀：11～15；表皮光泽一般，颜色较均匀：6～10；表面发暗或发灰，颜色不均匀：1～5
外观形态	15	粗细均匀，膨发好，无开裂和起泡：11～15；粗细较均匀，膨发较好，表面有略微开裂和起泡：6～10；粗细不均，膨发较差，表面开裂和起泡严重：1～5
香味	15	有油条特有的油炸香和麦香味：11～15；油炸香和麦香味较淡，无其他异味：6～10；油炸香和麦香味不足，有其他异味：1～5
组织结构	15	内部气孔多，分布均匀，孔壁薄：11～15；内部气孔较少，分布不均匀，孔壁略厚：6～10；内部气孔少，结构致密，孔壁厚：1～5
弹韧性	15	咬劲适中，复原性好：11～15；咬劲一般，复原性较好：6～10；咬劲不足或过大，复原性差：1～5
口感	15	外酥内软，咸香适口，无油腻感：11～15；表皮酥性或柔软性一般，咸淡不均，有油腻感：6～10；表皮较硬或柔软性差，油腻感强：1～5
黏着性	10	咀嚼时爽口不黏牙：8～10；咀嚼时较爽口，稍黏牙：4～7；咀嚼时不爽口，黏牙：1～3

（7）数据处理与统计分析

采用 Origin 2017 和 SPSS 22 数据处理软件对数据进行分析，并用 Duncan 法进行显著性分析（$p<0.05$）。所有数据均来自 3 次以上独立实验测定结果的平均值，数据表示为平均值±标准差。

3.2.3　结果与讨论

（1）原料粉基本理化指标

全麦粉的基本理化指标见表 3-5。

表 3-5 全麦粉的基本理化指标（占湿基，%）

原料	水分	灰分	脂肪	蛋白质	湿面筋	膳食纤维
全麦粉	13.10±0.03	1.43±0.02	1.24±0.01	12.90±0.02	30.02±0.08	13.5±0.05

目前关于油条用粉已有大量研究，但结果不尽相同。水分含量是面粉质量的其中一个重要物理指标。研究表明，面粉中的水分含量会影响面粉的保存时间，当面粉水分含量过低时面粉的色泽欠佳，而水分含量过高容易引起面粉在储藏过程霉变的发生，同时面粉的水分含量对面制食品的白度、柔软度等品质特性也会产生影响。本实验研究所用的全麦粉水分含量为 13.10%，符合国标中面粉对水分含量的规定（高杰，2018）。感官评分与面粉灰分呈高度负相关，这主要是因为灰分含量高，油条色泽不好，影响感官评价，但是一定的灰分含量不仅能增加油条的膳食纤维，还能降低油条的含油率。面粉的另一个重要指标为蛋白质含量，大多数中式油炸面制食品常用中筋粉来制作，郭祯祥等（2011）研究发现油条比容与面粉湿面筋含量成极显著负相关。本实验测得的全麦粉中的蛋白质含量为 12.90%，高于国标中要求的高筋粉蛋白质含量（≥12.2%），属于高筋粉。杨联芝（2013）研究发现速冻油条相比鲜食油条用粉筋力的要求要高一些，此外，全麦粉中相对含量较高的麸皮的存在会影响面团中面筋蛋白网络结构。

（2）超微全麦粉粒度分布

迄今为止，有关麸皮粒径大小对面制品品质影响的研究已较为广泛。研究表明，大颗粒或小颗粒麸皮均不利于面制品品质（Galliard T，1986）。但是，研究者们在适宜麸皮粒径的控制上仍存在争议。有研究认为制作全麦面包最适宜的麸皮平均粒径应在 400～500μm（Noort，2010）；但有研究认为粒径最好小于 280μm（Majzoobi M，2012）；刘丽娅（2018）认为中麸（D_{50}=186.7μm）全麦馒头感官品质较佳，麸皮的粒度过细会对馒头品质产生劣化作用。本实验选用的超微全麦粉的粒度分布如图 3-1 所示，其平均粒径 D_{50} 为 112.5μm。

（3）全麦面团热机械特性分析

全麦面团热机械特性分析见表 3-6。

采用 Mixolab 来研究全麦面团的搅拌和面糊特性以及加热冷却过程中蛋白质网络和淀粉的性质。全麦粉中由于小麦麸皮具有较强吸水性，所以全麦粉的吸水率较小麦粉高。面团耐揉性或耐破坏性程度的高低可以通过稳定时间的长短来反映。一般来说，面团的稳定时间越长，面筋网络结构的强度就越高，耐揉性和耐破坏性越好，面团更加稳定（张媛，2016）。由于使用了高筋粉，全麦面团的稳定时间达到了 9min，有助于油条面坯在油炸时的膨发和冷冻期间品质的保持。

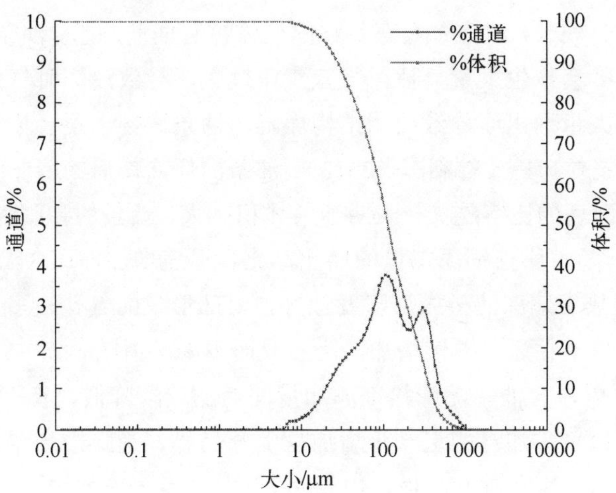

图 3-1 超微全麦粉粒度分布

表 3-6 全麦面团热机械特性分析

样品	吸水率/%	形成时间/min	稳定时间/min	弱化度/(N·m)	峰值黏度/(N·m)	回生值/(N·m)
全麦面团	65	7.12	9.00	0.57	1.76	1.03

（4）单因素试验

① 膨松剂添加量对全麦速冻油条品质的影响

膨松剂添加量分别设为面粉质量的 2.0%、2.5%、3.0%、3.5%、4.0%，其他工艺条件不变，如图 3-2 所示。

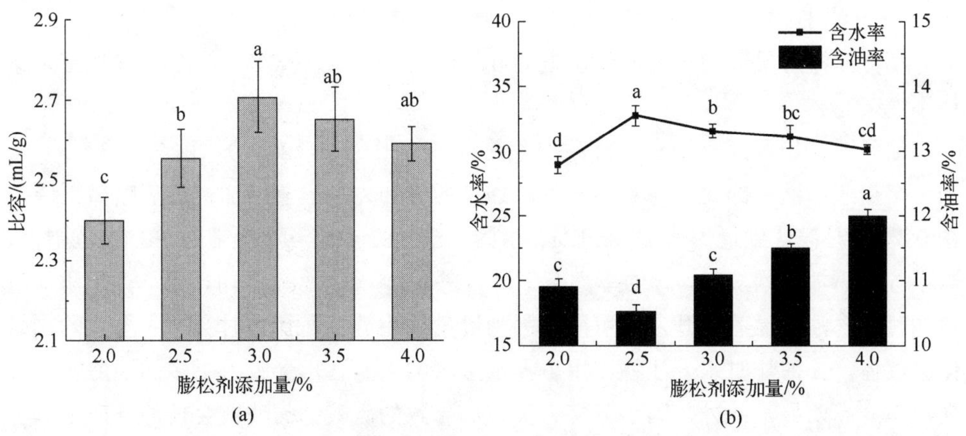

图 3-2 膨松剂添加量对全麦速冻油条比容（a）和含水率、含油率（b）的影响

同一图例上所带字母不同表示差异性显著（$p<0.05$）

膨松剂添加量的多少会影响面团的饧发时间和油条的品质。膨松剂添加量过少

会导致面团饧发时间长，油炸时没有足够的气体撑起面筋网络，油条体积小硬度大。膨松剂添加量过多会产生大量气体，气室气压过大，导致油炸时气体不能很好地稳定在油条内部，大量逸出而导致面团结构塌陷，油条比容也不会增大，结构反而会下降，从而影响整体口感（谷利军，2012）。油条面坯油炸后的膨胀程度以比容大小表示，单位质量面坯的比容越大，表明油条体积越大，油条的膨胀性越好。由图 3-2 中的（a）可知，随着膨松剂添加量的增加，比容迅速增加，在 3%的时候达到最大值 2.86mL/g，复热后速冻油条内部膨发性好，内部形成的气孔较多且分布均匀，孔壁薄，咀嚼时爽口不粘牙，继续增加，比容反而下降。由图 3-2 中的（b）可知，在 2.0%～2.5%范围内，含油率随膨松剂添加量的增加逐渐降低，在 2.5%～4.0%范围内，含油率随膨松剂添加量的进一步增加呈上升趋势，当膨松剂添加量为 2.5%时，油条的含油率最低，其值为 10.53%。由表 3-7 可知，当膨松剂的添加量逐渐增大时，硬度由 4525.97g 减小到 3354.77g，咀嚼度由 2805.27 减小到 1961.3，弹性先增大后减少。综上所述，膨松剂添加量在 2.5%～3.0%较为合适。

表 3-7　膨松剂添加量对全麦速冻油条质构的影响

膨松剂添加量/%	硬度/g	弹性	黏聚性	咀嚼度	回复性
2.0	4525.97 ± 199.65^{a}	0.84 ± 0.04^{b}	0.65 ± 0.03^{a}	2805.27 ± 265.98^{a}	0.24 ± 0.03^{a}
2.5	4007.40 ± 262.91^{b}	0.90 ± 0.02^{a}	0.64 ± 0.04^{a}	2624.44 ± 278.14^{a}	0.26 ± 0.02^{a}
3.0	3775.59 ± 295.58^{b}	0.89 ± 0.04^{a}	0.64 ± 0.03^{a}	2413.41 ± 386.08^{a}	0.26 ± 0.01^{a}
3.5	3683.11 ± 249.42^{bc}	0.86 ± 0.03^{ab}	0.63 ± 0.03^{a}	1973.14 ± 99.78^{b}	0.24 ± 0.01^{a}
4.0	3354.77 ± 353.23^{c}	0.87 ± 0.01^{ab}	0.62 ± 0.02^{a}	1961.30 ± 320.29^{b}	0.25 ± 0.01^{a}

注：同一列中所带字母不同表示差异性显著（$p<0.05$）。

② 小苏打添加量对全麦速冻油条品质的影响

小苏打添加量分别设为面粉质量的 0、0.1%、0.2%、0.3%、0.4%，其他工艺条件不变。

油条的蓬松程度也受小苏打添加量的影响（张令文，2019）。由图 3-3（a）可知，全麦速冻油条的比容随着小苏打添加量的增加先是显著增加，随后略微下降，在 0.3%的时候达到最大值 2.78mL/g。由图 3-3 中的（b）可知，在 0～0.1%范围内，当小苏打添加量增加时，含油率逐渐下降，在 0.1%～0.4%范围内，当小苏打添加量增加时，含油率显著上升，这可能是因为过量的小苏打在加热时会产生大量的二氧化碳气体，在油炸时水分迁移作用下，水蒸气的大量逸出会吸入更多的油脂，导致含油率升高明显。此外，因小苏打大量添加导致的碳酸钠的残留会使油条产生刺鼻的异味，而且使油条内瓤发黄，还会对维生素造成破坏。当小苏打添加量为 0.1%时，油条的含油率最低，其值为 10.49%。由表 3-8 可知，当小苏打添加量逐渐增大时，咀嚼度由 2733.41 减小到 1981.29，硬度呈先下降后上升的趋势，综上所述，小苏打添加量在 0.1%～0.2%较为合适。

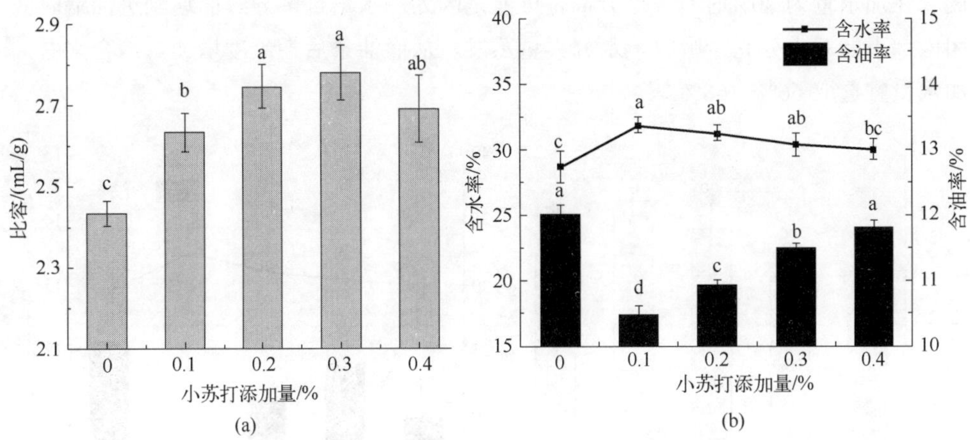

图 3-3 小苏打添加量对全麦速冻油条比容（a）和含水率、含油率（b）的影响

同一图例上所带字母不同表示差异性显著（$p<0.05$）

表 3-8 小苏打添加量对全麦速冻油条质构的影响

小苏打添加量/%	硬度/g	弹性	黏聚性	咀嚼度	回复性
0	4461.21±174.2[a]	0.88±0.03[a]	0.63±0.02[a]	2733.41±126.85[a]	0.26±0.01[a]
0.1	3980.41±230.38[bc]	0.89±0.07[a]	0.62±0.02[a]	2456.65±135.24[b]	0.24±0.01[ab]
0.2	3829.95±240.39[bc]	0.89±0.03[a]	0.63±0.01[a]	2392.64±101.31[b]	0.24±0.02[ab]
0.3	3636.40±385.51[c]	0.88±0.04[a]	0.61±0.04[a]	2107.84±108.02[c]	0.24±0.02[b]
0.4	4081.46±269.04[b]	0.83±0.04[a]	0.64±0.04[a]	1981.29±236.09[c]	0.23±0.01[b]

注：同一列中所带字母不同表示差异性显著（$p<0.05$）。

③ 加水量对全麦速冻油条品质的影响

加水量设为面粉质量的 62%、64%、66%、68%、70%，其余工艺条件不变。

加水量一方面影响着油条面坯制作过程，水分添加过多会导致面团发黏，面坯软塌难成型，水分添加过少会导致面团发硬，面坯不易抻条（杨清华，2013）；另一方面影响着成品油条中的脂肪含量，通常面坯中的水分含量越低，最终油条产品的含油率就越高。这是因为油炸时面坯中的水分以水蒸气的形式由内向外传递，原料水分含量越高，所需时间越长，而油脂渗入水蒸气蒸发后留下的空隙，达到一定的平衡。而且水分具有疏油性，使得油脂进入空隙的速度减缓，从而在相同的油炸条件下具有更低的含油率，Hickey 等（2006）也通过实验证明了这一结论。小麦麸皮中含有高持水性组分，使全麦面团中水分结合得更加紧密，水分流动性降低，面团持水性较好，有利于降低油条中的油脂含量。由图 3-4 可知，随加水量的增加，油条的比容和含水率均呈先增加后降低的趋势；当加水量在 68%时都达到最大值，其值分别为 2.80mL/g 和 31.72%，此时的含油率相对较小，为 10.61%。由表 3-9 可知，当加水量逐渐增大时，油条的硬度和咀嚼度逐渐减小，黏聚性和回复性逐渐增大，硬度在加水量为 70%时有一个升高，可能是因为加水量过多导致面坯刚进油锅时面团内部不能对水分完全吸收，水分大量蒸发，从而油条后期硬度增加。综合来看，加水量宜选取 66%～68%。

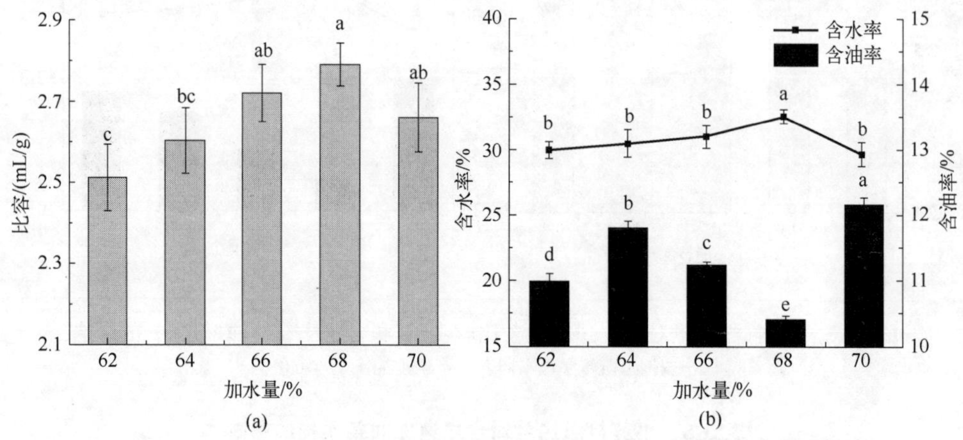

图 3-4　加水量对全麦速冻油条比容（a）和含水率、含油率（b）的影响

同一图例上所带字母不同表示差异性显著（$p<0.05$）

表 3-9　加水量对全麦速冻油条质构的影响

加水量/%	硬度/g	弹性	黏聚性	咀嚼度	回复性
62	4927.25±325.57[a]	0.90±0.03[b]	0.60±0.01[c]	3191.88±284.31[a]	0.24±0.01[b]
64	4516.88±338.03[b]	0.92±0.02[ab]	0.62±0.03[bc]	2810.18±227.41[b]	0.26±0.02[b]
66	3898.14±166.97[c]	0.94±0.04[a]	0.63±0.02[b]	2463.46±166.63[c]	0.26±0.02[b]
68	3467.76±126.68[d]	0.93±0.02[ab]	0.67±0.01[a]	2261.48±163.73[c]	0.28±0.01[a]
70	3737.06±217.22[cd]	0.90±0.02[b]	0.68±0.01[a]	1920.92±93.82[d]	0.29±0.01[a]

注：同一列中所带字母不同表示差异性显著（$p<0.05$）。

④ 饧发时间对全麦速冻油条品质的影响

面团的饧发时间分别设定为 3h、4h、5h、6h、7h，其他工艺条件不变。

饧发时间的长短在一定程度上影响着油炸后油条的比容，因此饧发是工艺中的重要一环。面团制作好后需要对其饧发，饧面就是将和好的面团在合适的湿度和温度条件下静置一段时间，从而消除面团中的内部应力，使面筋网络在排列方式上从无序重新平行有序排列，增加面团的弹性、柔软性和延伸性，使面坯在抻条过程中不易断裂（欧阳虎，2016；刘卫光，2018）。由图 3-5 可知，当饧发时间为 3h 时，面筋网络未充分形成，面团硬，筋力强，出条时很难拉长，而且回弹严重，导致油条比容最低，为 2.57mL/g。当饧发时间大于 6h 时，面团软且发黏，易回缩，气孔大，有的气孔连在一起易塌陷，油条的比容反而降低。当饧发时间为 5h 时，面团柔软有弹性，可操作性好，制备出来的油条外观形状整齐，气孔多而均匀，膨发性好，此时比容达到最大值（2.73mL/g），含油率最低（10.4%）。由表 3-10 可知，油条的硬度随饧发时间的延长逐渐降低，咀嚼度逐渐降低，弹性呈先升高后降低的趋势，所以饧发时间选择 5h 较为合适。

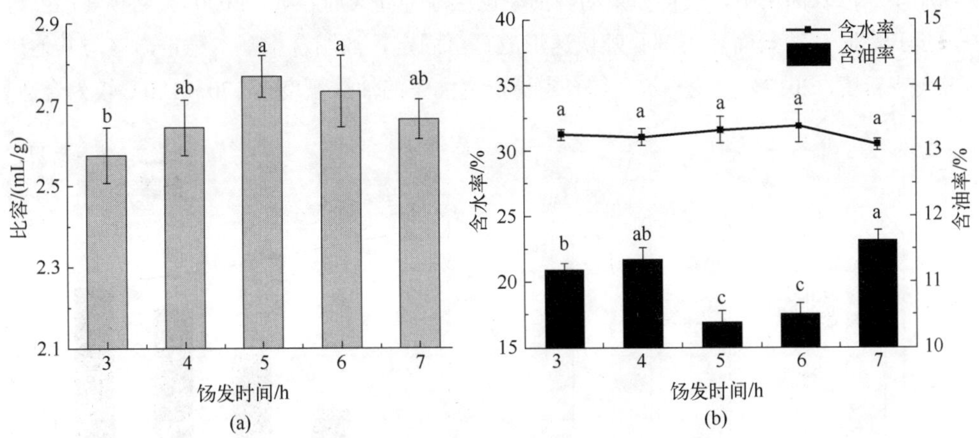

图 3-5 饧发时间对全麦速冻油条比容（a）和含水率、含油率（b）的影响

同一图例上所带字母不同表示差异性显著（$p<0.05$）

表 3-10 饧发时间对全麦速冻油条质构的影响

饧发时间/h	硬度/g	弹性	黏聚性	咀嚼度	回复性
3	5143.38±283.45[a]	0.84±0.04[b]	0.58±0.03[b]	3118.78±262.11[a]	0.22±0.01[b]
4	4250.79±234.16[b]	0.92±0.03[a]	0.62±0.02[ab]	2664.02±234.81[b]	0.27±0.01[a]
5	3856.21±221.73[c]	0.93±0.02[a]	0.65±0.05[a]	2478.87±137.71[b]	0.27±0.03[a]
6	3590.64±191.67[c]	0.91±0.02[a]	0.65±0.02[a]	2502.47±192.79[b]	0.26±0.01[a]
7	3178.02±233.11[d]	0.90±0.04[a]	0.64±0.03[a]	1974.44±182.76[c]	0.25±0.01[a]

注：同一列中所带字母不同表示差异性显著（$p<0.05$）。

⑤ 预炸温度对全麦速冻油条品质的影响

预炸温度分别设为 160℃、170℃、180℃、190℃、200℃，其他工艺条件不变。

油条品质受油炸工艺的影响很大，而这其中的两个重要参数分别为预炸温度和预炸时间。首先控制预炸时间不变，研究预炸温度对全麦速冻油条比容、含水率、含油率及质构特性的影响，选择合适的预炸温度。试验结果如图 3-6 和表 3-11 所示。可以发现，随着预炸温度从 160℃到 180℃，油条比容显著增大，180℃以后比容变化不显著，200℃时比容出现略微减少，可能是因为预炸温度过高，导致油条还没来得及完全膨胀就被迅速硬化的表皮束缚住。从质构结果也可以看出，随着预炸温度的升高，油条的硬度和咀嚼度逐渐增大。

Huang 等（2014）研究发现，油炸产品的含油率与产品内部空隙的均匀度、大小和分布情况等有关。薯片中的水分含量随油炸温度的升高蒸发速度加快，内部空隙形成的速度也加快，从而缩短了达到与油脂吸入平衡所需的时间。从图 3-6 可以看出，当预炸温度较低时，油条面坯中的水分蒸发不充分，内部结构没有完全成形，含油率较低。随着预炸温度的升高，油条面坯中的水分蒸发得越来越充分，水分蒸发的流体力促使油脂不断渗入油条中，使得油条的含油率也逐渐升高（周若昕，2020）。当预炸温度进一步升高时，油条面坯内部孔隙快速形成直至固定，油脂含量基本稳定，这与其他研究（曹新蕾，2017）结论一致。综合考虑全麦油条的油炸温度在 170～180℃较为合适。

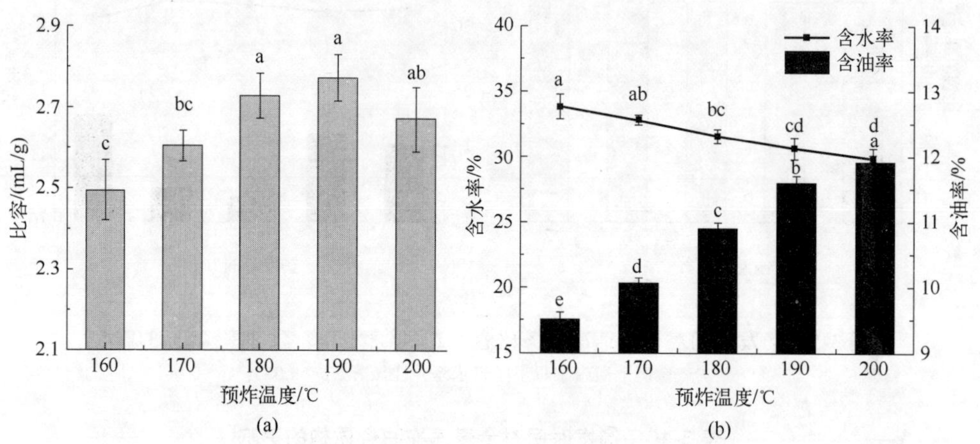

图 3-6 预炸温度对全麦速冻油条比容（a）和含水率、含油率（b）的影响

同一图例上所带字母不同表示差异性显著（$p<0.05$）

表 3-11 预炸温度对全麦速冻油条质构的影响

预炸温度/℃	硬度/g	弹性	黏聚性	咀嚼度	回复性
160	3320.05±254.54^{c}	0.89±0.02^{a}	0.60±0.02^{b}	1963.42±221.48^{c}	0.25±0.01^{ab}
170	3449.17±106.02^{c}	0.90±0.04^{a}	0.60±0.01^{b}	2281.20±177.47^{b}	0.24±0.01^{ab}
180	3785.81±167.42^{b}	0.91±0.02^{a}	0.63±0.04^{ab}	2493.21±273.5^{ab}	0.25±0.02^{ab}
190	4287.11±129.27^{a}	0.88±0.04^{a}	0.61±0.03^{ab}	2545.41±270.62^{ab}	0.24±0.02^{b}
200	4516.23±303.05^{a}	0.88±0.04^{a}	0.65±0.03^{a}	2722.10±173.91^{a}	0.26±0.02^{a}

注：同一列中所带字母不同表示差异性显著（$p<0.05$）。

⑥ 预炸时间对全麦速冻油条品质的影响

预炸时间分别设定为 40s、55s、70s、85s、100s，其他工艺条件不变。

油炸食品的质构性质、理化特性和感官评分均受油炸条件中另一重要参数——预炸时间的影响。Yuksel 等（2017）研究表明在保持油炸温度不变的条件下，产品的硬度和含油率会随着油炸时间的增加而升高，脆性呈相反的趋势。此外，食品中的糖类和蛋白质在油炸过程中会发生反应，随着油炸时间的增加会生成有害人体健康的化合物。预炸时间对油条品质的影响如图 3-7 和表 3-12 所示。油条的比容、含油率、硬度和咀嚼度随预炸时间的增加呈上升趋势，含水率则不断下降，当油炸 70s 时，油条的比容为 2.77mL/g，含油率为 10.85%，硬度为 3893.77g，之后比容变化不明显，含油率和硬度还在显著增大，且表面色泽较深，影响消费者感官体验。油炸是面坯中的面筋网络结构逐渐熟化，内部水分逐渐蒸发形成空隙结构的过程。当油炸时间较短时，面坯内部水分蒸发过程尚处于初级阶段，此时油条面坯中的空隙还没有完全形成，空隙间压强差较小，水分蒸发速率与油脂渗入速率尚未达到平衡，因而此时含水率较高而含油率较低（Cao，2017）。随着油炸时间的延长，含水率下降和含油率上升速度加快，说明此时油条中已经形成分布均匀、结构稳定的空隙结构，水分蒸发速率与油脂渗入速率也逐渐达到平衡。综上所述，全麦速冻油条的适宜预炸时间应为 55～70s。

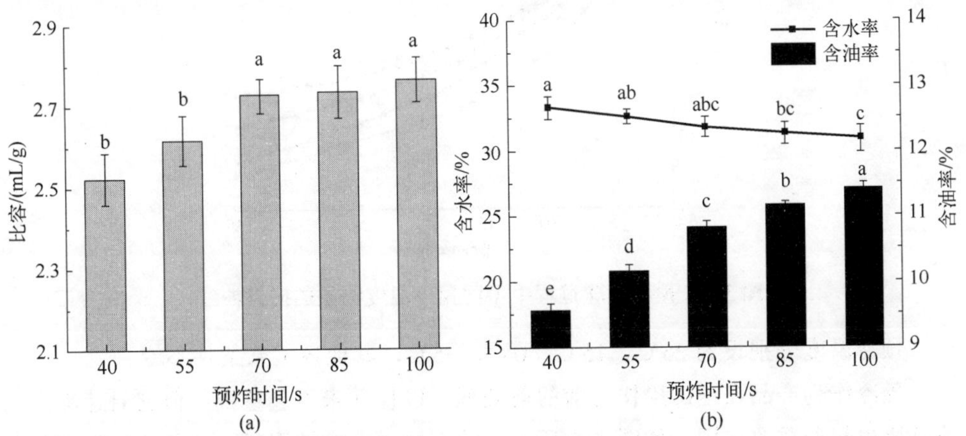

图 3-7 预炸时间对全麦速冻油条比容（a）和含水率、含油率（b）的影响

同一图例上所带字母不同表示差异性显著（$p<0.05$）

表 3-12 预炸时间对全麦速冻油条质构的影响

预炸时间/s	硬度/g	弹性	黏聚性	咀嚼度	回复性
40	3133.65±276.89^{c}	0.91±0.03^{a}	0.64±0.02^{a}	1877.13±259.93^{b}	0.25±0.01^{a}
55	3431.68±219.33^{c}	0.91±0.04^{a}	0.64±0.04^{a}	2037.31±247.44^{b}	0.27±0.02^{a}
70	3893.77±270.72^{b}	0.90±0.03^{a}	0.65±0.04^{a}	2447.98±258.76^{a}	0.26±0.03^{a}
85	4167.10±232.50^{b}	0.90±0.01^{a}	0.64±0.04^{a}	2429.68±331.09^{a}	0.25±0.03^{a}
100	4582.95±203.23^{a}	0.87±0.04^{a}	0.62±0.03^{a}	2550.61±295.71^{a}	0.25±0.02^{a}

注：同一列中所带字母不同表示差异性显著（$p<0.05$）。

⑦ 预冷温度对全麦速冻油条品质的影响

油条的降温速率在不同预冷温度下各不相同，这是由于预冷温度越低，随温差的增大，油条温度下降也越快，速冻前的油条温度越低，速冻过程中会提前经过最大冰晶生成带，速冻后油条皮和内芯的温度也会降低，有助于速冻产品的品质。但预冷温度越低，能耗会大幅增加，所以预冷温度不能过高也不应过低（张康逸，2017）。由图 3-8 可知，从一出油锅开始计时，油条分别在 25℃、15℃、0℃、−5℃环境下预冷 30min 后，内芯的温度分别为 31.5℃、23℃、13℃、9.5℃。油条在 25℃和 15℃预冷 35min 后内芯的温度都没下降到 15℃以下，速冻后会造成油条产品均匀性较差，影响整体品质。0℃和−5℃预冷 35min 后能达到要求，但是耗能会增加，所以进一步通过比容、含油率和质构特征确定。

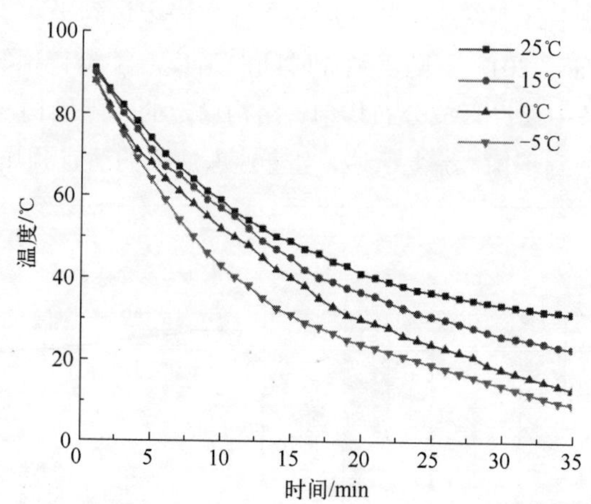

图 3-8 预冷速冻过程中不同预冷温度油条的降温曲线

预冷温度分别设为 25℃、15℃、0℃、−5℃，其他各工艺条件不变。

预冷作为产品在速冻操作之前的前处理，以往并未引起重视，但它对速冻产品的品质也起着重要作用。如图 3-9 所示，随着预冷温度的降低，油条比容的变化并不显著，但油条含水率呈下降趋势，可能是由于蒸汽压强差的存在，油条表面的水

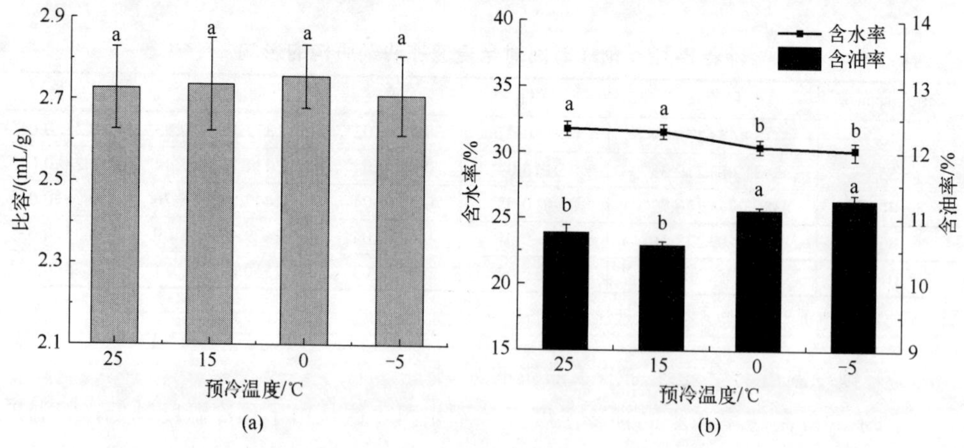

图 3-9 预冷温度对全麦速冻油条比容（a）和含水率、含油率（b）的影响

同一图例上所带字母不同表示差异性显著（$p<0.05$）

分向空气中蒸发，内层水分在扩散作用下向表层移动进一步蒸发造成的，带来的结果就是含油率也会增加。表 3-13 表明，复炸后油条的硬度和咀嚼度会随着预冷温度的降低而逐渐降低，弹性和黏聚性逐渐增大，这是由于随着预冷温度越低，预冷后油条皮和内芯在速冻之前的温差会越小，速冻后油条的温度可达到−5℃以下，内芯形成的冰晶细小均匀，能较好地保持油条的内部结构，那么复炸后油条的质构指标较好。综合考虑耗能及油条品质变化，预冷温度选择 0℃。

表 3-13　预冷温度对全麦速冻油条质构的影响

预冷温度/℃	硬度/g	弹性	黏聚性	咀嚼度	回复性
25	3863.35±202.89[a]	0.89±0.02[b]	0.63±0.04[a]	2575.69±348.55[a]	0.25±0.02[a]
15	3699.44±137.06[a]	0.91±0.03[ab]	0.66±0.05[a]	2353.39±133.64[ab]	0.26±0.02[a]
0	3273.41±183.31[b]	0.92±0.02[ab]	0.63±0.01[a]	2104.51±199.95[b]	0.27±0.02[a]
−5	3151.98±288.57[b]	0.94±0.01[a]	0.66±0.01[a]	2193.40±186.43[b]	0.27±0.01[a]

注：同一列中所带字母不同表示差异性显著（$p<0.05$）。

⑧ 预冷时间对全麦速冻油条品质的影响

预冷时间分别设定为 0min、20min、40min、60min，其他工艺条件不变。

由图 3-10 可知，随预冷时间的延长，油条的温度逐渐降低，不预冷直接速冻处理的油条中心温度下降最快，但不预冷直接速冻后油条的中心温度（3.5℃）未到−5℃以下，且在冻藏过程中易结成大冰晶，速冻均匀性变差，破坏油条的感官品质。预冷 20min 后油条的中心温度（33℃）未到 15℃以下，且速冻后的中心温度（−4℃）未到−5℃，预冷 35min 左右油条的中心温度达到了 15℃以下，预冷时间越长，温度变化越趋于平缓，且预冷 40min 和 60min 速冻后的中心温度（−10℃、−13℃）都达到了−5℃以下，因此预冷时间可选 40min。

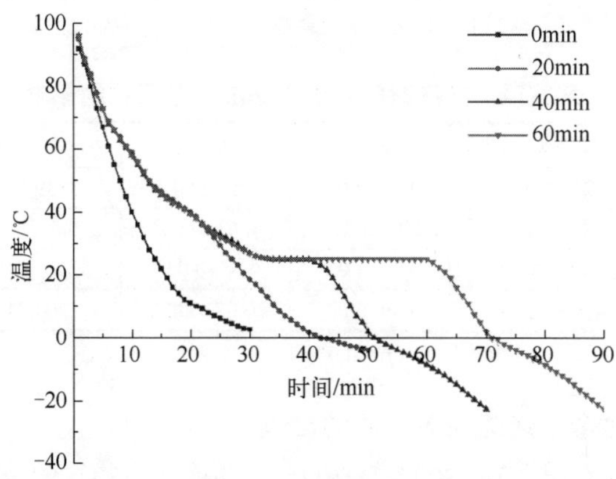

图 3-10　预冷速冻过程中不同预冷时间油条的降温曲线

预冷时间的长短会影响油条湿基含水率的变化，如果湿基含水率降低量过大，则速冻后产品表皮会出现开裂的情况。有研究表明水饺在 120min 内冻裂率会随着预冷时间的延长而逐渐降低，到 120min 后，因为在预冷过程中就到达最大冰晶生成带区域，因此冻裂率也会增加。

由图 3-11 和表 3-14 可以看出，全麦速冻油条的含水率随着预冷时间的增加呈降低的趋势，但湿基含水率的这种降低趋势逐渐变缓。不预冷直接速冻的油条温度与环境温度温差较大，蒸汽压差也相对较大，因而表皮易损失较多水分，造成表观状态较差。且油条的硬度逐渐减小，弹性增大。硬度值越大，说明油条不松软，影响品质。油条的比容、质构、含水率和含油率指标在预冷时间超过 40min 后并没有显著性变化，说明此时全麦速冻油条内部结构稳定。这是因为预冷时间越长，速冻前油条皮和内芯的温差就越小，速冻时可以在 30min 内通过最大冰晶生成带，速冻后产品温度达到−5℃以下，形成的冰晶较小且均匀，解冻后复热不会破坏油条的内部结构（刘艳芳，2015）。

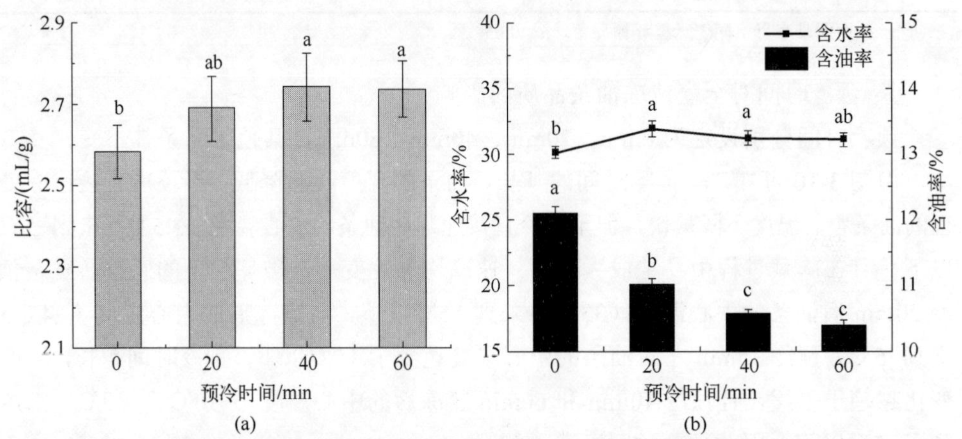

图 3-11 预冷时间对全麦速冻油条比容（a）和含水率、含油率（b）的影响

同一图例上所带字母不同表示差异性显著（$p<0.05$）

表 3-14 预冷时间对全麦速冻油条质构的影响

预冷时间/min	硬度/g	弹性	黏聚性	咀嚼度	回复性
0	4929.25±354.03[a]	0.83±0.03[c]	0.57±0.04[c]	2839.56±172.49[a]	0.22±0.02[b]
20	4188.88±267.24[b]	0.91±0.02[b]	0.62±0.04[b]	2486.78±290.49[ab]	0.25±0.03[a]
40	3526.89±288.26[c]	0.93±0.02[b]	0.65±0.05[ab]	2369.04±357.45[b]	0.28±0.03[a]
60	3234.70±253.50[c]	0.99±0.04[a]	0.67±0.02[a]	2203.71±200.41[b]	0.28±0.01[a]

注：同一列中所带字母不同表示差异性显著（$p<0.05$）。

⑨ 速冻温度对全麦速冻油条品质的影响

由图 3-12 可以看出，在−20℃、−30℃、−40℃和−50℃的速冻条件下，油炸预冷后油条在通过−5～0℃的时间分别约 32min、17min、14min 和 11.5min。在−5～0℃的最大冰晶带附近，预冷后的全麦速冻油条的冷却速率显著降低，当快速冷冻温度降至−50℃时冷冻曲线下降最快。使最大冰晶带在短时间内通过可以提高冷冻食品的质量。这是因为当产品缓慢冷冻时，往往要花费很长的时间才能使温度降至冰点以下。由于水分子形成的晶核并不稳定，容易受到其他水分子热运动的影响而分散。同时，因冷却时间较长，大量的水分子有足够的时间转移并集中在有限的晶核上，使得晶核的细胞机械损伤严重（刘新林，2011）。

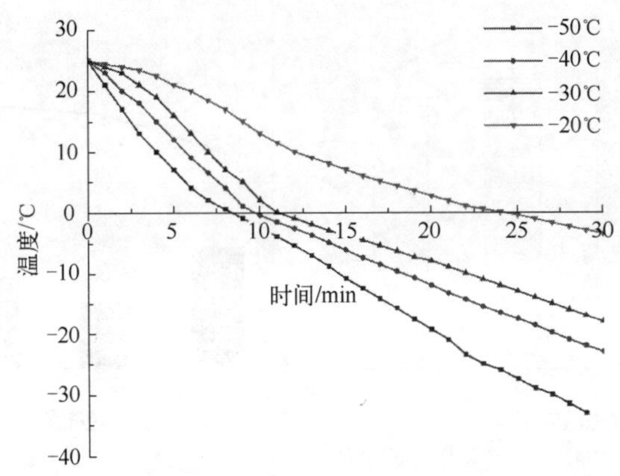

图 3-12　预冷速冻过程中不同速冻温度油条的降温曲线

通常将冷冻温度保持在−23～−18℃之间的冷冻食品称为缓冻食品，而冷冻温度低于−30℃的冷冻食品称为速冻食品。前人已经发现快速冷冻过程中产生的冰晶大小是影响冷冻食品质量的主要因素。所以无论是缓冻食品还是速冻食品都应该在预处理后的30min 内通过−5～−1℃的最大冰晶区域，然后在−18℃以下的低温环境中储存和运输。从图 3-13 和表 3-15 可以看出，全麦速冻油条的含油率、硬度随着速冻温度的降低呈先降低后升高的趋势，比容先增加后减少，咀嚼度逐渐降低。如果速冻温度过高，则冰晶生产率低下，冰晶体积较大，会破坏面筋网络。相反，如果速冻温度低，则冰晶生产率高，冰晶体积较小，对面筋网络的破坏较小。全麦速冻油条解冻时会发生不可逆的水分散失，原始的质地特性将丢失，弹性和回复性变差，从而导致复炸后油条的高咀嚼度值，进而导致相应的油条比容的变化，这也可能与解冻方法有关（杨二林，2017；欧阳虎，2016）。因此，将全麦速冻油条的速冻温度控制在−40～−30℃较为合适。

⑩ 速冻时间对全麦速冻油条品质的影响

速冻时间分别设为 15min、30min、45min、60min，其他工艺条件不变。

快速冷冻时间对产品质量起着重要作用。时间过短可能会使产品无法完全冷冻从而影响产品质量。如果时间过长，首先，成本方面会有所增加；其次，速冻过程中的动态干耗也会有所增加，产品质量受到影响。从图 3-14 和表 3-16 中可以看出，随着速冻时间的延长，全麦速冻油条的硬度和含油量略有下降，而弹性、黏聚性、回复性都呈现上升的趋势，但总体变化趋势不明显，且 30min 后指标变化不大。如果快速冷冻时间过长，则油条的质量会降低，这可能是由于在快速冷冻过程中生成的小冰晶并不完全均匀，而是有少量的游离水。然而，随着速冻时间的延长，小冰晶逐渐融合形成大冰晶，从而破坏了油条的内部结构，并影响了油条的质量（张小妮，2013）。可以看出速冻时间为30min时，全麦速冻油条的质量最好。

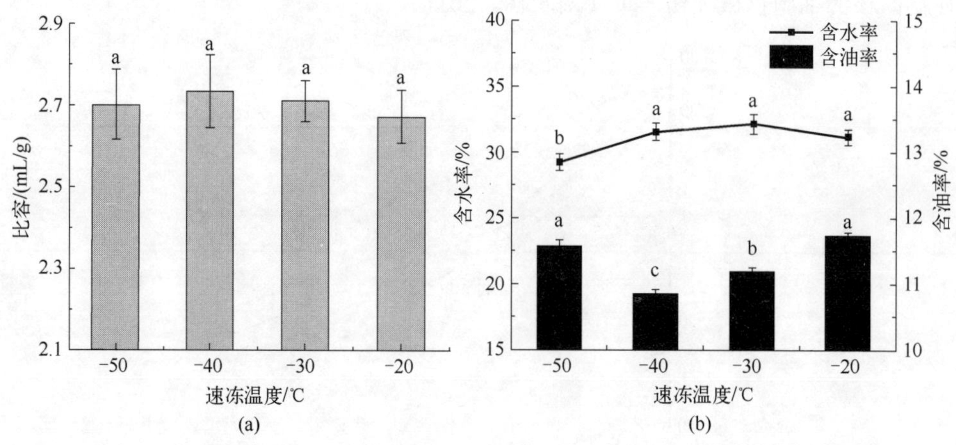

图 3-13　速冻温度对全麦速冻油条比容（a）和含水率、含油率（b）的影响

表 3-15　速冻温度对全麦速冻油条质构的影响

速冻温度/℃	硬度/g	弹性	黏聚性	咀嚼度	回复性
−50	4210.77±369.72[a]	0.9±0.04[a]	0.6±0.03[b]	1858.65±270.88[b]	0.24±0.02[b]
−40	3770.35±277.3[a]	0.92±0.03[a]	0.63±0.03[ab]	2326.47±212.00[a]	0.25±0.01[ab]
−30	3837.90±369.47[a]	0.92±0.04[a]	0.62±0.05[b]	2402.99±277.64[a]	0.25±0.02[ab]
−20	4057.21±366.73[a]	0.94±0.02[a]	0.67±0.03[a]	2511.36±168.05[a]	0.27±0.02[a]

注：同一列中所带字母不同表示差异性显著（$p<0.05$）。

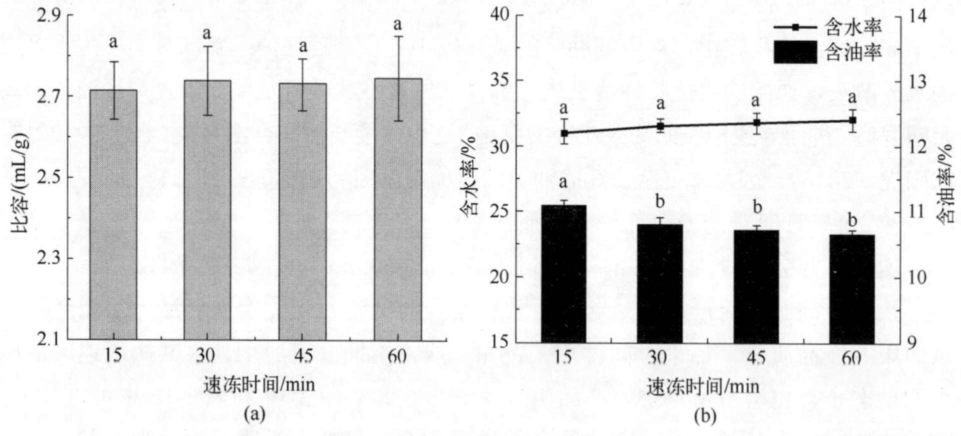

图 3-14　速冻时间对全麦速冻油条比容（a）和含水率、含油率（b）的影响

同一图例上所带字母不同表示差异性显著（$p<0.05$）

表 3-16　速冻时间对全麦速冻油条质构的影响

速冻时间/min	硬度/g	弹性	黏聚性	咀嚼度	回复性
15	4108.96±298.28[a]	0.89±0.06[b]	0.64±0.05[a]	2602.33±117.08[a]	0.24±0.02[b]
30	3794.09±161.13[ab]	0.91±0.01[ab]	0.65±0.02[a]	2325.05±261.14[ab]	0.27±0.02[a]
45	3811.77±188.07[ab]	0.95±0.03[a]	0.64±0.01[a]	2400.72±332.69[ab]	0.27±0.01[a]
60	3640.66±261.01[b]	0.94±0.03[ab]	0.66±0.03[a]	2158.53±270.60[b]	0.28±0.01[a]

注：同一列中所带字母不同表示差异性显著（$p<0.05$）。

（5）正交试验设计及结果分析

① 正交试验设计

全麦速冻油条正交试验设计如表 3-17 所示。

表 3-17　全麦速冻油条正交试验设计表

水平	因素						空列
	膨松剂添加量/%	小苏打添加量/%	加水量/%	预炸温度/℃	预炸时间/s	速冻温度/℃	
	A	B	C	D	E	F	
1	1(2.5)	1(0.1)	1(66)	1(170)	1(55)	1(−30)	1
2	1	1	1	2(180)	2(70)	2(−40)	2
3	1	2(0.2)	2(68)	1	1	2	2
4	1	2	2	2	2	1	1
5	2(3)	1	2	1	2	1	2
6	2	1	2	2	1	2	1
7	2	2	1	1	2	2	1
8	2	2	1	2	1	1	2

② 全麦速冻油条正交试验结果分析

对全麦速冻油条单因素试验进行分析可知，在比容、含水率、含油率和质构品质中，比容、含油率和质构中的硬度直接影响最终油条产品的品质。因此，在正交试验分析中可以以上述这些指标作为评价指标，进行正交试验。

由表 3-18 极差分析结果可知，对于比容，各因素对其影响的主次顺序为：A（膨松剂添加量）＞D（预炸温度）＞B（小苏打添加量）＞E（预炸时间）＞C（加水量）＞F（速冻温度）；对于含油率，影响得分的主次因素为：D（预炸温度）＞E（预炸时间）＞C（加水量）＞A（膨松剂添加量）＞B（小苏打添加量）＞F（速冻温度）；而对于硬度，影响得分的主次因素为：E（预炸时间）＞C（加水量）＞D（预炸温度）＞A（膨松剂添加量）＞B（小苏打添加量）＞F（速冻温度）。

表 3-18　全麦速冻油条正交试验极差分析

试验号		试验因素							试验结果		
		A	B	C	D	E	F	空列	比容/(mL/g)	含油率/%	硬度/g
	1	1	1	1	1	1	1	1	2.09±0.13	9.32±0.09	3429.4±238.55
	2	1	1	1	2	2	2	2	2.46±0.09	10.81±0.12	4376.98±297.52
	3	1	2	2	1	1	2	2	2.38±0.08	8.66±0.07	2948.11±140.52
	4	1	2	2	2	2	1	1	2.64±0.06	10.97±0.1	3632.9±168.09
	5	2	1	2	1	2	1	2	2.52±0.11	10.13±0.07	3321.16±217.49
	6	2	1	2	2	1	2	1	2.61±0.05	9.81±0.11	3239.68±278.46
	7	2	2	1	1	2	2	1	2.63±0.04	10.87±0.06	3636.23±434.81
	8	2	2	1	2	1	1	2	2.64±0.06	11.42±0.04	3241.52±325.84
比容	K1	2.394	2.422	2.456	2.407	2.430	2.474	2.495	主次因素		最优组合
	K2	2.601	2.573	2.540	2.588	2.565	2.522	2.500	(A＞D＞B＞E＞C＞F)		($A_1B_2C_2D_2E_2F_1$)
	R	0.207	0.151	0.084	0.181	0.135	0.048	0.005			
含油率	K1	9.942	10.017	10.604	9.746	9.801	10.458	10.242	主次因素		最优组合
	K2	10.557	10.481	9.894	10.753	10.697	10.040	10.256	(D＞E＞C＞A＞B＞F)		($A_1B_2C_2D_1E_1F_2$)
	R	0.615	0.464	0.710	1.007	0.897	0.419	0.014			
硬度	K1	3597	3592	3671	3334	3215	3406	3485	主次因素		最优组合
	K2	3360	3365	3285	3623	3742	3550	3472	(E＞C＞D＞A＞B＞F)		($A_1B_2C_2D_1E_1F_2$)
	R	237	227	386	289	527	144	13			

经过方差分析（0.05 水平下）可知（表 3-19），因素 A、B、C、D、E 对比容、含油率和硬度影响显著，D、E 对含油率影响呈极显著，F 对含油率影响显著，对比容和硬度影响不显著，各因素水平需要从具有显著性影响的指标中选择，采用综合平衡法。对于实际生产往往希望油条能有更大的比容、更低的含油率和硬度，因此最优组合为 $A_2B_1C_2D_2E_2F_2$。

表 3-19　全麦速冻油条正交试验方差分析

指标	变异来源	平方和	自由度	均方	*F* 值	显著水平
比容	A	0.085491	1	0.085491	1766.20	0.015*
	B	0.045343	1	0.045343	936.76	0.021*
	C	0.014111	1	0.014111	291.53	0.037*
	D	0.065227	1	0.065227	1347.55	0.017*
	E	0.036219	1	0.036219	748.25	0.023*
	F	0.004596	1	0.004596	94.95	0.065
	误差	0.000048	1	0.000048		
	总计	0.251036	7			
含油率	A	0.75689	1	0.75689	2006.99	0.014*
	B	0.43152	1	0.43152	0 1144.22	0.019*
	C	1.00957	1	1.00957	2676.99	0.012*
	D	2.02877	1	2.02877	5379.52	0.009**
	E	1.60760	1	1.60760	4262.75	0.010**
	F	0.35055	1	0.35055	929.52	0.021*
	误差	0.00038	1	0.00038		
	总计	6.18527	7			

续表

指标	变异来源	平方和	自由度	均方	F 值	显著水平
硬度	A	112530	1	112530	353.92	0.034*
	B	103162	1	103162	324.46	0.035*
	C	297329	1	297329	935.14	0.021*
	D	167097	1	167097	525.54	0.028*
	E	555753	1	555753	1747.92	0.015*
	F	41477	1	41477	130.45	0.056
	误差	318	1	318		
	总计	1277666	7			

（6）验证试验

通过正交试验结果分析，最终得到的最优组合为 $A_2B_1C_2D_2E_2F_2$，即膨松剂添加量 3%，小苏打添加量 0.1%，加水量 68%，预炸温度 180℃，预炸时间 70s，速冻温度−40℃。但这个最优组合在前面已经做过的 8 组正交试验中并未出现，因此必须通过实验加以验证。

验证实验结果如表 3-20 和图 3-15 所示，经工艺优化后的全麦速冻油条和市售小麦速冻油条的比容分别为 2.76mL/g 和 2.46mL/g，含油率分别为 9.92%和 19.26%，硬度分别为 3740.23g 和 5224.06g。全麦速冻油条表皮光滑对称，丰满，粗细均匀，无开裂，有油条特有的油炸香味和浓郁的麦香，虽然颜色发暗，但是属于全麦产品的特色且能够让消费者接受，横剖结构疏松，气孔均匀，孔壁薄且膜上小洞少，能够达到令消费者满意的水平。市售小麦速冻油条油炸香和麦香味较淡，内部气孔较少，分布不均匀，孔壁略厚，有油腻感，感官得分略低于全麦速冻油条，因此，该优化工艺可行，可用于全麦速冻油条的实际生产中。最佳加工工艺为：以全麦面粉 100%计，膨松剂添加量 3%，小苏打添加量 0.1%，加水量 68%，预炸温度 180℃，预炸时间 70s，速冻温度−40℃。

表 3-20　验证全麦速冻油条实验结果

样品	比容/(mL/g)	含油率/%	硬度/g	感官评分
某市售速冻油条	2.46±0.03	19.26±0.15	5224.06±163.31	89.68±2.63
全麦速冻油条	2.76±0.07	9.92±0.10	3740.23±295.57	91.33±1.97

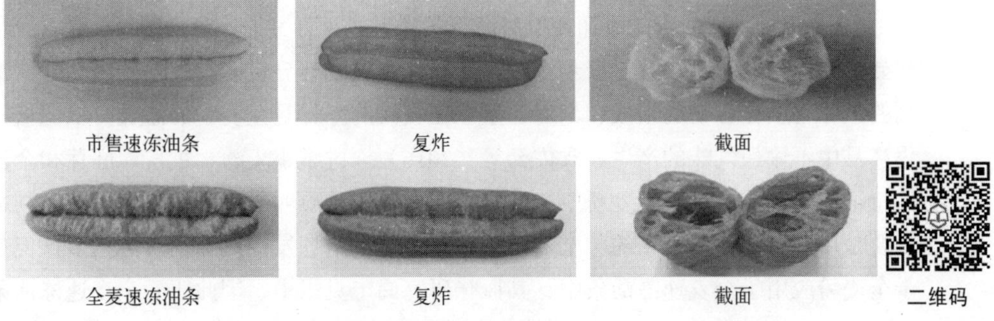

图 3-15　产品展示

3.2.4 小结

结合单因素试验及正交试验设计方案，由实验分析结果可知，全麦速冻油条制作优化后的工艺参数如下：全麦面粉 100%（14% 湿基），水添加量为面粉质量的68%，安琪无铝害油条膨松剂 3%，盐 1.4%，糖 0.8%，将和面钵中搅拌好的面团取出，先进行短时间手工揉制，再将揉混好的面团进行第一次叠面，叠好完成后，将面团揉成表面光滑的面团，用保鲜膜包裹起来，再送入 35℃、70%相对湿度（RH）的饧发箱静置，饧发 20min 后，取出进行叠面，重复上次操作三次后再饧发 5h，即可对油条面团进行切条制坯。将拉好的油条面坯放入 180℃的菜籽油锅内，预炸 70s，捞出呈 80°斜放沥油，0℃预冷 40min 后置于−40℃速冻 30min，取出包装置于−18℃冰箱贮藏。预炸温度和预炸时间对油条品质的影响较为显著，通过与市售小麦速冻油条对比，发现复炸后油条的硬度和含油率显著降低，比容和感官评分也略高。分析表明，全麦面粉也可用于制备速冻油炸油条，并有其与众不同的产品特点。以上研究为各种标准的制定和油条行业的进一步研究提供了理论依据，对油条企业生产的规范化、标准化、工业化具有一定的参考意义。

3.3 全麦速冻油条加工过程中风味与抗氧化特性的变化

作为衡量食品品质的重要质量指标，风味与食品的整体可接受性密切相关。有研究指出，油炸食品中的挥发性风味物质主要由脂肪、碳水化合物、蛋白质和其他辅料中的风味前体物质组成，并在热加工过程中发生一系列复杂的反应而形成，如脂肪氧化、美拉德反应和 strecker（斯特雷克）降解等。油炸食品，尤其是以小麦粉为原料的油炸食品的风味已经做了很多研究（Yang 等，2018；王永倩，2017）。与小麦粉相比，全麦粉保留了皮层和胚芽，含有丰富的功能性营养成分，如膳食纤维、维生素、矿物质以及多酚类化合物等，因此在后续的加工过程中可能产生更加复杂的风味变化。齐琳娟等（2012）用 5%的小麦麸皮替代面粉分析麸皮对面包风味和营养成分的影响，按5∶1 分流进样发现麸皮的添加使得对面包风味形成有意义的化合物的种类和含量增加明显。邓璐璐等（2014）对全麦沙琪玛的风味物质进行分析，发现小麦组和全麦组样品的风味物质化合物的组成和相对含量存在较大的差异且全麦粉的添加可以降低沙琪玛产品中不愉快气味的产生。袁佐云等（2016）探讨了小麦粉、麸皮、胚芽和全麦粉的特征风味物质，发现小麦粉中能检测出的挥发性物质明显少于全麦粉，且不同之处主要是由胚芽和麸皮带来的。全麦馒头在制作过程中挥发性风味物质会增多，但是对于全麦粉应用于全麦速冻油条中，其风味研究尚未见报道，因此明确全麦速冻油条在加工过程中的风味变化规律及成因可能有助于合理改善和调控油条风味。

在过去的几十年里，人们越来越关注提高食品的质量和营养价值，以实现饮食的最大益处，在这种情况下，制作食物的原料性质、不同的加工阶段以及烹饪对保存食物营养成分和生物活性物质有很大的相关性。在食品众多重要的生物活性物质中，多酚类化合物尤为突出。最近的研究表明，工艺过程会影响食品中所含多酚的成分和抗氧化特性（Li 等，2015；Yu 等，2015），一些工艺可以降低多酚含量（Fares 等，2010），另一些工艺可以提高多酚含量（Fares 等，2010；Lu 等，2014），因为食物中这些生物活性化合物的可得性更大，因此，研究食品加工导致的多酚的变化，有助于开发保持或增加食品抗氧化能力的加工方法。

本研究采用电子鼻和顶空固相微萃取-气相色谱-质谱联用技术研究全麦粉和全麦速冻油条在加工过程中的主要挥发性风味物质组成和变化情况，并探究了加工过程对全麦速冻油条中多酚含量及抗氧化特性的影响。

3.3.1 试验材料与仪器

（1）材料与试剂

原料：超微全麦粉、相应筛除麸皮的小麦粉，河北黑马面粉有限责任公司；无铝害复配油条膨松剂、食用小苏打、精幼砂糖，安琪酵母股份有限公司；金龙鱼纯正菜籽油（一级），益海嘉里食品营销有限公司；中盐加碘精制盐，市售。

主要试剂：没食子酸、1,1-二苯基-2-三硝基苯肼（DPPH）、Trolox、ABTS、福林酚、磷酸缓冲液（pH7.4），上海源叶生物科技有限公司；碳酸钠、无水乙醇，国药；其他化学品和试剂均为分析级。

（2）主要仪器

主要设备见表 3-21。

表 3-21 实验设备

名称	厂家
FOX-3000 型电子鼻	法国 Alpha MOS 公司
7890A /5975C 型气相色谱-质谱联用仪	美国 Agilent 公司
57330U 固相微萃取手柄	美国 Supelco 公司
75μm CAR/PDMS 固相微萃取针	美国 Supelco 公司
20mL 螺口样品瓶	CNW
聚四氟乙烯/硅树脂衬垫	CNW
DB-WAX 毛细管色谱柱	美国 Supelco 公司
SCIENTZ-12N 冷冻干燥机	宁波新芝生物科技股份有限公司
SpectraMax-M2e 酶标仪	美国 Molecular 公司
XMTD-8222 数显鼓风干燥箱	南京大卫仪器设备有限公司

3.3.2 试验方法

（1）油条的制作

采用 3.2.2 优化的全麦速冻油条生产工艺制作油条。

（2）样品的制备

加工过程中样品的制备：取原料粉、180℃预炸 70s 的预炸油条以及−18℃冻藏 24h 室温解冻半小时后用油炸、微波、蒸制等方式复热的油条测定。复热条件如下：

a．复炸：180℃油炸 60s；

b．微波：800W 微波 60s；

c．蒸制：用电磁炉先将水煮沸，然后煮沸状态蒸制 3min。

（3）加工过程中风味的测定

① 电子鼻分析

将经过 3.3.2 处理后的全麦油条样品剪碎，称取 3.000g 置于 20mL 顶空进样瓶中，使用 α-FOX 3000 型电子鼻（MOS 传感器阵列配有 12 根金属氧化物半导体传感器）对样品进行顶空自动进样分析（表 3-22）。每次样品检测前用洁净干燥的空气对传感器进行清洗，空气泵流速为 150mL/min；顶空产生参数：产生时间 120s，产生温度 50℃，搅动速率 250r/min；顶空注射参数：注射体积 2500μL，注射速率 2500μL/s；参数获得时间 360s；延滞时间 120s。通过软件分析得出传感器信号强度图，对电子鼻获得的数据信息进行主成分分析（principal component analysis，PCA）和雷达图谱分析。平行检测 3 次。

表 3-22 α-FOX 3000 型电子鼻 MOS 传感器的主要特性

编号	传感器名称	气体检测范围
1	LY2/LG	氧化气体
2	LY2/G	酮类、醇类
3	LY2/AA	酮类、氨气
4	LY2/GH	有机胺类
5	LY2/gCTL	含硫化合物
6	LY2/gCT	醇类
7	T30/1	酸类
8	P10/1	氨气、酸类
9	P10/2	烃类
10	P40/1	氟
11	T70/2	芳香族化合物
12	PA/2	酮类、醇类、有机胺、含硫化合物

② HS-SPME-GC-MS 分析

固相微萃取（SPME）条件：参考王永倩等（2017）的方法并稍作修改。将复热后的油条剪碎混匀，准确称取 3.00g 待测样品置于 20mL 螺口进样瓶内，盖上聚四氟乙烯/硅树脂衬垫密封备用。首次使用时需将 75μm CAR/PDMS 固相微萃取针在气相色谱进样口（260℃）老化 1h。将顶空进样瓶按序列编号依次放于自动进样器（MPS）对应的样品盘上，然后 70℃恒温水浴中平衡 10min，再插入萃取针吸附 30min。吸附结束后萃取针在 250℃下解吸 300s，然后萃取针移动到色谱（GC）后进样口在 260℃下老化 30min。

色谱（GC）条件：采用 DB-WAX 石英毛细管柱（30m×250μm×0.25μm），升温程序为 30℃起始柱温下保持 2min，然后以 3℃/min 升至 150℃，保持 2min，接着以 10℃/min 升至 230℃，保持 2min，最后以 260℃的温度运行并保持 2min。载气为高纯度氦气（≥99. 999%），流速为 0.8mL/min，不分流进样；进样口温度为 250℃，恒压 40kPa。

质谱（MS）条件：电子轰击（EI）离子源，电子能量为 70eV，四级杆温度为 150℃，气相和质谱接口温度为 280℃，离子源温度为 230℃，全扫描采集，扫描质量范围为 45～500amu。

（4）加工过程中抗氧化特性的测定

① 样品多酚的提取

参考邓璐璐等（2014）的方法，准确称取 5.0g 粉和油条样品（干基）于 100mL 具塞三角瓶中，按料液比 1∶10（质量浓度）分别加入 50mL 60%（体积分数）乙醇，恒温水浴振荡（40℃，220r/min）浸取 3h，冷却后在 8000r/min 的转速下冷冻离心（4℃）20min，取上清液。重复此操作两次，然后合并提取液并用 60%的乙醇定容至 50mL，4℃保存待测。

② 多酚含量的测定

没食子酸标准曲线的绘制：精确称量没食子酸标准品 5mg，用水溶解并定容于 50mL 容量瓶中，得到 0.1mg/mL 的标准储备溶液。分别移取没食子酸标准储备溶液 0、0.2mL、0.4mL、0.6mL、0.8mL、1.0mL、1.2mL 置于 10mL 棕色具塞离心管中，分别加入 1mL 福林酚试剂，摇匀后反应 5min 再分别加入质量分数 15%的 Na_2CO_3 溶液 2mL，用水定容至 10mL，摇匀。室温下避光反应 1h 后，在 765nm 波长下测定吸光度。以没食子酸标准溶液的浓度为横坐标，吸光度为纵坐标，绘制标准曲线，得到没食子酸的标准曲线线性拟合方程为 y=0.0745x+0.0784，R^2=0.9945。

样品中多酚含量的测定：准确吸取 1mL 样品提取液于 10mL 棕色具塞离心管中，加入福林酚试剂 1mL，摇匀后反应 5min 再加入 15%（质量分数）Na_2CO_3 溶液 2mL，并用 60%乙醇定容至刻度。室温下避光反应 1h 后，在 765nm 波长下测定样品的吸光度，试剂空白为对照（提取溶剂代替提取液），并根据工作曲线来计算提取液中多酚含量。样品多酚含量表示为 mg/g。

③ DPPH 自由基清除率的测定

用无水乙醇将 7.8864mg 的 DPPH 粉末溶解，然后定容于 10mL 棕色具塞离心管中，振荡摇匀配制成浓度为 0.2mmol/L 的溶液，4℃冰箱中避光冷藏备用。将 1mL 提取液与 8mL DPPH 溶液混匀，然后静置 1h，在 517nm 的波长下测定样品的吸光度。其他反应条件不变，以无水乙醇替代 DPPH 溶液再配制两组混合液，同时以无水乙醇代替提取液作为空白对照，按照式（3-2）计算单位质量样品的 DPPH 清除率：

$$\text{DPPH清除率}(\%)=\frac{1-\left(A_{a}-A_{b}\right)}{A_{c}}\times 100 \qquad (3\text{-}2)$$

式中，A_a 代表 DPPH 与样品提取液混合液的吸光值；A_b 代表无水乙醇与样品提取液混合液的吸光值；A_c 代表 DPPH 与无水乙醇混合液的吸光值。

④ ABTS 自由基清除率的测定

用磷酸缓冲液将 384.08mg 的 ABTS 粉末溶解，然后定容于 100mL 棕色容量瓶中，振荡摇匀配制成浓度为 7mmol/L 的 ABTS 溶液，4℃冰箱避光冷藏备用。用磷酸缓冲液将 66.24mg 的过硫酸钾粉末溶解，然后定容于 100mL 棕色容量瓶中，振荡摇匀配制成浓度为 2.45mmol/L 的过硫酸钾水溶液，4℃冰箱避光冷藏备用。准确吸取 880μL 过硫酸钾水溶液和 50mL ABTS 母液，振荡摇匀室温下避光反应 12～16h，然后用无水乙醇稀释混合液，使混合液在测定前的吸光度控制在 0.70±0.05 之间。随后取 100μL 提取液与 3.9mL ABTS 稀释液混合，振荡摇匀，室温下避光反应 30min 后在 734nm 的波长下测定吸光度。空白实验用无水乙醇代替提取液，按照式（3-3）计算单位质量样品的 ABTS 自由基清除率。

$$\text{ABTS清除率}(\%)=\frac{\left(A_{0}-A\right)}{A_{0}}\times 100 \qquad (3\text{-}3)$$

式中，A_0 为空白对照组吸光度；A 为样品溶液吸光度。

（5）数据处理

将 GC-MS 图谱与 NIST08.L 和 RTLPEST3.L 数据库匹配检索，根据化合物的保留时间确定各风味物质成分，化合物相对百分含量按峰面积归一法计算。电子鼻数据采用自带软件中的雷达图分析和主成分分析，试验数据利用 EXCEL 2013 和 Origin 2017 进行处理和分析。

3.3.3　结果与讨论

（1）油条挥发性风味物质在加工过程中的变化

① 电子鼻 RADAR 分析

电子鼻分析挥发性物质是利用参数模型将从传感器阵列上获得的响应信号处

理成数据形式，进而获得指纹图谱。样品的整体风味信息可以通过电子鼻技术大致分析，因此对不同样品之间风味物质的特征差异进行更好区分。本研究通过电子鼻区别不同种类油条的挥发性气味，分析不同加工过程对全麦速冻油条挥发性风味物质的影响，为全麦速冻油条制作过程中风味的保持和改良提供依据和参考。

雷达图是一种能直观地显示不同样品的“指纹信息图”之间差异的数据可视化方式。根据连接电子鼻上各传感器间的相应数值，建立了全麦速冻油条在加工过程中的雷达指纹图谱，从而比较加工过程中油条的风味变化情况。如图 3-16 所示，油条在所有传感器上的响应值均显著高于全麦粉原料，说明通过加工可以极大丰富全麦食品的风味。油条在 T30/1、P10/1、P10/2、P40/1、T70/2 和 PA/2 这六个传感器上的响应值高，说明不同加工过程制作出的油条对醛类、醇类、酸类、酮类、芳香类和烃类物质敏感。全麦油条经预炸和复热后的雷达指纹图谱外形轮廓相似，这说明在不同加工过程中油条的挥发性物质相近。全麦油条复炸时在每个传感器上的响应值都略大，说明全麦速冻油条在复炸中香气物质最丰富，特别是醛类和杂环类。

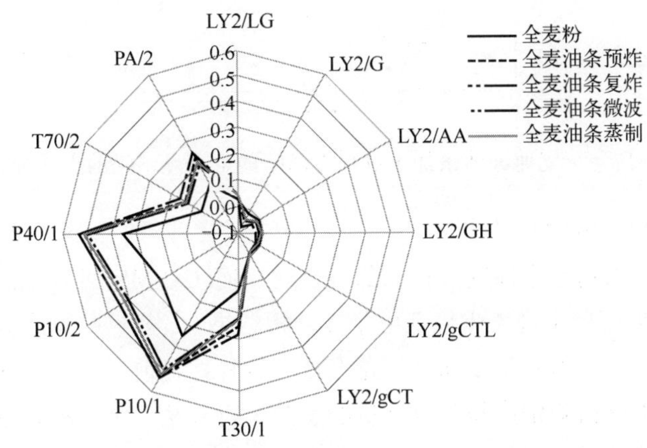

图 3-16 全麦速冻油条加工过程中风味的电子鼻结果的雷达图分析

② 电子鼻 PCA 分析

主成分分析（PCA）是一种方便的数据转换和降维方法，它可以转换和缩小从电子鼻传感器获得的多指标信息的维数，并获得最重要和最主要的贡献因子。利用 PCA 空间分布图作为载体，显示样品间的差异性。在用 PCA 进行分析时，若 PC1 和 PC2 两成分的贡献率小于 95%，说明存在干扰信号成分，不适合用该种方法分析数据。从图 3-17 可以看出第一主成分（PC1）的贡献率 91.1%，第二主成分（PC2）的为 7.9%，前两个主成分的贡献率占据了总方差的 99%，因此这两个指标可以基本上代表了样品的主要特征信息，PCA 结果可以很好地区分样本。其中 PC1 的方差贡献率远高于 PC2，说明全麦速冻油条在加工过程中在 PC1 上的差距比 PC2 大。每组样品测定的数据都可以围成椭圆，说明电子鼻数据较为稳定，重复性较好，5 个样品的香气成分区域无交叉，从 PC1 角度看，x 轴上全麦粉位于正向端，四种油条位于负向端，传感器 LY2/G 对第一主成分影响较大，即全麦粉和油条在醇类含量上存在差异。从 PC2 角度看，y 轴上全麦油条复炸位于正向端，其余位于负向端，传感器 T70/2 对第二主成分影响较大，即全麦油条复炸和其他四种样品在芳香族类含量上存在差异。由上述分析可得，PCA 法可将五种样品的香气物质完全区分开，且全麦粉和全麦油条复炸样品差别最明显，与图 3-16 结果相似。

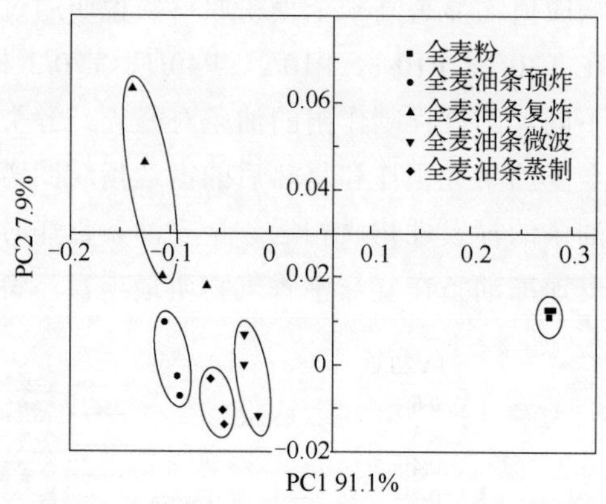

图 3-17　全麦速冻油条加工过程中风味的电子鼻结果的主成分分析

③ HS-SPME-GC-MS 分析

电子鼻用于识别整个挥发性样品的混合物，而 GC-MS 可以检测单一物质的含量，GC-MS 结果可用于进一步佐证电子鼻分析结果，一般风味物质分析时常常将两者一起运用以实现从宏观角度和微观角度进行解释，目前，它已经成为对挥发性成分和物质组成进行精确定性和定量分析的有效分析方法。全麦粉、全麦速冻油条预炸、全麦速冻油条复热（复炸、微波、蒸制）的总离子流图见图 3-18。

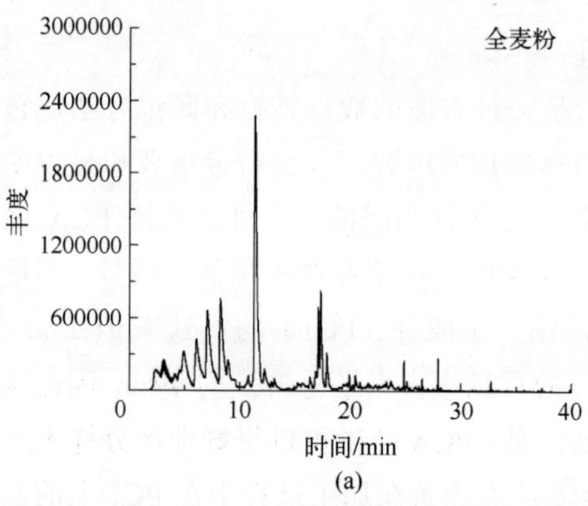

(a)

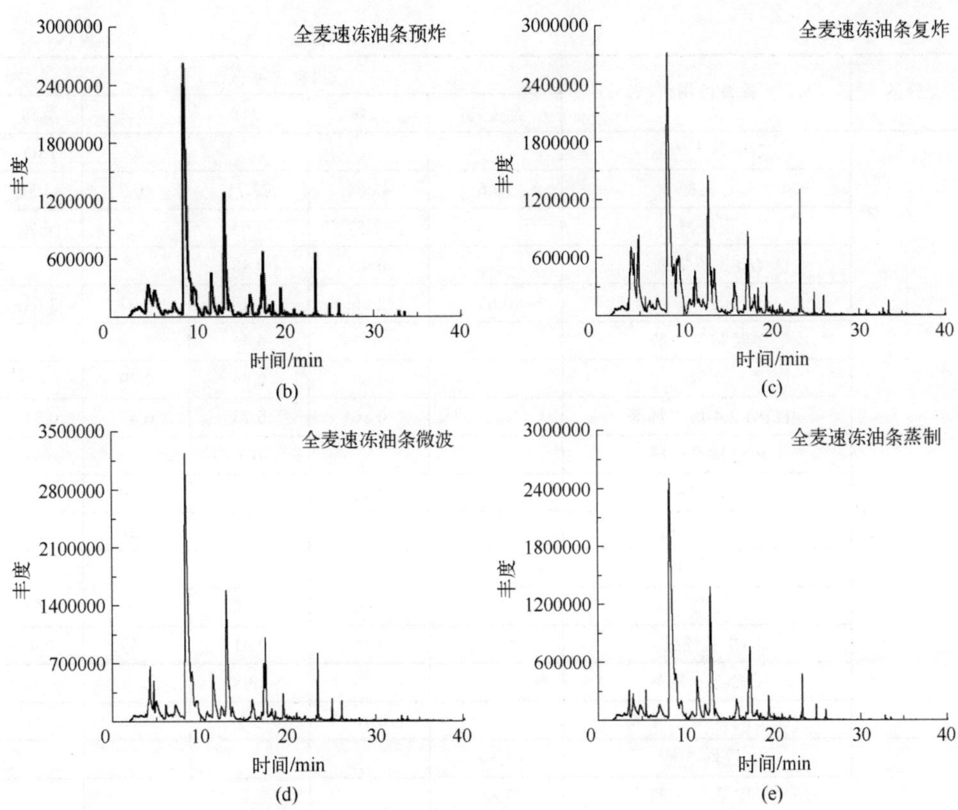

图 3-18 全麦粉及加工过程中油条挥发性风味物质的总离子色谱图

全麦粉以及加工过程中四种全麦速冻油条样品中所鉴定出的挥发性风味物质含量和分布如表 3-23 和表 3-24 所示。在全麦粉、全麦速冻油条预炸、全麦速冻油条复炸、全麦速冻油条微波、全麦速冻油条蒸制等五种样品中分别鉴定出 40 种、32 种、49 种、39 种、29 种风味物质，醇类、醛类和烃类化合物占据全麦粉挥发性风味成分的多数，而油条中的挥发性风味成分主要以醛类、醇类和杂环类化合物为主，其相对百分含量占总体风味成分的 80%以上，其中全麦速冻油条复炸后鉴定出的化合物种类最多。主要有醛类、醇类、酯类、酸类、酮类、杂环类以及烃类等 7 大类风味化合物，其种类与相对百分含量如表 3-24 所示。

表 3-23 全麦粉及加工过程中油条挥发性风味物质的 GC-MS 结果

分类	挥发性物质	相对含量/%				
		全麦粉	预炸	复炸	微波	蒸制
醛类	3-甲基丁醛			1.42		
	正戊醛			3.11		3.65
	2-甲基丁醛		5.07	6.02	3.33	1.69

续表

分类	挥发性物质	相对含量/%				
		全麦粉	预炸	复炸	微波	蒸制
醛类	2-甲基十一醛					1.06
	正己醛	10.6	43.64	27.71	40.7	44.56
	正庚醛		12.57	9.65	13.39	16.72
	(*E*)-2-庚烯醛		0.46	0.48		
	苯甲醛	0.63	2.46	2.48	3.07	3.02
	2-羟基苯甲醛			0.46		
	辛醛		0.68	0.84	0.79	
	(*E*,*E*)-2,4-庚二烯醛		0.56	0.73	0.43	0.31
	环己烷基甲醛			0.1		
	苯乙醛		0.13	0.28	0.19	
	反-2-辛烯醛			0.26	0.28	0.22
	肉豆蔻醛	0.24				
	壬醛		1.96	2.98	2.06	1.64
	(*E*)-壬烯醛		0.39	0.41	0.69	0.4
	反式-2-癸烯醛			0.08		
	(*E*,*E*)-2,4-癸二烯醛		0.14	0.3	0.16	0.11
醇类	1-戊烯-3-醇	1.59				
	3-甲基-1-丁醇	7.84				
	正戊醇	12.04	1.35	1.2	3.07	2.38
	糠醇		1.13	2.82		
	正己醇	28.82	4.66	3.43	5.69	6.6
	十三醇	0.36				
	4-乙基环己醇			0.27		
酯类	*γ*-丁内酯	0.53				
	γ-戊内酯	0.39				
	γ-己内酯	0.81		0.14	0.18	
酸类	乙酸	3.42			1.5	
	2-甲基丁酸			0.2	0.54	
	3-甲基丁酸				1	
	2-甲基己酸	0.99				
	正己酸	0.89	0.73			
	正庚酸		0.28	0.16	0.21	0.3
	苯甲酸		0.1			
酮类	2-戊酮		0.68			
	4-环戊烯-1,3-二酮			1.42		
	2-庚酮	2.15	0.9	1.4	1.82	2.07

续表

分类	挥发性物质	相对含量/%				
		全麦粉	预炸	复炸	微波	蒸制
酮类	苯乙酮				0.16	
杂环类	2-吡啶甲酸乙酯					1.63
	2-(3-丁炔氧基)四水-2*H*-吡喃					0.21
	2-甲氧基嘧啶		0.32			
	吡嗪			1.36		
	2-甲基吡嗪		6.2	10.69	1.31	
	4,5-二甲基二氢呋喃-2(3*H*)-酮	0.37				
	2,5-二甲基吡嗪		2.15	2.25		
	2,5-二甲基四氢呋喃	0.22				
	2-氨基-4-甲基吡啶				1.42	1.38
	2,6-二甲基吡嗪			2.63		
	5-甲基-2(5*H*)-呋喃酮			0.1		
	2-正戊基呋喃	5.55	4.46	3.77	5.72	6.36
	2-乙基-3-甲基吡嗪		0.36			
	2-乙酰基噻唑			0.31		
	2-乙酰基吡咯			0.2		
	13*H*-二苯并(*a*,*I*)咔唑	0.17		0.11	0.19	0.16
烃类		22.39	8.61	10.26	12.11	5.51

表 3-24 全麦粉及加工过程油条中不同风味物质的种类和相对含量

化合物种类	全麦粉		全麦预炸		全麦复炸		全麦微波		全麦蒸制	
	种类	相对含量	种类	相对含量	种类	相对含量	种类	相对含量	种类	相对含量
醛类	3	11.47	11	68.06	17	57.31	11	65.09	11	73.38
醇类	5	50.65	3	7.14	4	7.72	2	8.76	2	8.98
酯类	3	1.73	0	0	1	0.14	1	0.18	0	0
酸类	3	5.3	3	1.11	2	0.36	4	3.25	1	0.3
酮类	1	2.15	2	1.58	2	2.82	2	1.98	1	2.07
杂环类	4	6.31	7	13.49	13	21.42	4	8.64	5	9.74
烃类	21	22.39	6	8.61	10	10.26	15	12.11	9	5.51
总计	40	100	32	99.99	49	100.03	39	100.01	29	99.98

a．醛类物质

全麦粉中仅含有己醛、苯甲醛和肉豆蔻醛三种醛类，占总量的 11.47%。几种油条中的醛类含量均高达 50%，由此可以推断醛类化合物是油条的主要风味成分。己醛是亚油酸自动氧化产生的，具有生油脂的气味以及苹果的香气。己醛是油条中含量最高的醛类物质。苯甲醛具有苦杏仁味，经过加工，全麦油条中的苯甲醛含量增多，苯甲醛可由油中脂肪酸氧化降解产生，也可由2,4-庚二烯醛环化后进一步形成。呈油脂和鸢尾似桃子香气的肉豆蔻醛在油条加工中未出现。2-甲基丁醛和3-甲基丁醛来源于氨基酸的降解反应，具有麦香和水果香气的3-甲基丁醛和反式-2-癸烯醛仅在复炸过程中出现。呈油脂香、清香、果香的(*E*)-2-庚烯醛仅在预炸和复炸过程中出现，呈甜橙、微油脂、蜂蜜样香气的辛醛和呈风信子香气的苯乙醛在全麦油条蒸制中未曾发现，(*E*,*E*)-2,4-癸二烯醛是热油脂氧化降解的主要产物，作为油条的关键风味物质成分，一直存在于油条整个加工过程中，只是相对含量有所差别。

b．醇类物质

脂肪酸酶促氧化和糖类、氨基酸还原以及醛类物质的还原等形成了醇类挥发性风味物质。饱和醇类通常不会对油条的整体风味产生太大的影响，因为它们的感觉阈值都很高，除非浓度较高的情况下；不饱和醇类的阈值相对较低，这有助于油条的整体风味。全麦粉中存在有呈水果香气的1-戊烯-3-醇和有白兰地苹果香气的3-甲基-1-丁醇，味道辛辣，但是这些在加工过程中都已经不存在了，正己醇是全麦粉中含量最高的挥发性物质，占总量的28.82%，有微微的水果香、酒香和脂肪气息，还夹杂着嫩枝叶淡淡的清香气味，在加工后明显减少，按现存含量从大到小排序依次为蒸制（6.6%）＞微波（5.69%）＞预炸（4.66%）＞复炸（3.43%），说明加热处理会在很大程度上对醇类物质造成破坏。原因是油炸是油的热氧化反应，醇类物质具有热不稳定性，高温下非常容易挥发，其中大部分的醇类物质挥发到空气当中散失，小部分醇类物质通过氧化反应形成了醛类物质。

c．酯类物质

全麦粉中检测出γ-丁内酯、γ-戊内酯和γ-己内酯，前两种酯类在油条样品中未检出，γ-己内酯仅在全麦油条微波和复炸中检出。通常酯类由低级饱和脂肪酸与醇类化合而成，具有各种果实香味，γ-戊内酯具有香兰素和椰子香味，γ-己内酯具有温和有力的带药草味的香豆素样香气。

d．酸类物质

酸类化合物在微波油条中的含量是蒸制油条中的近十倍。大多数酸类可能是因为面团的发酵产生的，以及植物油热分解产生的游离脂肪酸和它们进一步氧化的产物；全麦复炸油条和全麦微波油条中的2-甲基丁酸呈刺鼻的辛辣的羊乳干酪气味，低浓度时呈愉快的水果香气。

e．杂环类物质

油条风味的另一个重要组成成分是杂环类化合物。在全麦油条复炸后共检出13种，总相对含量高达21.42%，仅次于醛类化合物，而全麦粉中相对较少，仅检测出

4 种，占 6.31%。其中，具有较低风味阈值的 2-正戊基呋喃是油脂的主要风味物质成分，且在所有样品中均有检出，贡献了豆香、果香清香；糠醇、呋喃酮具有焦糖甜香，是在热处理过程中由碳水化合物的食品产生的含有环状烯醇酮的风味化合物，风味阈值较高，可能对油条整体风味作用较小；美拉德反应在进行时产生的吡嗪类化合物，具有极低的阈值浓度和穿透性好的强烈香气，表现出一种烘烤坚果、花生时散发的香气，在全麦复炸中含量较高。

f. 酮类物质

酮类化合物为多不饱和脂肪酸受热氧化和降解、氨基酸分解或微生物氧化产生的，2-庚酮在所有样品中都存在，2-戊酮仅在全麦油条预炸时出现，4-环戊烯-1,3-二酮仅在全麦油条复炸时出现，苯乙酮仅在全麦油条微波时出现。

g. 烃类物质

全麦粉中的烃类物质在油条加工过程中含量有所降低，从全麦粉中的 22.39%降至预炸 8.61%、复炸 10.26%、微波 12.11%、蒸制 5.51%。这些化合物主要来自脂肪酸的烷氧基的裂化反应。烃类物质的相对阈值较高，对油条风味没有直接影响，但有利于整体风味的改善。加工前后粉和油条共有的挥发物质的相对含量较少，但是烃类物质的相对含量下降，表明加工过程对烃类物质的存在具有一定的破坏作用。新增的烃类物质是由于烃类物质之间的相互转化或者是加工过程中引入的异物引起的，综上所述，对比分析全麦粉和加工过程中油条的风味物质组成可知，速冻油条经不同的加工处理风味物质各不相同，加工条件强烈会使原有风味物质损失明显。其中经复炸后的油条的风味物质相对种类更全面，含量更高。由油条各类风味物质成分对比可知，醛类化合物可能是油条的主要风味物质，是油条拥有独特油炸香味的主要物质，这里的结果与电子鼻结果一致。

（2）油条抗氧化性在加工过程中的变化

如图 3-19（a）所示，全麦粉的多酚含量比脱除麸皮小麦粉中的多酚含量明显增多，是小麦粉的 1.6 倍，DPPH 清除率比小麦粉高 18.3%，ABTS 清除率比小麦粉高 12.6%，说明了全麦粉具有的抗氧化能力要比小麦粉要高。Dykes L 等（2007）的研究结果表明，面粉的抗氧化活性与酚类物质含量之间具有正相关的关系。全麦粉保留了小麦粉的胚芽和皮层，尤其是在其糊粉层酚类物质含量丰富，因此具有更高的多酚含量和更高的抗氧化能力（王慧清，2015）。

相比于小麦速冻油条，全麦速冻油条中多酚含量、DPPH 自由基清除率和 ABTS 自由基清除率均有所提高，这可能是由全麦粉中多酚等天然抗氧化物质的存在造成的。因此，在油炸油条的配方中使用全麦面粉可以有效改善油条的抗氧化性能。油条提取物对自由基有着不一样的清除机理，结果导致油条提取物对 DPPH 自由基清除能力比 ABTS 自由基清除能力强，其原因是 DPPH 自由基是通过被提取物中的抗氧化

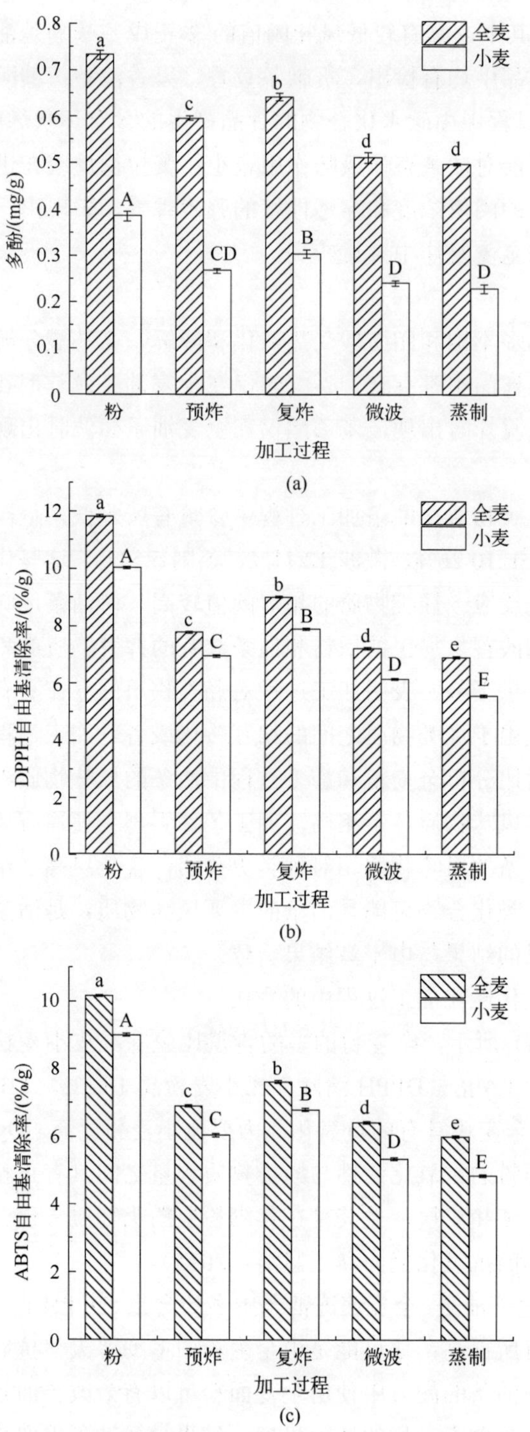

图 3-19　原料粉及全麦速冻油条的抗氧化特性

（a）多酚含量；（b）DPPH 自由基清除率；（c）ABTS 自由基清除率

物达到清除效果，而绿色的 ABTS 会在适当的氧化剂下被氧化成 $ABTS^+$，油条提取物中的抗氧化物质通过抑制 $ABTS^+$的产生，从而达到抗氧化的效果（Velioglu 等，1998）。

多酚作为一种热敏性物质，在加热过程中容易失活，较长的加热时间和较高的温度均会降低多酚的含量。不同加工方式对多酚类物质含量及抗氧化活性均有一定的影响，四种加工处理均降低了多酚含量，其损失量按从多到少排序依次为蒸制＞微波＞预炸＞复炸，复炸时的抗氧化性略高可能是因为美拉德产物的影响。

3.3.4　小结

对全麦粉和全麦速冻油条中的风味物质进行检测，发现不同加工阶段会产生不同的特征风味物质。全麦粉中醇类和烃类物质含量丰富，肉豆蔻醛、1-戊烯-3-醇、3-甲基-1-丁醇、γ-丁内酯、γ-戊内酯、2-甲基己酸等风味物质在预炸、复炸、微波、蒸制等加工程序后都消失；预炸后全麦油条的醛类物质含量高达 50%，表明醛类物质可能是油条中的主要风味成分；复炸后会产生更多种类的醛和杂环化合物，独有风味物质 3-甲基丁醛、2-羟基苯甲醛、反式-2-癸烯醛、4-乙基环己醇、4-环戊烯-1,3-二酮、吡嗪、2,6-二甲基吡嗪、5-甲基-2(5*H*)-呋喃酮、2-乙酰基噻唑、2-乙酰基吡咯；微波复热后酸类和烃类化合物含量增加，蒸制复热醛类化合物含量最高，但多为不具风味的饱和醛类，2-甲基十一醛为其独有风味物质。综合来看全麦速冻油条复炸处理风味物质最浓郁。在经过预炸及复热处理后，油条中原本的多酚含量均有所减少，微波复热和蒸制复热处理后全麦速冻油条中的多酚含量损失较大，相应的油条多酚提取物对 DPPH 自由基和 ABTS 自由基清除效果也有所降低，但与小麦组相比，全麦组的多酚含量更高，抗氧化性更强。

3.4　全麦速冻油条冻藏期间的风味及脂质氧化程度变化研究

速冻预制食品在冻藏过程中往往风味会变得恶劣：表现在原来新鲜食品独特的香味减弱，而冻藏后重新加热时快速产生的异味——“过热味”逐渐增强，其中脂肪的氧化是产生“过热味”最主要的原因。在速冻油条的储存过程中，随着时间的延长，油条内部会发生相应的物理化学变化，这表现在油条的颜色、风味和口感方面，从而影响消费者的购买欲望。风味是指由摄入口腔的食物使人产生的各种感觉，主要是味觉、嗅觉等所具有的总的特性。食品的风味大多是由食品中的某些化合物体现出来的，这些风味物质一般具有以下特点：含量极微，效果显著；种类繁多，相互影响；风味与风味物质的分子结构缺乏普遍规律性；稳定性差，易被破坏。在产品的冷冻加工过程中，常采用添加抗氧化剂处理抑制产品中多不饱和脂肪酸的氧化，从而抑制冷冻储藏时哈败气味的形成与保持其营养价值。然而，人工合成抗氧化剂的安全性，在未来数十年受到质疑，被认为对人体健康构成威胁。全麦中富含以酚酸类化合物为主的天然抗氧化物质，有可能减缓或抑制油炸食品在油炸及贮藏过程中的氧化酸败和风味恶化。本研究探讨全麦对速冻油条在储存过程中的挥发性风味物质以及脂质氧化程度的变化，以期为速冻全麦油条的品质改善提供可靠的理论依据。

3.4.1 试验材料与仪器

（1）材料与试剂

原料：超微全麦粉、筛除麸皮小麦粉，河北黑马面粉有限责任公司；无铝害复配油条膨松剂、食用小苏打、精幼砂糖，安琪酵母股份有限公司；金龙鱼纯正菜籽油（一级），益海嘉里食品营销有限公司；中盐加碘精制盐，市售。

主要试剂：三氯甲烷、碘化钾、1-丁醇、冰乙酸、石油醚、硫代硫酸钠、无水硫酸钠、重铬酸钾、硫代巴比妥酸等，国药集团化学试剂有限公司，其他化学品和试剂均为分析级。

（2）主要仪器

主要仪器见表 3-25。

表 3-25　实验设备

名称	厂家
FOX-3000 型电子鼻	法国 Alpha MOS 公司
7890A /5975C 型气相色谱-质谱联用仪	美国 Agilent 公司
75μm CAR/PDMS 固相微萃取针	美国 Supelco 公司
20mL 螺口样品瓶	CNW
聚四氟乙烯/硅树脂衬垫	CNW
DB-WAX 毛细管色谱柱	美国 Supelco 公司
SCIENTZ-12N 冷冻干燥机	宁波新芝生物科技股份有限公司
XMTD-8222 数显鼓风干燥箱	南京大卫仪器设备有限公司
RE52-A 真空旋转蒸发仪	上海亚荣生化仪器厂

3.4.2 试验方法

（1）冻藏期间样品的制备

采用优化的全麦速冻油条生产工艺制作油条，−40℃速冻完的油条装入保鲜袋中，用封口机封口，−18℃贮藏 0 个月、1 个月、2 个月、5 个月后取出，室温解冻半小时后测定。

（2）冻藏期间油条风味的测定

① 电子鼻

同 3.3.2。

② HPLC-GC-MS

同 3.3.2。

（3）冻藏过程中样品脂质氧化程度的测定

① 脂肪的提取

将储藏不同时间的全麦速冻油条样品在室温下解冻半小时，然后剪碎置于锥形瓶中，加入油条样品体积 2～3 倍的石油醚浸泡 24h，然后用漏斗过滤石油醚-脂质复合液，漏斗中装有无水硫酸钠，过滤完后把滤液中的石油醚在 35℃的旋转蒸发仪中减压蒸干，样品应避免强光，待测脂质样品应避免氧化。

② 过氧化值（POV）的测定

参照 GB 5009.227—2016 中的碘量法进行过氧化值的测定。

③ 硫代巴比妥酸（TBARS）值的测定

参照 GB/T 35252—2017 的方法略有改动。称取 0.15g 待测油脂，用 1-丁醇稀释并定容至 25mL，吸取 10mL 样品液于具塞比色管中，再加入 10mL TBARS 试剂，振荡摇匀，置于 95℃水浴保温 2h 后冷却处理，测定溶液在 530nm 波长下的吸光度，并计算相应样品的硫代巴比妥酸值，其结果以每千克样品中所含丙二醛的质量（mg）表示（mg/kg）。

（4）数据处理

将 GC-MS 图谱与 NIST08.L 和 RTLPEST3.L 数据库匹配检索，根据化合物的保留时间确定各风味物质成分，化合物相对百分含量按峰面积归一法计算。电子鼻数据采用自带软件中的雷达图分析和主成分分析，试验数据利用 EXCEL 2013 和 Origin 2017 进行处理和分析。所有实验至少重复三次以上，结果均以平均值±标准差形式表示。

3.4.3　结果与讨论

（1）油条挥发性风味物质在冻藏期间的变化研究

① 电子鼻 RADAR 分析

根据连接电子鼻上各传感器间的相应数值，建立了全麦和小麦速冻油条在冻藏过程中的雷达指纹图谱（图 3-20），从而比较两种油条随冻藏时间的风味变化情况。从图 3-20 可以看出，响应值大于零的有 PA/2、T70/2、P40/1、P10/2、P10/1、T30/1 这六根传感器，响应值小于零的有 LY2/gCTL、LY2/AA、LY2/G 和 LY2/GH 这四根传感器，响应值接近零的是 LY2/gCT 和 LY2/LG 这两根传感器。除了 LY2/AA、LY2/gCT

和 LY2/LG 这三根传感器的曲线几乎重合外，其他传感器的响应值均表现出了显著性差异。其中响应值在 0.2～0.8 之间的有 P10/2、T30/1、T70/2、P40/1、PA/2 和 P10/1，它们表示的风味物质类型主要为醇类、酮类、含硫化合物、氟类、烃类、芳香族和酸类化合物。冻藏 0 个月和 1 个月时样品的风味强度轮廓大致相同，即两者之间存在类似含量的挥发性成分。冻藏 2 个月后，全麦油条在 PA/2、T30/1、T70/2 上的响应值增高，表明全麦油条在冻藏 2 个月时醇类、酮类和芳香族类风味物质含量增多。冻藏 5 个月后，全麦油条在 PA/2、T30/1、T70/2 上的响应值进一步增高，表明全麦油条在冻藏 5 个月时酯类、酸类和芳香族类风味物质含量较 2 个月的多。小麦油条在冻藏 2 个月时变化不明显，冻藏 5 个月时在 PA/2、T30/1、T70/2 传感器上的响应值比全麦 5 个月的小，表明全麦油条酯类、酸类和芳香族类风味物质含量更高。

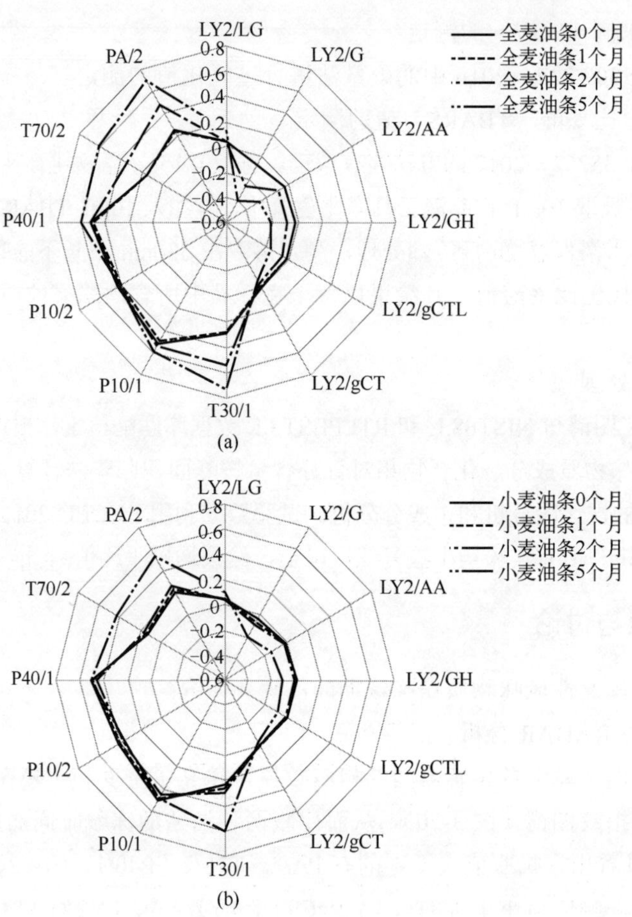

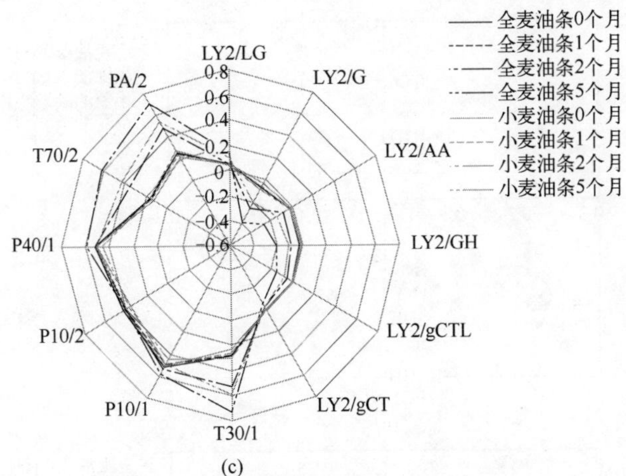

(c)

图 3-20 油条在冻藏期间风味的电子鼻结果的雷达图分析

（a）全麦油条；（b）小麦油条；（c）汇总

② 电子鼻 PCA 分析

从图 3-21（a）可以看出全麦组油条每组样品测定的三次数据均能聚集成椭圆，说明电子鼻数据重复性较好，4 个样品的香气成分区域无交叉，从图 3-21（b）可以看出小麦组在 0 个月和 1 个月时样品的香气成分区域有交叉，2 个月后风味开始变化。从图 3-21（c）可以看出第一主成分（PC1）的贡献率 83.1%，第二主成分（PC2）为 14.1%，前两个主成分的贡献率已经占了总方差的 97.2%，所以这两个主成分基本可以代表样品的主要特征信息。因为第一主成分的贡献率较大，所以这些样品之间的差异随着横坐标距离的增大而增大，但是因为第二主成分的贡献率较小，所以虽然它们在纵坐标上距离很大，但是反映到实际样品上的差异并不会很明显。小麦 0 个月、1 个月和全麦 1 个月时相近，小麦 2 个月和全麦 5 个月时相近，小麦 5 个月和全麦 2 个月时相近，但是由于它们之间相互交叉，无法准确判断，所以需要通过气质联用仪进一步分析。

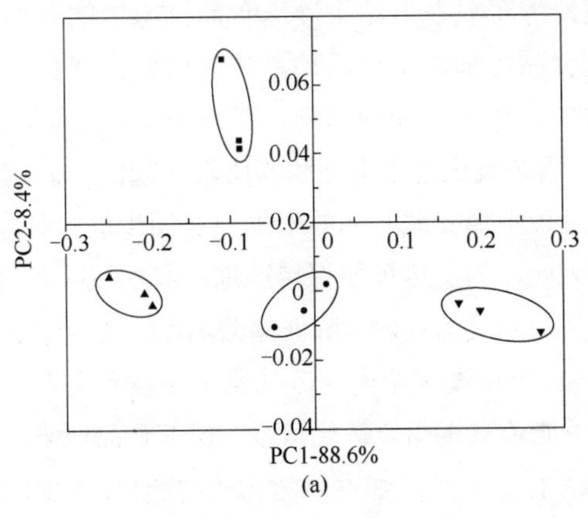

(a)

图 3-21

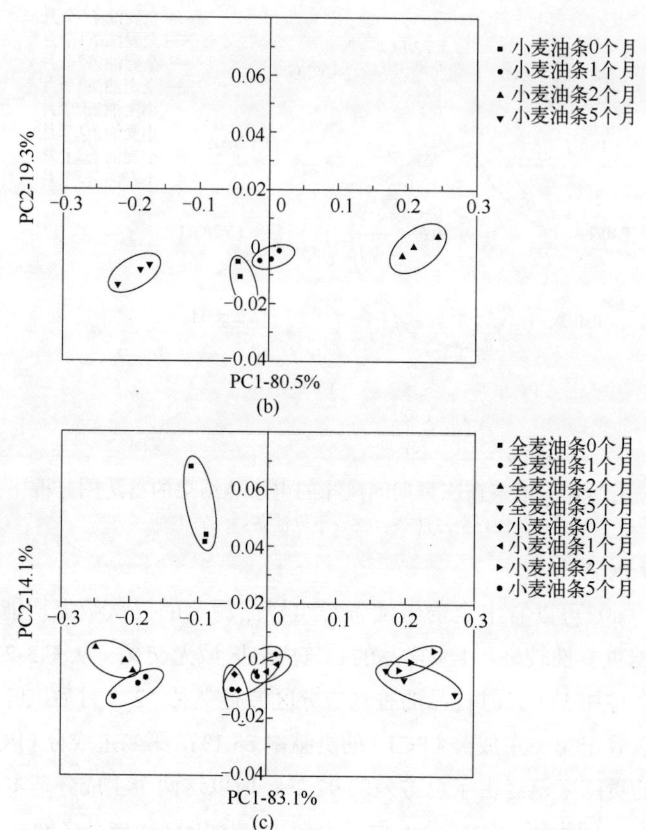

图 3-21 油条在冻藏期间风味的电子鼻结果的主成分分析

（a）全麦油条；（b）小麦油条；（c）汇总

③ HS-SPME-GC-MS 分析

有研究报道（Dobarganes 等，2015），油炸食品的风味形成除了原料本身外，还有油脂的氧化分解。快速冷冻可以在低温下冷冻食品细胞中的大部分游离水。通过减少水分活度，可以减慢食品内部的理化活动，从而达到保持食品原有风味和营养的目的。低温下微生物的生长和繁殖受到抑制，脂肪的氧化是影响冷冻食品在储存过程中质量的最重要因素。脂肪氧化是由不饱和脂肪酸引起的，油条产品富含油脂，因此油脂的氧化在冷冻储存过程中随储藏时间的增加也在同步进行着，要密切重视由此带来的产品质量的劣变。因此，为了尽可能保持速冻产品的风味和营养的稳定性，实际生产中常常采用减少产品与空气的接触、降低储藏温度，人为添加抗氧化剂等手段来控制脂肪氧化。已在前述研究中发现全麦速冻油条中保留有全麦粉中丰富的天然抗氧化物质，其在冻藏过程中能否减缓脂质氧化速度，保存食品原来的风味，这里通过与小麦速冻油条对比，储藏了 5 个月，观察风味物质的变化。（受现实情况影响，储藏 3 个月和 4 个月速冻油条的数据未能够测定）。全麦速冻油条和小麦速冻油条储藏 5 个月所鉴定出的挥发性风味物质成分组成如图 3-22、图 3-23 和表 3-26 所示，主要有醛类、醇类、酯类、酸类、酮类、杂环类以及烃类等七大类风味化合物。

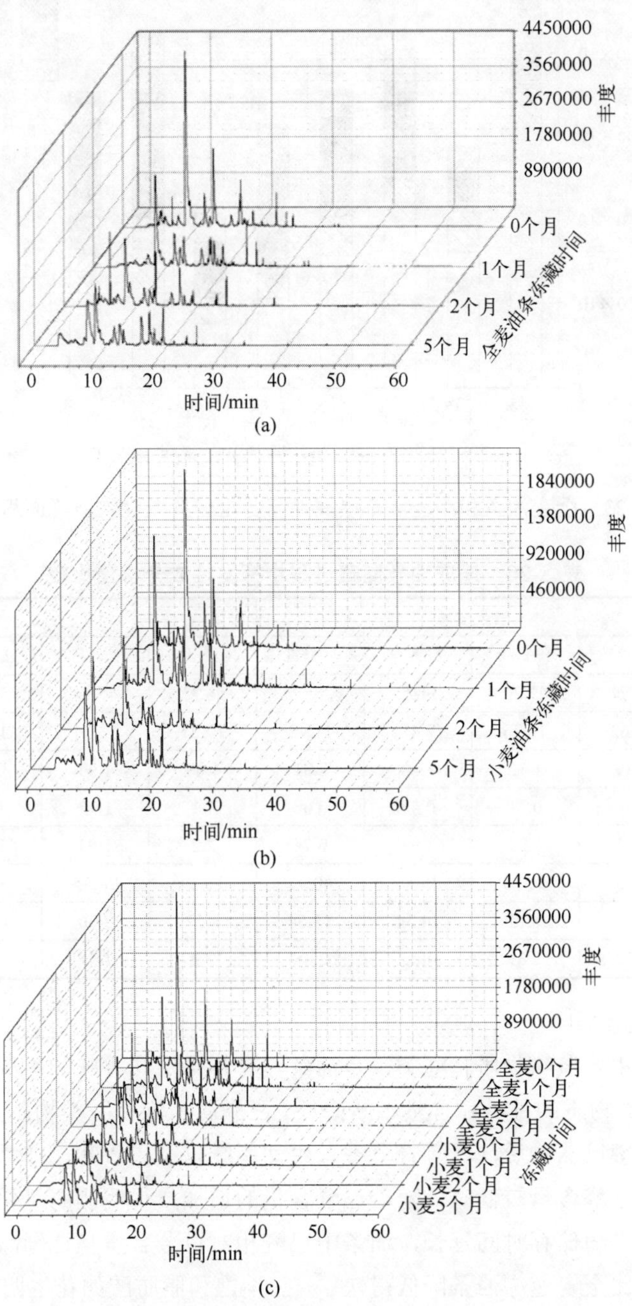

图 3-22　油条在储藏期间挥发性风味物质的总离子色谱图

（a）全麦油条；（b）小麦油条；（c）汇总

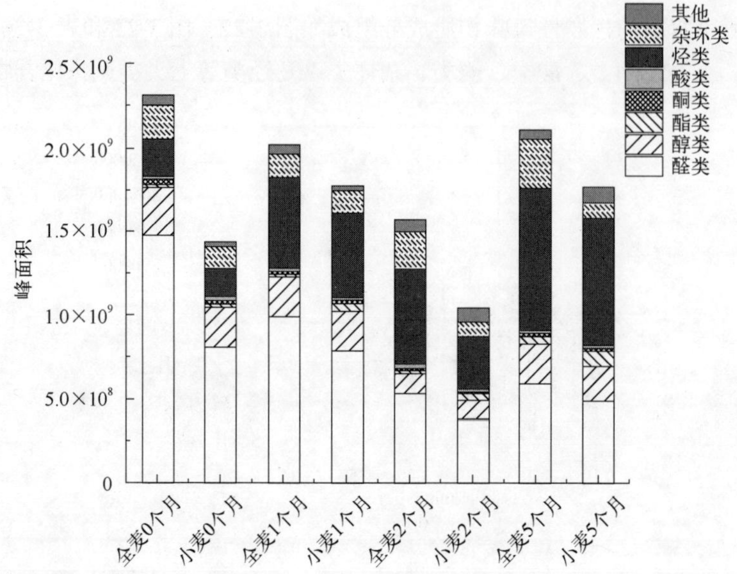

图 3-23　全麦油条和小麦油条储藏期间各组分挥发性物质峰面积总量

表 3-26　速冻油条储藏过程中挥发性成分含量比较

化合物	全麦				小麦			
	0 个月	1 个月	2 个月	5 个月	0 个月	1 个月	2 个月	5 个月
醛类	63.77	49.22	34.21	28.35	56.35	45.14	37.28	28.19
醇类	12.62	11.76	7.41	11.42	17.21	13.34	10.21	11.38
酯类	0.39	1.12	1.28	2.31	1.09	1.93	3.98	5.35
酮类	1.6	0.61	0.47	0.68	1.1	1.47	0.45	0.42
酸类	1.21	1.23	1.94	0.74	2.2	1.03	1.33	1.23
烃类	9.05	26.38	35.56	40.35	11.29	28.35	30.29	43.2
杂环类	8.62	7.13	14.54	13.64	8.57	7.36	8.5	5.72
其他	2.72	2.59	4.55	2.48	2.2	1.39	7.97	4.48

a．醛类物质

油条中的主要风味物质是醛类，是油条具有特殊油炸香味的原因，随着冻藏时间的增加，醛类物质的种类和含量不断降低。己醛属于饱和醛类物质且其含量最高，也是油条的关键风味物质，具有青草香、生油脂味以及果香味，非常好闻的青草香味一般表现在己醛含量较低时，随着己醛含量的增加，说明脂肪氧化加剧，酸败味道会越来越深。随储存时间延长，油条中己醛相对百分含量呈逐渐减少的趋势，且小麦速冻油条比全麦速冻油条降低得快。一些不饱和脂肪酸如花生四烯酸、亚油酸、亚麻酸和油酸等在氧化时会产生庚醛、壬醛等挥发性风味物质，所以如果检测到这些物质含量的增加，表明冻藏过程中油条油脂发生了一定程度的氧化，前两个月变化不明显，在第 5 个月时，这些醛类在小麦速冻油条中的含量比全麦速冻油条含量高，油条出现哈喇味。2,4-癸二烯醛阈值很低，是油条的关键风味物质，此物质呈鸡肉香和鸡油味，具有强烈的油炸食品的香味，在全麦油条储存两个月后散失，在小麦油条储存一个月后散失，且在之后的储存过程中均未检出。正辛醛具有淡淡的油脂香气、蜂蜜甜香气和橙子香气，全麦油条储藏 2 个月后散失，在小麦油条中未检测到。(*E*,*E*)-2,4-庚二烯醛具有醛香、微微的鸡肉香气和青草香气，在全麦油条储藏 1 个月后散失，在小麦油条中未检测到。低浓度的苯乙醛具有樱桃香味、苦杏仁香气，高浓度时具有风信子香气，随冻藏时间的增加，含量逐渐减少，在全麦油条 5 个月中都存在，在小麦油条 2 个月时即散失。

b．醇类物质

醇类物质因其较高的芳香阈值使得只有当它以不饱和形式或含量较高时才对食品的风味产生影响。但因为其与脂肪酸可以进一步反应生成酯，所以可以间接对食品的风味产生作用。随着冻藏时间的增加，醇类化合物的相对含量呈先下降后上升的趋势。饱和醇-正己醇具有清香、果香、醇香，相对含量增加，可能来源于醇脱氢酶对部分醛类物质的还原反应、脂肪氧合酶对部分脂肪酸的氧化反应、酯类物质的水解反应等。正戊醇具有面包香、果香，仅在全麦油条 0 个月和小麦油条 0 个月中检测到。1-辛烯-3-醇具有蘑菇香、清香、油腻气息，在 0 个月时未检测到，1 个月后检测到，说明储藏时产生了新的醇类物质。

c．酯类物质

随着冷冻时间的增加，酯类的相对含量增加。脂肪水解产生的游离脂肪酸可能与脂肪氧化产生的醇反应形成酯，从而在冷冻储存期间赋予速冻油条不一样的风味。在油条中检测到的酯类化合物均呈现出令人愉悦的气味，乙酸乙酯是一种有愉悦水果风味的物质，含量较高的话会有助于油炸油条甜味的生成。储藏 5 个月时，小麦油条比全麦油条中酯类物质含量高。但全麦油条中出现有强烈的花香和樱桃香味的苯甲酸甲酯以及呈菠萝似香气的己酸甲酯，这在前几个月是没有出现的，说明储藏时全麦油条产生了新的脂类物质可能会减缓劣变的风味。

d．酮类物质

酮类物质一般呈现奶油味或果香味，是油条香气的重要组成成分，随着冻藏时间的增加，酮类化合物的相对含量有所下降。苯乙酮稀释后具有一种淡淡的杏仁风味，并具有甜坚果和水果的风味。该物质相对含量在油条储存期间呈现下降趋势，且小麦速冻油条下降的速度比全麦速冻油条快，香气减弱，对其感官品质造成影响。

e．杂环类物质

有豆香、果香的 2-正戊基呋喃虽然风味阈值较低，但是却是油条中的主要风味物质成分，且在所有油条样品中均有检出，故可能对油条的风味形成有着较大的作用；但随着储存时间的延长含量逐渐降低。吡嗪类化合物是美拉德反应的中间产物，呈刺鼻的炒花生香气和巧克力、奶油风味的2,5-二甲基吡嗪在全麦油条中始终存在，在小麦油条2个月时就散失了。

f. 烃类物质

随着冻藏时间的增加，烃类化合物相对含量呈现上升趋势，虽然烃类物质总相对含量较高，但通常其阈值较高，根据香味物质与分子结构的理论可知，其对油条风味的贡献不大。

综上所述，对比分析全麦速冻油条和小麦速冻油条冷冻储藏期间挥发性风味物质的组成可知，随着冻藏时间的延长，油条中的挥发性风味物质总峰面积呈先降低后升高的趋势，全麦速冻油条的风味物质相对种类更全面，含量更高，表明全麦粉用于油条的制作，无论是加工过程还是储藏期间，风味品质较好。全麦粉中的多酚类物质可能抑制脂质氧化产物发生（Starowicz 等，2019），尽可能长地保留食品原先的风味。

（2）油条脂质氧化程度在冻藏期间的变化

① 冻藏时间对全麦和小麦速冻油条过氧化物值的影响

脂质初级氧化产物-氢过氧化物含量是通过氧化物（POV）值测定的，是反映脂质氧化程度的重要参数，POV值越高，脂质氧化的初级产物积累越多。全麦速冻油条和小麦速冻油条在贮藏期间POV的影响见图3-24。

随着冻藏时间的延长，全麦速冻油条的POV值由第0个月的0.28mg/kg增长到第5个月的1.17mg/kg，小麦速冻油条的POV值由第0个月的0.34mg/kg增长到第5个月的1.43mg/kg。油条产品中的POV值在前两个月内增长较为缓慢，超过两个月后开始显著增大，且小麦速冻油条中的增长速度比全麦速冻油条快，说明全麦粉中多酚等生物活性物质的存在能够降低冻藏期间脂质初级氧化产物的产生（NemśA 等，2018）。

② 冻藏时间对全麦和小麦速冻油条硫代巴比妥酸值的影响

脂质氧化是引起油炸食品风味劣变的主要原因。硫代巴比妥酸（TBARS）值是脂质氧化后期的衡量指标，其值越高，表明脂质氧化的程度越大。评价脂质氧化程度只看一个指标是不准确的，因为初级氧化产物不稳定，会很快就分解为次级氧化产物。硫代巴比妥酸值越大表明脂肪氧化程度越高，酸败越严重。TBARS法是一种广泛用于测定食品脂质氧化的方法。

随着冻藏时间的延长，全麦速冻油条的TBARS值由第0个月的0.58mg/kg增长到第5个月的1.97mg/kg，小麦速冻油条的TBARS值由第0个月的0.69mg/kg增长到第5个月的2.99mg/kg，且小麦速冻油条的上升速度比全麦速冻油条快。脂肪中次级氧化产物的含量会随着冻藏时间的延长而逐渐增多，这可能是因为预炸油条时是敞口式的，与氧气充分接触，导致了植物油和面坯中油脂的氧化和挥发性代谢产物的生成。另外，相关文献显示，氧化反应开始于硫代巴比妥酸的含量大于0.5mg/kg时，预炸油条在0个月的时候就大于该值，这可能是由于以下事实：在预油炸的高温条件下，植物油会与氧气等剧烈反应，从而在油炸的面坯中产生导致过量硫代巴比妥酸的物质。超过1mg/kg时，能感觉到明显的“哈喇味”。全麦速冻油条在冻藏两个月后的TBARS值未超过1mg/kg，小麦速冻油条在冻藏两个月后的TBARS值为1.42mg/kg，能感觉到哈喇味。

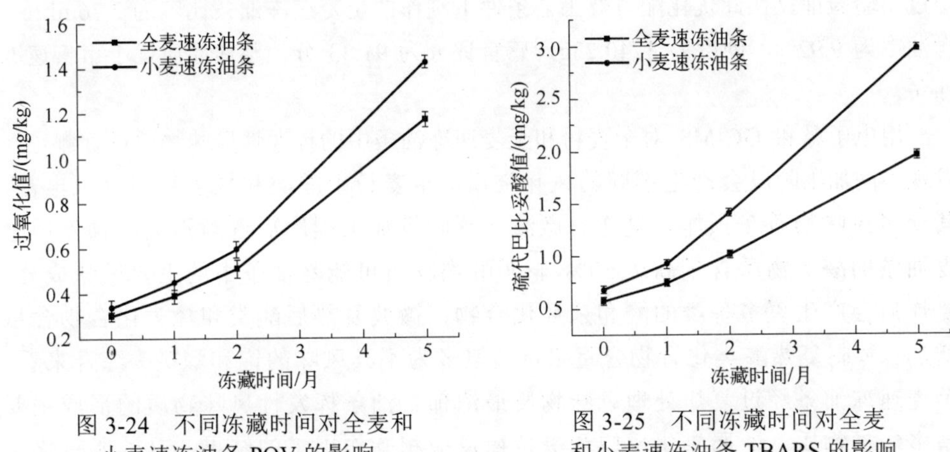

图 3-24 不同冻藏时间对全麦和小麦速冻油条 POV 的影响

图 3-25 不同冻藏时间对全麦和小麦速冻油条 TBARS 的影响

POV 和 TBARS 值随冻藏时间的变化趋势与油条中的风味物质变化情况相符，说明全麦粉的使用能够在一定程度上减缓油条产品冻藏期间的脂质氧化。

3.4.4 小结

对全麦和相应的筛除麸皮的小麦速冻油条冻藏期间风味物质的变化进行了测定，结果表明，随冻藏时间的延长，挥发性风味物质的峰面积呈先下降后上升的趋势，下降表明冻藏期间风味物质的散失，上升表明冻藏期间脂质氧化一直在进行并会产生新的风味物质。相对于小麦速冻油条，全麦速冻油条的风味物质种类更全面，含量更高，关键风味物质 2,4-癸二烯醛、己醛、辛醛、(*E*,*E*)-2,4-庚二烯醛、2-戊基呋喃、苯乙酮等在储藏过程中有相对更长的保留时间，一些具有良好香气的杂环类化合物的相对含量呈现缓慢增加的趋势，同时产生了新的有水果香气的酯类物质。通过对0个月、1个月、2个月、5个月速冻油条脂质氧化程度的测定，发现随着冻藏时间的延长，过氧化值和硫代巴比妥酸值逐渐升高，上升速率小麦油条明显大于全麦油条，表明全麦粉中多酚等天然抗氧化物质的存在对初级氧化产物与次级产物的生成有很好的抑制作用，使高油脂含量的油条产品的冻藏品质得到一定的改善。

3.5　结论

通过单因素试验发现，制作过程的工艺参数对全麦速冻油条的比容、含油率、质构特征都具有一定的影响。进一步通过正交试验对全麦速冻油条的配方及制作工艺进行优化，得到最佳的配方及工艺为：全麦粉以100%计，膨松剂添加量3%，小苏打添加量0.1%，加水量68%，预炸温度180℃，预炸时间70s，速冻温度−40℃。经过实验验证，在此优化配方及工艺条件下制作的全麦速冻油条比容为2.76mL/g，含油率为9.92%，硬度为3740.23g，感官评分为91.33分，整体品质优于市售速冻油条。

用电子鼻和GC-MS对全麦粉和全麦速冻油条中的挥发性风味物质进行测定，发现不同加工阶段会产生不同的风味物质。全麦粉中醇类和烃类物质含量丰富，其众多风味物质在预炸、复炸、微波、蒸制等加工程序后逐渐消失；预炸后全麦油条的醛类物质含量高达50%，表明醛类物质可能是油条中的主要风味成分；复炸后会产生更多种类的醛和杂环化合物；微波复热后酸类和烃类化合物含量增加；蒸制复热醛类化合物含量最高，但多为不具风味的饱和醛类。综合来看，全麦速冻油条经过复炸处理风味物质最浓郁。油条挥发性风味物质的形成主要是多酚类物质、油脂氧化反应和美拉德反应相互作用下的结果，且油脂氧化作用占主要地位。不同加工方式因加工条件的差异如温度、传热方式等对风味前体物质破坏程度不同，导致其风味成分发生变化。合理调控加工方式，不仅可以使油条的挥发性风味物质组成得以丰富，还能控制油条油脂氧化程度在一个较为合适的水平，以满足更多消费者的喜爱。与筛除麸皮的小麦粉和油条相比，在经过预炸及复热后，油条中的多酚含量均有所减少，微波和蒸制复热处理后油条中的多酚含量损失较大，相应的油条多酚提取物对DPPH自由基和ABTS自由基清除效果也有所降低，但全麦组的多酚含量更高，抗氧化性更强，提高全麦速冻油条的品质。

对全麦和相应的筛除麸皮的小麦速冻油条冻藏期间挥发性风味物质的变化进行了测定，结果表明，随储藏时间的延长，挥发性风味物质的峰面积呈先下降后上升的趋势，下降表明冻藏期间风味物质的散失，上升表明冻藏期间脂质氧化一直在进行并会产生新的风味物质。相对于小麦速冻油条，全麦速冻油条的风味物质种类更全面，含量更高，关键风味物质2,4-癸二烯醛、己醛、辛醛、(*E*,*E*)-2,4-庚二烯醛、2-戊基呋喃、苯乙酮等在储藏过程中有相对更长的保留时间，一些具有良好挥发性香气的杂环类化合物的相对含量呈现缓慢增加的趋势，同时产生了新的有水果香气的酯类物质。通过对0个月、1个月、2个月、5个月速冻油条脂质氧化程度的测定，发现随着冻藏时间的延长，过氧化值和硫代巴比妥酸值逐渐升高，上升速率小麦油条明显大于全麦油条，表明全麦粉中多酚等天然抗氧化物质的存在对初级氧化产物与次级产物的生成有很好的抑制作用，使高油脂含量的油条产品的冻藏品质得到一定的改善。

参考文献

曹新蕾, 2017. 全麦粉对油炸方便面品质的影响[D]. 无锡: 江南大学.

陈龙, 2019. 油炸过程中淀粉结构变化与吸油特性研究[D]. 无锡: 江南大学.

丛广源, 2016.面制品中复合无铝膨松剂的研究[D]. 长春: 吉林农业大学.

戴文兵, 马晓军, 冯友刚, 2008. 油条制作与面粉性质相关性的研究[J]. 食品工业技(05):122-124.

邓璐璐, 2014. 全麦粉对沙琪玛品质及含油率的影响研究[D]. 无锡: 江南大学.

高杰, 2018. 羟丙基甲基纤维素（HPMC）对面团加工性质和油条品质的影响及相关机理研究[D]. 合肥: 合肥工业大学.

谷利军, 2012. 油条品质评价体系的建立及实验室制作方法的研究[D]. 郑州: 河南工业大学.

郭祯祥, 康志敏, 孙冰华, 等, 2011. 商业面粉制作油条品质的研究[J]. 农业机械, (32):80-83.

蒋清君, 2012. 面制食品的安全性评价及油条膨松剂的酶法改良研究[D]. 广州: 华南理工大学.

康志敏, 2012. 油条专用粉及降低油条含油量的研究[D]. 郑州: 河南工业大学.

李超文, 2014. 麦麸的添加对油条品质的影响研究[D]. 无锡: 江南大学.

李玲, 王立, 钱海峰, 等, 2016. 全麦粉对油条面团和油条质量的影响[J]. 现代食品科技, 32(01):242-249.

李子廷, 2010. 内酯油条的研究及产品品质评价[D]. 无锡: 江南大学.

刘丽娅, 2019. 麸皮粒径对全麦面团流变特性和馒头品质的影响[J]. 现代面粉工业, 33(02):55.

刘卫光, 2018. 添加玉米粉对油条品质的影响及其作用机理研究[D]. 合肥: 合肥工业大学.

刘新林, 2011. 速冻和冷藏过程对面包面团品质影响的研究[D]. 郑州: 河南工业大学.

刘艳芳, 2015. 冷冻、贮藏和复热对广式莲蓉包品质的影响研究[D]. 广州: 华南理工大学.

穆立敏, 2015. 杂粮油条冷冻面团的开发[D]. 保定: 河北农业大学.

欧阳虎, 2016. 预制调理油条的研制[D]. 长沙: 湖南农业大学.

乔菊园,2020. 全麦挂面品质改良研究[D]. 无锡: 江南大学.

苏德胜, 1995. 初探油条的原料及加工工艺[J]. 食品科学(07):69-71.

王佳玉, 2020. 全麦面团的改良及对全麦食品品质影响的研究[D]. 哈尔滨: 哈尔滨商业大学.

王琳, 2013. 基于化学特性与 PAHs 的油条品质与安全基础研究[D]. 上海: 上海交通大学.

王永倩, 2017. 油条风味分析评价及其形成机理初步研究[D]. 合肥: 合肥工业大学.

吴绍华, 2020. 全麦半干面的常温保鲜研究[D]. 无锡: 江南大学.

肖竹青, 2013. 上海市油条的质量评价及其快速检测方法的研究[D]. 上海: 上海海洋大学.

徐小娟, 2019. 营养面包的开发及其品质提升的研究[D]. 广州: 华南理工大学.

徐小云, 2018. 麦麸超微粉碎对面团流变学特性及馒头品质影响研究[D]. 合肥: 安徽农业大学.

杨二林, 2017. 荞麦冷冻面团馒头的研发[D]. 邯郸: 河北工程大学.

杨联芝, 孙伟, 张剑, 2013. 小麦粉品质性状与速冻油条品质指标的关系[J]. 中国粮油学报, 28(09):15-20.

杨凌霄, 2014. 加工方式对全谷物提取物体外抗氧化活性影响研究[D]. 无锡: 江南大学.

杨念, 2012. 发酵型速冻油条的制作及冻藏过程中品质变化与改良的研究[D]. 郑州: 河南农业大学.

杨清华, 2013. 无铝油条工业化生产的关键技术研究[D]. 武汉: 华中农业大学.

杨炜, 2017. 酶制剂在全麦馒头品质改良中的应用及其机理研究[D]. 无锡：江南大学.

张国治，于学军，浮吟梅, 2005. 油炸食品生产技术[M]. 北京：化学工业出版社:82-88.

张剑，张杰，马艳兵，等, 2011. 小麦粉特性对油条品质的影响[J]. 食品科学, 32(21):137-141.

张康逸，康志敏，温青玉，等, 2017. 预冷冷冻过程对速冻油条加工品质的影响[J]. 食品科学, 38(19):122-129.

张令文，王雪菲,李莎莎，等, 2019. 非发酵型速冻油条配方的响应面优化[J]. 食品工业科技, 40(07):190-198.

张小妮, 2013. 微波冷冻熟面生产工艺与品质改良的研究[D]. 郑州：河南工业大学.

张晓鸣, 2009. 食品风味化学[M]. 北京：中国轻工业出版社.

张媛, 2016. 小麦蛋白和淀粉加工性质变化及其对油条品质的影响[D]. 合肥：合肥工业大学.

赵梦瑶, 2018. 五种油煎炸油条风味物质组成研究[D]. 北京：北京工商大学.

赵勇, 2008. 降低油炸食品含油量的研究[D]. 重庆：西南大学.

周丹, 2011. 油条专用粉品质指标要求[D]. 郑州：河南工业大学.

周若昕, 2020. 油炸对全麦油条面筋蛋白结构的影响[D]. 无锡：江南大学.

Aune D, Keum N N, Giovannucci E, et al., 2016. Whole grain consumption and risk of cardiovascular disease, cancer, and all cause and cause specific mortality: systematic review and dose-response meta-analysis of prospective studies[J]. BMJ, 353.

Bordin K, Kunitake M T, Aracava K K, et al., 2013. Changes in food caused by deep fat frying-A review[J]. Archivos Latinoamericanos De Nutrición, 63(1):5-13.

Cao X, Zhou S, Yi C, et al., 2017. Effect of whole wheat flour on the quality, texture profile, and oxidation stability of instant fried noodles[J]. Journal of texture studies, 48(6): 607-615.

Catel Y, Aladedunye F, Przybylski R, 2012. Radical scavenging activity and performance of novel phenolic antioxidants in oils during storage and frying[J]. Journal of the American Oil Chemists' Society, 89(1): 55-66.

Cecilie K, Anja O, Bueno-de-Mesquita H B As, et al., 2014. Plasma alkylresorcinol concentrations, biomarkers of whole-grain wheat and rye intake, in the European Prospective Investigation into Cancer and Nutrition (EPIC) cohort, 111(10):1881-1990.

Dobarganes C, Gloria Márquez-Ruiz, Joaquín Velasco, 2015. Interactions between fat and food during deep-frying[J]. European Journal of Lipid ence and Technology, 102(8-9):521-528.

Fardet A, 2010. New hypotheses for the health-protective mechanisms of whole-grain cereals: what is beyond fibre[J]. Nutrition Research Reviews, 23(01):65-134.

Fares C, Codianni P, Nigro F, et al., 2010. Processing and cooking effects on chemical, nutritional and functional properties of pasta obtained from selected emmer genotypes[J]. Journal of the ence of Food & Agriculture, 88(14):2435-2444.

Fares C, Platani C, Baiano A, et al., 2010. Effect of processing and cooking on phenolic acid profile and antioxidant capacity of durum wheat pasta enriched with debranning fractions of wheat[J]. Food Chemistry, 119(3):1023-1029.

Galliard T, 1986. Chemistry and Physics of baking[J]. The Royal Society of Chemistry, 199-215.

Gómez M, Gutkoski L C, Bravo-Núñez Á, 2020. Understanding whole-wheat flour and its effect in breads: A review[J]. Comprehensive Reviews in Food Science and Food Safety.

Hemdane S, Langenaeken N A, Jacobs P J, et al., 2018. Study of the role of bran water binding and the steric hindrance by bran in straight dough bread making[J]. Food Chemistry, 253:262-268.

Hickey H, Macmillan B, Newling B, et al., 2006. Magnetic resonance relaxation measurements to determine oil and water content in fried foods[J]. Food Research International, 39(5):612-618.

Huang P Y, Fu Y C, 2014 Relationship between oil uptake and water content during deep-fat frying of potato particulates under isothermal temperature[J]. Journal of the American Oil Chemists' Society, 91(7): 1179-1187.

Jacobs P J, Bogaerts S, Hemdane S, et al., 2016 Impact of Wheat Bran Hydration Properties As Affected by Toasting and Degree of Milling on Optimal Dough Development in Bread Making[J]. Journal of Agricultural & Food Chemistry, 64(18):3636-3644.

Ji T, Ma F, Byung kg ee Baik, 2020 Biochemical characteristics of soft wheat grain associated with endosperm separation from bran and flour yield[J]. Cereal Chemistry, 97(3):566-572.

Kikuchi Y, Nozaki S, Makita M, et al., 2018 Effects of Whole Grain Wheat Bread on Visceral Fat Obesity in Japanese Subjects: A Randomized Double-Blind Study, 73(3):161-165.

Li J, Hou G G, Chen Z, et al., 2014 Studying the effects of whole-wheat flour on the rheological roperties and the quality attributes of whole-wheat saltine cracker using SRC, alveograph, rheometer, and NMR technique[J]. LWT-Food Science and Technology, 55(1): 43-50.

Li Y, Ma D, Sun D, et al., 2015 Total phenolic, flavonoid content, and antioxidant activity of flour, noodles, and steamed bread made from different colored wheat grains by three milling methods[J]. The Crop Journal, 3(04):328-334.

Liberty J T, Dehghannya J, Ngadi M O, 2019 Effective strategies for reduction of oil content in deep-fat fried foods: a review[J]. Trends in Food Science & Technology.

Lilei Y, Trust B, 2015 Identification and Antioxidant Properties of Phenolic Compounds during Production of Bread from Purple Wheat Grains[J]. Molecules, 20(9).

Lillioja S, Andrew L. Neal, Linda Tapsell, et al., 2013 Whole grains, type 2 diabetes, coronary heart disease, and hypertension: Links to the aleurone preferred over indigestible fiber[J]. Biofactors, 39(3):242-258.

Lin S, Gao J, Jin X, et al., 2020 Whole-wheat flour particle size influences dough properties, bread structure and in vitro starch digestibility[J]. Food & Function, 11.

Lu Y, Luthria D, Fuerst E P, et al., 2014 Effect of processing on phenolic composition of dough and bread fractions made from refined and whole wheat flour of three wheat varieties.[J]. Journal of Agricultural & Food Chemistry, 62(43):10431-10436.

Majzoobi M, Farahnaky A, Nematolahi Z, et al., 2012 Effect of Different Levels and Particle Sizes of Wheat Bran on the Quality of Flat Bread[J]. Journal of Agricultural Science & Technology, 15(1): 115-123.

María Belén Vignola, Mariela Cecilia Bustos, Gabriela Teresa Pérez, 2018 Comparison of quality attributes of refined and whole wheat extruded pasta. [J]. LWT-Food Science and Technology, 89:329-335.

Masisi K, Beta T, Moghadasian M H, 2016 Antioxidant properties of diverse cereal grains: A review on in vitro and in vivo studies.[J]. Food Chemistry, 196(APR.1):90-97.

Mildner-Szkudlarz S, Rozanska M, Piechowska P, et al., 2019. Effects of polyphenols on volatile profile and acrylamide formation in a model wheat bread system[J]. Food Chemistry, 297(NOV.1):125008.

Natalia S. Podio, María V, et al., 2019. Assessment of bioactive compounds and their in vitro bioaccessibility in whole-wheat flour pasta.[J]. Food Chemistry, 293:408-417.

NemśA, Pęksa A, 2018. Polyphenols of coloured-flesh potatoes as native antioxidants in stored fried snacks[J]. LWT, 97: 597-602.

Noort M W J, Haaster D V, Hemery Y, et al., 2010. The effect of particle size of wheat bran fractions on bread quality–Evidence for fibre–protein interactions[J]. Journal of Cereal Science, 52(1):59-64.

Nsabimana, Phénias, Powers J R, Chew B, et al., 2017. Effects of deep-fat frying temperature on antioxidant properties of whole wheat doughnuts[J]. International Journal of Food ence & Technology, 53:665-675.

Parenti O, Guerrini L, Zanoni B, 2020. Techniques and technologies for the breadmaking process with unrefined wheat flours[J]. Trends in Food ence & Technology, 99:152-166.

Pico J, Martínez M M, Bernal J, et al., 2017. Impact of frozen storage time on the volatile profile of wheat bread crumb[J]. Food chemistry, 232: 185-190.

Reineccius G, 2016. Flavor chemistry and technology: CRC press.

Shewry P R, Wan Y, Hawkesford M J, et al., 2019. Spatial distribution of functional components in the starchy endosperm of wheat grains[J]. Journal of Cereal Science, 91:102869.

Starowicz M, Koutsidis G, Zieliński H, 2019. Determination of Antioxidant Capacity, Phenolics and Volatile Maillard Reaction Products in Rye-Buckwheat Biscuits Supplemented with 3β-d-Rutinoside[J]. Molecules, 24(5): 982.

Velioglu Y S, Mazza G, Gao L, et al., 1998. Antioxidant activity and total phenolics in selected fruits, vegetables, and grain products[J]. Journal of agricultural and food chemistry, 46(10): 4113-4117.

Yadav D N, Rajan A, Sharma G K, et al., 2010. Effect of fiber incorporation on rheological and chapati making quality of wheat flour[J]. Journal of Food Science & Technology, 47(2):166-173.

Yang P, You M, Song H, et al., 2018. Determination of the key aroma compounds in Sachima and using solid phase micro extraction (SPME) and solvent-assisted flavour evaporation (SAFE)-gas chromatography-olfactometry-mass spectrometry (GC-O-MS)[J]. International Journal of Food Properties, 21(1): 1233-1245.

Yuksel F, Karaman S, Gurbuz M, et al., 2017. Production of deep-fried corn chips using stale bread powder: Effect of frying time, temperature and concentration[J]. LWT-Food Science and Technology, 83: 235-242.

Zhu Y, Sang S, 2017. Phytochemicals in whole grain wheat and their health-promoting effects[J]. Molecular Nutrition & Food Research:1600852.

第四章　糙米食品加工利用实例——超声波辅助酶预处理对糙米发芽及其品质特性的影响

4.1　概述

4.1.1　糙米及发芽糙米的国内外研究进展

糙米即稻谷经砻谷机脱去颖壳所得，其结构由果皮、种皮、外胚乳、胚乳和胚组成，果皮和种皮含有丰富的纤维素，为种子提供机械支持和保护作用，总厚度约 12μm。外胚乳是粘连在种皮下的薄膜状组织，厚度 1～2μm，与种皮很难区分开来。胚乳是米粒的主要部分，包括糊粉层和淀粉细胞。糊粉层细胞中充满了微小的糊粉粒，含有蛋白质、脂肪、维生素等，不含淀粉。淀粉细胞中充满了淀粉粒。胚由胚芽、胚茎、胚根和盾片组成，盾片与胚乳相连接，种子发芽时激活内源酶，分解胚乳中的物质供给胚萌发需要的物质与能量。 糙米再经加工碾去皮层和胚，留下的胚乳，即为食用的大米。从营养学角度来说，皮层与胚的去除造成了糙米营养物质的大量流失，如蛋白质、脂肪、维生素、矿物质等。但是果皮与种皮中含有大量的粗纤维，严重影响糙米蒸煮后的食用口感，不能被人们广泛接受。随着人们对功能性食品的不断关注，糙米这种丰富的谷物资源顺理成章地进入了人们的视线，也成为研究工作者们的研究对象，为了更好地解决糙米营养流失与食用口感粗糙的矛盾，各种处理方式不断涌现，如超声波处理、生物酶制剂处理、部分抛光处理、射线辐照处理、发芽处理等。这些处理方式可以一定程度地改善糙米的食用品质，但是仍然没有满足人们对食用口感的要求。

相比于糙米，发芽糙米拥有更好的应用前景。发芽糙米即在适宜的培养环境下，使胚芽萌发到一定的芽长，一般以 0.5～1.5mm 为宜（Das，2008a），然后将获得的发芽糙米低温干燥，使水分含量低于 14%，以便发芽糙米的储存。糙米发芽是一种新陈代谢的过程，内源酶被激活，分解部分生物高分子，如淀粉、非淀粉多糖和蛋白质等，产生发芽所需要的小分子的糖和氨基酸等营养物质；并且在发芽过程中伴随着一些功能性物质的生成与转化，如γ-氨基丁酸（GABA）、谷维素等，虽然目前还不清楚这些物质对糙米发芽的具体作用，但是它们的富集大大提高了糙米的营养价值。此外，生物高分子的不断分解，使得发芽糙米变得柔软富有弹性，有利于蒸煮后食用品质的改善，但是受到发芽工艺条件与经济效益的影响，目前还没有大规模的工业化生产。

糙米和发芽糙米的营养成分发芽糙米保留了糙米中大量的碳水化合物、蛋白质、脂肪、维生素和矿物质等人体必需的营养元素，含量参考表4-1（程永强，2003）。并且还含有一些功能性的营养物质，如膳食纤维、γ-氨基丁酸（GABA）、植酸、肌醇等，虽然这些功能性营养物质的含量很低，但是长期食用发芽糙米，对一些疾病的治疗与预防具有一定的功效（表4-2）（程永强，2003）。

表4-1　发芽糙米与白米的营养成分比较

成分	热量/kcal	脂肪/g	蛋白质/g	糖类/g	食物纤维/g	维生素E/mg	维生素A_1/g	镁/mg	钠/mg	钙/mg	游离GABA/mg
白米	409	1.1	6.5	93.2	0.7	0.4	0.1	30	0.6	6	1.2
发芽糙米	330	2.6	6.5	70.1	2.6	1.6	0.3	98	1.3	10.1	12

注：1kcal=4.186kJ。

表4-2　发芽糙米中所含的各种功能性成分及其功能

功能性成分		主要功能
γ-氨基丁酸		降低血压（血压调节作用），神经镇定，抑制中性脂肪
食物纤维		预防便秘、大肠癌、高胆固醇症等
强氧化物	肌醇	预防脂肪肝和动脉硬化
	阿魏酸	驱除活性氧，抑制黑色素的生成
	三烯生育酚	驱除活性氧，保护皮肤免受紫外线的伤害，抑制胆固醇的增加
	植酸	抗氧化，防止贫血、高血压，抑制黑色素的生成
PEP阻碍物质		被认为对老年性痴呆症有预防、治疗作用

① 膳食纤维

糙米和发芽糙米含有丰富的膳食纤维，是人们膳食纤维摄取的重要来源。膳食纤维被现代营养学称之为“第七大营养素”，研究发现其对高血压、冠心病、肥胖症、糖尿病等“富贵病”有明显的预防作用。膳食纤维对人体健康的生理功能已被广泛的研究。膳食纤维通过调节胆汁酸的分泌增加机体胆固醇的排出，从而降低血清中胆固醇含量，可以有效地预防由冠动脉硬化造成的心脏病（杨琦，1997；Venkatesan，2003）；可以改善肠道环境，预防便秘和大肠癌等疾病（杨工，1994；Rotholtz，2002；陈培基，2004）；可以协助调节血糖代谢，有助于降低糖尿病患者的血糖（王亚伟，2002）；膳食纤维也对高脂肪膳食引起的脂肪肝有一定的预防作用（王振林，1995；杨东仁，1996）；膳食纤维对有机农药有一定的吸附作用，对重金属离子有清除作用，因此膳食纤维可以降低食物农药残留对人体的伤害（欧仕益，1998）；还具有抗氧化活性和清除 · OH 自由基的作用，具有抗突变作用，增强人体抗癌能力（欧仕益，1997a）；对 NO^{2-}具有一定的清除能力，阻止其与仲胺、叔胺反应形成亚硝胺，预防癌症（欧仕益，1997b；Thomson，2005）；可以促进钙、铁、镁吸收（何唯平，1998；Kanauchi，2000）。膳食纤维的这些生理功能对人体的健康是非常重要和必不可少的。但是进入 21 世纪，人们的生活水平日益提高，许多人对精米、精面倍加青睐，误认为大米白面、大鱼大肉是最好的膳食，而对一些粗粮、杂粮却不屑一顾。但从人体的营养角度而言，长期食用精米、精面，粗粮的食用比例越来越小，膳食结构失衡，会导致营养失调，给人体健康带来许多不利影响，例如肥胖病、高血脂、糖尿病等多种“富贵病”的发生，饮食越精，上述疾病的发病率越高。基于此，我国的膳食指南中提出了“要注意粗细搭配，经常吃一些粗粮、杂粮”的建议。

② 蛋白质

发芽糙米中含有丰富的蛋白质，主要分布于糊粉层与胚中，在糙米发芽的过程中，一些蛋白质会发生相应的变化。郑艺梅等（2006）研究发现，糙米的发芽可以使蛋白质、总氨基酸、必需氨基酸、鲜味氨基酸、支链氨基酸、抗氧化氨基酸等的含量增加，提高发芽糙米的营养价值。李翠娟等（2009）研究了发芽时间对蛋白质含量的影响，发现随着发芽时间的增长，清蛋白和球蛋白的含量逐渐减少，醇溶蛋白含量逐渐增加，谷蛋白含量呈先增后降的趋势。

③ γ-氨基丁酸

γ-氨基丁酸（GABA）是发芽糙米重要的功能性营养成分，也是评价发芽糙米营养价值的重要指标之一，很多研究发现，糙米的发芽可以显著地富集 GABA 的含量。GABA 是一种非蛋白质组成氨基酸，多分布于动植物体内，对人体来说，其并不是人体必需的氨基酸，但是却对人体健康具有重要的生理作用。GABA 的生成主要是通过谷氨酸脱羧酶脱去谷氨酸分子上的一个羧基，如图 4-1 所示。

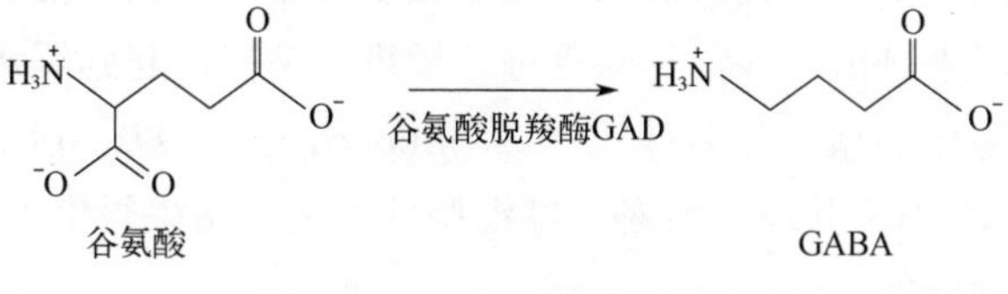

谷氨酸 —谷氨酸脱羧酶GAD→ GABA

图 4-1　GABA 生产反应式

在植物体内，GABA 的生理功能主要是参与信号转导和缓解逆境胁迫，即当植物遇到不利于生长的环境刺激时，GABA 的含量会相应提高，促使机体做出相应的生理生化反应，最大程度地降低不利因素对植物本身的伤害。国内外研究发现，植物在低氧（Hirsch，2008；白青云，2010）、冷害（Wallace，1984）、机械刺激（Knight，1991）、热胁迫（Mayer，1990；张华永，2011）、盐胁迫（Xing,2007；郭元新，2012）、水胁迫（Raggi，1994）等不利环境下，GABA 的含量增加。

在动物体内，GABA 是神经系统中主要的抑制性神经递质，可以调节体内许多重要的生理功能与反应。国内外已有很多报道，主要的生理功能有以下几个方面。

降低血压：哺乳动物的脑血管中有 GABA-能神经支配，并存在相应的受体，GABA 与起扩张血管作用的突触后 GABAA 受体和对交感神经末梢有抑制作用的 GABAB 受体相结合，能有效促进血管扩张，从而达到降血压的目的。DeFeudis（1983）和毛志方等（2007）通过动物实验研究 GABA 对大鼠血压的影响，得出 GABA 可以有效地降低大鼠的血压。Inoue 等（2003）通过让高血压患者使用含有 GABA 的发酵牛奶，得出 GABA 可以有效地控制高血压患者血压的升高。

有助睡眠，增强记忆力：研究报道 GABA 的摄入可以提高葡萄糖磷脂酶的活性，从而促进动物大脑的能量代谢，活化脑血流，增加氧供给量，最终恢复脑细胞功能，改善神经机能（郭晓娜，2003）；其次，GABA 与相关的睡眠细胞受体相结合，有助于提高睡眠（王德贵，2002）。

对疾病的预防和治疗作用：帕金森综合征又称震颤麻痹，常见于中老年人，是因中枢神经系统变性造成的疾病。医学研究发现，帕金森综合征与 GABA 的缺乏有一定的相关性。宋瑗宏等（2002）探讨了基底神经节各亚区 GABA-能神经元在帕金森病人体内的变化，认为帕金森病人发病时其基底神经节直接回路和间接回路兴奋-抑制失衡，可能与 γ-氨基丁酸表达减少有关。

提高脑活力：大脑衰老常见于老年人，是因感官系统异常造成的疾病，研究发现，脑组织中 GABA 含量的变化对大脑衰老的影响起着关键作用。随着脑组织的 GABA 含量下降，导致脑内噪声的增加，使神经信号减弱，引起老年人听觉和视觉上的障碍。Leventhal 等（2003）研究发现，脑内 GABA 水平的增加，能够改善神经功能。

解毒作用：研究证实 GABA 参与三羧酸循环的旁路途经，与 α- 酮戊二酸反应生成谷氨酸，抑制谷氨酸的脱羧反应，使血氨浓度有效降低，还能促使更多的谷氨酸与氨结合生成尿素排出体外，解除氨毒，增进肝功能，起到解毒的作用；其次，GABA 还可以解除由酒精引起的神经中毒。Spoerri 等（1995）在体外研究了酒精、GABA 与酒精和 GABA 共同作用对神经细胞的影响，结果得出 GABA 可以有效地解除酒精对神经细胞的毒性。

④ 其他营养成分

研究发现，糙米的发芽还可以提高一些功能性营养成分（Kayahara,2001；Trachoo，2006；孙向东，2005），如六磷酸肌醇、阿魏酸、植酸、生育酚、谷维素、维生素B族的含量。这些功能性营养成分对人体的健康具有重要的作用。六磷酸肌醇是一种糖分子，附着在六个磷酸盐分子上，研究发现，六磷酸肌醇可以降低癌细胞的生长与繁殖，促使癌细胞向正常细胞的转化，降低自由基对细胞的伤害，降血脂，保护心肌细胞，减少心脏病猝死，防治动脉硬化等，还可以降低胆固醇，治疗肾结石，提升人体的免疫力（Wallace，1984）。阿魏酸具有抗血小板聚集、抑制血小板5-羟色胺释放、抑制血小板血栓素a2（txa2）的生成、增强前列腺素活性、镇痛、缓解血管痉挛等作用（徐理纳，1984；Bourne，1998；欧仕益，2002；Ou，2004）。植酸一般以植酸盐的形式存在于动植物体内，可以促进氧合血红蛋白中氧气的释放、改善血红蛋白的功能、延长血红蛋白的生存期（陈红霞，2006）。除此之外，植酸还具有食品保鲜的功能，是一种多功能的绿色食品添加剂（赵玉生，2004）。生育酚又称为维生素E，对人体具有重要的生理功能，能促进性激素分泌，使男子精子活力和数量增加，使女子雌性激素浓度增高，提高生育能力等（张彩丽，2005）。谷维素可以降血脂、抗脂质氧化、改善植物神经功能等（吴素萍，2009）。

4.1.2　不同处理方式对糙米发芽及其品质特性的影响

（1）糙米的发芽

糙米在适宜的环境下，打破自身的休眠状态，进行萌发，当胚芽生长到一定长度时，通过低温干燥的方式降低糙米的水分含量，阻止其继续生长，即获得发芽糙米。在糙米发芽过程中，内源酶被激活，分解部分生物高分子，如淀粉、非淀粉多糖和蛋白质等，产生发芽所需要的小分子的糖和氨基酸等营养物质（Yang，2001）。γ-氨基丁酸（GABA）是其中比较典型的一种，也是评价发芽糙米营养价值的重要指标之一。糙米的发芽还可以提高糙米中总酚的含量，总酚包括多酚和单酚等化合物，是非常有效的抗氧化类物质，对人体有各种有益的生理作用（Frankel，1995）。除此之外，大分子有机化合物如纤维素等适当分解也可以有效地改善糙米的食用品质（Naing，1995）。

（2）超声波处理

超声波是一种物理声波，在水中可以产生空化效应。空化效应是指液体中的微小气泡，在超声波场能的作用下，经历超声的稀疏相和压缩相，体积生长、收缩、再生长、再收缩，经多次的周期性变化后，最终高速度崩裂的动力学过程。在这个过程中，伴随着局部高温、高压和高剪切力的产生。因此超声波常被应用于医药、军事、化工和农业等领域。在谷物的预处理方面，超声波的空化效应，常常被用于物质的提取与传质（Vilkhu，2008；Tabaraki，2011）、品质的改善、种子的发芽等方面。国内外研究报道，超声波可以改善谷物的食用品质，并可以加快种子的萌发。郑艺梅等（2008）研究超声波对发芽糙米主要成分变化的影响，发现超声波处理可以提高发芽糙米的可溶性蛋白、游离氨基酸和 γ-氨基丁酸的含量，并可以提高内源淀粉酶的活力。崔璐等（2010）利用超声波处理糙米，发现超声波作用可以提高糙米的吸水率，改善糙米的蒸煮质构特性等。Yaldagard 等（2008）研究发现低频率的超声波处理可以提高大麦的发芽率并且对内源 α-淀粉酶的活性有一定的促进作用。Goussous 等（2010）同样利用超声波处理鹰嘴豆、小麦、胡椒和西瓜种子，发现低频率的超声波处理对这四种种子的发芽都有促进作用。张瑞宇等（2006）研究了超声波处理对糙米发芽的影响，发现低频率超声波作用可以明显地提高 α-淀粉酶的活力，加速还原糖含量的积累和呼吸作用的增强。

（3）生物酶处理

生物酶对谷物的预处理优势主要在于生物酶反应的高效性、专一性、反应条件温和、工艺简单、便于人工控制等。随着酶工程的不断深入研究，生产生物酶的成本不断降低，酶制剂逐渐应用于医药、化工、农业和食品等领域，为科学研究提供了坚实的物质基础。在谷物的预处理方面，生物酶制剂也扮演者重要的角色。Das 等（2008a，2008b）研究了生物酶处理对糙米理化特性的影响，得出酶的处理一定程度上改善了糙米的食用品质，提高了糙米的食用价值。张晨等（2009）利用不同的酶制剂处理糙米，研究其对糙米蒸煮质构的影响，发现纤维素酶要优于果胶酶，而两种酶的复合要优于单一酶处理。姚人勇等（2009）优化了纤维素酶对糙米的最佳处理工艺。曾丹等（2011）利用纤维素酶处理发芽糙米，得出了纤维素酶处理发芽糙米的最佳工艺。酶处理同样可以影响种子的发芽。Yambe 等（1992）利用组织浸解酶处理玫瑰花种子，发现种子的发芽速度加快。张强等（2012）利用纤维素酶预处理糙米，然后发芽，发现纤维素酶预处理可以提高糙米的发芽率，降低了发芽糙米的蒸煮硬度。

（4）其他处理方式

除了超声波和生物酶制剂处理外，还有其他的一些处理方式，如厌氧浸泡发芽、盐溶液培养法、部分抛光、射线辐照等。Komatsuzaki 等（2007）通过水浸泡的方法研究发芽糙米中 GABA 的含量变化，得出浸泡可以提高 GABA 的含量，提高发芽糙米的营养价值。Chung 等（2009）通过浸渍和厌氧的方式处理大麦，同样得出 GABA 的含量有所提高。江湖等（2009）利用含有钙离子的培养液培养发芽糙米，得出钙离子可以提高发芽糙米 GABA 的含量。王玉萍等（2006）利用谷氨酸培养液培养发芽糙米，发现发芽糙米的 GABA 含量相比于普通的培养方法有一定的提高。Marshall 等（1992）研究了不同的抛光度对糙米食用品质的影响，得出随着抛光度的增加，糊化黏度不断降低。Chen 等（2012）利用辐照技术处理糙米，研究发现处理后的糙米，蒸煮时间降低，食用品质有一定的改善。

4.2 超声波辅助酶处理对糙米理化特性的影响研究

稻谷是我国主要的粮食作物之一，稻谷在精加工过程中去除了稻壳、种皮、糊粉层和米胚等得到精白米即人们食用的大米，然而稻谷的大部分功能性营养成分却包含在胚芽和种皮中，这就造成了可食用粮食资源的极大浪费。糙米则是保留了胚芽和种皮，只是去除了稻壳，所以糙米的营养价值远远高于精白米。糙米含有丰富的蛋白质、脂肪、膳食纤维、维生素及矿物质，能提供较精白米更全面的营养，此外，还有多种保健功能因子，如谷胱甘肽、γ-氨基丁酸、γ-谷维醇、米糠脂多糖、肌醇六磷酸等（张守文，2003；金增辉，2006）。但是，由于糠皮部分的存在，糙米有一种糠的不愉快气味，并且，糙米糠层中高含量的纤维素及其复合物使糙米口感、加工性、消化性均很差，从而使糙米的广泛食用受到了一定的局限（Wayne，1992）。因此，有必要对糙米进行改性处理，既要保证糙米经处理后营养物质不能大量流失，同时糙米的食用品质得到改善。目前研究较多的是发芽糙米，发芽可以激活内源酶，分解高分子，如纤维素、果胶、淀粉，富集 γ-氨基丁酸等，但对糙米的食用品质提升有限（Saikusa，1994；Watanabe，2004；Ohtsubo，2005）。比较有效的方法是外源酶处理，Das 等（2008a，2008b）利用木聚糖酶和纤维素酶酶解糙米的纤维素皮层，使糙米的食用品质得到明显的改善。刘志伟等（2011）用纤维素酶、果胶酶和植酸酶处理糙米，发现多种酶的复合处理更有利于糙米纤维素皮层的分解。然而，在利用酶法改良糙米食用品质的过程中，酶反应效率和反应时间显然是影响其推广的最关键因素。

超声波具有空化、传质作用，在功能性成分的提取过程中被广泛应用（Vilkhu，2008；Tabaraki，2011）。同时研究也发现低频率的超声波对纤维素酶活性具有促进作用（高大维，1997），因此将超声波应用于辅助糙米的酶处理过程，可能对于酶反应效率的提高以及反应时间的缩短具有积极的作用。

利用超声波辅助酶对糙米进行处理，研究超声波辅助酶处理对糙米纤维皮层的分解程度，处理后糙米粉的糊化特性，糙米的吸水率，以及对蒸煮品质的影响，旨为糙米深加工食品的研制和生产提供依据。

4.2.1 材料

稻谷：江苏农垦提供。

纤维素酶（酶活力 15U/mg）、果胶酶（酶活力 50U/g）、硫酸、蒽酮：国药集团化学试剂有限公司提供。

4.2.2 主要试验仪器与设备

检验型砻谷机 JLGJ4.5	台州市粮仪厂
可见光分光光度计 722N	上海精密科学仪器有限公司
锤式旋风磨 JXFM110	上海嘉定粮油仪器有限公司
质构分析仪	英国 Stable Micro System 公司
快速黏度仪 RVA	澳大利亚 Newport Scientific 仪器公司
精密数显 pH 计 pHS-3C	上海精密科学仪器厂
电热鼓风干燥箱 101-3AS	上海苏进仪器设备厂
数显电子恒温水浴锅 HH-2	常州国华电器有限公司
超声波清洗器 AS10200A	天津奥特赛恩斯仪器有限公司
电子分析天平 TP-214	丹佛仪器（北京）有限公司
蒸煮器 SD-11	上海纤检仪器有限公司

4.2.3 试验方法

（1）糙米预处理

稻谷经砻谷机砻出糙米，除杂，去除霉变糙米粒、未成熟粒和碎糙米粒，用自封袋封装保存在 4℃冰箱中备用。

（2）超声波辅助酶处理糙米

称量糙米 15g，放入具塞锥形瓶中，按质量体积比 1∶4 添加 pH 为 5.0，浓度为 1mg/mL 的酶溶液，所选酶溶液分别为纤维素酶、果胶酶以及纤维素酶与果胶酶的复合酶（纤维素酶与果胶酶按质量比 1∶1 混合），然后将具塞锥形瓶放入超声波清洗器中，用热水和冰块调节温度，使温度控制在（50±1）℃范围内（刘志伟，2011），超声波的超声频率为 40kHz，功率 30W；处理时间分别为 0.5h、1.0h、1.5h、2.0h、2.5h；处理完之后，将处理液倒入锥形瓶中备用，处理的糙米用蒸馏水冲洗三次，放入恒温干燥箱中，35℃干燥 24h，用自封袋封装保存在 4℃冰箱中备用。对照组为无超声波辅助。

（3）总糖的检测

蒽酮比色法（汪东风，2006）。

（4）糙米粉糊化黏度的测定

将酶处理糙米用锤式旋风磨打成粉，依据 GB/T 24853—2010 的检测方法，利用快速黏度仪（RVA）测定，并用 TCW（Thermal cline for windows）的配套软件对数据进行记录与分析。RVA 所用条件为 50℃下保持 1min；以 12℃/min 的速度上升到 95℃（3.75min）；95℃下保持 2.5min；以 12℃/min 下降到 50℃（3.75min）；

50℃下保持 1min。搅拌器的转速保持在 160r/min（杨慧萍，2012）。

（5）糙米吸水率的测定

首先测定酶处理后糙米的含水量，然后称取糙米 5g，放于盛有蒸馏水的烧杯中然后置于恒温水浴锅中，温度保持在 30℃，每小时称量糙米的质量，每个样品做三个平行。按照式（4-1）计算糙米的吸水率：

$$\text{糙米吸水率（\%）} = \frac{\text{浸泡后糙米的质量} - \text{糙米干基的质量}}{\text{浸泡后糙米的质量}} \times 100 \quad (4\text{-}1)$$

（6）糙米蒸煮后质构特性的测定

称取酶处理后的糙米 40g，放于烧杯中，加入 1.5 倍的蒸馏水，放入蒸煮器中蒸煮，蒸煮 30min 后，室温冷却至 28℃，用质构仪检测糙米蒸煮后的质构特性，测试所选平台为圆形平台，P25（25.4mm 直径）探头，压缩比为 60%，测前速度 10.0mm/s，测试速度 0.5mm/s，测后速度 5.0mm/s，两次压缩之间停留 5.0s。

（7）数据分析

利用 SAS 9.2 数据分析工具对数据进行差异性检测与相关性分析（显著性差异 $p<0.05$）。

4.2.4 结果与讨论

（1）超声波辅助酶处理糙米处理液中总糖的变化

处理液中总糖的含量可以间接地反映出酶对糙米纤维素皮层的分解程度，图 4-2、图 4-3 分别为无超声波和超声波辅助下酶处理糙米后处理液中总糖的变化曲线，从图中可以看出，随着处理时间的延长，这三种酶液分解得到的总糖量都不断增加。比较超声波对酶处理糙米的影响，可以看出，在无超声波辅助下，2.5h 时酶分解纤维素皮层得到的总糖量纤维素酶为 52.86mg、果胶酶 73.36mg、复合酶 65.46mg；而有超声波辅助时，2.5h 时酶分解纤维素皮层得到的总糖量纤维素酶为 61.41mg、果胶酶 77.58mg、复合酶 95.31mg，分解得到的总糖量分别增长 16%、6% 和 46%，说明了超声波对三种酶液分解纤维素皮层均有显著的促进作用，同一时间点分解得到的总糖量大于无超声波辅助下酶分解得到的总糖量。这可能是因为低频率超声波的振动、空化作用，使得纤维素层变得松散，酶分子容易与底物结合，提高分解反应速度，缩短分解反应时间。值得一提的是，三种酶液自身对纤维素皮层的分解速度也不相同，从图 4-2 中可以看出，无超声波辅助下，果胶酶在 1.5h 时分解的总糖量超过了复合酶，2h 时分解的总糖量趋于恒定，而纤维素酶和复合酶对纤维素皮层的分解速度依然呈上升趋势，这可能是由于植物细胞的细胞壁外层即胞间层中含有一定量的果胶，果胶的存在一定程度上阻碍了纤维素酶与底物的结合，降低了纤维素酶对纤维素的分解速度。相比较，从图 4-3 中可以看出，超声波对于三种酶液分解纤维素皮层的影响，主要区别在于 1h 后复合酶对于纤维素皮层分解速度显著加快，超过了果胶酶，说明了复合酶液中果胶酶的优先作用也加快了纤维素酶对糙米纤维素皮层的分解。因此，所选用的三种酶液中，果胶酶和纤维素酶按质量比 1∶1 混合的复合酶液在超声波辅助下对糙米纤维素皮层的分解效果最好。

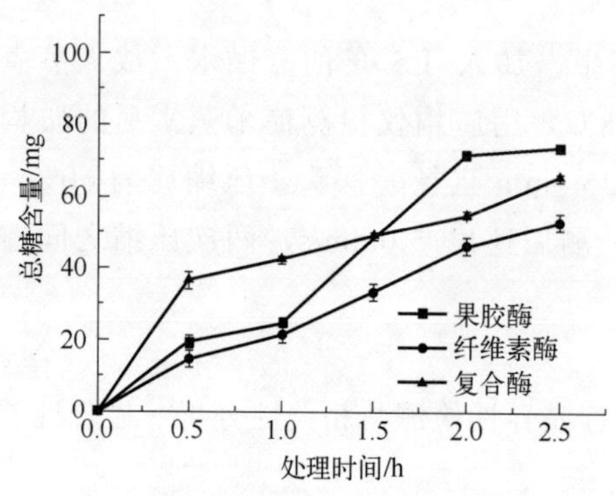

图 4-2 无超声波辅助下酶处理糙米处理液中总糖的变化

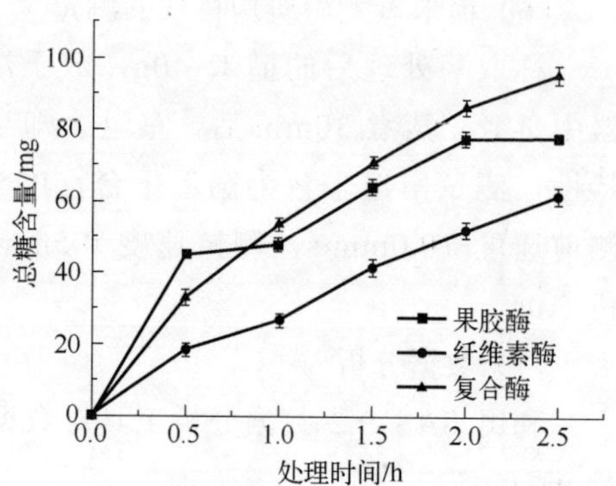

图 4-3 超声波辅助下酶处理糙米处理液中总糖的变化

（2）超声波辅助酶处理对糙米粉糊化黏度的影响

图 4-4 为超声波辅助下三种酶液处理糙米 2.5h 后糙米粉的糊化黏度曲线，可以看出，经超声波辅助酶处理后的糙米粉的糊化黏度有显著提高。淀粉的糊化黏度特性影响到食品的加工性能、贮存和口感，淀粉的含量是影响糊化黏度最直观的因素（甘淑珍，2009）。糙米因保留了纤维素皮层，而导致淀粉的糊化黏度下降（陈建省，2010）。当使用外源酶分解纤维素后，降低了糙米粉中纤维素的含量，在一定程度上相当于增加了淀粉的含量，导致糊化黏度的提高。对比不同酶的影响，纤维素酶处理糙米后对于糙米粉糊化黏度的提高优于果胶酶。图 4-5 为有或无超声波辅助复合酶处理糙米 2.5h 后糙米粉的糊化黏度曲线，由图可见，在超声波辅助下复合酶处理糙米后糙米粉的峰值黏度、谷值黏度和最终黏度分别为 370.5RVU、163.83RVU 和 285.25RVU；而无超声波辅助糙米粉峰值黏度、谷值黏度和最终黏度分别为 314.83RVU、137.92RVU 和 250.33RVU。超声波的介入促进了酶的反应效率，加快了纤维素的分解。此外，超声波处理还可能改变糙米细胞壁的结构，使其变得松散，从而使淀粉易于从细胞中释放，提高了糙米粉的黏度（Zhang，2005）。

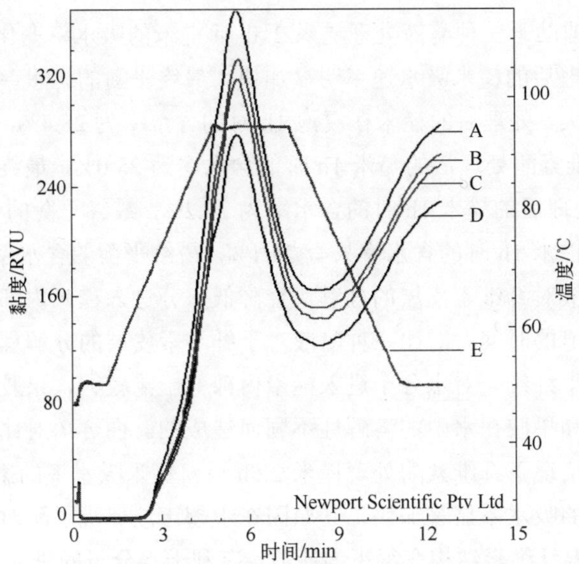

图 4-4　超声波辅助下酶处理糙米对糙米粉糊化黏度的影响

A 复合酶；B 纤维素酶；C 果胶酶；D 糙米；E 温度控制线

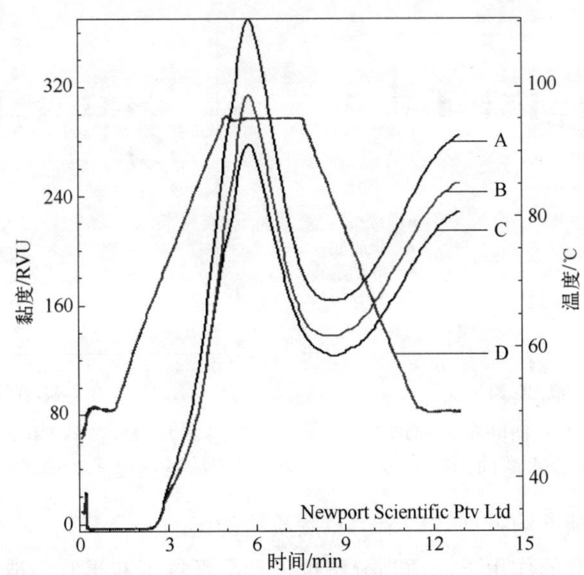

图 4-5　有或无超声波辅助下复合酶处理糙米对糙米糊化黏度的影响

A 超声波辅助复合酶；B 无超声波辅助复合酶；C 糙米；D 温度控制线

（3）超声波辅助酶处理糙米对其吸水率的影响

糙米吸水率的变化反映糙米在浸泡过程中对水分的吸收能力，糙米吸水率的提高有助于降低糙米的蒸煮时间，减少部分营养物质在长时间蒸煮过程中的损失。

图 4-6 为超声波辅助下三种酶液处理糙米 2.5h 后糙米的吸水率变化图，可以看出经超声波辅助酶处理后的糙米吸水速率明显加快，最终平衡的含水率也有所提高，其中复合酶影响最大，处理后的糙米在浸泡 1h 时的含水率为 28.4%，最终平衡的含水率为 33.2%，纤维素酶处理后的糙米 1h 时的含水率为 28.0%，最终平衡的含水率为 32.3%，果胶酶处理后的糙米 1h 时的含水率为 27.2%，最终平衡的含水率为 32.1%，而未经酶处理的糙米 1h 时的含水率只有 24.1%，最终平衡的含水率为 31.6%，这主要是由于三种酶液对纤维素皮层的分解，会降低水分进入糙米内部的阻力，缩短糙米吸水达到最大值的时间。对比三种酶液对于纤维素皮层的分解程度（图 4-6），可以推断糙米皮层中纤维素对水分子进入糙米内部的影响较大，果胶影响较小，这可能是因为纤维素和果胶在水中的溶解性不同而造成的。图 4-7 对比了超声波辅助和无超声波辅助的情况下纤维素酶处理糙米 2.5h 后对糙米吸水率的影响，可以看出超声波辅助使糙米的吸水率显著加快，其原因在于超声波促进了酶对纤维素和果胶的分解，还可能使得纤维素结构变得更为松散，有利于水分子的进入。崔璐等（2010）利用超声波处理糙米，得出超声波处理增加了糙米的水分吸收通道，从而提高糙米的吸水率。

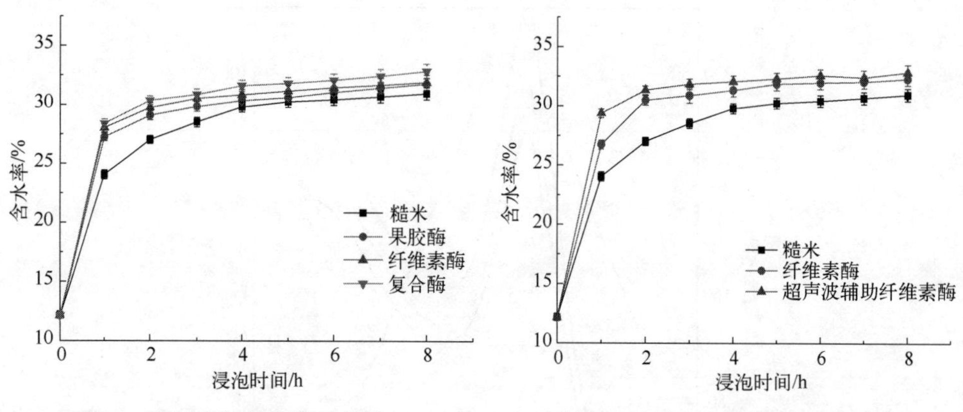

图 4-6　超声波辅助酶处理糙米对糙米吸水率的影响

图 4-7　有或无超声波辅助下纤维素酶处理糙米对糙米吸水率的影响

（4）超声波辅助酶处理对糙米的蒸煮质构的影响

糙米皮层在酶的作用下，适当分解掉一部分纤维素和果胶，造成糙米蒸煮后口感的改变（刘志伟，2011），而质构仪可以近似地模仿人们的口腔咀嚼（El-Arini，2002），得到相关的分析参数。表 4-3 中列出了不同酶在有或无超声波辅助下处理糙米 2.5h 后分解得到的总糖量，以及对应的糙米在蒸煮后用质构仪检测得到的相关指标的数据；表 4-4 列出的是质构仪测定的指标参数与分解得到的总糖量的相关性系数、方差 F 值、显著性分析 p 值。从表 4-3 中可以看出，三种酶液的使用可以分解糙米的纤维素皮层，从而降低蒸煮后糙米饭的硬度，使得糙米的口感变好。而超声波的使用促进了这一过程，使得蒸煮后糙米饭的硬度进一步降低。从表 4-4 中可以看出，糙米蒸煮后的硬度与酶液分解纤维素皮层得到的总糖存在着显著的相关性（$p<0.05$），相关系数为−0.828，说明分解得到的总糖越多硬度就越低。与之类似的是糙米蒸煮后的黏着性、咀嚼性和回复性与分解得到的总糖量也存在显著的相关性（$p<0.05$），相关系数分别为−0.837、−0.853、−0.827。而弹性、内聚性、胶黏性与分解得到的总糖量无统计学上的相关性（$p>0.05$）。综上，纤维素皮层的分解造成了糙米饭硬度降低、黏着性降低、咀嚼性降低、回复性减小，糙米饭的食用品质得到显著的改善。

表 4-3　有或无超声波辅助下酶处理对糙米的蒸煮质构的影响

指标	果胶酶	纤维素酶	复合酶	超声波辅助果胶酶	超声波辅助纤维素酶	超声波辅助复合酶
总糖分解量	73.36±3.76	52.86±6.37	65.46±2.08	77.58±4.42	61.41±0.75	95.31±1.65
硬度/N	345±45	428±68	414±23	319±52	327±60	273±46
黏着性/N	−65±14	−46±7	−54±19	−93±13	−83±18	−112±13
弹性/mm	0.38±0.01	0.40±0.02	0.43±0.04	0.39±0.06	0.43±0.16	0.44±0.04
内聚性/(N/mm)	0.38±0.02	0.42±0.02	0.40±0.03	0.37±0.02	0.39±0.04	0.38±0.01
胶黏性/(N/mm)	168±20	176±27	163±36	102±17	127±27	104±20
咀嚼性/(N/mm)	64±9	74±17	71±20	40±9	72±14	43±14
回复性/mm	0.13±0.01	0.16±0.02	0.14±0.01	0.13±0.01	0.13±0.01	0.12±0.01

表 4-4　质构仪参数与总糖量之间的相关性分析和显著性分析

指标	相关系数	F 值	P 值
硬度/N	−0.828	8.724	0.042
黏着性/N	−0.837	9.395	0.037
弹性/mm	0.221	0.206	0.661
内聚性/(N/mm)	−0.741	4.873	0.092
胶黏性/(N/mm)	−0.699	3.821	0.122
咀嚼性/(N/mm)	−0.853	10.695	0.031
回复性/mm	−0.827	8.684	0.042

4.2.5　小结

超声波具有空化、传质作用，应用于辅助糙米的酶处理过程，有效地提高了酶反应的效率和缩短了反应时间。超声波辅助酶处理糙米，可以提高糙米粉的黏度特性和吸水率，并且可以降低糙米蒸煮后的硬度、黏着性、咀嚼性和回复性。并且硬度、黏着性、咀嚼性和回复性与总糖的含量呈负相关，相关系数分别为−0.828、−0.837、−0.853、−0.827。

4.3　超声波辅助酶预处理对糙米发芽及其理化特性的影响

稻谷（*Oryza sativa* L.）是重要的粮食作物，世界上已有一百多个国家种植培育，一半以上的人口以其为主食（Kainuma，2004）。糙米是稻谷经脱壳后所得到的，由于其保留了完整的糠层和胚芽，营养价值远远高于精白米（Muramatsu，2006；Saman，2008；周剑敏，2012）。

发芽糙米相比糙米拥有更好的应用前景，糙米发芽过程中，内源酶被激活，分解部分生物高分子，如淀粉、非淀粉多糖和蛋白质等，产生发芽所需要的小分子的糖和氨基酸等营养物质（Yang，2001）。γ-氨基丁酸（GABA）是其中比较典型的一种，也是评价发芽糙米营养价值的重要指标之一。GABA是一种非蛋白质组成氨基酸，广泛分布于动植物体内，对人体具有重要的生理功能，如抑制性神经递质、调节血压和改善心血管等（Omori，1987；Nakagawa，1996）。GABA对糙米发芽的具体作用尚不清楚，其合成主要是谷氨酸脱羧酶以谷氨酸为底物脱去一个羧基转变而来的（Bautista，1964）。糙米发芽还可以提高糙米中总酚的含量，总酚包括多酚和单酚等化合物，是非常有效的抗氧化类物质，对人体有各种有益的生理作用（Frankel，1995）。除此之外，大分子有机化合物如纤维素等的适当分解也可以有效地改善糙米的食用品质（Naing，1995）。

对于发芽糙米，目前研究较多的是通过调整糙米发芽工艺富集发芽糙米中的GABA。比如调节发芽时间、培养液中钙离子浓度、培养液酸碱度以及进行浸泡厌氧处理等方式均有益于GABA的富集（Shelp，1997；Komatsuzaki，2007）。相对来说，糙米预处理技术对糙米发芽及GABA富集的影响研究较少。

超声波技术在食品工业中的应用日益受到人们的关注。许多研究发现，超声波可以加快种子的萌发。

除了超声波外，外源酶处理对种子的发芽也有一定的影响。Yambe等（1992）利用组织浸解酶预处理玫瑰花种子，发现种子的发芽速度加快；张强等（2012）利用纤维素酶预处理糙米，发现适当的酶解可以提高糙米的发芽率，降低发芽糙米蒸煮后的硬度。

结合超声波技术和外源酶对糙米进行预处理，通过中心组合实验研究了超声波辅助酶预处理过程中温度、时间和酶浓度对糙米预处理后处理液中总糖含量、糙米发芽率、GABA 含量的影响以及相互之间的关联性，并比较了未经预处理和经预处理糙米发芽后理化特性的变化，为发芽糙米的进一步加工利用提供技术理论支持。

4.3.1　材料

（1）试验材料与试剂

稻谷：苏北农资有限公司

纤维素酶（酶活力 15U/mg）、果胶酶（酶活力 50U/g）、磷酸氢二钠、磷酸二氢钠：国药集团化学试剂有限公司提供。

（2）主要试验仪器与设备

型检验砻谷机 JLGJ4.5　台州市粮仪厂

可见光分光光度计 722N　上海精密科学仪器有限公司

锤式旋风磨 JXFM110　上海嘉定粮油仪器有限公司

精密数显 pH 计 pHS-3C　上海精密科学仪器厂

电热鼓风干燥箱 101-3AS　上海苏进仪器设备厂

超声波清洗器 AS10200A　天津奥特赛恩斯仪器有限公司

电子分析天平 TP-214　丹佛仪器（北京）有限公司

质构分析仪　英国 Stable Micro System 公司

快速黏度仪 RVA　澳大利亚 Newport Scientific 仪器公司

降落数值仪　瑞典 Perten 仪器公司

日立台式扫描电镜 TM 3000　日本日立公司

氨基酸分析仪 L-8900　日本日立公司

4.3.2　方法

（1）糙米预处理

稻谷经砻谷机砻出糙米，除杂，去除霉变糙米粒、未成熟粒和碎糙米粒，用自封袋封装保存在 4℃冰箱中备用。

（2）超声波辅助酶预处理糙米

每组试验称量糙米 50g，放入具塞锥形瓶中，用纯水洗涤三次，然后用 0.5%的次氯酸钠溶液消毒 15min，之后再用纯水洗涤三次，按质量体积比 1∶4 添加浓度为 0.1～0.5mg/mL 的酶溶液（pH 为 5.0，纤维素酶与果胶酶按质量比 1∶1 混合），然后将具塞锥形瓶放入超声波清洗器中，用热水和冰块使温度控制在 25～45℃范围内，超声波的超声频率为 40kHz，功率 30W；超声处理时间为 0.5～1.5h。

（3）中心组合实验设计

利用 Design Expert 8.0.5 软件自带的 Central Composite Design 模型，以温度

（X1）、超声处理时间（X2）、酶浓度（X3）三个因素为自变量，糙米预处理后处理液中总糖含量（Y1）、糙米发芽率（Y2）、发芽糙米 GABA 含量（Y3）为响应值，设计了三因素三水平的响应面分析试验。利用 Design Expert 8.0.6 软件进行数据拟合。利用 SAS9.2 软件对总糖、发芽率和 GABA 含量数据进行相关性分析。

（4）总糖含量检测和扫描电子显微镜分析

采用蒽酮比色法测定预处理后滤液中总糖的含量（文赤夫，2005）。

将糙米冷冻干燥，使水分含量低于 5%，利用离子溅射器对糙米的表面进行喷金，在扫描电子显微镜下观察经超声波辅助酶预处理和未经预处理的糙米皮层的微观结构。

（5）糙米的发芽

将预处理后的糙米浸泡在 0.5%、pH 5.0 的磷酸盐缓冲液（含 0.25mg/L 氯化钙，0.05%次氯酸钠）中 30℃培养 48h 进行发芽，然后将发芽后的糙米于 40℃烘箱干燥 24h，使水分含量低于 14%，用 PE 自封袋封装保存在 4℃冰箱中备用。未经预处理的糙米作为对照。

（6）发芽率的测定

糙米培养 48h 后，根须长度大于 0.5mm 计为发芽。发芽的种子数与种子总数的比值即为发芽率。

（7）GABA 含量的测定

样品的前处理依据钱爱萍等（2010）的方法，利用氨基酸分析仪测定 GABA 的含量。

（8）总酚含量的测定

总酚的提取根据 Tabaraki 等（2011）的方法，将 1mL 提取液加入 10mL 容量瓶中，再加入 1mL 福林酚显色剂，摇匀后加入 2mL 15%的碳酸钠溶液，定容，室温下反应 2h 后，于 765nm 下测定其吸光度值。用没食子酸做标准曲线与回归方程。

（9）淀粉酶活性的测定

依据 AACC56-81B 方法利用沉降系数判断淀粉酶活性的变化（1999）。

（10）糙米粉糊化黏度的测定

依据 AACC76-21 的检测方法（1999），利用快速黏度仪（RVA）测定，并用 TCW 配套软件对数据进行记录与分析。检测发芽糙米粉的峰值黏度、谷值黏度、崩解值、最终黏度、回生值和峰值时间。

（11）糙米蒸煮后的质构特性

称样品 3g，放于铝盒中，加入 1.2 倍的蒸馏水，盖好盖后放入电饭煲中蒸煮，蒸煮 30min 后，室温冷却至 28℃，用质构仪检测糙米蒸煮后的质构特性，将 4 粒蒸煮后的发芽糙米均匀地放在测试平台上，测试所选平台为圆形平台，P25（25.4mm 直径）探头，压缩比为 60%，测前速度 10.0mm/s，测试速度 0.5mm/s，测后速度 5.0mm/s，两次压缩之间停留 5.0s，每组试验重复 7 次。

（12）统计分析

所有试验进行三次平行，使用 SAS 9.2 软件进行统计分析。数据分析采用软件自带的 Duncan 多重比较法对数据进行显著性分析和方差分析（$p<0.05$）。

4.3.3　结果与讨论

（1）响应面试验

① 响应面试验设计与结果

中心组合试验设计结果见表 4-5，用 Design Expert 8.0.5 软件对试验进行回归拟合分析，得到总糖含量、发芽率和 GABA 含量与各因素变量的二次方程模型分别为：

表 4-5　中心组合试验设计及结果

处理组	独立变量						响应值		
	变量代码			变量因素			GABA/mg	TSC/mg	GP/%
	X_1	X_2	X_3	温度/℃	处理时间/h	酶浓度/(g/L)			
1	1	1	−1	45	1.5	0.1	27.70	3.54	54
2	0	1	0	35	1.5	0.3	34.89	3.75	87
3	1	−1	−1	45	0.5	0.1	34.63	2.45	89
4	−1	−1	−1	25	0.5	0.1	35.50	1.56	87
5	−1	−1	1	25	0.5	0.5	30.01	3.43	87
6	1	0	0	45	1	0.3	34.02	4.17	86
7	−1	1	−1	25	1.5	0.1	30.12	2.89	90
8	1	−1	1	45	0.5	0.5	31.50	3.74	86
9	0	0	1	35	1	0.5	34.81	4.14	85
10	−1	1	1	25	1.5	0.5	33.27	4.98	86
11	0	0	−1	35	1	0.1	34.88	3.30	88
12	0	−1	0	35	0.5	0.3	38.18	2.78	87
13	−1	0	0	25	1	0.3	35.74	3.31	89
14	0	0	0	35	1	0.3	35.90	4.01	83
15	0	0	0	35	1	0.3	35.71	3.45	84
16	1	1	1	45	1.5	0.5	26.37	6.87	41

注：GABA 为 γ-氨基丁酸；TSC 为总糖含量；GP 为总酚含量。

总糖含量：$Y1(\text{mg})=3.61+0.46T+0.81t+0.94E+0.18T^2-0.29t^2+0.16E^2+0.17Tt+0.08TE+0.28tE$

发芽率：$Y2(\%)=88.05-8.3T-7.8t-2.3E-2.83T^2-3.33t^2-3.83E^2-10.25Tt-1.5TE-1.75t$

GABA 含量：$Y3\ (mg/100g)=36.79-1.04T-1.76t-0.69E-1.24T^2-0.26t^2+1.31E^2-2.40Tt-0.69TE-2.43tE$

式中，T、t 和 E 分别是温度、超声处理时间和酶浓度。

为了验证回归方程的有效性及各因素对总糖含量、发芽率和 GABA 含量的影响程度，对回归方程进行了方差分析，结果见表 4-6 和表 4-7。

表 4-6　回归方程方差分析表

类型	*F* 值			*p* 值		
	TSC/mg	GP/%	GABA/(mg/100g)	TSC/mg	GP/%	GABA/(mg/100g)
模型	7.99	4.72	9.55	0.0100	0.0362	0.0063
*X*1	8.13	11.83	6.19	0.0291	0.0138	0.0473
*X*2	25.02	10.45	17.60	0.0024	0.0179	0.0057
*X*3	34.09	0.91	2.69	0.0011	0.3773	0.1519
*X*12	0.86	14.43	7.03	0.3889	0.0090	0.0379
*X*13	0.21	0.31	0.32	0.6635	0.5983	0.5927
*X*23	2.45	0.42	7.77	0.1683	0.5406	0.0317
*X*11	0.34	0.36	8.64	0.5820	0.5694	0.0259
*X*22	0.87	0.50	0.72	0.3882	0.5055	0.4277
*X*33	0.27	0.66	8.90	0.6230	0.4465	0.0245

表 4-7　响应面回归系数参数表

回归系数	响应值		
	TSC/mg	GP/%	GABA/mg
b_0	3.61	88.05	36.79
b_1	0.46^{*}	-8.30^{*}	-1.04^{*}
b_2	0.81^{**}	-7.80^{*}	-1.76^{**}
b_3	0.94^{**}	−2.30	−0.69
b_{11}	0.18	−2.83	-1.24^{*}
b_{22}	−0.29	−3.33	−0.26
b_{33}	0.16	−3.83	1.31^{*}
b_{12}	0.17	-10.25^{**}	-2.40^{*}
b_{13}	0.08	−1.50	−0.69
b_{23}	0.28	−1.75	-2.43^{*}
p	0.0100	0.0362	0.0063
失拟系数	ns	ns	ns
决定系数 R^2	0.923	0.876	0.934

注：GABA 为 γ-氨基丁酸；TSC 为总糖含量；GP 为总酚含量。

ns，非显著性　$p>0.05$；

*　显著性　$p\leq 0.05$；

**　极显著性　$p\leq 0.01$。

从表 4-6 可以看出，总糖含量的回归模型 p 为 0.0100，发芽率回归模型 p 为 0.0362，GABA 含量的回归模型 p 为 0.0063，均小于 0.05，说明回归模型达到显著水平；失拟系数（表 4-7）达到非显著水平，说明模型是合适的。总糖含量、发芽率和 GABA 含量的决定系数 R^2 分别为：0.876、0.934、0.923。说明了方程拟合度较高，即方程中自变量 X 的变化可以很好地解释因变量 Y 的变化。

② 响应面分析试验因素对总糖含量的影响

由表 4-6 可见，三个因素的各单次项对总糖含量影响均达到显著水平，而交互项和平方项影响不显著。在所选的各因素水平范围内，按照对结果的影响排序为：$X3$＞$X2$＞$X1$，酶浓度＞处理时间＞温度。图 4-8 为各因素交互作用的等高线和响应面图。温度（$X1$）和处理时间（$X2$）的交互作用对总糖含量的等高线和响应面见图 4-8-A1，处理时间（$X2$）和酶浓度（$X3$）的交互作用对总糖含量的等高线和响应面见图 4-8-A2，温度（$X1$）和酶浓度（$X3$）的交互作用对总糖含量的等高线和响应面见图 4-8-A3。

图 4-9（a）和图 4-9（b）分别为未经预处理的糙米和预处理后的糙米的 SEM 显微照片。可以看出未经预处理的糙米皮层纤维排列紧密，并且皮层表面有一层蜡质，可以有效地阻止水分的进入与散失［图 4-9（a)］。而预处理后的糙米皮层的纤维素明显被降解，外层的蜡质层变薄，并且皮层上有一些微小的空洞，这样的形态变化可能有利于水分和培养液中营养素的进入。Goussous 等（2010）曾推断超声波可以使谷物的纤维素皮层变得松散，产生一些微小的空洞，通过本试验的电镜图可以清楚地看到这些微小的空洞，也证明了 Goussous 等（2010）的推断。

③ 响应面分析试验因素对发芽率的影响

发芽是一种新陈代谢过程。植物细胞中的内源酶对糙米种子的萌发具有重要作用。研究发现不同的处理方法可以改变内源性酶的活性，间接地影响到种子的发芽率。由表 4-6 可见，三个试验因素中单次项的 $X1$ 和 $X2$ 及交互项的 $X12$ 对发芽率有显著性影响，其他项对发芽率没有显著性影响。在所选的各因素水平范围内，按照对结果的影响排序为：$X1$＞$X2$＞$X3$，温度＞处理时间＞酶浓度。由等高线和响应面图 4-8-B1 可见，在高温短时间处理或低温长时间处理下，发芽率可以达到 90%以上。Kim 和 Suzuki 等（2006；1999）曾报道，超声波可加快大麦和小麦等谷物种子的萌发，主要是由于它的空化效应可能加快种子内外营养素的交换，从而更快地激活种子内源酶的活性。Yaldagard 和 Goussous 等（2008；2010）也证实了低频超声波对糙米发芽率具有一定的促进作用，并可以提高糙米内源性酶如 α-淀粉酶的活性。然而，高温长时间和低温短时间下超声波预处理时发芽率最低，表明长时间高温处理可能会导致细胞壁破坏和酶失活，而低温短时间又可能无法充分激活内源酶的活性。Barton 和 Wang 等（1996；2012）曾报道，长时间高频率的超声波处理会导致一些糖苷酶和纤维素酶的失活，并且长时间地暴露在超声波下，种子细胞壁也容易受到破坏。Yambe 和张强等（1992；2012）报道了通过酶预处理可以促进种子的发芽，但图 4-8-B2 与图 4-8-B3 表明，酶浓度对糙米发芽率影响极小，与其他因素也没有显著的交互作用。

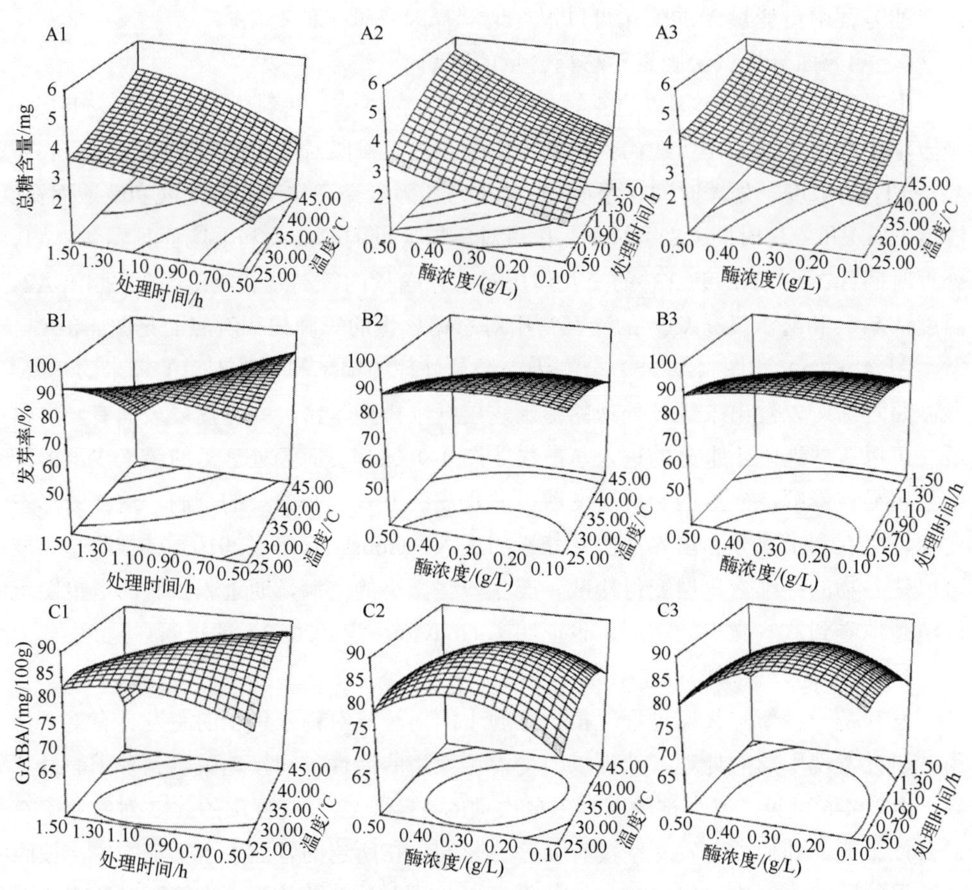

图 4-8　各因素交互作用对总糖含量（A1、A2、A3）、发芽率（B1、B2、B3）与 GABA 含量（C1、C2、C3）影响的响应面图

④ 响应面分析试验因素对 GABA 含量的影响

由表 4-6 可见，三个试验因素中单次项温度 $X1$ 和时间 $X2$ 对 GABA 含量的有显著性影响，而酶浓度 $X3$ 对 GABA 含量的影响无显著水平；交互项 $X12$、$X23$ 和平方项 $X11$、$X33$ 对 GABA 含量影响均有显著性水平，交互项 $X13$ 和平方项 $X22$ 对 GABA 含量无显著性影响。在所选的各因素水平范围内，按照对结果的影响排序为：$X2>X1>X3$，处理时间＞温度＞酶浓度。由等高线和响应面图 4-8-C2 和图 4-8-C3 可见，酶浓度对 GABA 含量没有直接的影响，但适当的酶促水解有利于糙米表层结

构的降解，提高细胞膜的通透性并加快糙米内外的营养物质交换，从而提高糙米发芽率，促进 GABA 的积累。然而，较高的酶浓度也可能会导致纤维素皮层分解过度，从扫描电子显微图片可以看出，酶处理后糙米表皮产生小孔［图 4-9（b)］，如果分解过度，可能使发芽所需的营养素流出，甚至导致 GABA 的泄漏。

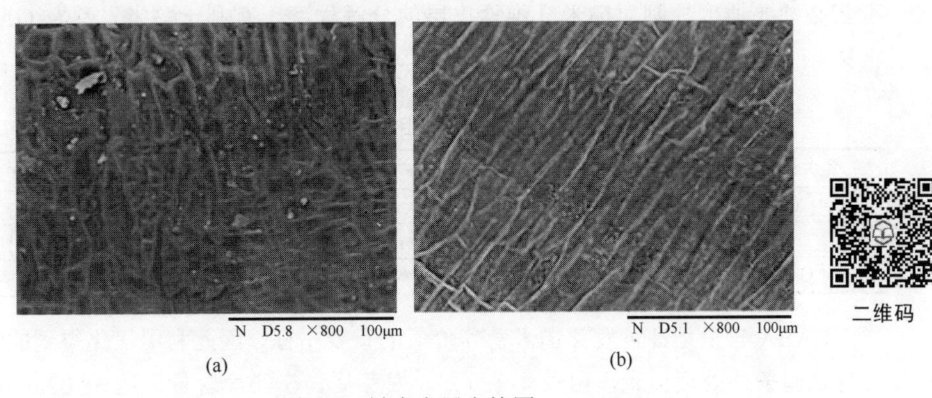

图 4-9　糙米表层电镜图

（a）未经预处理；（b）预处理后

⑤ 试验因素的优化与相关性分析

采用响应面和等高线方法确定了发芽率和 GABA 含量的预处理优化参数（图 4-10)。当超声波辅助酶预处理时间为 0.71h、温度为 31.21℃、酶浓度为 0.28g/L 时，发芽率最高预测值为 91.98%。当预处理时间为 0.5h、温度为 35.65℃、酶浓度为 0.22g/L 时，GABA 含量最高预测值为 38.25mg/100g。

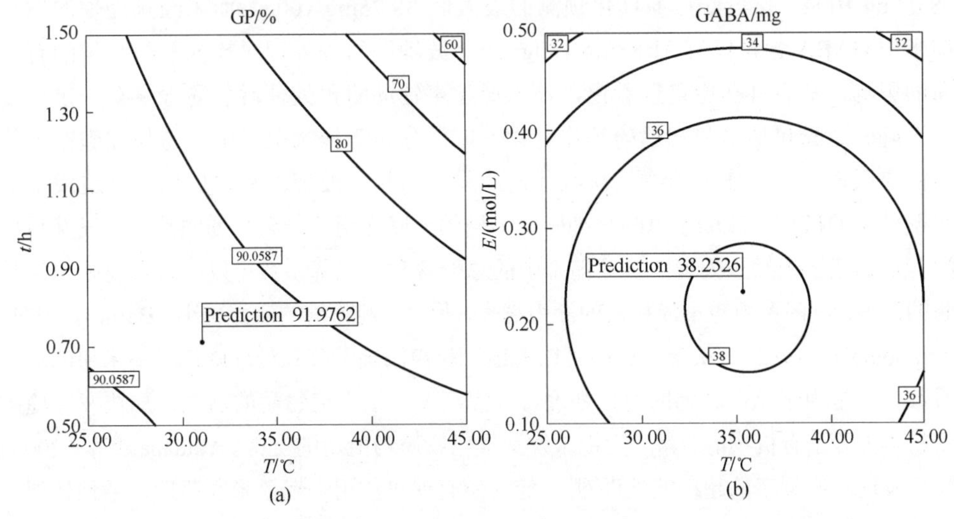

图 4-10　最优化等高线分析

表 4-8 表示了用 SAS 软件进行的三个响应值（总糖含量、发芽率和 GABA 含量）的相关性分析。发芽率和 GABA 具有一定的正相关，相关系数为 0.721。总糖含量与发芽率、GABA 含量呈负相关，相关系数分别为−0.644 和−0.506。总糖的含量可以间接地反映出不同的预处理条件对糙米纤维素皮层的分解程度，因此预处理工艺必须要适度控制对糙米纤维素皮层的分解程度，有利于糙米发芽及 GABA 的富集。

表 4-8 相关性分析

相关性分析参数	TSC/mg	GP/%	GABA/mg
TSC/mg	1	−0.644	−0.506
GP/%	−0.644	1	0.721
GABA/mg	−0.506	0.721	1

GABA 含量是评价发芽糙米营养价值的重要指标，因此利用优化得到的预处理最佳试验条件处理糙米，由表 4-9 可知，发芽后，GABA 含量可达 38.07mg/100g，与预测值 38.25mg/100g 十分接近，可见所得模型能较好地预测超声波辅助酶预处理对 GABA 含量的影响，参数准确可靠，可用于实际操作。

（2）超声波辅助酶预处理对发芽糙米理化特性的影响

① 超声波辅助酶预处理对发芽糙米 GABA 含量、总酚含量和淀粉酶活力的影响

表 4-9 为超声波辅助酶预处理对糙米及发芽糙米中 GABA 含量、总酚含量和沉降系数的影响。可以看出，糙米经超声波辅助酶预处理后 GABA 含量没有发生变化，但是发芽后，经预处理工艺的发芽糙米中 GABA 含量远远高于未经预处理的，达到 38.07mg/100g，接近响应面优化预测的最大值 38.25mg/100g，而未经预处理的发芽糙米中 GABA 含量仅有 31.88mg/100g。超声波辅助酶预处理对糙米总酚含量的有负面的影响，从表 4-9 中可以看出，糙米经超声辅助酶预处理后总酚含量有一定程度的下降。总酚包括多酚和单酚等化合物，广泛分布于植物组织中，易与细胞壁上的多糖交联在一起，作为植物的次级代谢产物。而超声波辅助酶预处理可能造成了细胞壁结构的破坏，减弱了总酚与细胞壁多糖的交联作用，导致总酚的流失。发芽后总酚含量仍低于未经预处理的发芽糙米中的总酚含量。沉降系数可以间接地反映出淀粉酶的活力，沉降系数越小淀粉酶的活力越大，反之，淀粉酶的活力越小（Barnes，1974；d'Appolonia，1982）。从表 4-9 中可以看出，超声波辅助酶预处理降低了糙米粉的沉降系数，这是由于超声波辅助酶预处理可以提高发芽糙米淀粉酶的活性，加快发芽糙米淀粉等大分子有机物的分解，为糙米发芽提供物质与能量的支持。Yaldagard 等（2008）研究发现，低频率的超声波处理对 α-淀粉酶有促进作用。在糙米发芽后，经预处理工艺的发芽糙米淀粉酶活力远远高于未经预处理工艺的发芽糙米的内源淀粉酶活力。

表 4-9　超声波辅助酶预处理对发芽糙米的 GABA 含量、总酚含量和沉降系数的影响

处理方式	GABA/(mg/100g)		总酚/(mg/g)		沉降系数/(sec)	
	发芽前	发芽后	发芽前	发芽后	发芽前	发芽后
预处理	4.41±0.02	38.07±0.34	1.85±0.0015	2.06±0.0002	421.67±3.06	125.67±4.04
未经预处理	4.41±0.02	31.88±0.32	1.87±0.0002	2.10±0.0011	427.67±1.53	145±5.00

② 超声波辅助酶预处理对发芽糙米糊化黏度特性的影响

表 4-10 为超声波辅助酶预处理对发芽糙米糊化黏度特性的影响。可以看出糙米经超声波辅助酶预处理后，糙米粉的峰值黏度、谷值黏度、最终黏度、崩解值和峰值时间均有所提高，而发芽后，经预处理工艺的发芽糙米粉的峰值黏度、谷值黏度、最终黏度、峰值时间均略低于未经预处理工艺的发芽糙米的相同指标。这是因为纤维素在预处理过程中的部分分解、淀粉相对含量的提高增加了糙米粉的糊化黏度，而发芽后，由于淀粉酶活性的提高，淀粉分解为小分子糖，糊化黏度迅速降低。

表 4-10　超声波辅助酶预处理对发芽糙米糊化黏度特性的影响

RVA	发芽前		发芽后	
	未经预处理	预处理	未经预处理	预处理
峰值黏度/RVU	239.08±6.61	245.72±4.80	63.56±1.97	63.08±2.62
谷值黏度/RVU	119.39±5.81	120.47±0.90	4.89±0.19	4.33±1.54
崩解值/RVU	119.7±1.77	125.25±3.93	58.67±1.99	58.75±1.42
最终黏度/RVU	219.86±5.63	223.72±2.17	23.47±0.40	22.31±2.28
回生值/RVU	−19.22±1.38	−22±3.67	−40.08±1.72	−40.78±0.53
峰值时间/min	5.69±0.03	5.71±0.03	4.02±0.04	3.95±0.04

③ 超声波辅助酶预处理对发芽糙米蒸煮后质构特性的影响

表 4-11 为超声波辅助酶预处理对蒸煮后糙米质构特性的影响。可以看出，超声波辅助酶预处理对糙米的蒸煮质构特性有显著的影响。糙米经超声波辅助酶预处理后蒸煮硬度、胶黏性和咀嚼性均有所下降，这是由于纤维素的分解改变了皮层的形态，在蒸煮过程中水分和热量更容易进入到颗粒内部，淀粉颗粒也更容易膨胀；而发芽后，淀粉的快速分解造成了糙米饭硬度、胶黏性和咀嚼性的快速下降。

表 4-11　超声波辅助酶预处理对蒸煮后糙米质构的影响

蒸煮质构	发芽前		发芽后	
	未经预处理	预处理	未经预处理	预处理
硬度/N	5762.40±134.92	5621.58±107.81	4368.87±276.37	3800.64±642.11
黏着性/N	−19.97±18.37	−14.68±11.37	−19.18±18.14	−16.36±6.14
弹性/mm	0.55±0.02	0.54±0.04	0.54±0.03	0.49±0.08

续表

蒸煮质构	发芽前		发芽后	
	未经预处理	预处理	未经预处理	预处理
胶黏性/(N/mm)	2526.05±247.32	2452.95±146.36	1849.22±109.98	1666.44±354.18
咀嚼性/(N/mm)	1379.94±167.60	1324.94±65.85	886.07±74.53	832.01±56.66
回复性/mm	0.21±0.03	0.20±0.01	0.19±0.01	0.20±0.04

4.3.4 小结

本研究结合超声波技术和外源酶对糙米进行预处理。通过中心组合试验研究了超声波辅助酶预处理过程中温度、时间和酶浓度对糙米预处理后处理液中总糖含量、糙米发芽率、GABA 含量的影响以及相互之间的关联性。超声辅助酶预处理的温度和时间对糙米发芽率和 GABA 含量均有显著的影响，而酶浓度对糙米发芽率和 GABA 的影响不显著。通过响应面分析，发芽率优化预处理条件为：温度为 31.21℃，预处理时间为 0.71h，酶浓度为 0.28g/L 时，发芽率最高预测值为 91.98%；GABA 含量最佳预处理条件为：温度为 35.65℃，预处理时间为 0.5h，酶浓度为 0.22g/L 时，GABA 含量最高预测值为 38.25mg/100g。相关性分析表明发芽率和 GABA 具有一定的正相关，相关系数为 0.721。而总糖含量与发芽率、GABA 含量呈负相关关系，相关系数分别为−0.644 和−0.506。

从发芽糙米的理化特性来看，超声波辅助酶预处理有利于 GABA 的富集，但不利于总酚的积累。超声波辅助酶预处理可以有效地提高内源淀粉酶的活力，相应地降低发芽糙米的糊化黏度，及蒸煮后的硬度。

4.4 发芽糙米粉替代对小麦面团流变学及饼干品质特性的影响

稻谷是中国主要的粮食作物之一，稻谷在精加工过程中去除了稻壳、种皮、糊粉层和米胚等得到的精白米即人们食用的大米，但稻谷的大部分功能性营养成分存在于胚芽和种皮中，这就造成了可食用粮食资源的浪费高达 10%～20%。糙米保留了胚芽和种皮，仅去除了稻壳，所以糙米的营养价值远高于精白米。糙米含有丰富的蛋白质、脂肪、膳食纤维、维生素及矿物质，与精白米相比，能提供更全面的营养（Itani，2002），此外，还有多种保健功能因子，如谷胱甘肽、γ-氨基丁酸、γ-谷维醇、米糠脂多糖、肌醇六磷酸等多种具有各种功能的生物活性因子（Das，2008；Lerma-García，2009；Cho，2012）。

相比糙米，发芽糙米拥有更好的应用前景，糙米经过发芽后，内源酶被激活，分解糙米中大分子的有机化合物，如淀粉、非淀粉多聚物和蛋白质等，产生发芽所需要的低聚糖和氨基酸等小分子物质；大分子有机物的分解有效地改善了糙米的食用品质（Naing，1995）。除此之外，糙米发芽也导致糙米中一些功能性营养物质的富集，如γ-氨基丁酸（GABA）、总酚等。

由于大米蛋白质不具备面筋蛋白的黏弹特性，通常米粉不适用于制备面包饼干等烘焙类产品。因此，大多数研究集中在通过一些食品添加剂，如食用胶体（Nishita，1976；Sivaramakrishnan，2004）、蛋白酶（Gujral，2004a，b；Renzetti，2008）等来改善米粉面糊的特性。近年来，也有研究开始将一些具有功能性的初级产品经过处理加入到面包、饼干、蛋糕等日常焙烤产品或其它面制品中以扩展其用途，如紫薯粉（单珊，2011）、山芋粉（Hsu，2004）、杏仁粉（Jia，2011）、芒果皮粉（Ajila，2008）、绿茶提取物（Wang，2007）、生姜（Balestra，2011）、葡萄籽（Mironeasa，2012）等。因此，把发芽糙米处理成粉状物质按照一定比例与面粉混合来制备烘焙产品，将是有益的尝试。鹿保鑫等（2010）将发酵糙米粉添加到小麦粉中制备面包，发现发酵糙米粉可以提升小麦粉的加工性能，降低面包的硬度，延缓面包老化。此外，还可以将发酵糙米中的营养元素以及酶添加到焙烤食品中，提高焙烤食品的品质和营养价值。

烘焙过程中，面团的流变特性是决定最终产品品质的关键因素之一，而发芽糙米粉的加入将对面团的流变特性及相应的最终产品品质产生较大的影响。我们利用混合实验仪、动态流变仪和扫描电子显微镜分析发芽糙米粉替代对于小麦面团热机械学、动态流变学特性和面团微观结构的影响，并结合饼干的烘焙制作分析发芽糙米粉替代对饼干感官品质的影响，旨在为进一步应用糙米和发芽糙米开发食品新产品提供依据。

4.4.1　材料

（1）试验材料

低筋小麦粉（8.41%蛋白质，0.23%灰分，12.22%水分含量，0.72%油脂，0.23%粗纤维）：深圳南海粮食工业有限公司；稻谷（淮稻五号）（糙米：6.85%蛋白质，0.88%灰分，11.45%水分含量，2.01%油脂、2.89%粗纤维）：江苏农垦提供；绵白糖、食用盐、小苏打、葡萄糖购于当地超市。

（2）主要试验仪器与设备

和面机、烤炉	北京方孚德技术发展中心
101-3AS 电热鼓风干燥箱	上海苏进仪器设备厂
质构分析仪	英国 Stable Micro System 公司
pHS-3C 精密数显 pH 计	上海精密科学仪器厂

JLGJ4.5 型检验砻谷机	台州市粮仪厂
JXFM110 锤式旋风磨	上海嘉定粮油仪器有限公司
Mixolab 混合实验仪	法国肖邦公司
Anton Paar MCR 302 流变仪	奥地利安东帕有限公司
游标卡尺	日本 Mitutoyo 公司
台式扫描电子显微镜 TM-3000	日本日立公司
CHRIST 冷冻干燥仪	上海实维实验仪器技术有限公司

4.4.2 试验方法

（1）糙米的预处理

参照 4.3.2 的方法对糙米进行预处理。

（2）糙米的发芽与配粉

将预处理后的糙米倒入直径 15cm 的玻璃培养皿中，添加 200mL 培养液（5% pH5.0 磷酸缓冲液，0.05%次氯酸钠，0.25mmol/L 氯化钙）于 30℃恒温培养箱中分别培养 48h，然后洗涤，放入恒温干燥箱中，40℃干燥 24h，再由锤式旋风磨磨粉，过 80 目筛。将低筋小麦粉和发芽糙米粉按比例混合，其中发芽糙米粉替代量分别为 0、10%、20%、30%、40%、50%，制备成混合粉后，用 PE 自封袋封装，保存于 4℃冰箱备用。

（3）面团热机械学特性的分析

采用 Mixolab 混合实验仪研究发芽糙米粉对小麦面团热机械流变学特性的影响。分析过程中，加入 Mixolab 的混合粉与水的总质量为 75g。检测时，将混合粉放入搅拌钵中进行搅拌。然后按照达到最佳稠度时最大扭矩（C1）为 1.1N • m 的要求加入一定量的水。混合实验仪在运行中的变温过程为：①恒温阶段，30℃恒温 8min；②升温阶段，4℃/min 的速度升到 90℃并保持恒温 7min；③降温阶段，4℃/min 的速度降到 50℃并保持 5min。搅拌速度始终为 80r/min。实验过程中每个样做 3 次平行实验。

由试验曲线（图 4-11）可得到以下参数（Jia，2011）：吸水率 MWA（%），即使面团产生最大扭矩（1.1±0.05）N • m 所需的加水量；面团形成时间 MDT（min），即在 30℃下面团达到最大扭矩所需的时间；面团稳定时间 MST（min），即面团在曲线中扭矩大于 C1～11%C1 的总时间；最小扭矩 MMT（C2），即在面团形成过程中受到机械或热作用时的最小扭矩值，反映蛋白质的弱化度；淀粉糊化的峰值扭矩 MPT（C3），面团在加热阶段产生的最大扭矩；糊化温度 MTp（℃），淀粉糊化的谷值扭力 MDB（C4），即淀粉形成胶体后的热稳定性；淀粉回生的回生扭矩 MSB（C5）即淀粉在冷却阶段的回生特性。

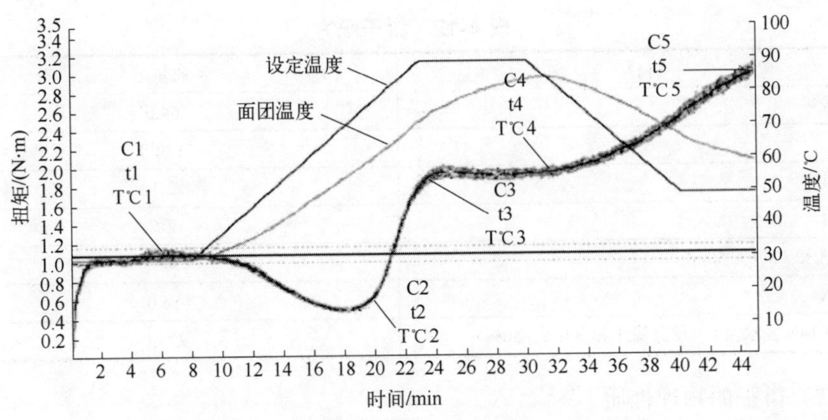

图 4-11 典型 Mixolab 混合实验仪分析图谱

（4）面团的动态流变学特性的分析

面团的流变学特性利用动态流变仪进行测定，参照 Moreira 等（2010）所采用的方法，并做了适当的调整。利用 Mixolab 混合实验仪达到 C1 时的面团，用保鲜膜包裹好，室温松弛 15min，然后切取一小块面团放于流变仪（Anton Paar MCR 302）平台上，降下平板，切去多余的面团，用矿物质油密封防止水分蒸发，并在平台上平衡 5min，使残余的应力松弛。以动态测量模式（oscillatory mode）下的应力扫描（stress sweep）程序确定面团的线性黏弹区。测量参数为：50mm 圆形平板检测探头，1mm 平行板间距，温度 30℃，频率为 1.0Hz。确定线性黏弹区后，然后再用频率扫描（frequency sweep）程序研究发芽糙米粉对小麦面团动态流变学特性储能模量（G'）、损耗模量（G''）和损耗角正切值（$\tan\delta=G''/G'$）的影响，频率扫描范围为 1～100rad/s（0.1～10Hz）。

（5）面团微观结构的扫描电镜观察

利用 Mixolab 混合实验仪达到 C1 时的面团，用保鲜膜包裹，醒发 15min，用 3%戊二醛固定，0.1mol/L 的磷酸缓冲液冲洗，再用 30%、50%、70%、90%和 100%的乙醇梯度洗脱，经冷冻干燥后，离子溅射喷金，置于扫描电子显微镜（Hitachi TM3000）下观察，分别取 500 倍、1000 倍、1500 倍和 2000 倍图片保存。

（6）饼干的制作和评估

饼干的制备遵循 AACC 10-50D（2000）标准方法，并稍作调整。饼干配方如表 4-12 所示。先将起酥油、绵白糖、食用盐、小苏打混合，用和面机混合 2min。然后加入葡萄糖水和蒸馏水，再用和面机将其混合 1min，最后加入混合粉混合 2min。和好面团后，用擀面杖把面团擀平，用制定好的厚度为 4.37mm 的模具将面团定型，然后放入烤箱，于 205℃下烘烤 10min。

表 4-12　饼干配方

材料	质量/g
起酥油	64.0
糖	130.0
食用盐	2.1
小苏打	2.5
葡萄糖水（8.9g/150mL）	33.0
蒸馏水	16.0
面粉（14%含水量）+发芽糙米粉（0%～50%）	225.0

（7）饼干的物理性质

根据 AACC 10-50D（2000）标准方法测定饼干的宽度、厚度和膨胀比。饼干的硬度用质构仪的 3 点断裂技术测定，检测探头与底座为 HDP/3PB 检测装置，测前速度为 1.0mm/s，检测速度为 3.0mm/s，测后速度为 10.0mm/s，距离设置 10mm，数据获取速率为 500pps，重复七次（Mamat，2010）。

（8）饼干的感官评定分析

饼干的感官评定在江苏省粮油品质控制及深加工技术重点实验室感官评定室进行。在感官测试中，选择 70 人为品尝成员，男女比例为 1∶1，每十人一小组。根据 9 分制规则打分评估饼干的硬度、口感、色泽、风味、质构和综合评分。1 分表示完全不喜欢，5 分表示既不喜欢也不讨厌，9 分表示非常喜欢。饼干的编号是通过随机选取 3 个数字组合而成，在每次品尝前，小组成员用纯净水漱口。

（9）数据分析

利用 SAS 9.2 数据分析工具对数据进行分析，采用软件自带的 Duncan 多重比较法对数据进行显著性分析和方差分析（$p<0.05$）等。

4.4.3　结果与讨论

（1）发芽糙米粉替代对小麦面团热机械学特性的影响

由表 4-13 可知，发芽糙米粉的添加可以显著（$p<0.05$）地提高面团的吸水率（MWA），并且面团的吸水率随着发芽糙米粉替代比的提高而升高。这主要是由于发芽糙米粉中含有丰富的纤维，纤维的极性基团对水分具有较强的吸附作用，因此吸水率升高（Jia，2011；陈建省，2010）。Sudha 等（2007）研究得出不同谷物的纤维如水稻、小麦、大麦等都可以提高面团的吸水率。其次在发芽过程中产生的淀粉水解产物对面团吸水率的提高也有一定的贡献（Rosales-Juárez, 2008；Sadowska，2003）。吸水率的提高有利于后期加工产品的成型与保鲜。发芽糙米粉的面团形成时间（MDT）从 0%到 10%时呈显著性（$p<0.05$）升高，10%之后突然降低，从 10%

的 1.70min 降到 20%的 0.74min。通常情况下，面粉筋力越强，面团形成时间越长，面团耐揉性越好，面团稳定时间越长，出现这种先升高后降低结果的原因可能是，随着面团吸水率的增加，发芽糙米粉中淀粉与纤维素分解后的小分子糖可能具有一定的凝胶化特性，与面筋蛋白相结合形成一定的网络结构，从而有助于增加面团的形成时间。但是随着替代比的继续增加，面筋蛋白含量的减少占据了主导因素，面团形成时间迅速降低。发芽糙米粉的替代对面团稳定时间（MST）同样有较显著的影响。小麦面团的稳定时间随着发芽糙米粉替代比的增加同样呈先升高后降低的趋势，20%时有最大值 9.69min。与面团形成时间相似，出现面团稳定时间先升高后降低的变化趋势同样与形成的凝胶结构有一定的关系，这种凝胶结构增加了面团的耐揉性，提高了面团的稳定时间。但这种结构在机械力和热应力的双重作用下并不稳定，从表 4-13 中可以看出随着发芽糙米粉替代比的不断增加，最小扭矩 MMT 持续下降，表明了蛋白质的弱化度增加，发芽糙米粉的加入稀释了面粉中的面筋蛋白，破坏了面团的连续性，不易形成稳定的网状结构，加热和机械力对所形成的面团体系的破坏作用比较明显。

表 4-13 发芽糙米不同替代比对热机械流变学特性的影响

Mixolab	0	10%	20%	30%	40%	50%
MWA/%	54.27e	55.13d	56.30d	57.93c	58.55b	59.50a
MDT/min	1.13b	1.70a	0.74c	0.68d	0.63d	0.66d
MST/min	8.80c	9.44b	9.69a	5.63d	4.42e	4.00f
MMT/(N • m)	0.50a	0.45b	0.40c	0.37d	0.30e	0.28f
MPT/(N • m)	2.20a	2.11b	1.96c	1.82d	1.64e	1.52f
MDB/(N • m)	2.15a	1.87b	1.33c	1.15d	0.89e	0.71f
MSB/(N • m)	3.81a	2.82b	1.97c	1.74d	1.30e	1.06f
MTp/℃	86.35a	82.40b	81.90b	80.87c	78.65c	76.77d

MPT、MDB、MSB 和 MTp 能够反映出粉质中淀粉的糊化特性。加热过程中，淀粉糊化从而导致黏度升高，随着发芽糙米粉替代比的升高，淀粉糊化温度（MTp）降低，糊化后的峰值扭矩（MPT）下降，表明了发芽糙米粉替代小麦面粉后，淀粉更容易糊化，其原因可能是，发芽糙米中较高的淀粉分解程度以及添加发芽糙米粉后面团吸水率的明显提高，其次，发芽糙米粉比小麦粉中支链淀粉含量高，而支链淀粉更容易糊化，且强度更低；此外，纤维含量的升高也是导致峰值扭矩下降的原因之一，面粉中添加外源纤维而使淀粉糊化黏度下降的报道已有很多（Goldstein，2010；Symons，2004）。淀粉糊化的谷值扭矩（MDB）反映了淀粉形成胶体后的热稳定性和加热条件下抗淀粉酶分解的能力，随着发芽糙米粉添加量的提高，MDB 迅速降低，表明了在较高温度下淀粉分解程度增加，导致黏度降低。其原因可能与面团吸水率的增加以及

发芽糙米粉中较高的淀粉酶活力相关。淀粉回生的回生扭矩（MSB）同样随着发芽糙米粉替代比的增加而降低，这可能由淀粉分解程度增加而导致老化速度变慢。

（2）发芽糙米粉不同比例替代对粉质糊化黏度的影响

快速黏度仪（RVA）可以反映出混合粉中淀粉糊化的黏度特性，同样可以检测 Mixolab 中 MPT、MDB、MSB、MTp 等指标。所不同的是，RVA 测定时所需要的水分远大于 Mixolab 的加水量，针对的是混合粉的悬浮物测定。从表 4-14 中可以看出，随着发芽糙米粉替代比的增加，粉质的峰值黏度、谷值黏度、崩解值、最终黏度、回生值和峰值时间都显著性降低。其原因可能是，发芽糙米中所含的淀粉组成和含量不同。从 RVA 数据参数与 Mixolab 数据参数比较可以看出，这两种仪器测定的粉质糊化特性变化趋势是一致的。Mixolab 的优点在于它不仅仅可以测定粉质的糊化特性，还可以测定粉质的热机械学特性，为研究粉质的特性提供更有价值的数据。

表 4-14 发芽糙米不同替代比对糊化黏度特性的影响

RVA	0	10%	20%	30%	40%	50%
峰值黏度/RVU	213.19a	182.50b	154.22c	132.19d	121.81e	112.75f
谷值黏度/RVU	108.39a	83.30b	60.58c	44.69d	35.53e	30.33f
崩解值/RVU	104.81a	100.19b	93.64c	87.50d	83.94e	82.42f
最终黏度/RVU	209.78a	172.92b	138.31c	109.61d	94.16e	80.08f
回生值/RVU	101.39a	90.61b	78.05c	64.92d	58.64e	49.75f
峰值时间/min	5.60a	5.73b	5.49c	5.33d	5.23e	5.11f

（3）发芽糙米粉替代对面团动态流变学特性的影响

动态流变学特性的研究对于食品生产与加工具有重要的指导意义，它关系到食品的机械加工特性、加工条件及最终成品的品质（Huang，2010；Sudha，2007）。图 4-12 为发芽糙米粉与小麦粉混合体系储能模量（G'）、损耗模量（G''）及损耗角正切值（$\tan\delta=G''/G'$）随角频率变化关系图。储能模量（G'）也称之为弹性模量，代表能量贮存而可恢复的弹性性质；损耗模量（G''），代表能量消散的黏性性质。损耗角正切值 $\tan\delta$ 为 G''与 G'比值，$\tan\delta$ 越大，表明体系的黏性比例越大，流动性强，反之则弹性比例较大（Ptaszek，2007）。由图 4-12 可见，所测样品的 G'均大于 G''，损耗角正切值（$\tan\delta$）小于 1，G'与 G''随频率增加而上升，表现为一种典型的弱凝胶动态流变学谱图（Ptaszek，2009）。发芽糙米粉的添加使得小麦面团的黏弹特性发生了显著的变化，G'与 G''均随发芽糙米粉替代比的升高而升高［图 4-12（a）］。这可能是由于发芽糙米粉的添加使得面团的吸水率提高，混合粉中的蛋白质和淀粉易于发生交联，形成凝胶结构。水分添加量对面团的流变学特性的测定起着关键性的作用，王凤等（2009）报道了添加不同蛋白质对燕麦面团流变学特性的影响，发现添加大豆蛋白的面团有着最高的 G'和 G''，其主要原因是大豆蛋白的添加使得吸水率大大提高，从而使面团获得更好的黏弹性。值得一提的是，对照组小麦面团在低频率下的 G''小于添加发芽糙米的小麦面团，在高频率下又高于添加发芽糙米粉的小麦面团，表明添加发芽糙米粉后小麦面团在频率扫描的过程中变化速率小于小麦面团的变化速率，造成了一种滞后的现象，其原因可能是发芽糙米在发芽过程中淀粉分解得到大量的小分子的单糖和寡糖，形成一定的凝胶结构，从而降低了面团在频率扫描过程中的变化速率。

从图 4-12（b）可以看出，随着发芽糙米粉的添加，相对于对照，面团 $\tan\delta$ 有明显的降低，表明了混合体系中分子交联的程度有所增加，弹性比例增大。从 $\tan\delta$ 随频率的变化可以看出，所有样品随着频率的升高均呈现先降低后升高的趋势，即混合体系在较低频率范围内随着频率增加具有更高的弹性，在较高频率范围内则随着频率增加黏性比例迅速增加，表明在高频率下混合体系的结构不稳定，易被破坏。

（4）发芽糙米粉替代对小麦面团微观结构的影响

图 4-13 为扫描电镜下不同发芽糙米粉替代比对小麦面团微观结构的影响。可以看出，不添加发芽糙米粉的小麦面团表面平整紧密，含有大量的淀粉球，且较均匀地分布在面团的表面；添加 10%的发芽糙米粉的面团表面开始变得松散，且开始出现小的裂缝，淀粉球分布变得不均匀，可以观察到不规则形状的淀粉颗粒，淀粉颗粒与面团表面的附着性明显降低；随着发芽糙米粉替代量继续增加，面团表面裂纹褶皱明显增多加深，并且可以观察到大量的纤维素暴露在其表面。

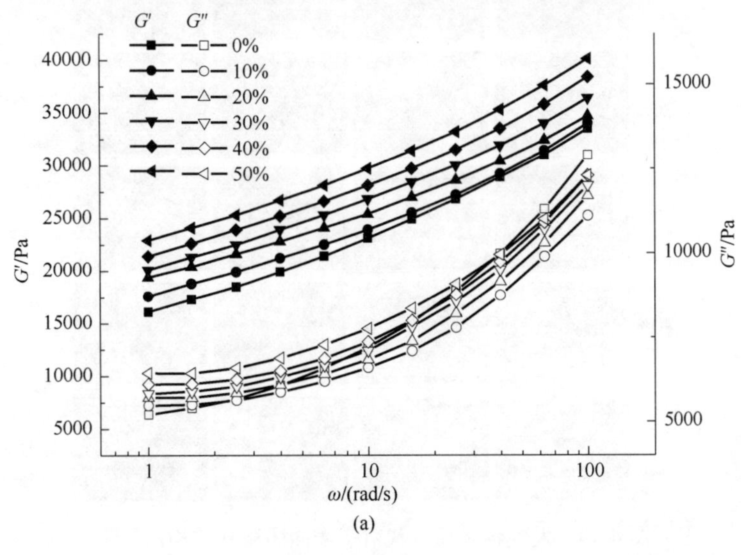

(a)

图 4-12

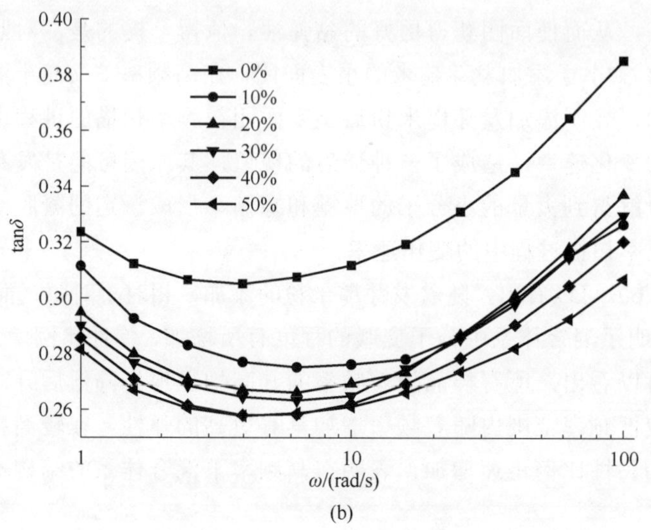

图 4-12　发芽糙米粉不同替代比例对 G'、G''和 $\tan\delta$ 的影响

（a）G'和 G''；（b）$\tan\delta$

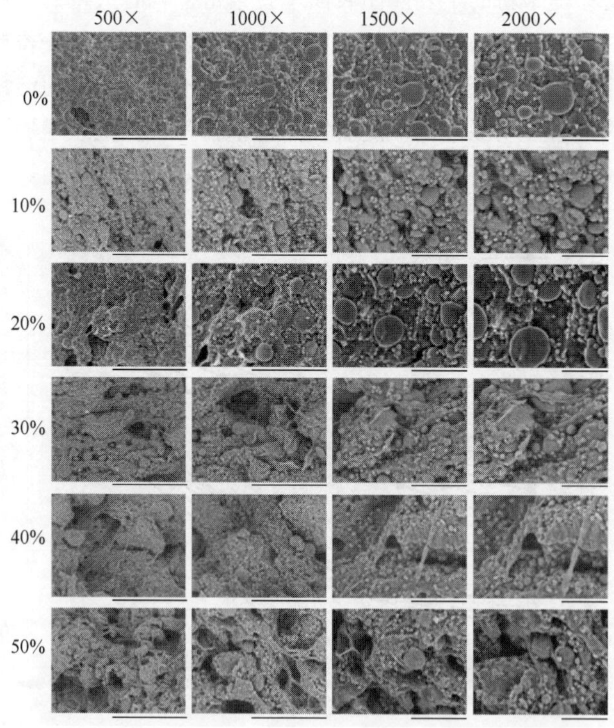

图 4-13　发芽糙米粉替代对小麦面团微观结构的影响

（5）发芽糙米粉替代对饼干物理特性的影响

图 4-14（a）为不同发芽糙米粉替代比对饼干宽度的影响，可以看出，随着发芽糙米粉替代比的增加，宽度呈先增加后降低的趋势，20%时有最大值。饼干膨胀起主要作用的是粉质中面筋蛋白，而发芽糙米粉的替代降低了粉质中面筋蛋白的含量，宽度却依然增加，可能是由发芽糙米粉中的米淀粉和纤维造成的。从 Mixolab 数据可以看出，添加发芽糙米粉后面团吸水率增加，淀粉更容易糊化；20%替代比时面团有最大的稳定时间，20%之后面团稳定时间突然降低，因此面团的稳定时间与饼干的宽度有一定的相关性，面团的稳定性越好，越有利于饼干在烘焙过程中的膨胀；从动态流变特性可以看出，面团的弹性比例增加；从扫描电镜可以看出，面团松散多孔，这些均可以导致面团在加热过程中的膨胀，使得饼干宽度增加。20%替代比后宽度降低可能是由于面筋蛋白含量的降低不足以支撑饼干的继续膨胀。

图 4-14（b）为不同发芽糙米粉替代比对饼干厚度的影响，可以看出，随着发芽糙米粉替代比的增加，饼干的厚度显著降低，其原因主要在于面筋蛋白含量的降低。添加发芽糙米粉后，面团变得松散柔软，面筋网络不足以支撑饼干的向上膨胀，导致烘烤时可能出现坍塌现象，饼干厚度降低。

图 4-14（c）为不同发芽糙米粉替代比对饼干的硬度与膨胀比的影响。可以看出，随着发芽糙米粉替代比的增加，饼干硬度不断降低，而膨胀比呈先增加后降低的趋势，20%时出现最大值。造成饼干硬度降低的因素主要为形成的面筋网络较弱；其次，发芽糙米粉中的米淀粉为不规则的小颗粒，蛋白质网状结构对其束缚力较小，造成面团松散多孔，也可能导致饼干硬度的降低；再者，淀粉的分解也有利于饼干硬度的降低。而膨胀比的变化和宽度、厚度的变化有一定的相关性。

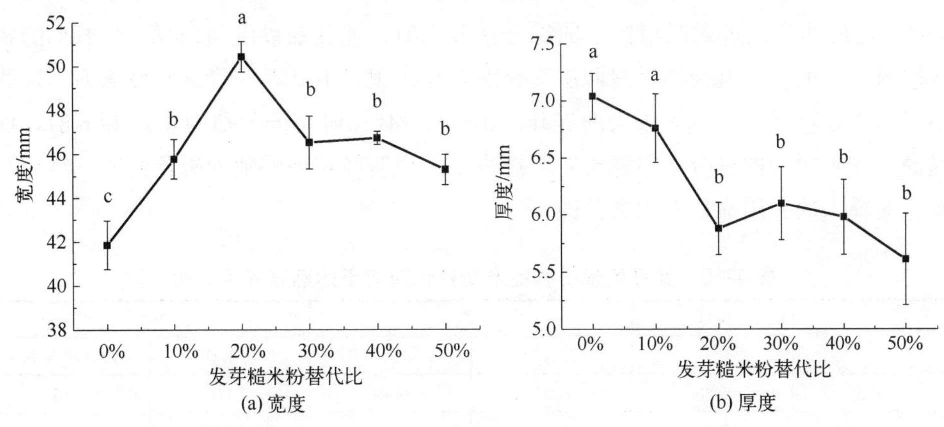

(a) 宽度　　(b) 厚度

图 4-14

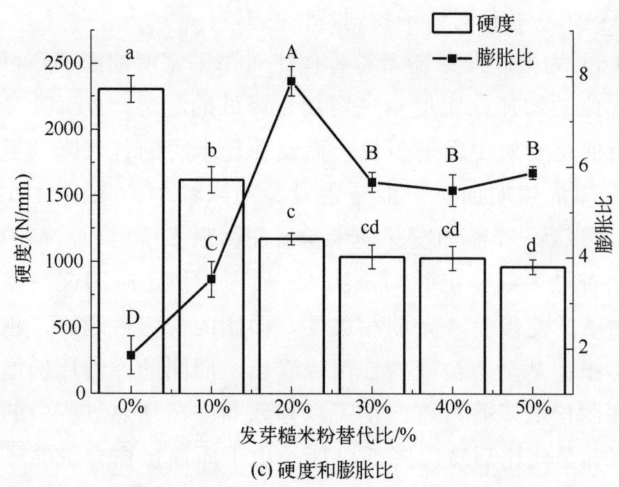

(c) 硬度和膨胀比

图 4-14　发芽糙米粉不同比例替代对饼干宽度、厚度、硬度和膨胀比的影响

（6）发芽糙米粉替代对饼干感官特性的影响

表 4-15 为糙米粉和发芽糙米粉替代对饼干感官特性的影响。可以看出，随着糙米粉替代比的增加，饼干的硬度、口感、质构得分先是略微下降，然后有小幅回升，总体下降程度不大。影响比较大的是饼干的色泽以及风味，均有较大幅度的下降，色泽的评分由 7.15 下降到了 4.99，降幅达 30%，并直接造成了饼干综合评分的快速降低。可见消费者对于糙米直接应用到饼干中依然难以接受，其主要原因可能还是糠皮部分的存在，糙米糠层中高含量的纤维素及其复合物使糙米加工食品的口感依然较差，此外糠的不愉快气味及其较暗的色泽也使糙米加工食品的色泽风味难以被接受。而发芽糙米相比于糙米在饼干的品质上显然有较大的提升。发芽糙米饼干的综合评分随着替代比的增加虽然仍呈下降的趋势，但在 10%替代比时综合评分为 6.96，已经非常接近对照组饼干的综合评分 7.01，尤其在硬度与口感上，10%的替代比时饼干的得分甚至高于对照组，分别为 6.49 和 7.16；从色泽和风味来看，发芽糙米饼干较糙米饼干也有很大的提升，10%的替代比时得分分别为 6.87 和 6.81，均远高于糙米饼干的得分，略低于对照组饼干，说明经超声波辅助酶预处理，然后发芽，对糙米的食用品质有很大的改善。

表 4-15　发芽糙米粉和糙米粉替代对饼干的感官评定分析

感官评定参数	0%	10%		20%	
	面粉	糙米粉	发芽糙米粉	糙米粉	发芽糙米粉
硬度	6.40	6.01	6.49	5.60	6.14
口感	7.00	6.46	7.16	6.43	7.00
色泽	7.15	6.67	6.87	6.38	6.50

续表

感官评定参数	0%	10%		20%	
	面粉	糙米粉	发芽糙米粉	糙米粉	发芽糙米粉
风味	7.09	6.28	6.81	6.04	6.59
质构	6.82	6.55	6.66	6.60	6.42
综合评分	7.01	6.55	6.96	6.24	6.50

感官评定参数	30%		40%		50%	
	糙米粉	发芽糙米粉	糙米粉	发芽糙米粉	糙米粉	发芽糙米粉
硬度	6.12	6.10	5.51	5.78	5.97	5.88
口感	6.63	6.58	6.37	6.78	5.90	6.52
色泽	6.09	6.10	5.64	6.65	4.99	6.38
风味	6.16	6.49	5.78	6.36	5.34	6.16
质构	6.39	6.25	6.10	6.54	5.85	6.49
综合评分	6.16	6.19	5.48	6.55	5.21	5.90

4.4.4 小结

结果发现，随着替代比的增加，面团的吸水率和蛋白质弱化度不断增加，面团的形成时间和稳定时间呈先上升后降低的趋势，分别在10%和20%的替代量时有最大值1.70min和9.69min，而糊化特性如糊化黏度等则呈不断下降的趋势；随着发芽糙米粉替代比的增加，储能模量、损耗模量增加，损耗角正切值降低。扫描电镜显示，随着发芽糙米粉的不断添加，面团逐渐变得粗糙，淀粉颗粒分布不均匀，纤维素显露于表面。饼干宽度和膨胀比随着发芽糙米粉替代比的增加呈先升高后降低的趋势，20%时有最大值；厚度和硬度则不断降低；感官评定结果得出，发芽糙米饼干硬度、口感、色泽、风味、质构总体优于糙米饼干，其中10%的替代比时，在硬度和口感方面甚至优于小麦面粉。

4.5 结论

低频率的超声波可以加快酶的分解反应，超声波辅助酶处理糙米提高了糙米的糊化黏度和吸水率，改善了糙米的蒸煮质构特性。

超声波辅助酶预处理糙米，然后发芽，预处理温度和时间对糙米发芽率和GABA含量均有显著的影响，而酶浓度对糙米发芽率和GABA的影响不显著，但可以通过与温度、处理时间的交互作用来影响发芽糙米GABA的含量。从发芽糙米的理化特性来看，超声波辅助酶预处理有利于GABA的富集，但不利于总酚的积累。超声波辅助酶预处理可以有效地提高内源淀粉酶的活力，相应地降低发芽糙米粉的糊化黏度，以及发芽糙米蒸煮后的硬度。

超声波辅助酶预处理后的发芽糙米用于制作饼干，在饼干的品质上相比于糙米有较大的提升，10%的替代比时在硬度和口感方面甚至优于全面粉饼干。

参考文献

白青云, 曾波, 顾振新, 2010. 低氧通气对发芽粟谷中 γ-氨基丁酸含量的影响[J]. 食品科学, 9(31):49-53.

陈红霞, 2006. 植酸的生物学特性与应用[J]. 生物学通报, 41(2):14-16.

陈建省, 崔金龙, 邓志英, 等, 2011. 麦麸添加量和粒度对面团揉混特性的影响[J]. 中国农业科学, 44(14):2990-2998.

陈建省, 田纪春, 谢全刚, 等, 2010. 麦麸添加量和粒度对小麦淀粉糊化特性的影响[J]. 中国粮油学报, 25(11): 18-24.

陈培基, 李刘冬, 杨贤庆, 等, 2004. 海带膳食纤维的功能活化及其通便作用[J]. 中国海洋药物, 23(2):5-8.

程永强, 明媚, 石波, 2003. 一种新型功能性食品—发芽糙米[J]. 食品工业科技, 24(3): 84-85.

崔璐, 岳田利, 潘忠礼, 等, 2010. 超声波处理对糙米吸水特性的影响[J]. 农业机械学报, 12(41):148-152.

甘淑珍, 付一帆, 赵思明, 2009. 小麦淀粉糊化的影响因素及黏度稳定性研究[J]. 中国粮油学报, 24(2): 36-39.

高大维, 于淑娟, 闵亚光, 1997. 超声波对纤维素酶活力的影响[J]. 华南理工大学学报：自然科学版, 25(11):22-25.

郭晓娜, 朱永义, 朱科学, 2003. 生物体内 γ-氨基丁酸的研究[J]. 氨基酸和生物资源, 25(2): 70-72.

郭元新, 杨润强, 陈惠, 等, 2012. 盐胁迫富集发芽大豆 γ-氨基丁酸的工艺优化[J]. 食品科学, 33(10): 1-5.

GB 5009.3—2016. 食品安全国家标准 食品中水分的测定[S].

何唯平, 杨东岳, 王鸿翔, 1998. 水溶性膳食纤维钙铁吸收促进剂[J]. 中国乳品工业, 26(1):38-39.

江湖, 付金衡, 苏虎, 等, 2009. 富钙发芽糙米的生产工艺研究[J]. 食品科学, 30(16): 83-85.

金增辉, 2006. 食用糙米的活性及其质量特性[J]. 粮食加工, 31(04):35-39.

李翠娟, 曹晓虹, 温焕斌, 等, 2009. 糙米发芽过程中主要生理变化对蛋白质组成的影响[J]. 食品与发酵工业, 35(7): 54-58.

刘志伟, 林蓓蓓, 蓝小花, 2011. 外源酶改善糙米食味品质的研究[J]. 食品科技, 36(5):156-159.

鹿保鑫, 杨春华, 李志江, 2010. 发酵糙米粉对小麦粉品质, 流变学及面包的影响研究[J]. 中国粮油学报,9(25): 10-12.

毛志方, 吴惠岭, 李强, 等, 2007. γ-氨基丁酸茶降血压作用动物试验研究[J]. 中国茶叶加工, (2):14-16.

欧仕益, 2002. 阿魏酸的功能和应用[J]. 广州食品工业科技, 18(4): 50-53.

欧仕益, 高孔荣, 1998. 麦麸膳食纤维清除重金属离子的研究[J]. 食品科学, 19(5): 7-10.

欧仕益, 高孔荣, 黄惠华, 1997a. 麦麸膳食纤维抗氧化和 • OH 自由基清除活性的研究[J]. 食品工业科技, 5: 23-27.

欧仕益, 高孔荣, 黄惠华, 1997b. 麦麸水不溶性膳食纤维对 NO_2^-清除作用的研究[J]. 食品科学, 18(3):6-9.

钱爱萍, 颜孙安, 林香信, 2010. 提取植物产品中 γ-氨基丁酸的方法研究[J]. 中国卫生检验杂志, 20(7), 1639-1641.

单珊, 周惠明, 朱科学, 2011. 紫薯-小麦混合粉的性质及在面条上的应用[J]. 食品工业科技, 32(9): 94-101.

宋瑗宏, 高溪, 李冬冬, 等, 2002. 偏侧帕金森病大鼠基底神经节亚区 GABA 能神经元的免疫组织化学研究[J]. 神经解剖学杂志, 18(3): 232-234.

孙向东, 2005. 发芽糙米研究最新进展[J]. 中国稻米, (3): 5-8.

王德贵, 张福康, 张维胜, 2002. 慢波睡眠相关化学物质[J]. 兰州医学院学报, 28(1):68-69.

王凤, 黄卫宁, 刘若诗, 2009. 采用 Mixolab 和 Rheometer 研究含外源蛋白燕麦面团的热机械学和动态流变学特性[J]. 食品科学, 30(13):147-152.

王亚伟, 李春亚, 田学森, 2002. 膳食纤维和低聚糖对糖尿病人血糖血脂的影响[J]. 郑州工程学院学报, 23(1):85-88.

王玉萍, 韩永斌, 顾振新, 2006. 谷氨酸钠和抗坏血酸对发芽糙米中GABA富积效果的影响[J]. 南京农业大学学报, 29(2):94-97.

王振林, 周明琪, 1995. 两种膳食纤维对大鼠血脂和血清钙, 铁, 锌水平的影响[J]. 西安医科大学学报, 16(2):124-127.

文赤夫, 董爱文, 李国章, 等, 2005. 蒽酮比色法测定紫花地丁中总糖及还原糖含量[J]. 现代食品科技, 21(3): 122-123.

吴素萍, 2009. 谷维素的生理功能及提取方法的研究现状[J]. 食品工业科技, 30(8): 365-368.

徐理纳, 徐德成, 张白嘉, 1984. 阿魏酸钠抗血小板聚集作用机理研究——对 TXA_2/PGI_2 平衡的影响[J]. 中国医学科学院学报, 6(6):414-417.

杨东仁, 杨琦, 张喜忠, 1996. 燕麦纤维和燕麦麸降脂作用的比较[J]. 中国公共卫生学报, 15(2):76-79.

杨工, 高玉堂, 1994. 不同来源膳食纤维, 钙与结直肠癌关系的研究[J]. 中华预防医学杂志, 28(4):195-198.

杨慧萍, 李常钰, 王超超, 2012. 发芽糙米淀粉理化特性研究[J]. 中国粮油学报, 27(4):38-43.

杨琦, 张喜忠, 1997. 复合纤维素降脂效果观察及机理探讨[J]. 中国公共卫生学报, 16(1): 49-51.

姚人勇, 刘英, 2009. 响应面分析法优化糙米纤维酶解工艺[J]. 食品科技, (11):147-151.

曾丹, 李远志, 陈友清, 等, 2011. 酶解工艺对改善发芽糙米口感的影响[J]. 食品与机械, 27(6):71-74.

张彩丽, 贺学礼, 2005. 天然生育酚的结构, 生物合成和功能[J]. 生物学杂志, 22(4):38-40.

张晨, 温欢, 刘志伟, 2009. 外源酶制剂对糙米蒸煮特性的影响[J]. 食品科学, 30(23):356-360.

张华永, 崔丽娜, 董树亭, 2011. 热胁迫诱导玉米幼苗γ-氨基丁酸积累的生理作用[J]. 山东农业科学, (7):35-37.

张强, 贾富国, 杨瑞雪, 2012. 纤维素酶预处理糙米发芽工艺优化[J]. 中国粮油学报, 27(10): 92-97.

张瑞宇, 2006. 超声波处理对糙米发芽生理影响的研究[J]. 食品与机械, 22(1):56-58.

张守文, 2003.糙米的营养保健功能[J]. 粮食与饲料工业, (12):38-41.

赵玉生, 于然, 2007. 植酸的食品保鲜机理及应用[J]. 中国调味品, (3):56-58.

郑艺梅, 黄河, 华平, 2008. 超声波处理对发芽糙米主要成分变化的影响[J]. 食品科学, 29(11): 337-339.

郑艺梅, 李群, 华平, 2006. 发芽糙米蛋白质营养价值评价[J]. 食品科学, 27(10):549-551.

周剑敏, 扈战强, 汤晓智, 2012. 米糠的稳定化及功能性成分研究进展[J]. 农产品加工, (12):89-93.

AACC Method 10-50D, 2000. Baking Quality of Cookies Flour[S]. American, American Association of Cereal Chemist.

AACC Method 76-21, 2000. General Pasting Method for Wheat or Rye Flour or Starch Using the Rapid Visco Analyser[S]. American, American Association of Cereal Chemist.

AACC Method56-81B, 2000. Determination of Falling Number[S]. American, American Association of Cereal Chemist.

Ajila C M, Leelavathi K, Rao U P, 2008. Improvement of dietary fiber content and antioxidant properties in soft dough biscuits with the incorporation of mango peel powder[J]. Journal of Cereal Science, 48(2): 319-326.

Balestra F, Cocci E, Pinnavaia G, Romani S, 2011. Evaluation of antioxidant, rheological and sensorial properties of wheat flour dough and bread containing ginger powder[J]. LWT-Food Science and Technology, 44(3): 700-705.

Barnes W C, Blakeney A B, 1974. Determination of Cereal Alpha Amylase Using a Commercially Available Dye-labelled Substrate[J]. Starch-Stärke, 26(6), 193-197.

Bartob S Bullock C, Deborah W, 1996. The effects of ultrasound on the activities of some glycosidase enzymes of industrial importance[J]. Enzyme and Microbial Technology, 18(3): 190-194.

Bautista G M, Lugay J C, Lourades J, et al., 1964. Glutamic acid decarboxylase activity as viability of artificially dried and stored rice[J]. Cereal Chemistry, 41(1):188-191.

Bourne L C, Rice-Evans C, 1998. Bioavailability of ferulic acid[J]. Biochemical and Biophysical Research Communications, 253(2):222-227.

Chen H H, Chen Y K, Chang H C, 2012. Evaluation of physicochemical properties of plasma treated brown rice[J]. Food Chemistry, 135(1):74-79.

Cho J Y, Lee H J, Kim G A, et al., 2012. Quantitative analyses of individualγ-oryzanol (steryl ferulates) in conventional and organic brown rice (Oryza sativa L.). Journal of Cereal Science, 55(3): 337-343.

Chung H J, Jang S H, Cho H Y, et al., 2009. Effects of steeping and anaerobic treatment on GABA (γ-aminobutyric acid) content in germinated waxy hull-less barley[J]. LWT-Food Science and Technology, 42(10):1712-1716.

d'Appolonia B, MacArthur L, Pisesookbunterng W, et al., 1982. Comparison of the grain amylase analyzer with the amylograph and falling number methods[J]. Cereal Chemistry, 59(4):254-257.

Das M, Banerjee R, Bal S, 2008a. Evaluation of physicochemical properties of enzyme treated brown rice (Part B)[J]. LWT-Food Science and Technology, 41(10):2092-2096.

Das M, Gupta S, Kapoor V, et al. 2008b Enzymatic polishing of rice–A new processing technology[J]. LWT-Food Science and Technology, 41(10):2079-2084.

DeFeudis F, 1983. γ-Aminobutyric acid and cardiovascular function[J]. Experientia, 39(8): 845-849.

El-Arini S K, Clas S D, 2002. Evaluation of disintegration testing of different fast dissolving tablets using the texture analyzer[J]. Pharmaceutical Development and Technology, 7(3):361-371.

Frankel E N, Waterhouse A L, Teissedre P L, 1995. Principal phenolic phytochemicals in selected California wines and their antioxidant activity in inhibiting oxidation of human low-density lipoproteins[J]. Journal of Agricultural and Food chemistry, 43(4): 890-894.

Goldstein A, Ashrafi L, Seetharaman K, 2010a. Effects of cellulosic fibre on physical and rheological properties of starch, gluten and wheat flour[J]. International Journal of Food Science & Technology, 45(8):1641-1646.

Goussous S, Samarah N, Alqudah A, et al. 2010b. Enhancing seed germination of four crop species using an ultrasonic technique[J]. Experimental Agriculture, 46(02):231-242.

Gujral H S, Rosell C M, 2004a. Improvement of the bread-making quality of rice flour by glucose oxidase[J]. Food Research International, 37(1): 75-81.

Gujral H S, Rosell C M, 2004b. Functionality of rice flour modified with a microbial transglutaminase[J]. Journal of Cereal Science, 39(2): 225-230.

Hirsch J A, Gibson G E, 1984. Selective alteration of neurotransmitter release by low oxygen in vitro[J]. Neurochemical Research, 9(8):1039-1049.

Hsu C L, Hurang S L, Chen W L, et al., 2004. Qualities and antioxidant properties of bread as affected by the incorporation of yam flour in the formulation. International Journal of Food Science and Technology, 39(2): 231-238.

Huang W, Li L, Wang F, et al. 2010. Effects of transglutaminase on the rheological and Mixolab thermomec- hanical characteristics of oat dough[J]. Food Chemistry, 121(4):934-939.

Inoue K, Shirai T, Ochiai H, et al. 2003. Blood-pressure-lowering effect of a novel fermented milk containing γ- aminobutyric acid (GABA) in mild hypertensives[J]. European Journal of Clinical Nutrition, 57(3):490-495.

Itani T, Tamaki M, Arai E, et al., 2002. Distribution of amylose, nitrogen, and minerals in rice kernels with various characters. Journal of Agricultural and Food Chemistry, 50(19): 5326-5332.

Jia C, Huang W, Abdel-Samie M A S, et al., 2011. Dough rheological, Mixolab mixing, and nutritional characteristics of almond cookies with and without xylanase[J]. Journal of Food Engineering, 105(2):227-232.

Kainuma K, 2004. Rice-its potential to prevent global hunger. In Proceedings of the 3rd session of the workshop on suitable use of agricultural resources and environment management with focus on the role of rice farming[C]. Japan Food and Agriculture Organization Association, 41-46.

Kanauchi O, Araki Y, Andoh A, et al., 2000. Effect of germinated barley foodstuff administration on mineral utilization in rodents[J]. Journal of gastroenterology, 35(3):188-194.

Kayahara H, 2001. Functional components of pre-germinated brown rice, and their health promotion and disease prevention and improvement[J]. Weekly Agric Forest, 1791:4-6.

Kim H J, Feng H, Kushad M M, et al., 2006. Effects of ultrasound, irradiation, and acidic electrolyzed water on germination of alfalfa and broccoli seeds and Escherichia coli O157: H7[J]. Journal of Food Science, 71(6):168-173.

Knight M R, Campbell A K, Smith S M, et al., 1991. Transgenic plant aequorin reports the effects of touch and cold-shock and elicitors on cytoplasmic calcium[J]. Nature, 352:524-526.

Komatsuzaki N, Tsukahara K, Toyoshima H, 2007. Effect of soaking and gaseous treatment on GABA content in germinated brown rice[J]. Journal of Food Engineering, 78(2):556–560.

Lerma-García M J, Herrero-Martínez J M, Simó-Alfonso E F, et al., 2009. Composition, industrial processing and applications of rice branγ-oryzanol[J]. Food Chemistry, 115(2): 389-404.

Leventhal A G, Wang Y, Pu M, et al., 2003. GABA and its agonists improved visual cortical function in senescent monkeys[J]. Science, 300(5620):812-815.

Mamat H, Abu Hardan M O, Hill S E, 2010. Physicochemical properties of commercial semi-sweet biscuit[J]. Food Chemistry, 121(4):1029-1038.

Marshall W E, 1992. Effect of degree of milling of brown rice and particle size of milled rice on starch gelatinization[J]. Cereal Chemistry, 69(6):632-636.

Mayer R R, Cherry J H, Rhodes D, 1990. Effects of heat shock on amino acid metabolism of cowpea cells[J]. Plant Physiology, 94(2):796-810.

Mironeasa S, Codina G G, Mironeasa C, 2012. The effects of wheat flour substition with grape seed flour on the rheological parameters of the dough assessed by Mixolab[J]. Journal of Texture Studies, 43(1): 40-48.

Moreira R, Chenlo F, Torres M,et al., 2010. Influence of the particle size on the rheological behaviour of chestnut flour doughs[J]. Journal of Food Engineering, 100(2):270-277.

Muramatsu Y, Tagawa A, Sakaguchi E,et al., 2006. Water absorption characteristics and volume changes of milling and brown rice during soaking[J]. Cereal Chemistry, 83(6):624-631.

Naing K M, Pe H, 1995. Amylase activity of some roots and sprouted cereals and beans[J]. Food and Nutrition Bulletin, (16):1-4.

Nakagawa K, Onota A, 1996. Accumulation of γ-aminobutyric acid (GABA) in the rice germ[J]. Food Processing, 31: 43-46.

Nishita K D, Roberts R L, Bean M M, et al., 1976. Development of a yeast-leavened rice-bread formula[J]. Cereal Chemistry, 53(5):626-635.

Ohtsubo K, Suzuki K, Yasui Y, et al., 2005. Bio-functional components in the processed pregerminated brown rice by a twin-screw extruder[J]. Journal of Food Composition and Analysls, 18 (4):303-316.

Omori M, Yano T, Okamoto J, et al., 1987. Effect of anaerobically treated tea (Gabaron tea) on blood pressure of spontaneously hypertensive rats[J]. Journal of the Agricultural Chemical Society of Japan, 61(11): 1449-1451.

Ou S, Kwok K C, 2004. Ferulic acid: pharmaceutical functions, preparation and applications in foods[J]. Journal of the Science of Food and Agriculture, 84(11):1261-1269.

Ptaszek A, Berski W, Ptaszek P, et al., 2009. Viscoelastic properties of waxy maize starch and selected non-starch hydrocolloids gels[J]. Carbohydrate Polymers, 76(4):567-577.

Ptaszek P, Grzesik M, 2007. Viscoelastic properties of maize starch and guar gum gels[J]. Journal of Food Engineering, 82(2):227-237.

Raggi V, 1994. Changes in free amino acids and osmotic adjustment in leaves of water-stressed bean[J]. Physiologia

Pantarum, 91(3):427-434.

Renzetti S, Dal Bello F, Arendt E K, 2008. Microstructure, fundamental rheology and baking characteristics of batters and breads from different gluten-free flours treated with a microbial transglutaminase[J]. Journal of Cereal Science, 48(1): 33-45.

Rosales-Juárez M, González-Mendoza B, López-Guel E C, et al., 2008. Changes on dough rheological characteristics and bread quality as a result of the addition of germinated and non-germinated soybean flour[J]. Food and Bioprocess Technology, 1(2): 152-160.

Rotholtz N, Efron J, Weiss E, et al., 2002. Anal manometric predictors of significant rectocele in constipated patients[J]. Techniques in Coloproctology, 6(2):73-77.

Sadowska J, Błaszczak W, Fornal J, et al., 2003. Changes of wheat dough and bread quality and structure as a result of germinated pea flour addition[J]. European Food Research and Technology, 216(1): 46-50.

Saikusa T, Horino T, Mori Y, 1994. Distribution of free amino acids in the rice kerneland kernel fractions and the effect ofwater soaking on the distribution[J].Journal of Agricultural and Food Chemistry, 42(5):1122-1125.

Saman P, Vázquez J A, Pandiella S S, 2008. Controlled germination to enhance the functional properties of rice[J]. Process Biochemistry, 43(12):1377-1382.

Shelp B J, Bown A W, McLean M D, 1997. The Metabolism and Functions of [gamma]-Aminobut-yric Acid[J]. Plant Physiology, 115(1):1-5.

Sivaramakrishnan H P, Senge B, Chattopadhyay P K, 2004. Rheological properties of rice dough for making rice bread. Journal of Food Engineering, 62(1): 37-45.

Spoerri P, Srivastava N, Vernadakis A, 1995. Ethanol neurotoxicity on neuroblast-enriched cultures from three-day-old chick embryo is attenuated by the neuronotrophic action of GABA[J]. International Journal of Developmental Neuroscience, 13(6):539-544.

Sudha M L, Vetrimani R, Leelavathi K, 2007. Influence of fibre from different cereals on the rheological characteristics of wheat flour dough and on biscuit quality[J]. Food Chemistry, 100(4):1365-1370.

Suzuki K, Maekawa T, 1999. Microorganisms control during processing of germinated brown rice[J]. The Society of Agricultural Structures, (30):137-144.

Symons L, Brennan C, 2004. The Effect of Barley β-Glucan Fiber Fractions on Starch Gelatinization and Pasting Characteristics[J]. Journal of Food Science, 69(4):257-261.

Tabaraki R, Nateghi A, 2011. Optimization of ultrasonic-assisted extraction of natural antioxidants from rice bran using response surface methodology[J]. Ultrasonics Sonochemistry, 18 (6):1279-1286.

Thomson C A, Rock C L, Giuliano A R, et al., 2005. Longitudinal changes in body weight and body composition among women previously treated for breast cancer consuming a high-vegetable, fruit and fiber, low-fat diet[J]. European Journal of Nutrition, 44(1):18-25.

Trachoo N, Boudreaux C, Moongngarm A, et al., 2006. Effect of germinated rough rice media on growth of selected probiotic bactaria[J]. Pakistan Journal of Biological Science, 9 (14):2657-2661.

Venkatesan N, Devaraj S N, Devaraj H, 2003. Increased binding of LDL and VLDL to apo B, E receptors of hepatic plasma membrane of rats treated with Fibernat[J]. European journal of nutrition, 42(5):262-271.

Vilkhu K, Mawson R, Simons L, et al., 2008. Applications and opportunities for ultrasound assisted extraction in the food industry—A review[J]. Innovative Food Science & Emerging Technologies, 9(2):161-169.

Wallace W, Secor J, Schrader L E, 1984. Rapid accumulation of γ-aminobutyric acid and alanine in soybean leaves in response to an abrupt transfer to lower temperature, darkness, or mechanical manipulation[J]. Plant Physiology, 75(1):170-175.

Wang R, Zhou W, Isabelle M, 2007. Comparison study of the effect of green tea extract (GTE) on the quality of bread by instrumental analysis and sensory evaluation[J]. Food Research International, 40(4): 470-479.

Watanabe M, Maeda T, Tsukahara K, et al., 2004. Application of pregerminated brown rice for breadmaking[J]. Cereal Chemistry, 81(4):450-455.

Wayne E, 1992. Effact of degree of milling of brown rice and particle and particle size of milling rice on starch gelatinization[J].Cereal Chemistry, 69(6):632-663.

Xing S G, Jun Y B, Hau Z W, et al., 2007. Higher accumulation of γ-aminobutyric acid induced by salt stress through stimulating the activity of diamine oxidases in Glycine max (L.) Merr. roots[J]. Plant Physiology and Biochemistry, 45(8):560-566.

Yaldagard M, Mortazavi S A, Tabatabaie F, 2008. Influence of ultrasonic stimulation on the germination of barley seed and its alpha-amylase activity[J]. African Journal of Biotechnology, 7(14):2465-2471.

Yambe Y, Takeno K, 1991. Improvement of rose achene germination by treatment with macerating enzymes[J]. Hortscience, 27(9):1018-1020.

Yang F, Basu T K, Ooraikul B, 2001. Studies on germination conditions and antioxidant contents of wheat grain[J]. International journal of food sciences and nutrition, 52(4): 319-330.

Zhang Z, Feng H, Niu Y, et al., 2005. Starch recovery from degermed corn flour and hominy feed using power ultrasound[J]. Cereal Chemistry, 82(4):447-449.

第五章 荞麦食品加工利用实例（一）——不同植源产地荞麦粉理化特性及碗托的消化品质改良

5.1 概述

5.1.1 荞麦概述

荞麦（*Fagopyrum* spp.）为蓼科荞麦属作物，包括甜荞（*Fagopyrum esculentum*）和苦荞（*Fagopyrum tataricum*），其生长周期短，能够在土壤和气候条件恶劣的边缘地带以及高海拔地区生长，具有很强的生态适应性及栽培适宜性。

（1）荞麦的营养价值

甜荞与苦荞的营养价值较高，其中蛋白质、维生素和矿物质元素等营养素优于大多数常见农作物（梁啸天等，2020），同时含有许多禾本科粮食作物不具有的黄酮类生物活性成分（Yiming 等，2015）。与普通谷物和其他假谷物相似的，淀粉是荞麦中含量最高的组分，是影响荞麦产品加工品质的主要因素。荞麦的氨基酸组成均衡，其中，谷物第一限制氨基酸——赖氨酸的含量较高（Qin 等，2010），可以改善以谷物为主食人群赖氨酸缺乏的状况（Wijngaard 和 Arendt，2006）。荞麦中脂质含量低，但含有包括棕榈酸、亚油酸、油酸、硬脂酸、二十碳烯酸和花生四烯酸（Yiming 等，2015）在内的多种有益于人体健康的不饱和脂肪酸。

此外，荞麦中还含有多种维生素，包括维生素 B 族（维生素 B_1、维生素 B_2 和维生素 B_6）、维生素 C 和维生素 E（Zhou 等，2015），以及多种矿物质元素，如 Cu、Zn、Fe、K、Mg 等（Huang 等，2014；Paula 等，2013），这些营养组分以及类黄酮、植物甾醇、吡喃和其他酚类物质（Qin 等，2010；Wijngaard 和 Arendt，2006）等，使得荞麦具有抗氧化、抗炎、抗高血压、降血糖、降胆固醇（Huang 等，2020）等多种保健功效。

根据相关报道可知，荞麦种子中不同部分的组分含量存在差异，如：荞麦外壳中含有大量纤维，麸皮中蛋白质含量较高，但同时有较高含量的植酸，会降低蛋白质的消化吸收率，而去除外壳与麸皮后的荞麦粉中淀粉含量较高（Sinkovic 等，2021）。根据荞麦种子中不同部位的组分特点，可以有选择地指导荞麦籽粒的应用。

除种子自身不同部位的组分存在差异外，受到基因型与种植环境因素的影响，植源与产地不同的荞麦的基本组分及其他营养物质在含量上同样存在差异。根据相关研究，不同植源荞麦（甜荞与苦荞）的基本组分存在差异但差异较小，多酚、黄酮的差异较大（王世霞等，2015；Qin 等，2010）。另外，郭慧敏（2017）对我国不同产地荞麦基本组分以及氨基酸组成进行测定，发现产地对荞麦基本组分影响显著，不同产地荞麦淀粉、蛋白质等组分含量不同，同时，张继斌等（2018）对我国四川、云南、贵州、陕西的苦荞黄酮组分进行了测定，结果表明不同产地的苦荞黄酮组成存在较大的差异，其中云南的苦荞芦丁含量最高。

组分的差异会影响荞麦的理化特性（李华和朱宣宣，2021）及消化性（Yang 等，2019），进而影响荞麦的加工性能，因此，对不同植源、产地荞麦的组分测定对荞麦的加工利用非常重要。

（2）荞麦在我国的种植与分布情况

联合国粮食和农业组织（FAO）的统计数据显示，世界荞麦产量自 2011 年以来逐年增加，其中，中国是荞麦主要生产国之一，其产量仅次于俄罗斯，位于世界第二，年产量高达 75×10^4～150×10^4t。

荞麦在我国种植区域分布较广，甜荞主要种植在海拔 600～1300m 左右的地区，苦荞主要分布于海拔 1200～3000m 的区域。内蒙古、陕西、山西、甘肃、宁夏、云南是甜荞的主要产区。其中最大的三个地区是：内蒙古东部、内蒙古后山地区、陕甘宁交界区域。甜荞的平均产量为 200～700kg/hm^2，最高产量为 2000kg/hm^2。苦荞主要种植在云南、四川、贵州、湖南、湖北、江西、陕西、山西和甘肃，主要产区位于中国西南，包括云南、四川，苦荞的平均产量较甜荞高，为 900～2250kg/hm^2，最高产量为 2900kg/hm^2（Tang 等，2016）。

不同种植地区的日照时间、降雨量、土壤环境等因素存在差异，这会影响荞麦的生长（桑满杰等，2015）及其基因型表达（文平，2006），导致不同植源和产地荞麦的组分以及理化特性存在差异（张继斌等，2018；王世霞等，2015；周小理等，2008）。

（3）荞麦制品研究现状

在世界范围内，荞麦作为食品原料历史悠久，且品种多样。在中国，以荞麦为原料的传统面制品（如荞麦碗托、荞麦饸饹、荞麦馒头、荞麦锅巴等）历史底蕴深厚（张莉和李志西，2009）。在日本，荞麦是传统饮食的重要组成部分，荞麦冲绳面条和荞麦烤谷粒一直很受欢迎（Ikeda，2002）。在美国，荞麦饼曾经作为早餐食品盛行一时。此外，荞麦麦片、荞麦粉做成的饭菜和汤在波兰、俄罗斯等国家被消费者广泛食用。近年来，随着人们对营养健康的重视，荞麦制品在国际上的关注度越来越高，市场上荞麦制品也日益增多，荞麦早餐制品（荞麦片、荞麦羹、代餐粉等）、荞麦饮品（苦荞麦茶、荞麦醋、荞麦啤酒（Giménez-Bastida 等，2015）、荞麦零食（荞麦膨化食品、荞麦饼干等）以及荞麦主食（荞麦面包、荞麦意大利面、荞麦方便面等）等荞麦制品逐渐进入大众视野。

荞麦具有较高的营养价值和生物活性功能，因此关于荞麦产品功能性的研究日渐增多。Xiao 等（2021）对苦荞馒头的研究中发现，苦荞粉的添加能够增强馒头的抗氧化活性并提高其对 α-葡萄糖苷酶抑制活性。另外，Brites 等（2022）发现荞麦粉添加能够提高面包的矿物质以及膳食纤维含量，丰富产品的营养，并且能够降低淀粉水解率和血糖指数，降低 2 型糖尿病患病风险。Sun 等（2019）对甜荞挤出面条的营养及消化性进行了研究，对比其不同的挤压参数下面条的总多酚、总黄酮含量及消化特性变化，得出在合适的挤压参数下，荞麦面条拥有较高的营养保留率及较好的抗消化性能，综上可知，荞麦作为食品原料能够增强食品的营养价值及抗氧化等生物活性功能，并改善食品的消化性能。

除对荞麦产品的功能性方面的研究外，有关荞麦主食产品品质的研究也受到很多学者的关注，Gao 等（2021）在对荞麦面条的研究中发现，利用挤压改性技术能够增强面团的稳定性和黏弹性及其结构的连续性，进而改善面条的蒸煮和质构品质，为荞麦面制品的发展提供理论支撑。Coronel 等（2021）通过向荞麦中添加奇亚籽粉和黄原胶，降低了面包的质量损失与硬度，并使其具有较高的膨胀指数，提高了面包品质。除对荞麦面制品的研究外，Rachman 等（2020）对荞麦凝胶制品的质构品质、抗氧化性能及消化性进行研究，为荞麦凝胶制品的加工利用提供理论基础。

荞麦碗托作为一种荞麦凝胶食品，为陕西、山西地区的特产食品，其制备工艺主要包括原料搅拌成糊、碗装、蒸制及冷却等过程（张帆，2018），食用时佐以盐、食醋、辣椒等调味品，深受当地消费者喜爱（贾雅轩，2013）。彭登峰等（2014d）在单因素分析的基础上，利用响应面法，对荞面碗托的生产工艺进行优化，得出在适宜的荞麦与小麦比例、加水量、盐含量以及蒸煮时间下，可以获得感官评分较高的碗托。彭登峰等（2014b）还评估了不同解冻方式对冷冻保存的碗托的品质影响，为碗托的市场流通方式提供了参考。但上述研究中均以荞麦和小麦混合粉为原料，全荞麦碗托的研究未见报道。

彭登峰等（2014c）研究超高压技术对碗托品质的影响，结果表明，处理后的碗托货架期延长的同时，也使得其硬度增加，影响感官品质。碗托品质与淀粉老化有关，在冷却成型过程中，因蒸煮而糊化的淀粉分子发生重排，形成三维网状结构，包裹水及小分子物质形成凝胶（黄峻榕等，2017）。同时，随着储存时间的延长，凝胶的稳定性逐渐降低，使得凝胶食品品质下降（肖仕芸，2020）。因此适当抑制碗托老化，提升其凝胶稳定性对于其品质提升十分重要。此外，碗托中较高含量的淀粉可能引起餐后血糖的快速升高，增加胰腺负担，如何针对性地改良碗托产品的消化品质也是杂粮加工领域的热点问题。但根据调研，目前针对碗托在冷却及储存过程中老化引起的品质劣变以及高淀粉含量对餐后血糖快速升高的研究较少。

5.1.2　酚类化合物在淀粉基食品中的应用

酚类化合物广泛存在于高等植物中，是一类由一个或多个羟基直接连接在苯环上构成的简单或复杂的化合物，并根据苯环上所连接的羟基数量和其他基团的种类可分为酚酸、类黄酮、单宁等（Singh 等，2017）。

植物多酚具有清除自由基、分解氧化产物、螯合金属离子等潜在能力，因此可以将其用作食品中的功能成分，提高食品的抗氧化能力，延长食品的保质期。在食品加工过程中，植物多酚的多元结构还可以与淀粉、非淀粉多糖、蛋白质以及其他成分相互作用，改变食品成分的物理化学性质，影响食品的质量与感官特性。另外，多酚对淀粉的消化存在抑制作用，降低淀粉基食品的血糖指数（He 等，2021）。

（1）酚类化合物与淀粉的相互作用

糊化为淀粉基食品加工中的重要过程，在糊化过程中，淀粉颗粒膨胀，结晶结构消失，分子结构排列从有序变为无序，淀粉分子能够与酚类化合物发生相互作用（Zhu，2015）。研究表明，共糊化过程中酚类化合物和淀粉之间的相互作用主要以两种方式发生（Li 等，2020b）。一种是与直链淀粉通过疏水相互作用形成稳定的左手单螺旋的 V 型复合物（Li 等，2018），另一种是酚类化合物的羟基和羰基通过氢键、范德瓦耳斯力、静电相互作用等与淀粉发生相互作用，形成分子间聚集体（Igoumenidis 等，2018；Chai 等，2013；Zhu，2015）。

V 型复合物的形成与直链淀粉的单螺旋空腔内疏水环境有关，多酚分子通过疏水相互作用进入淀粉螺旋空腔内，形成包合物（刘华玲等，2019）。多酚-淀粉包合物可通过化学共沉或酶法制备（Zhu 和 Wang，2013；Zhu，2015），此外，其也可在食品加工中的水热（Li 等，2020b）与糊化（Han 等，2020a）过程中生成。

相对于 V 型复合物，分子间聚集体更容易形成，根据 Chai 等（2013）对茶多酚与高直链玉米淀粉的相互作用的研究，在共混加热的条件下茶多酚主要以氢键形式与淀粉分子发生作用，增加直链淀粉的流体动力学半径。根据研究，多酚与淀粉的相互作用与多酚的结构和添加量有关，Zhu 等（2021b）利用分子对接及分子动力学模拟了不同分子量多酚与直链淀粉的相互作用，发现表没食子儿茶素没食子酸酯（EGCG）及表儿茶素没食子酸酯（ECG）等分子量较大的多酚能够与直链淀粉形成较稳定的相互作用，在此研究中还发现除分子量外，酚类化合物的氢键供受体数量也会影响其与淀粉的相互作用程度。进一步地，Liu 等（2020）对结构不同的三种多酚，EGCG、槲皮素、咖啡酸与淀粉的相互作用进行研究，结果表明，三者均与淀粉形成氢键，且酚类分子越复杂，相互作用引起的碳原子化学位移变化就越大。除了结构外，酚类化合物的添加量也会对其与淀粉的作用产生影响，Chi 等（2018）对不同添加量没食子酸（GA）与淀粉的相互作用进行了分析，结果表明，在较低的含量下（4.54mg/g 和 11.24mg/g），GA 能够协助淀粉排列重组，在较高含量下（13.21mg/g），GA 会破坏淀粉的氢键网络，减少淀粉的有序结构。

（2）酚类化合物淀粉基食品品质影响

酚类化合物与淀粉的相互作用改变了淀粉的精细结构，影响淀粉的理化特性，进而影响淀粉基食品的理化特性和产品品质。

Wu 等（2020）对添加了主要含 EGCG 和儿茶素及微量咖啡酸的绿茶多酚的大米凝胶的理化特性进行了研究，添加绿茶多酚后，大米凝胶的老化程度受到抑制，并且与添加量相关。同样，根据 Pan 等（2019）的研究，EGCG 通过与淀粉发生氢键相互作用，干扰淀粉分子的重排，延缓淀粉的回生。此外，多酚添加还可增强凝胶的持水能力，抑制水分蒸发，并有助于保持微观结构（Han 等，2020b），而溶解性和结构不同的多酚对淀粉的影响不同。与其不同的，Li 等（2018）的研究中，阿魏酸、咖啡酸、GA 的加入使淀粉的膨胀系数降低。在对糊化特性的研究中发现，多酚的分子结构与添加量的不同，对糊化的影响不同（Han 等，2020b; Li 等，2020b），因此，根据不同产品的要求，适当调整实验条件，可以改变淀粉基食品的老化特性、水合特性、糊化特性及凝胶结构，进而改善产品品质。

酚类化合物对淀粉的作用除能够改变淀粉基产品上述理化特性外，还可抑制淀粉基食品的体外消化特性。多酚与淀粉的相互作用影响淀粉分子的相互作用与排列，进而影响食品消化性。此外，酚类化合物还能够与蛋白质发生相互作用，在消化过程中与酶结合，进一步降低淀粉的体外消化率。

Li 等（2018）通过将三种酚酸分别与蜡质玉米和马铃薯淀粉溶液共混，制备酚酸-淀粉混合物，指出酚酸能够与淀粉通过疏水相互作用、CH-π 相互作用以及 V 型复合物的方式降低淀粉消化特性。Zhu 等（2021b）在研究中得出，多酚与淀粉的相互作用能够在短时间内发生，这种结合会增加淀粉的空间位阻，降低酶活性中心接触淀粉的概率，并且游离多酚具有抑制 α-淀粉酶、α-葡萄糖苷酶和淀粉糖苷酶的能力。另外，Jiang 等（2021）研究了三种多酚（EGCG，ECG、原花青素）与淀粉的结合及对 α-淀粉酶的抑制，得出三种多酚与淀粉的结合能力及 α-淀粉酶的抑制能力存在差异，其中 EGCG 与淀粉的结合能力较强，三种多酚均能够通过氢键与 π-π 相互作用与 α-淀粉酶的活性口袋结合，限制其与淀粉的接触。另外，Aleixandre 等（2021）还研究了不同酚酸对 α-葡萄糖苷酶的潜在抑制作用，发现酚酸中酚羟基的数量、极性、是否存在甲氧基等均会影响其对酶的抑制效果。并且通过细胞实验、大鼠实验及小鼠实验的研究表明，酚类化合物的加入能够延缓淀粉的消化（Chai 等，2013；Li 等，2020a），降低血糖响应。

5.1.3 挤压改性技术在淀粉基食品中的应用

挤压是一种集混合、加热、蒸煮、剪切、成型等多个单元操作于一体的加工技术（刘云飞，2019），具有处理量大、操作方便、加工过程稳定、条件可控等优势，在食品加工中广泛应用（张冬媛等，2015）。作为挤压技术载体，挤压机机身由一个金属筒构成，筒体存在一个或两个螺杆，通过螺杆转动输送食品原料，并对原料产生剪切和摩擦作用。通过对挤出机多温区温度的精准调控，可以引起包括淀粉的降解、糊化、蛋白质变性、美拉德反应（Arora 等，2020）以及淀粉-脂质复合物和蛋白质-脂质复合物等复合物的形成在内的变化（Panyoo 和 Emmambux，2017），实现对原料的物理化学性质以及营养成分的改变，达到对原料改性的目的。

对淀粉基食品而言，淀粉在挤压过程中结构及性质的变化对产品品质及消化性存在较大影响（Garcia-Valle 等，2021；Liu 等，2019；Koa 等，2017），在温度、压力和机械剪切力的共同作用下，淀粉结构［如颗粒破碎、有序结构损失和链段降解（Vanier 等，2016；Cheng 等，2020）］发生变化，使得粉体理化特性，如水合特性、糊化特性及老化特性等（Sharma 等，2015；Arora 等，2020）随之改变，最终影响产品品质。Jafari 等（2017）利用挤压技术对高粱粉进行改性处理，并对改性后高粱粉结构与理化特性进行研究，结果表明，经过改性后的高粱粉粗糙度与表面孔洞的大小和数量有所增加，淀粉的有序度降低，结晶结构受到破坏，水合特性与热力学性质受到淀粉结构变化的影响，WAI 增加、WSI 与膨胀势（SP）降低，糊化焓降低。此外，Arora 等（2020）发现挤压过程导致的淀粉结构变化还会延缓原料的老化并提高凝胶稳定性。此外，挤压改性还有利于淀粉-脂质复合物（淀粉 V 型构象）的形成（Garcia-Valle 等，2021），进而影响淀粉糊化特性（Zhou 等，2007）。同时，淀粉-脂质 V 型复合物会降低淀粉对酶的敏感性，影响消化过程中酶对淀粉水解，降低其消化率（Putseys 等，2010）。因此，利用挤压改性技术可以改变淀粉结构，调控理化特性和消化率，提升产品品质。

此外，挤压改性技术还能够提升原料的营养价值，根据 Rathod 等（2017）的研究，挤压改性可有效减少扁豆中抗营养因子（如植酸、单宁、胰蛋白酶抑制剂等），提高最终产品中营养素的生物利用率，获得高营养（蛋白质和膳食纤维）价值的扁豆面条。同时，挤压过程会释放细胞壁中的多酚，实现结合酚从食品基质中的分离，提高游离酚的含量（Zhang 等，2018a）。若挤压过程相对温和，还可实现多酚黄酮类营养元素的高效保留（Sun 等，2019）。另外，挤压过程中部分美拉德反应产物本身也具有抗氧化活性，可使产品的抗氧化活性提高。

5.2 不同植源产地荞麦的组分、理化特性测定及其相关性

近年来，随着人们对健康的重视，荞麦及其制品受到消费者的广泛关注。这主要是由于荞麦中所含蛋白质、维生素和矿物质元素等营养素优于常见主食作物（梁啸天等，2020），特别是其含有的丰富的黄酮类生物活性成分，具有很好的抗氧化、抗炎、抗高血压等特性（Quettier-Deleu 等，2000；Zhu，2016），这使得市场对荞麦产品的需求逐渐增多，荞麦的种植面积和产量也开始提升。我国是荞麦的主产国和最大出口国，根据联合国粮食和农业组织的数据，我国 2018 年荞麦产量达 4 万吨，出口量达 2.8 万吨。

有研究表明，植源和产地的不同会影响植物代谢和基因表达，最终导致荞麦中营养元素的差异（张继斌等，2018；刘琴等，2014；包劲松，1999）。Qin 等（2010）在对不同地区的苦荞与甜荞组分的研究中发现，苦荞中灰分高于甜荞，淀粉和直链淀粉含量低于甜荞，其他组分之间差异不显著。同时，有研究表明，产地不同的荞麦的组分同样存在差异（刘琴等，2014；Kalinová 等，2019）。

植源和产地的不同不仅可以影响荞麦的组分，还有可能影响荞麦的理化特性，使不同产地的样品的加工性能产生差异，影响荞麦在食品工业中的应用（Bhinder 等，2020；郑君君等，2009）。周小理等（2008）对我国不同产地荞麦的糊化特性进行了测定，结果表明，对于不同产地的荞麦样品，糊化特性存在一定差异，其中云南荞麦的糊化黏度高于甘肃、宁夏、西藏地区的样品。除糊化特性外，不同地区的荞麦的色差同样存在差异（Unal 等，2016；Qin 等，2010）。此外，梁灵（2003）在对不同小麦淀粉凝胶质构特性的研究中发现，小麦的品种与种植环境均对其凝胶质构特性存在影响。同时根据相关研究，谷物中直链淀粉能够一定程度地影响样品的糊化温度、崩解值与回生值（周小理等，2008）以及凝胶质构特性（梁灵，2003），但是目前关于谷物组分对其理化特性影响的研究较少，而了解荞麦的组分对其理化特性的影响能够帮助荞麦进行针对性加工以及育种，因此，比较研究不同植源、产地荞麦中的营养元素组成和荞麦理化特性，对于荞麦的开发及深度利用很有必要。

基于此，本研究拟分别以两种植源（甜荞和苦荞）的各 8 个产区（甜荞：甘肃、湖北、内蒙古、宁夏、山东、陕西、山西、云南；苦荞：甘肃、贵州、湖南、山东、陕西、山西、四川、云南）的荞麦原粮作为原料，测定其组分和理化特性，比较研究不同植源、产地荞麦主要组分（淀粉、蛋白质、脂质、灰分、粗纤维、总黄酮、总多酚、直链淀粉）和理化特性（色差、糊化特性、凝胶质构特性），通过相关性分析探明荞麦植源、产地影响荞麦理化特性的关键指标，为不同植源、产地荞麦产品加工和研发提供理论依据。

5.2.1 材料与仪器

（1）材料与试剂

原料：荞麦籽粒，收集自全国各产地（8 种甜荞、8 种苦荞）。

试剂：总淀粉试剂盒，爱尔兰 Megazyme 公司；芦丁、没食子酸标准品，上海源叶生物有限公司；直链淀粉，支链淀粉标准品，美国 Sigma 公司；其他化学品和试剂至少为分析级。

（2）仪器与设备

主要实验设备见表 5-1。

表 5-1 实验设备

设备	型号	厂家
磨粉机	QUADRUMAT JUNIOR	德国 Brabender 公司
三维振动筛分仪	AS200	德国 Retsch 公司
鼓风干燥箱	XMTD-8222	南京大卫仪器设备有限公司
索氏抽提仪	B-811	瑞士 Buchi 公司
全自动凯氏定氮仪	K1100	海能集团
马弗炉	SX-4-10	天津泰斯特仪器有限公司
全波长酶标仪	SpectraMax-M2e	美国 Molecular 公司
紫外可见光分光光度计	U-3900	日本 Hitachi 公司
色度计	CM-5	日本 Konica Minolta 公司
RVA	RVA4500	澳大利亚 Perten 公司
质构分析仪	TA.XTplus	英国 Stable Microsystems 公司

5.2.2 试验方法

（1）荞麦粉制备

利用辊式磨对不同产地、植源的荞麦粒进行磨粉，收集并利用全自动振筛机对其筛粉，取粒径小于 125μm 的样品[得粉率/(%)：甜荞，66.17±5.17；苦荞，58.36±4.33]保存于自封袋中，以备后续实验使用。

（2）荞麦粉基本组分测定

荞麦水分、蛋白质、脂质、灰分、粗纤维含量分别按照 GB 5009.3—2016、GB 5009.5—2016、GB 5009.6—2016、GB 5009.4—2016、GB/T 5515—2008/ISO 6865:2000 的方法进行测定。荞麦总淀粉含量测定利用 Megazyme 试剂盒完成。

（3）总黄酮和总多酚含量测定

荞麦粉的总黄酮和总多酚含量参考 Sun 等（2019）的方法，分别利用不同浓度的芦丁和没食子酸测试标准曲线。计算结果分别以芦丁和没食子酸的浓度表示。

（4）直链淀粉含量测定

直链淀粉含量参考 GB/T 15683—2008 及相关标准进行测定。

（5）色差测定

荞麦粉的颜色值利用色差仪进行测定，包括 *L**（亮度）、*a**（红绿值）和 *b**（黄蓝值），在测试前用标准白色瓷砖校准。这些值表示为在荞麦粉上随机位置进行的 10 次测量的平均值。每个样品读取 3 次数值。

（6）糊化特性测定

利用 RVA 对荞麦的黏度曲线进行测定，具体方法如下：取 25mL 超纯水于 RVA 实验专用铝盒中，并根据样品本身水分含量，保持湿基为 14%进行校正，并准确称取相应的荞麦粉于上述铝盒中，进行实验。测试的程序为：转速 960r/min 保持 10s 后，保持 160r/min 至实验结束；50℃平衡 1min，然后以 12℃/min 的速率升温至 95℃，95℃恒温 3.5min，再以 12℃/min 的速率降至 50℃，50℃恒温 2min，整个过程历时 13min。测得不同植源、产地荞麦样品的黏度曲线以及峰值黏度、最低黏度、崩解值、回生值、糊化温度等特征值。每个样品重复 3 次测试。

（7）凝胶质构特性测定

按照糊化特性测定方法进行实验，待实验结束后，立即将铝盒取出，将荞麦糊取出放入模具中，将其表面轻轻刮平，得到荞麦凝胶，用保鲜膜密封模具，防止水分流失，将其置于 4℃冰箱中保存 24h，得到凝胶。将制备好的凝胶用质构仪测定其凝胶特性，测定时探头使用 P/6，两次循环，触发力 5g，测前速度为 2.0mm/s，测中和测后速度为 1.0mm/s，形变量为 65%，得到硬度、弹性、黏聚性、胶着度、咀嚼性、回复性数据，取 3 次结果平均值。

（8）相关性分析与热图的绘制

不同植源、产地荞麦粉组分与理化特性间的皮尔逊相关性系数由 SPSS 22.0 计算，并利用 Heml 软件对其热图进行绘制。

（9）数据处理和统计分析

所有数据均使用 SPSS 22.0 分析处理，采用方差分析（ANOVA）和 Duncan 多重范围检验（$p<0.05$）进行统计学处理，所有标准曲线均利用 Origin 软件计算及绘制。

5.2.3 结果与讨论

（1）植源、产地对荞麦组分的影响

对收集到的市售 8 种不同产地的甜荞和苦荞的组分及部分营养物质含量进行测定，不同植源、产地荞麦的组分信息见表 5-2。不同产地的甜荞水分含量在 12.04%～15.28%之间，淀粉（干基）含量在 70.62%～80.77%之间，蛋白质（干基）含量在

表 5-2　不同植源、产地荞麦组分信息

样品	水分/%	淀粉/%	蛋白质/%	脂质/%	灰分/%	粗纤维/%	总黄酮/（mg/g）	总多酚/（mg/100g）	直链淀粉/%
甘肃甜荞	14.46±0.09^{abc}	77.94±0.39^{bc}	4.09±0.01^{d}	0.33±0.03^{cd}	0.31±0.00^{e}	0.78±0.00^{ab}	3.00±0.15^{d}	29.93±7.95^{b}	23.08±0.05^{c}
湖北甜荞	12.04±0.26^{d}	76.02±0.89^{d}	4.67±0.02^{c}	0.52±0.01^{b}	0.51±0.00^{c}	0.80±0.00^{a}	3.93±0.38^{bc}	35.16±1.48^{b}	20.99±0.08^{d}
内蒙古甜荞	14.78±0.14^{ab}	78.05±0.39^{bc}	3.96±0.04^{e}	0.41±0.04^{c}	0.25±0.00^{e}	0.60±0.00^{bc}	3.32±0.15^{cd}	29.39±1.71^{b}	24.17±0.08^{a}
宁夏甜荞	12.18±0.50^{d}	70.62±0.98^{e}	5.42±0.00^{b}	0.53±0.01^{b}	0.79±0.00^{a}	0.80±0.00^{a}	4.44±0.14^{b}	56.27±2.08^{a}	19.55±0.00^{e}
山东甜荞	14.01±0.40^{bc}	77.22±0.68^{cd}	4.64±0.03^{c}	0.51±0.01^{b}	0.39±0.01^{d}	0.60±0.00^{bc}	4.33±0.53^{b}	55.13±0.87^{a}	18.46±0.16^{f}
陕西甜荞	15.28±0.14^{a}	79.14±0.15^{b}	3.90±0.01^{f}	0.34±0.05^{cd}	0.27±0.00^{e}	0.72±0.00^{ab}	3.24±0.39^{d}	17.98±2.12^{c}	24.17±0.14^{a}
山西甜荞	12.42±0.98^{d}	71.48±0.46^{e}	5.86±0.02^{a}	0.74±0.01^{a}	0.65±0.00^{b}	0.62±0.00^{abc}	6.26±0.14^{a}	57.87±2.05^{a}	18.42±0.05^{f}
云南甜荞	13.72±0.02^{c}	80.77±0.07^{a}	4.05±0.01^{d}	0.30±0.02^{d}	0.26±0.02^{e}	0.52±0.00^{c}	3.53±0.29^{cd}	14.90±2.62^{c}	23.69±0.08^{b}
甘肃苦荞	14.69±0.05^{b}	70.48±0.81^{c}	4.59±0.00^{h}	0.57±0.04^{b}	0.48±0.01^{d}	0.60±0.00^{bc}	25.49±1.28^{c}	99.15±1.52^{e}	27.70±0.09^{b}
贵州苦荞	15.08±0.07^{a}	78.28±0.39^{a}	5.04±0.01^{f}	0.36±0.00^{c}	0.31±0.02^{e}	0.46±0.00^{c}	20.37±1.96^{d}	58.96±1.41^{g}	28.69±0.00^{a}
湖南苦荞	13.21±0.11^{f}	73.43±0.53^{b}	5.44±0.02^{c}	0.60±0.01^{b}	0.50±0.00^{d}	0.52±0.00^{c}	31.81±3.17^{b}	119.06±1.75^{c}	25.58±0.05^{d}
山东苦荞	14.12±0.02^{d}	70.65±1.34^{c}	5.35±0.01^{d}	0.62±0.01^{b}	0.69±0.00^{b}	0.55±0.00^{c}	33.06±1.27^{b}	111.10±0.93^{d}	23.01±0.14^{f}
陕西苦荞	14.29±0.02^{c}	66.78±1.69^{d}	4.74±0.00^{g}	0.63±0.02^{b}	0.60±0.01^{c}	0.51±0.00^{c}	31.52±3.11^{b}	124.64±1.69^{b}	24.68±0.09^{e}
山西苦荞	12.32±0.02^{g}	69.11±1.02^{c}	5.08±0.01^{e}	0.75±0.04^{b}	0.57±0.00^{c}	0.72±0.00^{ab}	29.43±1.25^{bc}	123.59±1.59^{b}	27.66±0.05^{b}
四川苦荞	11.47±0.05^{h}	64.75±1.09^{d}	7.24±0.00^{a}	0.99±0.16^{a}	0.87±0.00^{a}	0.80±0.00^{a}	44.17±3.26^{a}	157.75±2.68^{a}	20.73±0.05^{g}
云南苦荞	13.49±0.07^{e}	66.38±0.55^{d}	6.39±0.05^{b}	0.36±0.01^{c}	0.49±0.01^{d}	0.46±0.00^{c}	24.62±1.93^{cd}	89.34±1.41^{f}	27.12±0.16^{c}

注：数值表示为平均值±标准差；同一列中相同植源样品所带字母不同表示差异性显著（$p<0.05$）。

3.90%～5.86%之间，脂质（干基）、灰分（干基）和粗纤维（干基）含量分别在 0.30%～0.74%、0.25%～0.79%、0.52%～0.80%之间。总黄酮和总多酚含量分别在 3.00～6.26mg/g（以芦丁质量分数计）和 14.90～57.87mg/100g（以没食子酸质量分数计），不同产地的苦荞水分含量在 11.47%～15.08%之间，淀粉（干基）含量在 64.75%～78.28%之间，蛋白质（干基）含量在 4.59%～7.24%之间，脂质（干基）、灰分（干基）和粗纤维（干基）含量分别在 0.36%～0.99%、0.31%～0.87%、0.46%～0.80%之间。总黄酮和总多酚含量分别在 20.37～44.17mg/g 和 58.96～157.75mg/100g。

不同产地的样品之间各个组分含量均存在差异，其中宁夏和山西的甜荞总淀粉含量显著低于其他产地的样品，而两者的蛋白质、脂质、灰分以及总黄酮和总多酚含量较高。山东甜荞拥有较高淀粉含量的同时，含有较高含量的蛋白质、总黄酮和总多酚。直链淀粉含量的不同往往会影响淀粉基食品的理化特性，因此将其作为组成中的一个重要指标进行研究。在本研究中，不同产地甜荞粉的直链淀粉含量在 18.42%～24.17%之间，其中陕西和内蒙古甜荞的直链淀粉含量最高，山东和山西甜荞的直链淀粉含量最低。

其中，贵州苦荞总淀粉含量最高，山西、四川、云南苦荞的总淀粉含量显著低于其他产地的样品，四川苦荞的其他基本组分和总黄酮及总多酚含量均显著高于其他产地的样品。而淀粉含量较高的贵州苦荞，除蛋白质外，其他组分和总黄酮及总多酚含量均显著低于其他产地的样品，甘肃苦荞的蛋白质含量最低。不同产地苦荞的直链淀粉含量在 20.73%～28.69%之间，其中甘肃、贵州、山西和云南苦荞的直链淀粉含量较高，另外四种样品直链淀粉含量较低。

与前人的研究相比（Zhu，2016），整体数据上淀粉含量较高，脂质及黄酮量较低，除了品种的差异外，主要原因应该是在磨粉过程中保留了更高比例的芯粉，而脂质、黄酮等物质更多地存在于荞麦米的麸皮之中（Kalinová 等，2019）。从总体上看，不同产地甜荞与苦荞的水分、粗纤维含量差异不明显，甜荞中淀粉含量略高于苦荞，而蛋白质、脂质、灰分含量稍低于苦荞。但两种植源的荞麦的黄酮与多酚含量差异较大，这与王世霞等（2015）的研究类似。上述的组分差异会影响其制品的品质，对我国不同植源与产地荞麦的组分差异性进行研究，有助于荞麦新产品的开发以及推广。

（2）植源、产地对荞麦色差的影响

颜色是评价食品感官性状的重要指标，不同植源、产地荞麦的色差测定结果见表 5-3。表中 L^*值越大说明样品越接近白色，“0”表示黑色，“100”表示白色，a^*值为正值时说明样品偏红，负值时表示样品偏绿，数值越大则颜色更明显，b^*值为正值时说明样品偏黄，负值时表示样品偏蓝，同样数值越大表明颜色更明显。

根据表 5-3，不同植源、产地的荞麦的 L^*值较高，样品较白，a^*值接近“0”，而 b^*值较高，说明不同荞麦样品均呈现略黄的颜色。从数值上看，甜荞的 L^*值较苦荞高，b^*值较苦荞低，表明甜荞在视觉上给人以更亮白的感受，这种差异可能是因黄酮含量的差异引起的（Pathare 等，2012）。

表 5-3　不同植源、产地荞麦的色差

样品	L^*	a^*	b^*	样品	L^*	a^*	b^*
甘肃甜荞	93.59 ± 0.08^{a}	0.19 ± 0.01^{ef}	6.09 ± 0.07^{d}	甘肃苦荞	85.71 ± 0.21^{c}	-0.08 ± 0.01^{e}	9.88 ± 0.05^{e}
湖北甜荞	88.98 ± 0.14^{c}	0.86 ± 0.02^{a}	6.43 ± 0.04^{c}	贵州苦荞	89.03 ± 0.35^{a}	0.19 ± 0.04^{c}	9.21 ± 0.11^{f}
内蒙古甜荞	93.51 ± 0.19^{a}	0.16 ± 0.01^{f}	6.00 ± 0.07^{d}	湖南苦荞	85.78 ± 0.09^{c}	0.31 ± 0.01^{ab}	11.77 ± 0.05^{a}
宁夏甜荞	87.71 ± 0.05^{e}	0.89 ± 0.00^{a}	7.22 ± 0.07^{a}	山东苦荞	84.96 ± 0.19^{d}	0.27 ± 0.03^{b}	11.35 ± 0.25^{b}
山东甜荞	90.48 ± 0.13^{b}	0.44 ± 0.03^{c}	6.79 ± 0.01^{b}	陕西苦荞	86.50 ± 0.12^{b}	0.12 ± 0.02^{d}	10.81 ± 0.07^{c}
陕西甜荞	93.47 ± 0.12^{a}	0.20 ± 0.01^{e}	5.81 ± 0.07^{e}	山西苦荞	84.56 ± 0.19^{de}	0.33 ± 0.04^{a}	9.70 ± 0.02^{e}
山西甜荞	88.54 ± 0.68^{d}	0.68 ± 0.01^{b}	6.72 ± 0.06^{b}	四川苦荞	84.06 ± 0.04^{e}	-0.16 ± 0.02^{f}	11.61 ± 0.21^{ab}
云南甜荞	93.34 ± 0.17^{a}	0.29 ± 0.03^{d}	6.38 ± 0.04^{c}	云南苦荞	86.46 ± 0.15^{b}	0.12 ± 0.02^{d}	10.39 ± 0.07^{d}

注：数值表示为平均值±标准差；每一列中字母不同表示差异性显著（$p<0.05$）。

（3）植源、产地对荞麦糊化特性的影响

糊化是荞麦食品加工中的重要过程，荞麦的糊化特性往往与样品的加工性能相关。不同植源、产地荞麦的糊化曲线特征值见表 5-4。根据以往研究，样品峰值黏度一定程度上能够反映样品与水的结合能力；崩解值能够反映样品抵抗高温剪切的能力，崩解值越小，样品的热稳定性越好；最终黏度可以反映样品在加热后冷却过程中形成的凝胶强度，回生值能够反映凝胶稳定性以及老化趋势；样品的糊化温度可以一定程度地反映样品糊化的难易程度，与样品的结晶性质有关（Yang 等，2019）。

根据表 5-4 中不同产地甜荞的数据，除内蒙古样品外，各产地甜荞样品的崩解值不存在显著差异，具有相似的热凝胶稳定性，内蒙古甜荞的各项数值均较高，该样品在糊化过程中黏度较高，热凝胶稳定性较差，但其冷却后凝胶强度较大，稳定性较高。相反，宁夏、山东和山西甜荞样品的各项数据均较低，表明该样品易糊化，冷却后的凝胶强度及稳定性相对较弱。不同产地苦荞样品的糊化特性差异较大，其中湖南的样品峰值黏度和峰谷黏度最高，贵州、甘肃和山西的样品峰值黏度和峰谷黏度相对较高，四川的样品该数值最低。山东和山西的样品热凝胶稳定性较好，

表 5-4　不同植源、产地荞麦糊化特性

样品	峰值黏度/cP	峰谷黏度/cP	崩解值/cP	最终黏度/cP	回生值/cP	糊化时间/min	糊化温度/℃
甘肃甜荞	2823.67 ± 26.08^{bc}	2607.67 ± 93.37^{b}	216.00 ± 71.47^{ab}	5085.00 ± 38.76^{c}	2477.33 ± 81.20^{a}	6.00 ± 0.14^{a}	71.25 ± 0.36^{d}
湖北甜荞	2769.33 ± 20.50^{c}	2593.00 ± 2.45^{b}	176.33 ± 22.90^{b}	4706.67 ± 32.43^{d}	2113.67 ± 33.31^{d}	5.80 ± 0.09^{a}	72.55 ± 0.00^{bc}
内蒙古甜荞	3123.00 ± 55.48^{a}	2793.67 ± 99.80^{a}	329.33 ± 104.27^{a}	5409.00 ± 34.65^{a}	2615.33 ± 77.31^{a}	5.82 ± 0.03^{a}	72.85 ± 0.39^{ab}
宁夏甜荞	2465.33 ± 14.01^{d}	2343.00 ± 19.80^{c}	122.33 ± 7.41^{b}	4209.33 ± 44.17^{f}	1866.33 ± 30.03^{d}	6.36 ± 0.19^{a}	71.73 ± 0.71^{cd}
山东甜荞	2400.67 ± 112.57^{d}	2297.33 ± 133.69^{c}	103.33 ± 43.62^{b}	4491.67 ± 86.96^{e}	2194.33 ± 86.26^{c}	6.2 ± 0.61^{a}	70.97 ± 0.69^{d}
陕西甜荞	2910.00 ± 19.30^{b}	2724.33 ± 68.13^{ab}	185.67 ± 84.29^{b}	5043.67 ± 38.06^{c}	2319.33 ± 103.46^{b}	6.13 ± 0.05^{a}	71.83 ± 0.02^{cd}
山西甜荞	2449.33 ± 35.96^{d}	2347.33 ± 40.34^{c}	102.00 ± 18.83^{b}	4490.00 ± 63.38^{e}	2142.67 ± 94.71^{c}	5.96 ± 0.22^{a}	73.67 ± 0.38^{a}
云南甜荞	2872.00 ± 12.83^{bc}	2691.67 ± 7.76^{ab}	180.33 ± 19.67^{b}	5286.67 ± 34.92^{b}	2595.00 ± 21.29^{a}	6.11 ± 0.22^{a}	73.15 ± 0.39^{ab}
甘肃苦荞	2622.00 ± 54.52^{c}	2495.00 ± 26.62^{b}	127.00 ± 21.95^{bc}	4563.67 ± 26.95^{bc}	2068.67 ± 13.89^{b}	6.91 ± 0.13^{a}	73.77 ± 0.37^{b}
贵州苦荞	2886.33 ± 54.65^{b}	2584.00 ± 12.73^{b}	302.33 ± 66.39^{a}	4794.33 ± 57.70^{a}	2210.33 ± 68.63^{a}	5.71 ± 0.11^{c}	73.68 ± 0.37^{b}
湖南苦荞	3095.67 ± 23.68^{a}	2818.00 ± 52.33^{a}	277.67 ± 28.67^{a}	4630.00 ± 4.32^{b}	1812.00 ± 48.99^{c}	5.58 ± 0.06^{c}	72.50 ± 0.04^{c}
山东苦荞	2334.33 ± 83.28^{d}	2253.67 ± 94.67^{c}	80.67 ± 20.07^{c}	3889.33 ± 97.71^{f}	1635.67 ± 10.78^{d}	6.93 ± 0.05^{a}	73.97 ± 0.44^{b}
陕西苦荞	2346.67 ± 58.89^{d}	2221.33 ± 19.70^{c}	125.33 ± 39.23^{bc}	4486.00 ± 45.32^{c}	2264.67 ± 54.65^{a}	6.38 ± 0.52^{b}	72.55 ± 0.70^{c}
山西苦荞	2674.67 ± 8.33^{c}	2570.67 ± 18.37^{b}	$104.00\pm23..72^{c}$	4336.67 ± 109.21^{d}	1766.00 ± 126.98^{c}	5.80 ± 0.14^{c}	75.58 ± 0.38^{a}
四川苦荞	1599.00 ± 16.97^{f}	1478.67 ± 53.12^{e}	120.33 ± 38.86^{bc}	2853.33 ± 24.63^{g}	1374.67 ± 32.05^{e}	6.87 ± 0.14^{a}	73.43 ± 0.05^{b}
云南苦荞	2189.00 ± 7.07^{e}	2001.33 ± 27.81^{d}	187.67 ± 34.88^{b}	4188.67 ± 13.20^{e}	2187.33 ± 14.61^{ab}	7.00 ± 0.00^{a}	72.08 ± 0.33^{c}

注：数值表示为平均值±标准差；每一列中相同植源样品字母不同表示差异性显著（$p<0.05$）。

贵州和湖南的样品凝胶抵抗高温剪切的能力较差，但贵州的样品的冷凝胶强度和稳定性较好，陕西和云南的样品的冷凝胶稳定性同样较高，但通过最终黏度数值的比较可知，二者的冷凝胶强度不如贵州的样品。

平均来看，与不同产地的苦荞样品的糊化特性相比，甜荞的峰值黏度较高，最终黏度和回生值同样高于苦荞样品，说明与苦荞相比，甜荞更易老化并具有更好的凝胶稳定性。此外，甜荞样品的糊化温度低于苦荞样品，可能是由于苦荞淀粉结晶区的晶体稳定性较好（Zhou 等，2018），需要更多的热能使其糊化，从而导致其糊化温度较高。我国不同植源、产地的荞麦糊化特性存在差异，这种差异会影响其在生产加工中应用（Tiga 等，2021），根据不同糊化特性可对应选择不同加工方式与应用方向，增强荞麦的加工适宜性。

（4）植源、产地对荞麦凝胶质构特性的影响

凝胶质构特性能够一定程度反映样品在经历糊化与冷却后的品质，与判断淀粉基食品的感官品质与稳定性有密切关联。不同植源、产地荞麦的凝胶质构结果值见表 5-5。不同产地甜荞样品的硬度、胶着度和咀嚼度的差异性较大，弹性与黏聚性无显著差异，回复性的差别较小。其中陕西甜荞样品的硬度、胶着度与咀嚼度均最高，山西甜荞样品的上述三个指标最低，这可能与荞麦中的直链淀粉含量有关（李琳等，2019）。在苦荞中，除弹性外，其指标均存在一定的差异。从硬度上看，贵州和云南苦荞样品的较高，四川的样品较低；对于黏聚性，不同产地样品的差异不大，其中甘肃苦荞样品该指标略高，陕西和云南的样品略低，但与其他产地样品的差异并不显著。与甜荞类似，不同产地苦荞的胶着度与咀嚼度呈现相似的变化趋势。对于不同植源的样品，其凝胶硬度、胶着度和咀嚼度差异不大，但甜荞的弹性略高于苦荞，黏聚性和回复性略低于苦荞，说明二者的拥有相近的凝胶强度和耐咀嚼性，但苦荞的凝胶黏度较大，发生形变后的恢复能力较弱（张志超，2016）。

表 5-5　不同植源、产地荞麦凝胶质构特性

样品	硬度/g	弹性/g	黏聚性	胶着度	咀嚼度	回复性
甘肃甜荞	$54.33±2.63^{bc}$	$0.95±0.02^{a}$	$0.51±0.02^{a}$	$27.53±0.83^{bcd}$	$26.21±0.82^{bc}$	$0.04±0.01^{a}$
湖北甜荞	$57.03±4.42^{b}$	$0.95±0.02^{a}$	$0.50±0.03^{a}$	$28.57±3.50^{bc}$	$27.04±2.78^{bc}$	$0.03±0.00^{ab}$
内蒙古甜荞	$60.08±3.73^{b}$	$0.95±0.01^{a}$	$0.53±0.01^{a}$	$31.89±2.65^{b}$	$30.31±2.65^{b}$	$0.04±0.01^{a}$
宁夏甜荞	$44.88±1.58^{de}$	$0.94±0.02^{a}$	$0.50±0.02^{a}$	$22.82±1.09^{de}$	$21.35±0.94^{cd}$	$0.02±0.00^{b}$
山东甜荞	$48.93±1.49^{cd}$	$0.94±0.01^{a}$	$0.51±0.02^{a}$	$24.83±0.81^{cde}$	$23.34±0.99^{cd}$	$0.04±0.00^{a}$
陕西甜荞	$69.04±2.13^{a}$	$0.97±0.02^{a}$	$0.57±0.07^{a}$	$39.31±4.84^{a}$	$38.25±5.42^{a}$	$0.03±0.00^{ab}$
山西甜荞	$40.80±1.99^{e}$	$0.94±0.01^{a}$	$0.53±0.00^{a}$	$21.45±1.09^{e}$	$20.10±1.25^{d}$	$0.03±0.00^{ab}$
云南甜荞	$55.10±3.05^{bc}$	$0.95±0.02^{a}$	$0.51±0.03^{a}$	$27.96±0.32^{bcd}$	$26.47±0.27^{bc}$	$0.04±0.01^{a}$

续表

样品	硬度/g	弹性/g	黏聚性	胶着度	咀嚼度	回复性
甘肃苦荞	58.34±0.94[b]	0.80±0.18[a]	0.62±0.09[a]	36.36±4.69[a]	28.24±4.02[ab]	0.03±0.01[ab]
贵州苦荞	62.52±1.44[a]	0.91±0.03[a]	0.54±0.03[ab]	33.43±1.53[ab]	30.58±2.27[a]	0.04±0.00[a]
湖南苦荞	54.11±1.25[c]	0.92±0.00[a]	0.53±0.00[ab]	28.70±0.71[bc]	26.34±0.78[ab]	0.02±0.00[c]
山东苦荞	42.10±1.63[e]	0.92±0.00[a]	0.53±0.01[ab]	22.38±1.05[d]	20.62±0.97[c]	0.02±0.00[bc]
陕西苦荞	58.30±2.66[b]	0.94±0.01[a]	0.50±0.09[b]	29.10±4.98[bc]	27.27±4.43[ab]	0.04±0.01[a]
山西苦荞	47.84±2.59[d]	0.93±0.01[a]	0.53±0.01[ab]	25.23±1.07[cd]	23.35±0.90[bc]	0.02±0.00[c]
四川苦荞	31.02±1.22[f]	0.90±0.01[a]	0.52±0.02[ab]	16.26±1.17[e]	14.68±1.25[d]	0.02±0.00[c]
云南苦荞	59.78±2.12[ab]	0.96±0.02[a]	0.50±0.02[b]	29.22±0.72[bc]	27.93±0.97[ab]	0.03±0.00[a]

注：数值表示为平均值±标准差；每一列中相同植源样品字母不同表示差异性显著（$p<0.05$）。

（5）相关性分析

分别对不同产地苦荞和甜荞的粉组分与理化特性的皮尔逊相关性进行分析，结果如表 5-6～表 5-7、图 5-1～图 5-2 所示。二者热图颜色分布相似，但数值上存在差别，说明对于不同植源的荞麦，组分与理化特性之间相关性趋势相近，但具体影响程度存在一定差异。

根据色差的数据，甜荞的 L^*值与淀粉、蛋白质、直链淀粉含量呈显著正相关，与脂质、灰分含量呈显著负相关。其 a^*值与灰分含量呈显著正相关，与水分含量呈现显著负相关。b^*值与灰分含量呈显著正相关，直链淀粉含量呈显著负相关。苦荞的 L^*值与总多酚含量呈显著负相关，b^*值与直链淀粉含量呈显著负相关。甜荞的色差与组分间的关系与 Shevkani 等（2022）对豆粉色差的研究存在相似之处，豆粉的色差受到其色素含量的影响，并且 L^*与淀粉含量呈正相关，此外，Olivares Diaz 等（2019）在对糙米的研究得出，直链淀粉与其色差间存在一定的联系，这与本研究结果相似。

对于糊化特性，甜荞的糊化峰值黏度和峰谷黏度均与直链淀粉含量呈显著正相关，与总多酚含量呈显著负相关。最终黏度与直链淀粉含量呈显著正相关，与蛋白质、灰分、总多酚呈显著负相关，回生值与灰分含量呈显著负相关。与甜荞不同，苦荞除最终黏度与直链淀粉含量呈显著正相关，与灰分、总黄酮呈显著负相关外，其它糊化指标与组分之间相关性不显著，但淀粉与灰分含量对糊化特性存在一定影响。综上可知，直链淀粉、酚类化合物、灰分对荞麦的糊化特性起到主要影响，Park 等（2020）在对不同荞麦研究中发现，直链淀粉含量与其糊化特性存在相关性，这可能是由于荞麦粉中直链淀粉可作为分散相，增加糊化过程中的黏度，在冷却时，直链淀粉凝胶化增加最终黏度。此外，根据 Han 等（2020b）的研究，酚类化合物会降低糊化黏度，与本研究的结果相似。

表 5-6　不同产地甜荞组分与理化特性的皮尔逊相关系数

项目	*L**	*a**	*b**	峰值黏度	峰谷黏度	崩解值	最终黏度	回生值	糊化时间	糊化温度	硬度	弹性	黏聚性	胶着度	咀嚼度	回复性
水分	0.749*	−0.880**	−0.663	0.419	0.401	0.422	0.559	0.620	0.037	−0.172	0.488	0.528	0.695	0.574	0.577	0.555
淀粉	0.884**	0.798*	0.755*	0.693	0.731*	0.521	0.833*	0.824*	−0.218	−0.122	0.755*	0.662	0.215	0.676	0.669	0.721*
蛋白质	0.911**	0.810*	0.812*	−0.815*	−0.825*	−0.702	−0.848**	−0.780*	0.203	0.262	−0.864**	−0.760*	−0.285	−0.787*	−0.780*	−0.609
脂质	−0.845**	0.715*	0.635	−0.705	−0.731*	−0.563	−0.741*	−0.673	−0.075	0.329	−0.740*	−0.670	−0.181	−0.660	−0.655	−0.479
灰分	−0.948**	0.907**	0.848**	−0.752*	−0.765*	−0.641	−0.895**	−0.901**	0.323	0.091	−0.753*	−0.676	−0.322	−0.698	−0.692	−0.795*
粗纤维	−0.344	0.444	0.092	−0.108	−0.114	−0.083	−0.391	−0.557	0.049	−0.438	0.065	0.171	−0.091	0.045	0.053	−0.433
总黄酮	−0.767*	0.624	0.657	0.747*	0.745*	−0.675	−0.691	−0.582	0.073	0.432	−0.798*	−0.693	−0.131	−0.698	−0.691	−0.419
总多酚	−0.831*	0.670	0.820*	−0.863**	−0.920**	−0.623	−0.874**	−0.752*	0.272	−0.119	−0.840*	−0.798*	−0.358	−0.782*	−0.779*	−0.443
直链淀粉	0.869**	−0.737*	−0.850**	0.949**	0.965**	0.809*	0.910**	0.777*	−0.289	0.077	0.839**	0.782*	0.424	0.797*	0.792*	0.407

注：* 表示在 $p \leqslant 0.05$ 水平上相关性显著，** 表示在 $p \leqslant 0.01$ 水平上相关性显著。

表 5-7　不同产地苦荞组分与理化特性的皮尔逊相关系数

项目	L^*	a^*	b^*	峰值黏度	峰谷黏度	崩解值	最终黏度	回生值	糊化时间	糊化温度	硬度	弹性	黏聚性	胶着度	咀嚼度	回复性
水分	0.749*	0.141	−0.447	0.514	0.504	0.328	0.736*	0.765*	−0.010	−0.211	0.764*	−0.264	0.336	0.806*	0.783*	0.779*
淀粉	0.665	0.485	−0.370	0.800*	0.754*	0.663	0.659	0.291	−0.615	0.157	0.462	−0.139	0.287	0.522	0.540	0.337
蛋白质	−0.385	−0.412	0.489	−0.724*	−0.787*	−0.065	−0.831*	−0.580	0.346	−0.267	−0.621	0.322	−0.440	−0.717*	−0.661	−0.427
脂质	−0.819*	−0.343	0.508	−0.533	−0.477	−0.573	−0.739*	−0.806*	0.117	0.355	−0.871**	−0.118	0.026	−0.765*	−0.874**	−0.736*
灰分	−0.825*	−0.387	0.686	−0.789*	−0.730*	−0.728*	−0.893**	−0.774*	0.482	0.097	−0.904**	0.071	−0.181	−0.875**	−0.935**	−0.665
粗纤维	−0.787*	−0.389	0.204	−0.502	−0.446	−0.557	−0.698	−0.768*	0.142	0.567	−0.812*	−0.254	0.182	−0.654	−0.803*	−0.702
总黄酮	−0.776*	−0.349	0.787*	−0.652	−0.624	−0.494	−0.848**	−0.825*	0.248	0.014	−0.897**	0.082	−0.195	−0.872**	−0.919**	−0.724*
总多酚	−0.858**	−0.281	0.693	−0.554	−0.498	−0.586	−0.706	−0.715*	0.182	0.089	−0.787*	0.045	−0.153	−0.759*	−0.816*	−0.736*
直链淀粉	0.621	0.359	−0.835**	0.715*	0.697	0.476	0.847**	0.730*	−0.405	0.155	0.835**	−0.153	0.265	0.844**	0.864**	0.559

注：*表示在 $p \leqslant 0.05$ 水平上相关性显著，**表示在 $p \leqslant 0.01$ 水平上相关性显著。

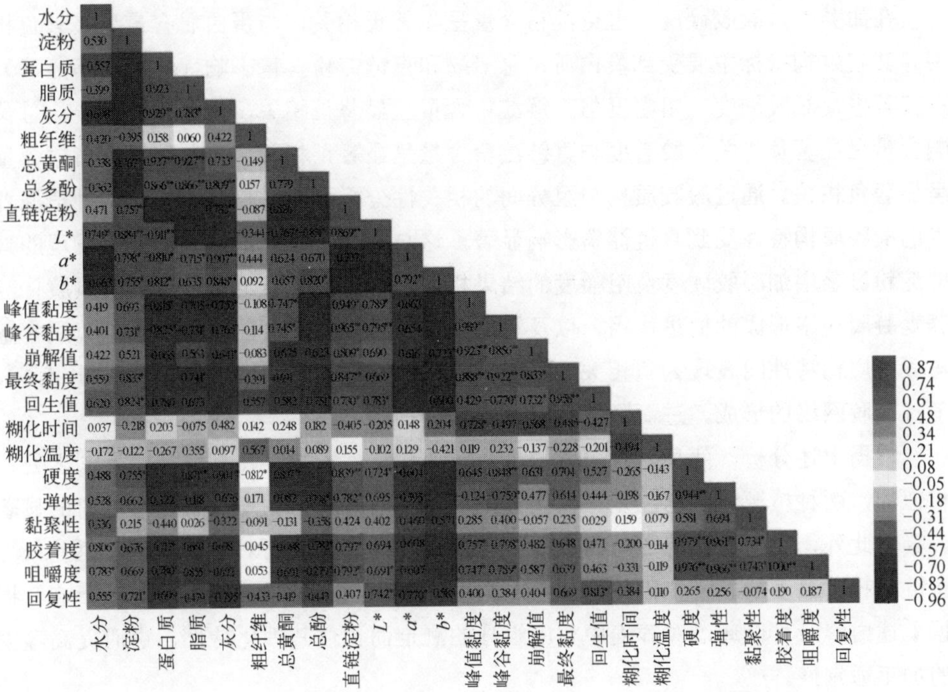

二维码

图 5-1 不同产地甜荞的组分与物化特性间的皮尔逊相关系数

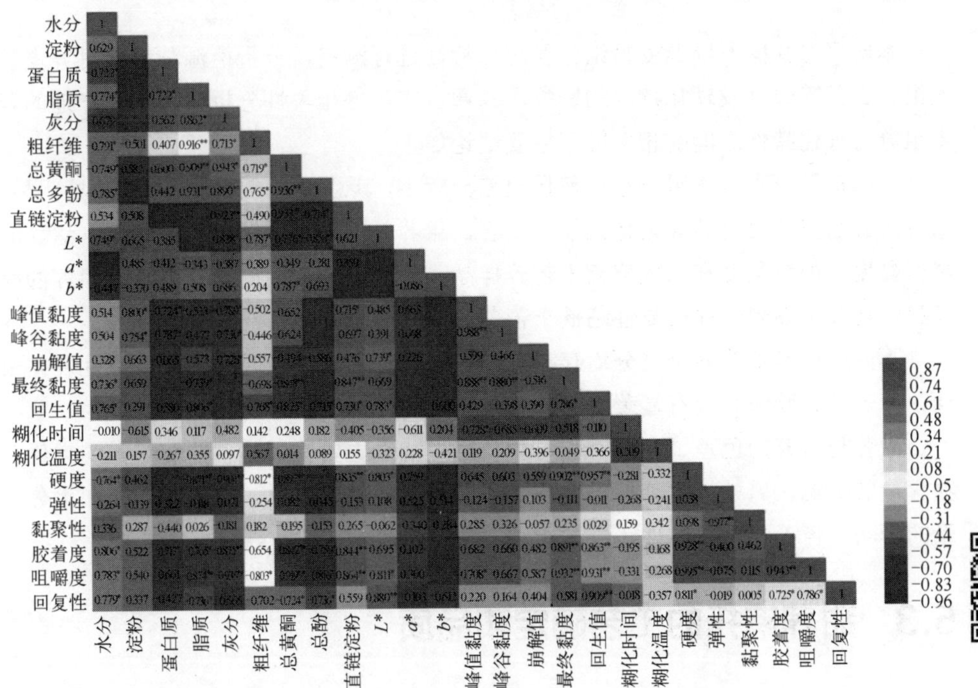

二维码

图 5-2 不同产地苦荞的组分与物化特性间的皮尔逊相关系数

在甜荞中，凝胶硬度与直链淀粉含量呈显著正相关，与蛋白质含量呈显著负相关。其它质构指标主要受到蛋白质、总多酚和直链淀粉含量影响（相关性不显著）。在苦荞中，凝胶硬度、咀嚼度与直链淀粉含量呈显著正相关，与脂质、灰分、总黄酮含量呈显著负相关。胶着度与直链淀粉含量呈显著正相关，与灰分、总黄酮含量呈显著负相关。通过凝胶质构与组分间的相关性分析可知，直链淀粉对两种植源荞麦的凝胶质构特性受到直链淀粉影响显著，这与 Shang 等（2021）研究中发现的直链淀粉显著增加凝胶硬度及咀嚼度的结果相似，这可能与直链淀粉冷却时凝胶化对荞麦凝胶网络形成的促进作用，以及短期回生的增加有关，而总多酚及总黄酮含量与凝胶质构特性间表现为负相关，这可能与这些小分子和淀粉之间的相互作用有关，干扰凝胶网络的形成，进而降低硬度、胶着度等指标。

根据上述分析，两种植源荞麦的组分对理化特性影响存在相似以及不同之处，相似的，两种植源荞麦的色差、糊化特性以及凝胶质构特性均受到直链淀粉的显著影响，此外，甜荞理化特性与其蛋白质含量相关性显著。而对于苦荞，其色差只受直链淀粉和总多酚影响，糊化特性和质构特性还受到灰分与总黄酮的显著影响。根据上述内容，可以通过对荞麦中相应组分的测定而预估其理化特性，进而提高荞麦的加工适宜性。

5.2.4　小结

本研究对我国不同荞麦粉组分及理化特性进行测定，分析植源与产地对荞麦基本组分、营养成分及理化特性的影响，并通过皮尔逊相关性分析两种不同产地的荞麦组分与理化特性之间的相关性，主要结论如下：

不同植源荞麦基本组分存在差异但差异较小，其总黄酮、总多酚含量差异明显。二者组分的差异使得其理化特性差异显著，甜荞颜色亮白，苦荞颜色较暗，甜荞的峰值黏度、最终黏度和回生值高于苦荞样品。凝胶质构特性差异不大，但甜荞的凝胶弹性略高，黏聚性和回复性略低于苦荞。

不同产地荞麦的各个组分均存在差异，并且甜荞除糊化时间、凝胶弹性及黏聚性，苦荞除凝胶弹性没有显著性差异外，所测其他加工指标均存在差异。

甜荞与苦荞的色差、糊化特性与凝胶质构特性主要受到其直链淀粉和酚类化合物含量的影响，另外，甜荞的理化特性还受到淀粉、蛋白质、脂质、灰分和水分含量的影响，苦荞的理化特性还受到脂质、灰分的影响。

5.3　甜荞碗托的工艺确定和品质

我国饮食文化源远流长，食品品类丰富多样，淀粉基凝胶食品作为重要的主食，以谷物淀粉制备的凉皮和凉粉最为常见（孙川惠等，2016），还有以藜麦（延莎等，2018）、魔芋（李宏梁等，2011）、荞麦（彭登峰等，2014c）等为原料制备的凝胶食品也受到大众的关注。其中荞麦凝胶制品——荞麦碗托，是陕西、山西等地一种著名的传统美食，深受当地消费者喜爱（丘濂，2021），其制备方式简单，可以直接食用，也可以真空和冷冻保存，市场发展前景可期。

荞麦碗托与其他淀粉基凝胶食品相似，其制作过程主要包括加热与冷却两个步骤。加热过程中，荞麦中蛋白质变性，淀粉糊化（Wang 和 Copeland，2013），而糊化是碗托制备时的重要过程。糊化时，荞麦淀粉颗粒吸水膨胀，颗粒结构受到破坏，水分子首先与无定型区淀粉分子发生作用，进一步地破坏淀粉结晶结构，分子排列由有序转为无序，直链淀粉溢出，样品呈现糊状。在加工过程中，加热时间的不同会影响淀粉的糊化程度，影响样品的品质与营养等性质。冷却时，由于荞麦中不含面筋蛋白，其蛋白质不能促进碗托凝胶结构的形成，因此，碗托品质变化主要受到淀粉的影响，荞麦淀粉在冷却过程中直链淀粉与支链淀粉发生分子重排（Wang 等，2015），增加凝胶的刚性。其中分散相中直链淀粉的回生能够在短时间内发生，形成凝胶网络结构，而支链淀粉的回生需要一定的时间（Funami 等，2005）。因此，冷却时间的长短会影响淀粉基凝胶制品的回生程度，进而对凝胶的品质产生影响。

结合上述内容可知，蒸制时间和冷却时间是影响荞麦碗托品质的关键因素，此外，由于水在淀粉的糊化和老化过程中担任重要角色（Gunaratne 和 Hoover，2002；Sandhu 等，2020），因此，碗托品质也受到其浆料浓度的影响，而目前对碗托加工条件研究的相关报道较少。

因此，本研究选取凝胶硬度与弹性较高的陕西甜荞作为研究对象，通过参考刘丹（2015）的描述，应用不同加工条件（浆料浓度：30%、25%、20%；蒸制时间：10min、15min、20min；冷却时间：20min、30min、40min）制备陕西甜荞碗托（以下称甜荞碗托），探究不同加工条件下甜荞碗托糊化度、结晶和有序结构变化对甜荞碗托质构特性的影响，确定适宜的碗托加工条件，为荞麦碗托制品的生产及发展提供理论基础。

5.3.1　材料与仪器

（1）材料与试剂

原料：5.2.2 制备的陕西甜荞粉（CBF）。

化学品和试剂至少为分析级。

（2）仪器与设备

主要仪器设备见表 5-8。

表 5-8 实验设备

设备	型号	厂家
电蒸锅	ZG26Easy401	美的集团
冰箱	BCD-268WSV	青岛海尔股份有限公司
冷冻干燥机	SCIENTZ-12N	宁波新芝生物科技股份有限公司
冷冻球磨仪	MM-400	德国 Retsch 公司
全波长酶标仪	SpectraMax-M2e	美国 Molecular 公司
XRD	D8	德国 Bruker 公司
FTIR	PE SP2	美国 PE 公司
SEM	TM-3000	日本 Hitachi 公司
食品物性测定仪	TA.XTplus	英国 Stable Microsystems 公司

5.3.2 试验方法

（1）样品的制备

根据前期预实验，发现碗托的浆料浓度变化对其品质影响过于明显，当浆料浓度为30%时，蒸制结束后的碗托表面与内部出现干裂的状况；浆料浓度为20%时，碗托在冷却后不呈凝胶状态，严重影响碗托的品质，因此本试验选用25%的浆料浓度对碗托进行制备以及后续研究。

准确称取陕西甜荞粉（16.667±0.005）g 于盛有 50mL 蒸馏水的平底小碗（碗口直径 11.5cm，高 3.5cm）中（碗托水分含量 75%），搅拌均匀后于电蒸锅中分别蒸制 10min、15min、20min，蒸制结束后立即取出荞麦碗托，用保鲜膜将碗口封住，并打孔。将封好保鲜膜后的碗托于 4℃冰箱中分别保存 20min、30min、40min 进行冷却，得到不同蒸制和冷却时间的 9 个碗托样品。

（2）糊化度测定

甜荞碗托的糊化度测定参考 Birch（1973）的方法，并稍作修改。准确称取 0.1g 冻干的碗托粉，加入 49mL 蒸馏水及 1mL 10mol/L KOH 溶液，超声 3min 后，于 4500g 下离心 10min。取 1mL 上清液，加入 0.4mL 0.5mol/L HCl 溶液，用蒸馏水定容至 10mL，再加入 0.1mL I_2/KI 溶液，混匀后测定其 600nm 下的吸光度 A_1。用 47.5mL 蒸馏水及 2.5mL 10mol/L KOH 溶液替代 49mL 蒸馏水及 1mL 10mol/L KOH 溶液，1mL 0.5mol/L HCl 溶液替代 0.4mL 0.5mol/L HCl 溶液，其他步骤不变，测定其吸光度 A_2。数据计算如下：

$$\text{糊化度（\%）}=\frac{A_1}{A_2}\times 100 \tag{5-1}$$

（3）长程有序结构测定

利用 X 射线衍射仪对甜荞碗托冻干粉的长程有序结构进行测定，测试时扫描范围为 5°～40°（2θ），扫描速率为 2°/min，所得谱图利用 MDI Jade 软件计算其结晶度。

（4）短程有序结构测定

利用傅里叶红外光谱仪对不同蒸制和冷却时间的甜荞碗托冻干粉的 FTIR 谱图进行测定，测试范围 600～4000cm^{-1}，扫描次数为 64 次，扫描频率为 4cm^{-1}，使用 OMNIC 8.2 对红外光谱图进行基线纠正和解卷积处理，以计算 1022cm^{-1} 和 995cm^{-1} 波数下的吸收强度的数值。

（5）碗托截面 SEM 测定

将不同加工条件制备的甜荞碗托切成小块，置于模具中，参考李琳等（2019）的方法对其进行洗脱，并进行冷冻干燥。将冻干后的样品，经离子溅射喷金，置于扫描电子显微镜下观察其截面的微观结构，取放大 1500 倍图片保存。

（6）碗托质构特性测定

甜荞碗托的质构特性参考彭登峰等（2014c）的方法，并略微改动，利用直径为 1cm 的模具，对荞麦碗托进行取样，将样品置于测试台中心，进行质构测定。具体参数设定为：探头型号，P/36R；测前速度，2.00mm/s；测中速度，1.0mm/s；测后速度，1.0mm/s；形变量，30%；两次压缩时间间隔，5.0s；触发力，5g。

5.3.3 结果与讨论

（1）加工条件对碗托糊化度的影响

糊化度能够评估淀粉加工过程中的糊化程度，其数值高低会影响淀粉基食品的理化特性及其营养与消化特性，是评价淀粉基食品的重要指标（Roman 等，2019；Di Paola 等，2003）。不同加工条件碗托糊化度如表 5-9 所示。在蒸制时间为 10min 或 20min 时，冷却时间变化对其糊化度没有影响，但在 15min 时，随着冷却时间的延长，所测定的糊化度数值变小，可能是由于在该加热时间下，冷却时间对甜荞碗托的回生影响较大，直链淀粉与支链淀粉分子发生重排，致使相同实验条件下，直链淀粉不能完全释放，导致糊化度的变化。

冷却时间为 20min 时，随着加热时间的延长，碗托的糊化度有所增加，说明在相同的加热环境下，加热时间的延长能够增加碗托中淀粉的糊化程度。但随着冷却时间的延长（30min 和 40min），样品糊化度在加热 10min、15min 时变化不明显，这可能是由于短期回生影响碗托的糊化度测定结果，而加热 20min 后样品的糊化度明显增加，可能是在一定的加热时间下，样品中淀粉糊化度变化不明显，因此容易受到淀粉回生的干扰，而加热时间的继续延长，更多的热量对样品中淀粉颗粒的糊化度造成明显的变化，使其能够抵消回生对淀粉颗粒中直链淀粉提取的干扰。

综上可知，在一定蒸制时间范围内，碗托的糊化度随时间延长增加缓慢，而随着加热的继续进行，碗托的糊化度受时间变化影响较大，数值增加明显；在此测定方法下，冷却时碗托中淀粉分子重排会影响糊化度的测定结果。

表 5-9　不同加工条件甜荞碗托糊化度、相对结晶度及 1022/995 比值

样品	糊化度/%	相对结晶度/%	1022/995
10-20	79.55 ± 0.57^{Ac}	15.44	1.65 ± 0.01^{Aa}
10-30	79.03 ± 0.32^{Ab}	16.94	1.63 ± 0.04^{ABa}
10-40	78.62 ± 0.26^{Ab}	18.89	1.60 ± 0.03^{Ba}
15-20	80.94 ± 0.18^{Ab}	21.10	1.65 ± 0.05^{Aa}
15-30	79.62 ± 0.26^{Bb}	22.60	1.63 ± 0.04^{Aa}
15-40	78.68 ± 0.47^{Cb}	22.87	1.62 ± 0.04^{Aa}
20-20	82.90 ± 0.39^{Aa}	26.26	1.68 ± 0.03^{Aa}
20-30	82.98 ± 0.38^{Aa}	27.10	1.60 ± 0.05^{Aa}
20-40	82.48 ± 0.32^{Aa}	27.13	1.60 ± 0.01^{Aa}

注：样品命名为 A-B 形式，其中 A 为蒸制时间（min），B 为冷却时间（min）；数值表示为平均值±标准差；表中同一指标中，大写字母不同为相同蒸制时间不同冷却时间下样品存在显著性差异（$p<0.05$），小写字母不同为相同冷却时间不同蒸制时间下样品存在显著性差异（$p<0.05$）。

（2）加工条件对碗托长程有序结构的影响

不同加工条件甜荞碗托的 XRD 谱图如图 5-3 所示，相对结晶度见表 5-9。谱图在 17°、20° 出现小峰，这些位置上峰的出现代表碗托中淀粉重结晶以及淀粉-脂质复合物的形成。在蒸制时间相同时，随着冷却时间的延长，样品 17° 的峰强度增强，说明碗托发生了回生，形成了少量的 B 型结晶结构（Rodríguez-Sandoval 等，2008），而样品的结晶度增强，说明该样品在短时间的冷却中双螺旋发生了分子重排，样品结晶结构增加，长程有序程度增加。

随着蒸制时间的延长，淀粉-脂质复合物的峰和结晶度增加，这可能是由于随着加热的进行，淀粉颗粒的破坏程度增加，直链淀粉被释放，能够有更多的机会与脂质形成复合物，导致更多淀粉-脂质复合物的形成，因此其 20° 峰的强度增加。而结晶度的增加可能是因为碗托样品中存在部分未完全糊化的淀粉颗粒，使其拥有较高比例的初始有序结构，降低了淀粉分子流动性，减缓回生过程中双螺旋的形成（Fu，2013），因此，随着加热时间的延长，样品初始有序结构降低，其结晶度增加。

根据 XRD 的结果可知，蒸制时间的变化能够影响碗托中淀粉颗粒的结构，其时间延长促进碗托中淀粉-脂质复合物的形成以及长程有序结构的增加；冷却时间的增加提高碗托中淀粉回生的程度，进而提高其长程有序结构。

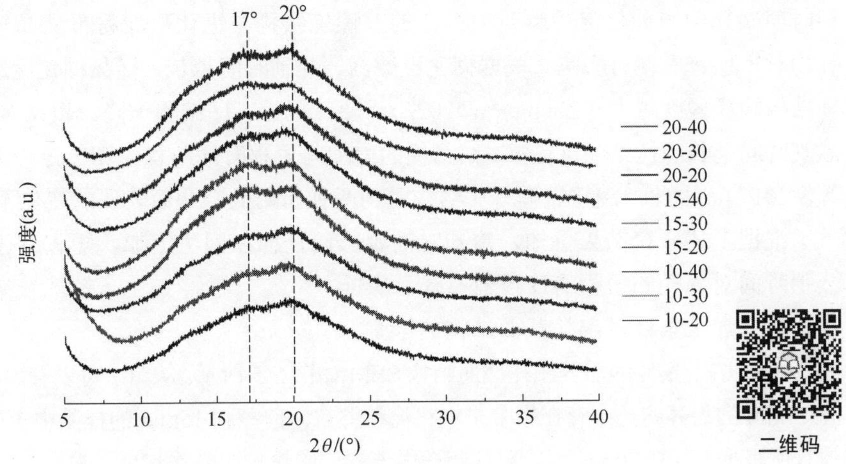

图 5-3　不同加工条件甜荞碗托 XRD 谱图

样品命名为 A-B 形式，其中 A 为蒸制时间（min），B 为冷却时间（min）

（3）加工条件对碗托短程有序结构的影响

利用 FTIR 对不同加工条件甜荞碗托的短程有序结构变化进行研究，1200～800cm^{-1}范围内的谱图如图 5-4 所示，1022cm^{-1}与 995cm^{-1}的比值见表 5-9。不同加工条件的甜荞碗托的谱图由于原料与加工方式相同，其 FTIR 谱图相似。根据相关研究，谱图中 1022cm^{-1}处的 FTIR 吸收带与样品中淀粉无定型区域有关，995cm^{-1}处的 FTIR 吸收带与晶体区域有关，二者比值可以表示淀粉短程有序程度（Guo 等，2018）。根据表中数据，蒸制时间相同时，1022/995 数值随着冷却时间的延长有降低的趋势，但这种变化差异不显著，可能是由于碗托冷却时发生了少量的回生，双螺旋的数量存在增加的趋势，但由于冷却时间较短，其回生变化不明显。

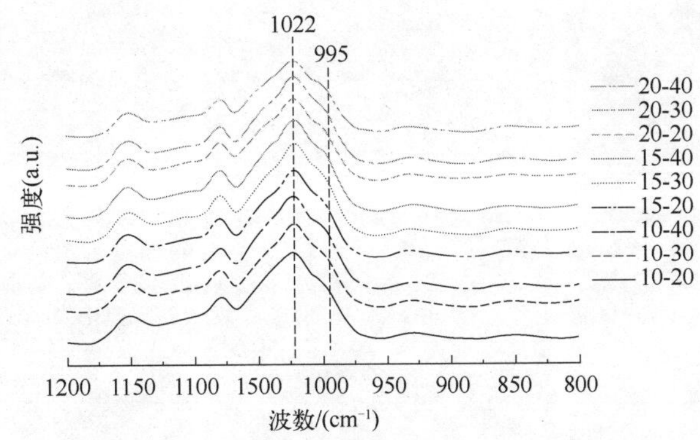

图 5-4　不同加工条件甜荞碗托的 FTIR 谱图

样品命名为 A-B 形式，其中 A 为蒸制时间（min），B 为冷却时间（min）

对于不同的蒸制时间的碗托，1022/995 数值没有显著的变化，可能是由于较短蒸制时间碗托中未糊化淀粉颗粒中存在的双螺旋结构与糊化后淀粉重结晶形成的双螺旋均对短程有序性有影响。根据糊化度数据，蒸制时间越长，样品糊化度越高，双螺旋结构破坏程度越大（Zheng 等，2022），使其短程有序结构下降。根据 XRD 数据，蒸制时间越长碗托结晶度越高，结晶度的增加与短程有序结构存在一定相关性（Jafari 等，2017），因此，碗托短程有序结构受到两种作用的影响而表现的变化不明显。

根据上述研究结果可知，冷却时间延长碗托样品回生增加，短程有序度升高，蒸制时间对碗托的短程有序度没有显著影响。

（4）加工条件对碗托截面结构的影响

不同加工条件的甜荞碗托截面结构 SEM 如图 5-5 所示。从图中可以看出蒸制 10min 和 15min 的甜荞碗托中存在较多未糊化淀粉颗粒，但蒸制 15min 的样品中未糊化淀粉颗粒有所减少，蒸制 20min 时，甜荞碗托中未糊化淀粉颗粒显著减少，这与 5.2.3 中对糊化度结果的描述相似。通过对比发现，冷却时间相同时，蒸制 15min 的甜荞碗托截面结构较其他蒸煮时间样品连续性好。随着冷却时间的延长，甜荞碗托的截面结构更加光滑，碗托结构的致密与连续程度增加，这可能与淀粉回生形成的凝胶网络有关。

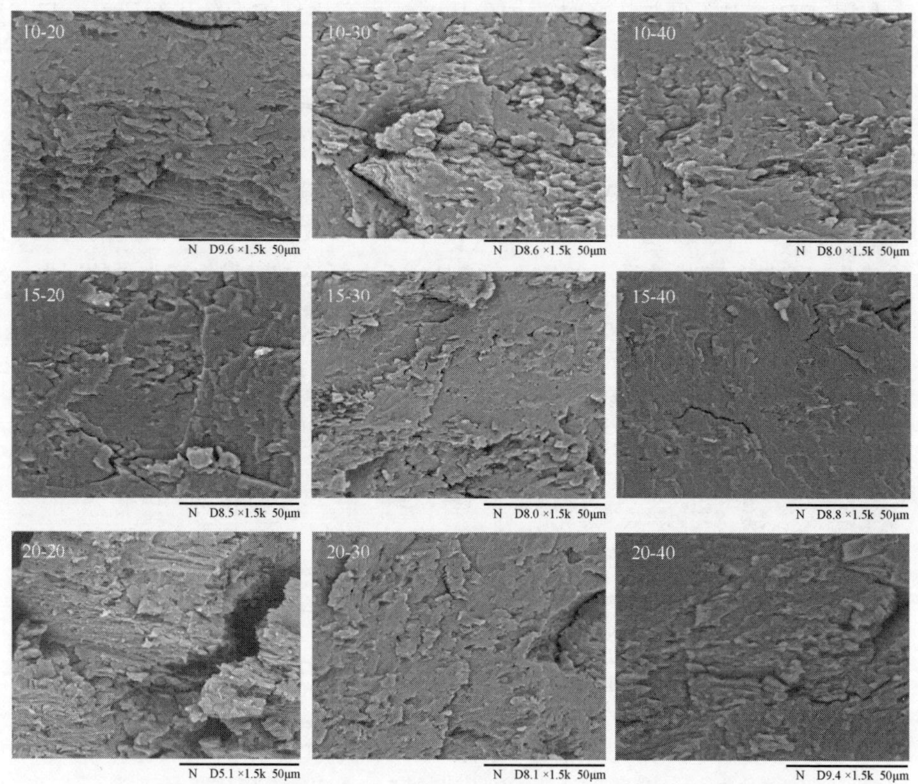

图 5-5　不同加工条件甜荞碗托截面结构 SEM

样品命名为 A-B 形式，其中 A 为蒸制时间（min），B 为冷却时间（min）

总体上看，除 20-20 样品外，甜荞碗托的截面结构紧密且连续，碗托截面存在光滑的平面结构，这说明甜荞碗托拥有较好的结构，而 20-20 样品中的裂纹可能是因为过长的加热时间导致碗托结构的破坏，而随着冷却时间延长，碗托的回生使碗托结构连续性增加，在冷却时间相同时，蒸制 15min 的样品结构最好。

（5）加工条件对碗托质构特性的影响

不同加工条件甜荞碗托的质构特性如表 5-10 所示。在蒸制时间相同时，随着冷却时间的延长，甜荞碗托硬度、胶着度、咀嚼度、回复性升高，结合 XRD 与 FTIR 的数据，这种质构的变化可能与碗托中淀粉的短期回生有关，淀粉链段之间的相互作用增强，凝胶网络对碗托的支撑作用增强。

在相同冷却时间下，甜荞碗托硬度、胶着度及咀嚼度随着加热时间延长先升高后降低，加热 15min 时上述指标数值最高，可能是随着加热时间一定程度的增加，淀粉与水的作用更充分，颗粒膨胀，直链淀粉溢出，分散在碗托体系中，冷却时的凝胶化增加碗托的硬度、胶着度和咀嚼度。而在加热 20min 时，碗托的硬度等指标下降，这可能是由于过长的加热时间导致碗托结构被水分子剧烈运动破坏，也有可能被蒸制过程中产生的水蒸气破坏，进而使其硬度较加热 15min 时低。

碗托加工条件的改变对弹性、黏聚性影响较小，但加热时间的延长和冷却时间的缩短均降低碗托的回复性，说明碗托中淀粉颗粒的破坏与回生均会影响碗托的回复性。

表 5-10　不同加工条件甜荞碗托的质构特性

样品	硬度/g	弹性/g	黏聚性	胶着度	咀嚼度	回复性
10-20	292.87 ± 16.17^{Bb}	0.96 ± 0.00^{Ba}	0.83 ± 0.01^{Ba}	269.81 ± 21.29^{Bab}	259.04 ± 21.38^{Bab}	0.47 ± 0.02^{Ba}
10-30	307.62 ± 3.75^{Bc}	0.97 ± 0.01^{Aa}	0.86 ± 0.01^{Ab}	250.20 ± 15.95^{Bc}	243.78 ± 14.53^{Bc}	0.52 ± 0.02^{Aa}
10-40	357.38 ± 16.94^{Ab}	0.97 ± 0.01^{Aa}	0.87 ± 0.01^{Aa}	309.42 ± 13.96^{Aa}	300.86 ± 15.70^{Aa}	0.52 ± 0.02^{Aa}
15-20	350.94 ± 11.84^{Ba}	0.96 ± 0.01^{Aa}	0.84 ± 0.01^{Aa}	294.52 ± 11.86^{Ba}	281.64 ± 14.25^{Ba}	0.46 ± 0.01^{Ba}
15-30	395.19 ± 31.72^{ABa}	0.96 ± 0.00^{Ab}	0.84 ± 0.01^{Aab}	332.75 ± 24.40^{Aa}	318.32 ± 23.85^{ABa}	0.48 ± 0.01^{ABb}
15-40	414.73 ± 30.20^{Aa}	0.96 ± 0.01^{Ab}	0.83 ± 0.01^{Ab}	344.88 ± 23.38^{Aa}	329.85 ± 23.36^{Aa}	0.48 ± 0.01^{Ab}
20-20	302.81 ± 12.26^{Cb}	0.96 ± 0.00^{Ba}	0.83 ± 0.02^{Aa}	251.41 ± 11.11^{Cb}	242.56 ± 10.75^{Cb}	0.48 ± 0.01^{Ba}
20-30	351.60 ± 7.34^{Bb}	0.96 ± 0.00^{ABb}	0.83 ± 0.02^{Ab}	292.63 ± 9.74^{Bb}	280.69 ± 8.64^{Bb}	0.48 ± 0.01^{ABb}
20-40	388.58 ± 22.53^{Aab}	0.97 ± 0.00^{Aab}	0.83 ± 0.01^{Ab}	322.32 ± 18.54^{Aa}	312.10 ± 19.31^{Aa}	0.49 ± 0.00^{Ab}

注：样品命名为 A- B 形式，其中 A 为蒸制时间（min），B 为冷却时间（min）；数值表示为平均值±标准差；表中同一指标中，大写字母不同为相同蒸制时间不同冷却时间下样品存在显著性差异（$p<0.05$），小写字母不同为相同冷却时间不同蒸制时间下样品存在显著性差异（$p<0.05$）。

5.3.4　小结

本研究制备了不同工艺的碗托，对其质构品质进行测定，并通过糊化度与结构的表征分析其品质变化的原因，具体结果如下：

随着冷却时间的延长，碗托中淀粉少量回生，所测糊化度略微降低，样品结晶度与短程有序度增加，冷却时间延长使得碗托截面结构趋于平整，硬度、胶着度等质构指标有增加的趋势。

随着加热时间的延长，碗托的糊化度增加，未糊化淀粉颗粒减少，有序结构发生改变，过长的加热时间可能会对碗托的结构造成破坏，碗托的硬度等指标呈现先升高后降低的趋势。

在加热时间为15min，冷却时间为30min或40min时，碗托的硬度等指标较高，说明在该加工条件下，碗托的截面结构平整光滑，考虑到实验时间和能源消耗等因素，因此蒸制15min冷却30min可作为后续研究的实验条件。

5.4 多酚添加对甜荞理化特性及碗托消化品质的影响

作为我国西部地区的传统食品，荞麦碗托大多由甜荞磨粉制成。由于甜荞粉中淀粉含量较高，消费者食用后餐后血糖快速升高，会使得胰岛素快速响应，长此以往会给消费者带来2型糖尿病的患病风险。因此，利用现代食品手段降低传统杂粮制品中淀粉的酶解速率，延缓胰腺衰老的研究具有较强的现实意义。

同时，甜荞碗托属于淀粉基凝胶制品，其冷却和储存过程中淀粉会发生显著的老化回生，主要包括短期直链淀粉凝胶化和长期支链淀粉重结晶两个过程，这种结构变化伴随着结晶度、糊状物黏度变化以及凝胶网络的形成和水的渗出等现象（Liu等，2021），一定程度上影响产品的最终品质。因此，采用适当的方法延缓碗托回生，对碗托品质提升也十分必要。找到一种简单、绿色、安全、有效的方法，可以同时改善甜荞碗托这类中华传统淀粉基凝胶制品的消化特性和老化特性，逐渐成为食品科技领域的研究热点。

近年来，大量相关研究表明，多酚可通过接触并结合食品中的生物大分子，如淀粉、蛋白质和纤维素等（Seczyk 等，2021），对食品体系的消化率以及包括老化在内的理化性质等产生影响（Chen 等，2020，Jiang 等，2021）。GA是最简单的酚酸之一（Gutierrez 等，2020），由于其具有优异的抗炎、抗氧化活性以及多种明显的药理作用，逐渐在食品体系中得到广泛应用。Aleixandre 等（2021）的研究表明，酚酸与酶的相互作用是抑制α-淀粉酶或α-葡萄糖苷酶的有效方法，而酚酸与淀粉的相互作用同样能够起到抑制消化的作用，其中GA在这两种方式中均对淀粉消化有较好的抑制作用。Li 等（2018）通过将三种酚酸分别与蜡质玉米和马铃薯淀粉溶液共混，制备酚酸-淀粉混合物，并指出酚酸与支链淀粉可通过疏水相互作用，特别是CH-π连接驱动促进支链淀粉转化成直链淀粉，而与马铃薯淀粉主要以形成V型复合物的方式，降低淀粉消化特性，研究中还提到GA更倾向于与淀粉形成非包合物质。Chi 等（2018）也在GA对大米淀粉凝胶消化性影响的研究中阐述，GA能与淀粉形成非共价键作用，影响淀粉双螺旋形成，进而增加凝胶中 RS 含量，降低其预测血糖指数（pGI）值，起到抗消化的作用。和 GA 类似，EGCG 是茶叶中最主要的儿茶素成分，包含多个酚羟基，也是广泛使用的抗氧化天然产物（Pan 等，2019）。Sun 等（2018a）对茶多酚抑制玉米淀粉消化机制进行研究，通过对茶多酚中不同多酚与淀粉的结合能力以及对胰 α-淀粉酶对淀粉结合的限制能力进行测定，发现茶多酚中茶黄素家族与淀粉的结合能力显著高于儿茶素家族，并且具有没食子酸基团的多酚与淀粉的结合作用更强，其中 EGCG 与淀粉的结合能力高于另几种儿茶素成分。而实验结果表明，多酚的加入会增强淀粉与酶的结合，但最终结果显示，这种作用仍然对淀粉消化存在抑制作用，其中 EGCG 对酶与淀粉结合的增强作用较低。而 Chai 等（2013）对多酚与直链淀粉的研究表明，茶多酚添加可能起到桥梁作用，将直链淀粉分子连接在一起，导致分子大小增加，多分散性降低，其中 EGCG 添加后的样品分布更窄，另外还可能导致直链淀粉延伸，增加流体动力学半径，影响淀粉的结构，进而延缓淀粉的消化。

而多酚的添加除了能够抑制淀粉的消化外，还能够起到延缓老化的作用，Yu 等（2022）通过对不同酚酸对淀粉回生影响的研究，得出酚酸不仅能通过氢键与淀粉发生相互作用影响淀粉回生，疏水相互作用的存在同样会对淀粉的结构产生影响，进而延缓淀粉回生。根据 Pan 等（2019）的研究，EGCG 能够通过与淀粉分子发生氢键相互作用，干扰淀粉分子重排，起到延缓淀粉老化的作用，另外，Han 等（2020b）提出，多酚的添加除影响凝胶结构对其老化产生抑制作用外，并使淀粉凝胶结构变得疏松，同时影响淀粉的水合特性、糊化特性等物理化学性质。

此外，多酚添加除对食品的消化性与回生存在抑制作用外，还能够增加食品体系的抗氧化性、抗菌性以及对心脑血管的保护作用（Lorenzo 和 Munekata，2016；Yan 等，2020）。

基于上述内容，本研究选用两种结构与分子量不同的多酚（GA 与 EGCG）为原料，研究多酚结构与添加量对甜荞粉理化特性的影响，并对其制备而成的碗托的结构、品质及消化性进行研究，探究多酚添加对荞麦理化特性及碗托品质和消化性的影响，以期获得回生较低、抗消化性能较好的碗托产品。

5.4.1 材料与仪器

（1）材料与试剂

原料：5.2.2 制备的陕西甜荞粉。

试剂：GA，上海源叶生物有限公司；EGCG，西安贝吉诺生物科技有限公司；α-淀粉酶、胃蛋白酶、胰酶，美国 Sigma-Aldrich 公司；淀粉葡萄糖苷酶，爱尔兰 Megazyme 公司；DPPH•、$ABTS^{+}$•标准品，上海源叶生物有限公司；其他化学品和试剂至少为分析级。

（2）仪器与设备

主要实验设备见表 5-11。

表 5-11 实验设备

设备	型号	厂家
旋转混匀仪	MX-RD-PRO	大龙兴创实验仪器有限公司
电蒸锅	ZG26Easy401	美的集团
冰箱	BCD-268WSV	青岛海尔股份有限公司
冷冻干燥机	SCIENTZ-12N	宁波新芝生物科技股份有限公司
冷冻球磨仪	MM-400	德国 Retsch 公司
色度计	CM-5	日本 Konica Minolta 公司
RVA	RVA4500	澳大利亚 Perten 公司
SEM	TM-3000	日本 Hitachi 公司
食品物性测定仪	TA.XTplus	英国 Stable Microsystems 公司
全波长酶标仪	SpectraMax-M2e	美国 Molecular 公司
FTIR	SP2	美国 PE 公司
XRD	D8	德国 Bruker 公司
水浴恒温振荡器	SHZ-82A	常州朗越仪器制造有限公司

5.4.2 试验方法

（1）原料及样品制备

① 混合粉制备

取适量 5.2.2 制得陕西甜荞粉，分别加入不同质量的 GA 和 EGCG，混合均匀后得到 6 种 GA 和 EGCG 含量分别为 1%、3%、5%（质量分数）的甜荞-多酚混合粉。

② 碗托制备

准确称取上述甜荞-多酚混合粉，按照 5.3.2 方法，蒸制 15min，冷却 30min 得到甜荞-多酚碗托。将部分甜荞-多酚碗托样品冻干，经冷冻球磨后，得到样品对应的甜荞-多酚碗托冻干粉（CBW）。

（2）色差测定

同 5.2.2。

（3）水合特性测定

甜荞-多酚混合粉的吸水指数（WAI）、水溶性指数（WSI）、膨胀势（SP）的测定参考 Gao 等（2020）的方法，并做适当的调整。具体的方法如下：准确称取 1.0g 甜荞-多酚混合粉，质量记为 W_0，放入已知质量的离心管（W_1）中，加入 25mL 超纯水，振荡，使淀粉完全分散。将离心管置于 90℃水浴中保持 30min，间隔 10min

手摇 10s。经室温冷却和 4200r/min 离心 15min 后，将上清液倒入已知质量的干燥铝盒（W_2）中，105℃恒温干燥至恒重（W_3），同时称取带有下层沉淀的离心管质量（W_4）。每个样品平行 3 次测试，数据按照如下公式计算：

$$\text{WAI (g/g)} = \frac{W_4 - W_1}{W_0} \tag{5-2}$$

$$\text{WSI (g/100g)} = \frac{W_3 - W_2}{W_0} \times 100 \tag{5-3}$$

$$\text{SP (g/g)} = \frac{W_4 - W_1}{W_0 - (W_3 - W_2)} \tag{5-4}$$

（4）糊化特性测定

甜荞-多酚混合粉的糊化特性测定同 5.2.2。

（5）凝胶截面 SEM 测定

将糊化特性测定试验结束所得凝胶置于模具中，将表面轻轻刮平，凝胶于 4℃下储存 24h 后进行洗脱，洗脱以及后续冻干及 SEM 拍摄方法同 5.3.2，取放大 200 倍图片保存。

（6）凝胶质构特性测定

同 5.2.2。

（7）总多酚含量及抗氧化活性测定

总多酚的提取方法参照 5.2.2，并稍作修改。准确称取 1.0g 甜荞碗托冻干粉，0.2g 甜荞-多酚的碗托冻干粉，加入 30mL 70%的甲醇溶液，并于 65℃水浴中振荡 2h 提取多酚，趁热过滤，得到荞麦碗托的多酚提取液。该提取液用于总多酚含量及抗氧化活性测试实验。

① 总多酚含量测定

同 5.2.2。

② DPPH • 自由基清除能力测定

碗托的 DPPH • 自由基清除能力参考 Abu Bakar 等（2009）的方法测定，于 1mL 样品提取液（甜荞-多酚碗托冻干粉提取液稀释 50 倍）中加入 4.5mL 0.1mmol/L DPPH • 甲醇溶液，摇匀、避光反应 30min，在 517nm 波长下测定吸光度，每个样品重复 3 次测定。以 Trolox 浓度为横坐标，517nm 波长下吸光度为纵坐标，绘制标准曲线，根据标准曲线计算样品 DPPH • 自由基清除能力，结果以 μmol TE/100g 表示。

③ $ABTS^+$ • 自由基清除能力测定

碗托的 $ABTS^+$ • 自由基清除能力参考 Re 等（1999）的方法测定，于 200μL 样品提取液中加入 4mL $ABTS^+$ • 自由基工作液，摇匀、避光反应 30min。在 734nm 波长下测定吸光度，每个样品重复 3 次测定。以 Trolox 浓度为横坐标，734nm 波长下吸光度为纵坐标绘制标准曲线。根据标准曲线计算样品 $ABTS^+$ · 自由基清除能力，结果以 μmol TE/100g 表示。

④ 铁还原能力测定

碗托的铁还原能力参考 Benzie 等（1996）的方法测定，于 1mL 样品提取液中加入 4.5mL 工作液，摇匀、避光反应 30min。在 593nm 波长下测定吸光度，每个样品重复 3 次测定。以 Trolox 浓度为横坐标，593nm 波长下吸光度为纵坐标，绘制标准曲线，根据标准曲线计算出样品铁还原能力，结果以 μmol TE/100g 表示。

（8）碗托长程有序结构测定

同 5.3.2。

（9）碗托短程有序结构测定

同 5.3.2。

（10）碗托质构特性测定

同 5.3.2。

（11）消化特性测定

甜荞碗托体外消化性根据 Goñi 等（1997）、Goh 等（2015）和 Englyst 等（1992）的研究进行测定和计算。分别称取 2.5g 碗托样品，置于装有 30mL 蒸馏水的锥形瓶，并置于 37℃的振荡水浴中（130r/min）。加入 0.1mL 10% α-淀粉酶溶液（口腔消化），1min 后加入 0.8mL 1mol/L HCl 水溶液以停止口服消化。

胃消化阶段：于上述锥形瓶中加入 1mL 溶于 0.05mol/L HCl 中的 10%胃蛋白酶溶液，振荡 30min 后加入 2mL 1mol/L $NaHCO_3$ 溶液和 5mL 马来酸盐缓冲液（pH 6.0）以停止胃消化，取 1mL 反应液于 4mL 离心管中，剧烈振荡灭酶，为 0min 样品。

小肠消化阶段：于上述锥形瓶中加入 0.1mL 葡萄糖淀粉酶及 1mL 5% 胰蛋白酶，在 20min、60min、90min、120min 和 180min 分别取 1mL 反应液加至含有 4mL 无水乙醇的离心管中，并于 4000r/min 离心 10min。取 0.1mL 上清液，同时取 0.1mL 标准葡萄糖溶液，加入 3mL 葡萄糖氧化酶-过氧化物酶（GOPOD）于 50℃下孵育 30min，冷却至室温后于 510nm 下测定吸光度值。采用指数模型描述碗托水解动力学，一级方程为：

$$C=C\infty(1-e^{-kt}) \tag{5-5}$$

式中，C(%)为 t(min)时的葡萄糖浓度；$C\infty$(%)为平衡浓度；k 为动力学常数；t 为时间。

淀粉水解曲线下的面积（AUC）按如下公式计算：

$$\text{AUC}= C\infty(t_\infty - t_0) - (C\infty/k)[1-e^{-k(t_\infty - t_0)}] \tag{5-6}$$

水解指数（HI）以淀粉水解曲线下的面积（AUC）计算，以白面包为参考。预测血糖指数（pGI）使用以下方程式估算：

$$pGI = 39.71 + 0.549HI \tag{5-7}$$

同时，快消化淀粉（RDS）和慢消化淀粉（SDS）分别表示为消化 20min 和 120min 时的葡萄糖含量，以 RDS+SDS 和总淀粉的含量差异计算抗性淀粉（RS）。

（12）感官评价测试

参考彭登峰等（2014a）的评价方法，评价小组由 10 名经过培训的从事食品研究的科研人员组成，根据感官评价表（表 5-12）中的内容进行打分，各项评分累加后取平均值作为最终得分。

表 5-12　甜荞-多酚碗托感官评价表

评价项目		评价标准	分值
色泽（总 20 分）	颜色（10 分）	颜色均匀，呈碗托特有颜色	7～10
		颜色较均匀，有较深/浅部分	4～6
		颜色分布不均匀，深浅不一	0～3
	光泽（10 分）	光泽自然，较亮	7～10
		光泽较差，较暗淡	4～6
		无光泽	0～3
结构（总 20 分）	表面结构（10 分）	表面平整、光滑，无裂纹	7～10
		表面较平整、光滑，裂纹不明显	4～6
		表面不平整、光滑，裂纹明显	0～3
	内部结构（10 分）	截面平整、均匀	7～10
		截面较平整、均匀	4～6
		截面粗糙	0～3
口感（总 40 分）	黏性（15 分）	黏性较小，入口顺滑	11～15
		黏性较高，略微粘牙	6～10
		黏性高，粘牙明显	0～5
	弹性（15 分）	弹性适中，有嚼劲	11～15
		弹性较差，嚼劲较小/大	6～10
		弹性差，嚼劲过小/大	0～5
	硬度（10 分）	软硬适中	7～10
		较软/硬	4～6
		过软/硬	0～3
食味（总 20 分）		具有荞麦特有的香气与味道	15～20
		存在荞麦的香气与味道，其他味道较弱	7～14
		荞麦的香气与味道弱，其他味道明显	0～6

5.4.3 结果与讨论

（1）多酚添加对混合粉色差的影响

混合粉的色差数据如表 5-13 所示。添加 GA 后，荞麦粉的 L^*值升高，混合粉亮度增加，但添加量对其影响不显著。a^*值降低，样品偏红的特点减弱。b^*值升高，样品黄度增加，这与 Zhang 等（2018b）研究中，添加 GA 的红酒样品 b^*值上升的表现一致，GA 添加量 5%时样品的 b^*值与 CBF 有显著性差异。

表 5-13　甜荞-多酚混合粉的色差数据

样品	L^*	a^*	b^*
CBF	93.47 ± 0.12^{Db}	0.20 ± 0.01^{Ad}	5.81 ± 0.07^{Ca}
GA-1%-M	94.29 ± 0.00^{A}	0.12 ± 0.00^{C}	5.93 ± 0.01^{B}
GA-3%-M	94.20 ± 0.00^{A}	0.11 ± 0.00^{D}	5.96 ± 0.01^{A}
GA-5%-M	94.17 ± 0.02^{A}	0.13 ± 0.00^{B}	5.98 ± 0.02^{A}
EGCG-1%-M	93.92 ± 0.01^{a}	0.44 ± 0.00^{c}	5.70 ± 0.01^{b}
EGCG-3%-M	93.30 ± 0.10^{b}	0.78 ± 0.00^{b}	5.66 ± 0.01^{b}
EGCG-5%-M	92.81 ± 0.02^{c}	1.00 ± 0.00^{a}	5.65 ± 0.03^{b}

注：数值表示为平均值±标准差；表中同一指标中，所带字母不同表示差异性显著（$p<0.05$）。

添加 EGCG 后，L^*值随着浓度的增加而降低，说明 EGCG 的添加使得混合粉亮度下降。a^*值随 EGCG 添加量的增加显著上升，这可能是由于 EGCG 本身的淡粉色引起的颜色改变，同时，a^*值的显著升高可能是使其 L^*值在添加量为 5%时降低的原因（Li 等，2013），b^*值随 EGCG 的添加而降低，说明样品黄度降低。

总体来说，GA 的添加增加了荞麦粉的亮度，减弱了其红度值，增加了黄度值；EGCG 的添加影响荞麦粉的亮度，使荞麦粉偏红，且黄度降低。

（2）多酚添加对混合粉水合特性的影响

混合粉的 WAI、WSI、SP 数据如表 5-14 所示。GA 的添加使甜荞粉的 WAI、WSI、SP 增加，WAI 和 SP 的增加可能是由于 GA 能够与甜荞中的淀粉发生相互作用，削弱淀粉分子中结晶区和非结晶区形成胶束结构的结合强度，使水分更容易渗透到淀粉颗粒中。同时，多酚的加入能够降低淀粉链段之间的相互作用，促进淀粉与水分子的结合（Chen 等，2020），进而提高了样品的 WAI 和 SP。WSI 随着 GA 添加量的增加而升高，这可能是因为多酚的加入通过在淀粉中暴露更多亲水性基团增加了淀粉溶解度，和/或降低了淀粉凝胶的连续性，并降低了其包封小分子的能力（Kan 等，2022）。也可能酸性物质 GA 的加入降低了溶液的 pH，使部分淀粉颗粒发生了酸解（Builders 等，2014），直链淀粉溶出，导致 WSI 增加。

而 EGCG 的加入对于样品水合特性的影响表现出与 GA 不同的趋势。EGCG 浓度的增加会使甜荞粉的 WAI 和 SP 小幅降低。这可能是其分子中含有大量的酚羟基，能够与淀粉发生相互作用，阻碍淀粉与水分子结合（Han 等，2020b；谢亚敏等，2021），并且 EGCG 具有很高的亲水性，可能与淀粉分子争夺水分子，进而使甜荞粉的 WAI 和 SP 呈现降低的趋势。随着 EGCG 的不断添加，WSI 值表现出与加入 GA 后相似的变化趋势，这可以归因于多酚与荞麦粉的相互作用影响了淀粉分子之间的相互作用，降低淀粉凝胶的连续性及其对小分子物质的包裹能力，使 WSI 升高。

表 5-14 甜荞-多酚混合粉的 WAI、WSI、SP

样品	WAI/(g/g)	WSI/(g/100g)	SP/(g/g)
CBF	8.86 ± 0.04^{Ba}	6.94 ± 0.12^{Dc}	8.09 ± 0.02^{Ba}
GA-1%-M	8.93 ± 0.01^{B}	7.41 ± 0.00^{C}	8.20 ± 0.01^{B}
GA-3%-M	9.48 ± 0.01^{A}	10.06 ± 0.53^{B}	8.96 ± 0.06^{A}
GA-5%-M	9.39 ± 0.20^{A}	12.00 ± 0.24^{A}	9.07 ± 0.22^{A}
EGCG-1%-M	8.85 ± 0.17^{a}	7.53 ± 0.12^{b}	8.14 ± 0.15^{a}
EGCG-3%-M	8.43 ± 0.07^{ab}	7.94 ± 0.18^{b}	7.79 ± 0.05^{a}
EGCG-5%-M	8.15 ± 0.23^{b}	9.76 ± 0.00^{a}	7.68 ± 0.22^{a}

注：数值表示为平均值±标准差；表中同一指标中，所带字母不同表示差异性显著（$p<0.05$）。

两种多酚的添加对甜荞粉水合特性的影响存在差异，这可能源于多酚结构的不同，链长、基团位阻、刚性结构、亲疏水基团数目等结构的差异会导致其与荞麦中淀粉的相互作用不同，最终导致混合粉水合特性的差异。

（3）多酚添加对混合粉糊化特性的影响

混合粉的糊化曲线如图 5-6 所示，其糊化特征值如表 5-15 所示。由表可知，GA 的添加使得混合粉糊化黏度降低，这可能是因为 GA 通过影响淀粉链之间的相互作用抑制淀粉凝胶网络的形成。随着 GA 添加量的增加，样品的崩解值升高、回生值降低，这说明混合粉凝胶的抗剪切能力和冷糊稳定性降低。样品的糊化时间和温度的降低，可能淀粉颗粒加热时发生破坏，多酚分子进入破坏的淀粉颗粒内部，与其发生相互作用，进一步加速了淀粉分子的降解（Kan 等，2022）。总之，GA 的加入会影响淀粉链之间的相互作用，从而使淀粉颗粒的糊化更快、更容易，从而导致加热过程中黏度降低，冷加工过程中凝胶稳定性变差，这与上述水合性质的结果一致。

与空白样相比，当 EGCG 添加量为 1%时，其峰值糊化黏度升高，但其最终黏度低于空白样；而在添加量为 3%和 5%时，样品糊化黏度降低。上述现象可能归因于 EGCG 分子与淀粉的复杂相互作用：少量的 EGCG 可以作为桥梁增加淀粉分子间的相互作用；过量的 EGCG 则会破坏淀粉间氢键的相互作用，导致其连续网络结构被破坏（Wu 等，2020），最终使得糊化黏度降低。研究发现，随着 EGCG 添加量的增加，样品的崩解值有所降低，这说明 EGCG 的添加能使混合粉凝胶抗剪切能力增强。

表 5-15　甜荞-多酚混合粉的糊化特征值

样品	峰值黏度/cP	峰谷黏度/cP	崩解值/cP	最终黏度/cP	回生值/cP	糊化时间/min	糊化温度/℃
CBF	$2910±19.30^{Ab}$	$2724±68.13^{Aa}$	$186±84.29^{Ba}$	$5044±38.06^{Aa}$	$2319±103.46^{Aa}$	$6.13±0.05^{Aa}$	$71.83±0.02^{Aa}$
GA-1%-M	$2644±60.00^{B}$	$2258±96.50^{B}$	$387±36.50^{AB}$	$3668±28.50^{B}$	$1410±68.00^{B}$	$5.87±0.07^{B}$	$70.53±0.43^{B}$
GA-3%-M	$2509±40.00^{BC}$	$2038±16.00^{BC}$	$471±24.00^{A}$	$3299±18.50^{C}$	$1261±2.50^{BC}$	$5.67±0.07^{BC}$	$68.95±0.45^{C}$
GA-5%-M	$2445±6.50^{C}$	$1849±17.50^{C}$	$596±11.00^{A}$	$2932±0.50^{D}$	$1083±17.00^{C}$	$5.57±0.03^{C}$	$67.73±0.08^{D}$
EGCG-1%-M	$3071±2.00^{a}$	$2798±1.00^{a}$	$273±1.00^{a}$	$4739±85.50^{b}$	$1941±86.50^{b}$	$5.83±0.17^{a}$	$71.43±0.43^{a}$
EGCG-3%-M	$2709±7.00^{c}$	$2540±7.50^{b}$	$170±0.50^{b}$	$4006±28.00^{c}$	$1467±20.50^{c}$	$6.00±0.07^{a}$	$70.53±0.43^{a}$
EGCG-5%-M	$2644±48.50^{c}$	$2489±35.50^{b}$	$155±13.00^{c}$	$3583±30.50^{d}$	$1094±5.00^{d}$	$6.07±0.07^{a}$	$68.95±0.45^{b}$

注：数值表示为平均值±标准差；表中同一指标中，所带字母不同表示差异性显著（$p<0.05$）。

此外，添加 EGCG 样品的回生值、糊化温度与添加 GA 样品的特征值变化趋势相似，均随添加量的增加而降低。不同的是，样品的糊化时间没有显著变化。

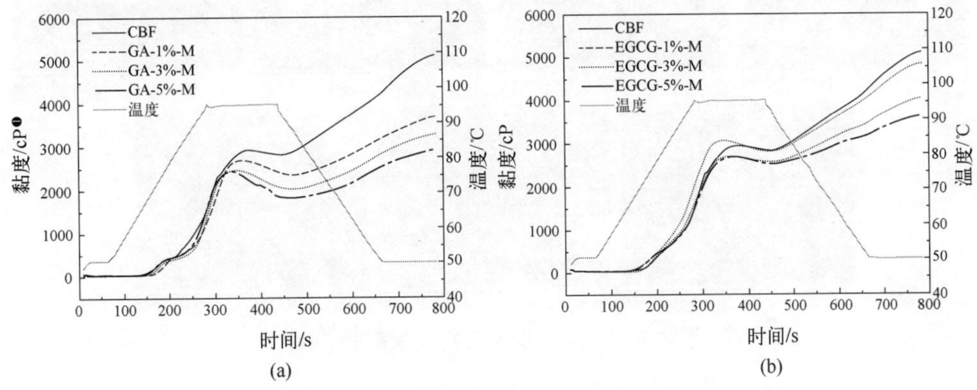

图 5-6 甜荞-多酚混合粉的糊化曲线

（a）添加 GA 的样品；（b）添加 EGCG 的样品

两种多酚的糊化数据表现有所异同，GA 的加入使淀粉颗粒更易糊化，影响淀粉链之间的作用，使加热过程中黏度降低，冷却时凝胶稳定性降低，添加 EGCG 后，其峰值黏度先升高后降低，能够一定程度增强淀粉的相互作用，这与水合特性的结果相符。

（4）多酚添加对混合粉凝胶截面结构的影响

混合粉凝胶截面放大 200 倍的 SEM 如图 5-7 所示。从截面图可以看出，CBF 的凝胶截面较致密，并且比较连续，存在分布不均匀的孔洞。随着多酚的加入，甜荞凝胶截面网孔增多，且两种多酚对其结构的影响存在差异。GA 添加后，凝胶结构变得松散，截面的网孔数量增加，添加量越高，形成的凝胶网孔越大，在添加量为 5%时，凝胶的网络结构存在一定程度的坍塌。这与 Chen 等（2020）的研究中，不同添加量的茶多酚对大米淀粉凝胶结构的影响相似，另外，Han 等（2020b）提出，凝胶结构的变化可能与其水合特性有关，其持水能力增强使得凝胶水分不易蒸发，进而使凝胶呈现疏松多孔的结构，这与本部分的研究结果相似。

添加 EGCG 的样品随其添加量增加，形成的凝胶网络网孔变小。添加量为 1%时，EGCG 的凝胶网络网孔较大，且不均匀，当添加量为 3%时，凝胶网孔显著变小，但存在一些较大的孔洞，在添加量为 5%时，凝胶网孔更小，较大的孔洞的数量明显减少，凝胶结构变得松散。这与 Du 等（2019）研究中淀粉凝胶截面结构变化相似，可能是由于 EGCG 与淀粉存在较强相互作用，干扰淀粉分子重排。

与 CBF 相比，两种多酚的加入均降低了凝胶的连续性与致密程度，影响了淀粉分子的回生，但因两种多酚结构的差异，使其对凝胶截面网络结构的影响不同。

❶ 1cP=10^{-3}Pa • s。

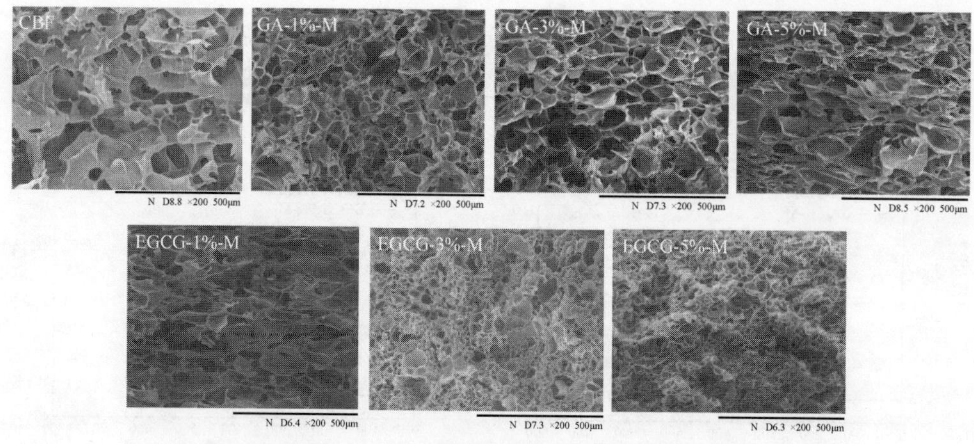

图 5-7　甜荞-多酚混合粉凝胶截面 SEM

（5）多酚添加对混合粉凝胶质构特性的影响

混合粉的凝胶质构数据如表 5-16 所示。添加 GA 后，除黏聚性与回复性外，其他质构指标均有不同程度的下降，这可能是因为 GA 的加入引入了大量酚羟基，与直链淀粉产生相互作用，影响其分子重排，延缓凝胶化的过程，进而导致其硬度、弹性等指标下降（谢亚敏等，2021）。另外，从凝胶的截面 SEM 来看（图 5-7），GA 的添加使甜荞凝胶结构变化显著，其凝胶网络的网孔数量、孔径以及排列发生了变化，这种结构的变化同样影响凝胶的质构。

EGCG-1%-M 与 EGCG-3%-M 的硬度和咀嚼度与 CBF 没有显著性差异，在添加量为 5%时有所下降。相似的，Du 等（2019）发现，茶多酚在低添加量（5%）时对中直链玉米淀粉凝胶硬度影响不显著，添加量增加后（10%、15%），其硬度显著下降。EGCG 的添加对甜荞凝胶的弹性影响较小，但使凝胶黏聚性降低，回复性与胶着度表现与添加 GA 样品相似。

在添加量相同时，添加 EGCG 后的凝胶硬度、弹性、胶着度和咀嚼度高于添加 GA 的，而添加 GA 后凝胶的黏聚性和回复性高于添加 EGCG 的，这可能是因为二者形成的凝胶结构不同、与甜荞作用不同导致的。

表 5-16　甜荞-多酚混合粉的凝胶质构特性

样品	硬度/g	弹性/g	黏聚性	胶着度	咀嚼度	回复性
CBF	$69.04±2.13^{Aa}$	$0.97±0.02^{Aa}$	$0.57±0.07^{Aa}$	$39.31±4.84^{Aa}$	$38.25±5.42^{Aa}$	$0.03±0.00^{Bc}$
GA-1%-M	$71.67±0.47^{A}$	$0.92±0.00^{B}$	$0.49±0.01^{A}$	$35.27±0.47^{A}$	$32.50±0.54^{A}$	$0.05±0.00^{A}$
GA-3%-M	$59.88±1.97^{B}$	$0.92±0.01^{B}$	$0.51±0.01^{A}$	$30.28±0.42^{B}$	$27.99±0.59^{B}$	$0.05±0.00^{A}$
GA-5%-M	$51.67±0.23^{C}$	$0.93±0.01^{B}$	$0.51±0.01^{A}$	$26.38±0.53^{C}$	$24.40±0.52^{C}$	$0.05±0.00^{A}$
EGCG-1%-M	$71.45±2.21^{a}$	$0.96±0.00^{a}$	$0.48±0.01^{b}$	$36.02±2.13^{a}$	$34.69±1.91^{a}$	$0.05±0.00^{a}$
EGCG-3%-M	$72.60±2.27^{a}$	$0.96±0.01^{a}$	$0.45±0.01^{c}$	$32.63±1.09^{b}$	$31.25±1.25^{a}$	$0.04±0.01^{abc}$
EGCG-5%-M	$63.50±2.28^{b}$	$0.96±0.01^{a}$	$0.46±0.02^{bc}$	$28.89±0.49^{c}$	$27.72±0.50^{b}$	$0.04±0.00^{b}$

注：数值表示为平均值±标准差；表中同一指标中，所带字母不同表示差异性显著（$p<0.05$）。

（6）多酚添加对碗托总多酚含量的影响

甜荞-多酚碗托的总多酚含量如表 5-17 所示。CBW 样品的总多酚含量仅约 4mg/100g，这可能与碗托制备过程中水溶性多酚或其他酚类化合物的损失有关。总多酚含量随着添加量的增加而升高，增加的比例接近 1∶3∶5，但存在一些差异，这可能是因为测定过程中误差或少量多酚与淀粉紧密络合导致的。而大量的多酚主要是通过氢键与荞麦粉中淀粉链发生相互作用，这种相互作用较弱（Zhu，2015），能够被甲醇提取出来。

（7）多酚添加对碗托抗氧化活性的影响

多酚的抗氧化机制基于氢原子的转移或质子的单电子转移，能够与自由基及金属离子发生反应（Yan 等，2020），达到抗氧化的目的。不同甜荞-多酚碗托的抗氧化活性如表 5-17 所示。DPPH • 自由基与 $ABTS^+$ • 自由基可依靠电子的转移与多酚中酚羟基反应（Hu 等，2021），中断自由基链反应，达到抗氧化的目的。铁还原能力是唯一直接测量样品中抗氧化剂或还原剂的抗氧化分析手段，可表示样品中供电子还原剂的浓度。从表中可以得出，不添加多酚时，原甜荞碗托的抗氧化活性较低。随着多酚的添加，碗托抗氧化效果增强。在相同添加量下，添加 GA 的碗托抗氧化效果较添加 EGCG 的好，这可能由于 GA 的分子量较小，在相同质量下，其浓度较 EGCG 高，因此表现出较高的抗氧化活性。通过与之前的研究相比，当 GA 添加量超过 3%时，碗托的抗氧化性能与天然荞麦谷物颗粒相似（Lee 等，2016）。Lee 等（2016）认为，天然荞麦主要由芦丁提供抗氧化活性，在其研究中，外源添加的多酚可以通过多种机制提供抗氧化活性。另外，Abu Bakar 的研究也证明了抗氧化活性与总多酚含量有关（Abu Bakar 等，2009）。

表 5-17　甜荞-多酚碗托的总多酚含量与抗氧化活性

样品	总多酚含量/(mg/100g)	DPPH • 自由基清除能力/(μmol/100g)	$ABTS^+$ • 自由基清除能力/(μmol/100g)	铁还原能力/(μmol/100g)
CBW	$3.91±0.19^{Dd}$	$46.63±0.59^{Dd}$	$107.17±1.58^{Dd}$	$25.56±0.42^{Dd}$
GA-1%	$626.25±5.02^{C}$	$692.76±1.46^{C}$	$402.92±5.82^{C}$	$175.69±0.32^{C}$
GA-3%	$1704.12±5.80^{B}$	$1255.98±0.43^{B}$	$1267.50±5.71^{B}$	$753.54±0.61^{B}$
GA-5%	$2906.99±21.88^{A}$	$2305.98±1.35^{A}$	$2295.83±10.36^{A}$	$1356.46±0.95^{A}$
EGCG-1%	$534.04±5.02^{c}$	$647.93±0.56^{c}$	$191.67±8.45^{c}$	$107.64±0.24^{c}$
EGCG-3%	$1511.50±13.28^{b}$	$1060.58±0.43^{b}$	$747.5±8.90^{b}$	$481.53±0.83^{b}$
EGCG-5%	$2355.76±12.63^{a}$	$1388.16±0.43^{a}$	$1340.83±6.54^{a}$	$801.04±0.96^{a}$

注：数值表示为平均值±标准差；表中同一指标中，所带字母不同表示差异性显著（$p<0.05$）。

（8）多酚添加对碗托长程有序结构的影响

甜荞-多酚碗托的 XRD 谱图如图 5-8 所示，相对结晶度以及 17° 和 20° 的峰面积见表 5-18。根据相关研究可知，谱图中 17° 左右的峰是样品中淀粉回生形成的 B 型结晶结构的特征峰，20° 左右的峰往往是因为淀粉与脂质或其他物质形成的 V 型结构导致的（Wu 等，2009）。

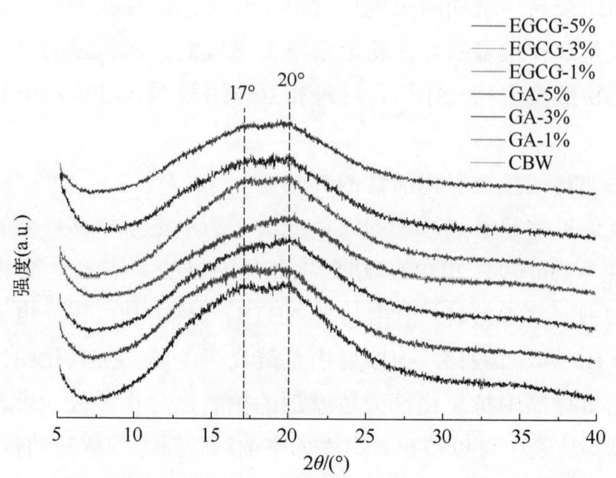

图 5-8　甜荞-多酚碗托 XRD 谱图

表 5-18　甜荞-多酚碗托的结晶度和 17°、20°峰面积及 1022/995 数值

样品	相对结晶度/%	17°峰面积/%	20°峰面积/%	1022/995
CBW	22.60	10.10	39.90	1.63±0.04[Aa]
GA-1%	22.18	9.80	48.70	1.59±0.01[AB]
GA-3%	20.53	3.50	49.10	1.57±0.01[B]
GA-5%	20.26	0.20	49.40	1.63±0.01[A]
EGCG-1%	21.06	8.10	53.40	1.59±0.00[a]
EGCG-3%	19.82	5.70	55.60	1.58±0.00[b]
EGCG-5%	20.24	5.10	54.50	1.57±0.03[ab]

注：数值表示为平均值±标准差；表中同一指标中，所带字母不同表示差异性显著（$p<0.05$）。

由图 5-8 可知，GA-1%样品在 17° 的峰面积较 CBW 样品的峰面积小，且随着 GA 添加量增加，该位置的峰面积逐渐减小，当添加量达到 5%时，谱图中 17° 的峰几乎消失，表明 GA 对甜荞碗托的回生有明显的抑制作用，并且添加量越高，抑制效果越明显。与 GA 相似，EGCG 添加后，其 17° 的峰面积较 CBW 有所降低，表明 EGCG 对碗托回生存在抑制作用，但随着添加量的增加其峰面积下降不如添加 GA 的样品明显，EGCG-3%与 EGCG-5%在 17° 的峰面积相近。另外，从结晶度的数据来看，添加多酚的碗托样品结晶度降低，说明多酚可能与支链淀粉形成的双螺旋或直链淀粉发生了相互作用，限制了淀粉双螺旋堆叠成有序阵列（Sevenou 等，2002），长程有序结构降低，同样说明多酚的添加能够抑制碗托样品的回生。

添加多酚后，碗托 20°的峰面积均显著高于 CBW，表明碗托中淀粉形成的 V 型结构增加，这可能是因为部分多酚进入了直链淀粉空腔导致的（Zhu，2015）。在相同添加量下，含 EGCG 的碗托样品 20°的峰面积高于含 GA 的碗托样品，表明分子量较大的多酚更容易与直链淀粉形成稳定的 V 型结构复合物，根据 Zhu 等（2021b）对不同结构、分子量多酚与直链淀粉相互作用的分子模拟实验结果，分子量大、氢键供受体多的多酚与直链淀粉的作用更稳定，这可能是添加 EGCG 的样品 V 型复合物较多的原因。综上所述，多酚的添加会限制碗托中淀粉双螺旋结构的重排（Pan 等，2019），抑制碗托回生，并增加淀粉 V 型复合物的含量。

（9）多酚添加对碗托短程有序结构的影响

样品的 FTIR 谱图如图 5-9 所示，1022/995 的比值见表 5-18。根据图 5-9（a），GA 表现出典型的酚类特征，在 3200～3500cm^{-1} 处的特征峰归属于苯环上—OH 的伸缩振动，在 1450～1610cm^{-1} 处的特征峰归属于苯环 C═C 的伸缩振动，在 1380cm^{-1} 附近的特征峰归属于—OH 的平面弯曲振动，在 1200～1300cm^{-1} 范围内是 C—O 和 C—C 的伸缩振动（Božič 等，2012）。根据图 5-9（b），EGCG 在 3350cm^{-1} 和 3472cm^{-1} 处的特征峰归属于—OH 的伸缩振动峰，1347～1372cm^{-1} 为—OH 的变形振动峰，1688cm^{-1} 为苯环上—C═O 的伸缩振动峰，1617cm^{-1} 为—C═C 伸缩振动峰，1528～1544cm^{-1} 为苯环的振动峰，1448～1466cm^{-1} 为—CH_2 的伸缩振动峰，1221～1237cm^{-1} 和 1040～1147cm^{-1} 分别为酯和醚上的—C—O 伸缩振动峰，825cm^{-1} 为 1,3 二取代苯上的═C—H 的变形振动峰，766cm^{-1} 为 1,2 二取代苯上的═C—H 的变形振动峰（张连水等，2009）。

陕西苦荞碗托（TBW）样品的 FTIR 特征峰与淀粉的 FTIR 谱图一致，这可能是由于荞麦粉中存在大量的淀粉，其信号强度高，使其他信号不能表现出来。根据相关研究，FTIR 谱图中 3200～3550cm^{-1} 处的特征峰由淀粉中—OH 引起，2900cm^{-1} 附近的特征峰为 CH_2 变形振动峰，1630cm^{-1} 处的特征峰由无定型区的水分子以及 C═O 伸缩振动引起。在较低的波数下，1412cm^{-1} 附近的特征峰由—CH_2 弯曲振动引起，1150cm^{-1} 处特征峰由糖苷键 C—O—C 和整个葡萄糖环的振动引起，930cm^{-1} 处被指认为 α-1,4-糖苷键的骨架模式振动峰，1047cm^{-1}、995cm^{-1} 和 1022cm^{-1} 分别归属于淀粉的结晶区和无定型区的特征峰（Dankar 等，2018），1047cm^{-1}/1022cm^{-1} 及 1022cm^{-1}/995cm^{-1} 的比值能够表示淀粉中有序或无序结构的比例变化（Guo 等，2018；Wang 等，2017）。

在图中可以看出，多酚与甜荞粉的物理混合样品（GA-5%-M、EGCG-5%-M）表现出多酚和淀粉的两种特征峰，并且峰的位置没有发生偏移，这说明简单的物理混合后，多酚不能够与荞麦粉发生相互作用。经过加工后的样品多酚的特征峰消失，只表现出淀粉的特征峰，由图 5-9（a）和图 5-9（b）可知，添加了多酚的样品在

3500cm^{-1} 处的峰发生蓝移，—OH 的数量和稳定性有所增加，这可能是由淀粉与多酚之间形成了氢键引起的，说明 GA 与 EGCG 均能够与荞麦中淀粉形成氢键相互作用。

根据图 5-9（c）和图 5-9（d）以及表 5-18 中 1022/995 的数据可知，添加 GA 后碗托的短程有序结构先增加后降低，说明一定量的 GA 能够增强碗托中淀粉双螺旋结构的形成，而添加量升高后，小分子 GA 可能会破坏淀粉间相互作用，进而降低碗托的短程有序结构，这与 Chi 等（2018）的研究结果一致。添加 EGCG 后碗托的短程有序结构较 CBW 样品高，可能是由于 EGCG 分子量较大，能够与淀粉链之间形成氢键相互作用（Pan 等，2019），加强淀粉链之间的作用，使其短程有序结构增加。随 EGCG 添加量的升高，碗托样品的短程有序结构有增加的趋势，但添加量为 3%与 5%的样品 1022cm^{-1}/995cm^{-1} 的比值不存在显著性差异。

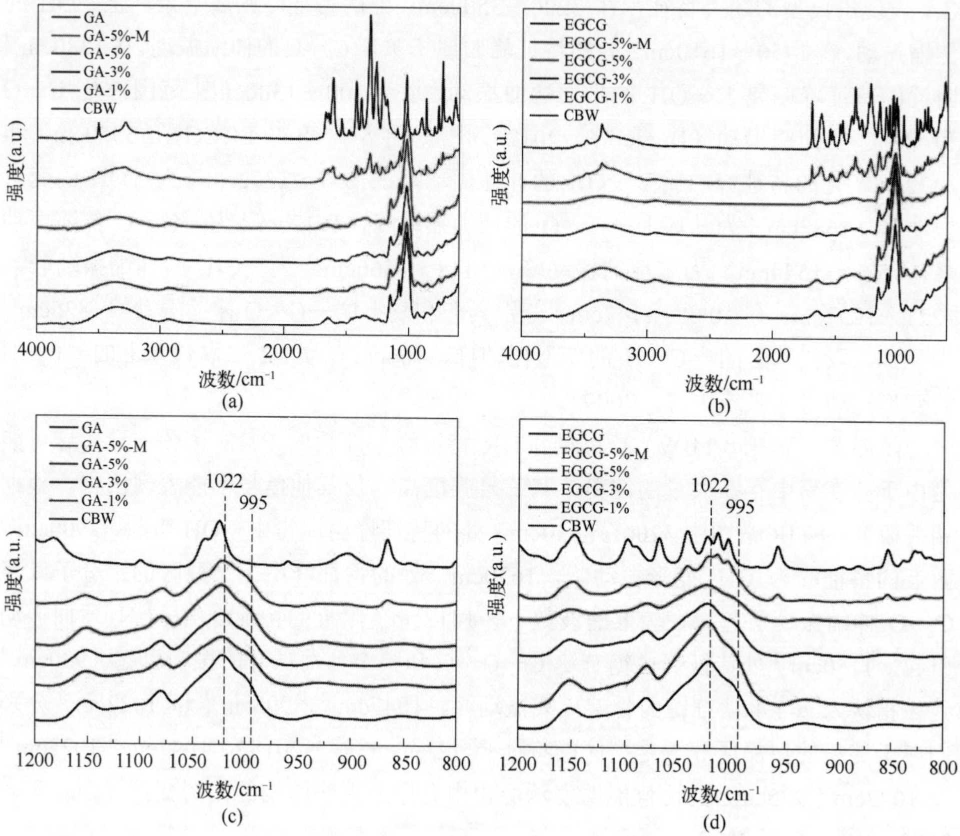

图 5-9　甜荞-多酚碗托 FTIR 谱图

二维

根据 FTIR 的数据，可以说明多酚能够与碗托中淀粉形成氢键相互作用，会一定程度地促进淀粉短链双螺旋的形成，增加碗托中双螺旋结构的数量，这种对短程有序结构带来的变化受到多酚结构与含量的影响。结合 XRD 的数据，可以看出多酚的添加虽然能够增加双螺旋的数量，但其可能会与双螺旋链段发生相互作用，破坏双螺旋结构之间的有序排列与堆叠，降低样品长程有序结构，影响样品回生。

（10）多酚添加对碗托质构特性的影响

甜荞-多酚碗托质构特性如表 5-19 所示。添加 GA 的碗托质构受到其添加量影响较大，随着浓度的增加，碗托的硬度、黏聚性、胶着度、回复性显著降低，其弹性与 CBW 相比略微降低，但差异较小。EGCG 的添加使碗托的硬度、弹性、胶着度、咀嚼度显著低于 CBW，与添加 GA 样品不同的是，其浓度变化对其数值影响不显著。其黏聚性和回复性在浓度增加后呈现显著降低的趋势，与含 GA 的样品表现相似。根据上述内容可知，添加多酚后，碗托变得更软、更易咀嚼。

多酚的添加对碗托质构的影响可能与其和淀粉的氢键相互作用有关，多酚分子限制淀粉分子之间的联结，破坏碗托网络的形成，进而使碗托的硬度、弹性等指标较未添加多酚的碗托的数值有所下降，这与谢亚敏等（2021）对添加多酚的板栗淀粉凝胶质构特性的研究结果相似。并且在上述文章中，作者得出 GA 添加对淀粉硬度的降低效果高于茶多酚，在本研究中，在多酚添加量为 3%和 5%时，含 EGCG（茶多酚主要成分）的碗托硬度略高于含 GA 的碗托，与上述研究结果相似。此外，多酚添加降低碗托重结晶程度（17° 峰面积），重结晶程度可能对碗托的质构特性存在影响（李蟠莹，2018），而根据 XRD 中数据，在高添加量下，添加 EGCG 的碗托重结晶程度高于添加 GA 的碗托，因此使得二者的质构特性存在差异。

表 5-19　甜荞-多酚碗托质构特性

样品	硬度/g	弹性/g	黏聚性	胶着度	咀嚼度	回复性
CBW	$395.19±31.72^{Aa}$	$0.96±0.00^{Aa}$	$0.84±0.01^{Aa}$	$332.75±24.40^{Aa}$	$318.32±23.85^{Aa}$	$0.48±0.01^{Aa}$
GA-1%	$290.19±6.95^{B}$	$0.94±0.01^{B}$	$0.80±0.01^{B}$	$232.27±5.35^{B}$	$218.68±7.50^{B}$	$0.42±0.01^{B}$
GA-3%	$263.28±5.53^{C}$	$0.94±0.02^{AB}$	$0.79±0.04^{ABC}$	$209.16±11.53^{C}$	$195.90±15.67^{B}$	$0.42±0.02^{B}$
GA-5%	$218.19±32.01^{D}$	$0.95±0.01^{AB}$	$0.76±0.01^{C}$	$166.09±26.62^{D}$	$157.02±25.34^{B}$	$0.37±0.01^{C}$
EGCG-1%	$289.97±7.24^{b}$	$0.91±0.01^{b}$	$0.79±0.01^{b}$	$228.33±5.84^{b}$	$207.46±10.31^{b}$	$0.40±0.01^{b}$
EGCG-3%	$295.41±9.11^{b}$	$0.88±0.03^{b}$	$0.73±0.03^{c}$	$216.15±12.84^{b}$	$190.64±12.87^{b}$	$0.34±0.01^{c}$
EGCG-5%	$305.60±15.55^{b}$	$0.89±0.01^{b}$	$0.72±0.02^{c}$	$220.26±13.58^{b}$	$193.27±10.26^{b}$	$0.32±0.01^{c}$

注：数值表示为平均值±标准差；表中同一指标中，所带字母不同表示差异性显著（$p<0.05$）。

（11）多酚添加对碗托体外消化特性的影响

添加多酚的碗托的体外水解率及 RDS、SDS、RS 含量如表 5-20、图 5-10 和图 5-11 所示。通过对碗托的淀粉体外水解曲线进行拟合，可得到样品的预测血糖指数，进而对食品的升血糖能力进行预测。添加多酚后，碗托的水解率下降明显，添加 GA

表 5-20　甜荞-多酚碗托体外消化性

样品	C∞/%	$K/(s^{-1})^b$	R^2	AUC	HI/%	pGI	RDS/%	SDS/%	RS/%
CBF	—	—	—	—	—	—	41.14±0.41	32.92±0.54	25.94±0.30
CBW	40.62±1.03^{Aa}	0.02±0.0010^{Aa}	0.9790	54.86±0.60^{Aa}	45.01±0.55^{Aa}	64.42±0.30^{Aa}	21.74±0.44^{Aa}	23.30±0.44^{Aa}	54.96±0.71^{Dc}
GA-1%	40.00±0.23^{A}	0.02±0.0000^{A}	0.9699	50.30±0.32^{A}	41.26±0.32^{A}	62.36±0.17^{A}	18.83±0.20^{B}	21.84±1.34^{B}	59.34±1.50^{C}
GA-3%	30.71±0.36^{B}	0.02±0.0006^{A}	0.9824	42.40±0.22^{B}	34.78±0.22^{B}	58.80±0.12^{B}	17.27±0.14^{C}	19.94±0.57^{C}	62.78±0.46^{B}
GA-5%	20.41±0.33^{C}	0.02±0.0006^{A}	0.9839	27.14±0.17^{C}	22.26±0.17^{C}	51.93±0.09^{C}	8.62±0.19^{D}	12.90±0.73^{D}	78.48±0.71^{A}
EGCG-1%	38.35±0.39^{b}	0.02±0.0002^{a}	0.9794	48.88±0.28^{ab}	40.10±0.28^{ab}	61.72±0.15^{b}	18.61±0.28^{b}	22.10±0.30^{b}	59.29±0.12^{b}
EGCG-3%	37.79±0.42^{b}	0.02±0.0003^{a}	0.9703	44.86±0.06^{b}	36.80±0.09^{b}	59.91±0.05^{b}	16.53±0.06^{d}	21.13±0.44^{c}	62.35±0.50^{a}
EGCG-5%	38.34±0.20^{b}	0.01±0.0000^{b}	0.9717	44.50±0.06^{b}	36.54±0.10^{b}	59.77±0.05^{b}	17.04±0.25^{c}	21.44±0.46^{c}	61.52±1.23^{a}

注：数值表示为平均值±标准差；表中同一指标中，所带字母不同表示差异性显著（$p<0.05$）。

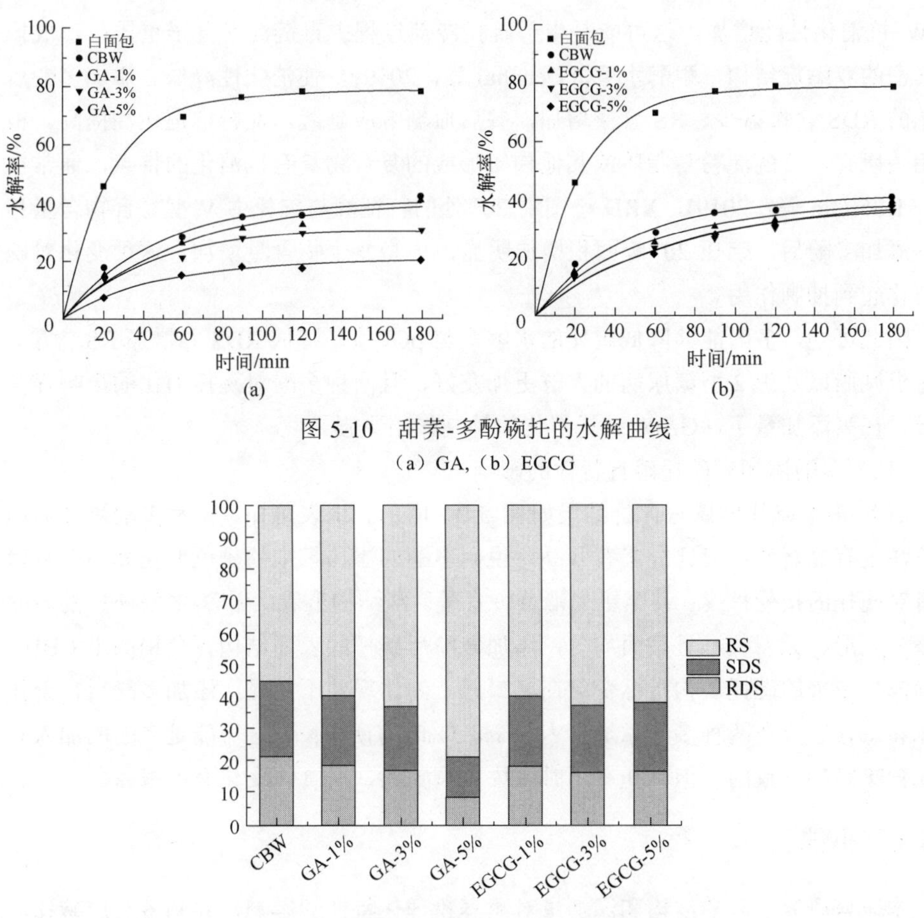

图 5-10　甜荞-多酚碗托的水解曲线

（a）GA,（b）EGCG

图 5-11　甜荞-多酚碗托 RDS、SDS、RS 含量

的碗托消化率随其添加量增加而显著降低，添加 EGCG 的碗托消化率虽受到抑制，但当添加量达到 5%时，碗托消化性没有继续下降。多酚对碗托水解率及 pGI 值的影响可能与在碗托有序结构中提到的多酚与碗托中淀粉链发生的相互作用有关，并且结合 XRD 中 17° 峰面积的变化趋势，碗托重结晶程度越低，水解率越低，表明多酚与淀粉之间的相互作用会干扰酶与淀粉的正常结合（Kan 等，2022；Jiang 等，2021），此外 FTIR 数据显示，多酚添加使碗托短程有序度增加、双螺旋数量增加，进一步影响酶对淀粉的水解，进而达到抗消化的目的。除了多酚与淀粉的作用会限制消化过程中的酶对淀粉水解外，多酚还能够与消化过程中的酶发生相互作用，形成多酚-酶复合物或淀粉-多酚-酶的三元复合物（Zhu 等，2021c；Yu 等，2021），这种相互作用同样会抑制碗托中淀粉的水解。

根据消化时间不同，淀粉可划分为 RDS、SDS 与 RS 3 种片段（缪铭等，2010），样品的 RDS、SDS、RS 含量如图 5-11 和表 5-20 所示。根据数据可知，与 CBF 相比，

CBW 抗消化性能增加，这可能是由于碗托冷却过程中直链淀粉分子重排，形成排列紧密的双螺旋结构，耐酶水解（Denchai 等，2019），使消化性降低。添加多酚后碗托的 RDS 含量减少、RS 含量增加，餐后血糖响应延缓，淀粉抗消化性提高。根据相关研究，直链淀粉与脂质或其他物质形成的复合物具有抗消化的特点，通常被称为 RS5(Qin 等，2019)，XRD 谱图中 20° 处的特征峰与碗托中 V 型复合物含量相关，添加多酚后，碗托 20° 峰面积增加明显，V 型复合物含量增加，这种变化对碗托消化起到抑制作用。

因此可知，多酚能够降低碗托的水解率与 pGI 值，降低 RDS 并增加 RS 含量，对追求减脂以及患 2 型糖尿病的人群更加友好，且两种多酚对碗托消化的影响存在差异，在高添加量下，GA 对碗托消化的抑制作用更强。

（12）多酚添加对碗托感官特性的影响

甜荞-多酚碗托的感官评价结果如表 5-21 所示。由表可知，两种多酚添加后碗托色泽没有显著变化但评分略有升高，说明多酚的添加带来的颜色变化并不影响消费者对碗托的接受程度，甚至更受消费者喜爱。从结构上看，甜荞-多酚碗托的表面平整、光滑、无裂纹，且截面均匀，添加多酚后碗托的表面结构评分稍高于 CBW。多酚添加带来的碗托质构指标变化在其口感上的体现并不明显。添加多酚后，碗托食味和感官总分在两种多酚添加量为 3%和 5%时有所下降，这可能是多酚的加入对碗托食味影响导致的，但碗托食用时多佐以调味料，对食味变化有所掩盖。

5.4.4 小结

本研究研究了多酚结构和添加量对甜荞粉理化特性的影响，并制备对应碗托，对碗托的抗氧化性能、结构变化、质构品质、消化性及感官特性进行测定，具体结果如下：

GA 的加入提高混合粉的亮度与黄度、降低红度，其与荞麦组分的相互作用提高了 WAI、WSI、SP，影响糊化特性，延缓老化，降低凝胶硬度、弹性等指标，并改变凝胶的截面结构，凝胶孔径增加。

EGCG 的加入增加混合粉的红度，低添加量时增加亮度，高添加量亮度下降，对水合特性中 SP 没有显著影响，WSI 增加，高添加量时 WAI 降低，低添加量对糊化特性影响较小，添加量高时与 GA 影响相似。EGCG 影响混合粉凝胶截面结构与质构特性，凝胶网络孔径随添加量增加而减小，网孔数量增加，凝胶硬度在高添加量时减小。

多酚的添加明显增强碗托抗氧化活性，影响样品的有序结构，降低碗托的回生趋势，影响碗托的硬度与弹性等质构指标，并通过与淀粉和消化过程中酶发生相互作用而抑制碗托的消化率。但高添加量的多酚略微降低碗托的食味品质。

表 5-21　甜荞-多酚碗托感官评价数值

样品	色泽		结构		口感			食味	总分
	颜色	光泽	表面结构	内部结构	黏性	弹性	硬度		
CBW	$8.2\pm1.3^{ND/nd}$	$8.0\pm1.1^{ND/nd}$	$8.5\pm1.6^{ND/nd}$	$8.8\pm1.2^{ND/nd}$	$12.2\pm1.5^{ND/nd}$	$9.5\pm1.2^{ND/nd}$	$8.4\pm1.2^{ND/nd}$	15.3 ± 0.9^{Aa}	78.9 ± 1.4^{Aa}
GA-1%	8.4±1.2	8.3±1.2	8.9±1.3	8.7±1.5	12.0±1.2	9.0±1.0	7.9±1.2	15.2 ± 1.2^{Aa}	78.4 ± 1.5^{Aa}
GA-3%	8.7±1.4	8.5±1.3	9.2±1.4	8.5±1.4	11.4±1.5	9.1±0.9	8.1±1.1	13.8 ± 1.4^{B}	76.3 ± 1.4^{B}
GA-5%	8.9±1.5	8.6±1.4	9.4±1.2	8.1±1.4	11.2±1.1	9.2±1.2	7.8±1.2	12.6 ± 1.0^{B}	75.8 ± 1.3^{B}
EGCG-1%	8.2±1.2	8.1±1.2	9.0±1.6	8.6±1.5	11.9±1.6	9.1±1.4	8.0±1.3	15.1 ± 1.3^{a}	78.0 ± 1.6^{a}
EGCG-3%	8.6±1.8	8.5±1.5	9.2±1.3	8.5±1.1	12.1±1.6	8.9±1.2	8.2±1.2	12.3 ± 1.5^{b}	76.3 ± 1.8^{b}
EGCG-5%	8.3±1.6	8.5±1.0	9.3±1.4	8.2±1.6	11.8±1.8	8.7±1.0	8.2±0.8	11.4 ± 1.4^{b}	74.4 ± 1.1^{b}

注：数值表示为平均值±标准差；表中同一指标中，所带字母不同表示差异性显著（$p<0.05$）；ND/nd 代表无显著差异。

5.5 挤压改性粉回添对苦荞理化特性及碗托消化品质的影响

近年来，利用挤压改性技术处理食品原料，赋予其特殊营养与功能特性的研究发展迅猛（Espinosa-Ramírez 等，2021），并且根据 Asioli 等（2017）的定义，挤压改性粉不属于添加剂，被认为是清洁成分（clean label），这也加速了挤压改性粉在食品工业中的广泛应用（Garcia-Valle 等，2021）。在挤压过程中，高温、高压和高剪切力的作用可使杂粮中的主要成分——淀粉发生糊化和降解，使淀粉中直链和支链淀粉分子受到破坏，淀粉分子量降低（Liu 等，2022a），另外，挤压过程还会使蛋白质、脂质以及非淀粉多糖与淀粉发生相互作用，形成复合产物。利用挤压改性技术处理杂粮粉体，探索挤压过程中食品组分结构变化和组分间相互作用及其对粉体结构、性质和产品消化品质影响，成为谷物科学研究领域的热点。

挤压过程可促进杂粮中淀粉-脂质、淀粉-蛋白质复合物形成，提高其消化性，提升抗性淀粉含量（Guha 等，1997）。Koa 等（2017）的研究指出，挤压能够改变高粱-大麦混合粉的消化性，其中挤压水分对两种杂粮混合粉的消化性存在显著影响，当原料水分低于（30±4.3）%时，挤压改性后样品的消化性能提高，更易被酶水解，而当水分高于该值时，抑制原料消化，降低其 RDS 含量并增加 SDS 含量，有助于调节人体肠道内糖的释放，延迟餐后血糖反应，提高糖尿病患者的糖耐量。另外，在 Shaikh 等（2020）的研究中，挤压后的高粱和玉米淀粉凝胶具有较高的 RS 含量，同时 Liu 等（2022a）对挤压改性技术淀粉消化性变化的研究中，挤压改性后玉米淀粉 RDS 含量降低，SDS 和 RS 有所升高。上述研究表明，挤压改性技术可以有效改善杂粮产品的消化特性。

Jafari 等（2017）对挤压改性后高粱粉结构与理化特性的研究表明，挤压后高粱粉中糊化淀粉增加，长程、短程有序结构含量降低，淀粉-脂质复合物含量以及蛋白质无规卷曲增加，这种结构的变化对高粱粉的水合特性影响显著。除对水合特性存在影响外，Pasqualone 等（2021）发现扁豆粉经过挤压后糊化黏度以及回生倾向降低。上述研究表明，挤压改性技术可以有效改变食品组分结构，进而影响理化特性。因此，挤压改性的杂粮粉，常作为添加剂用以改善杂粮产品食用品质。李小林等（2022）研究了挤压改性玉米淀粉对糙米米糕品质的影响，结果表明，改性粉添加使米糕气孔均匀细腻，降低米糕硬度并提升弹性，提高了米糕品质。Gao 等（2021）将挤压改性后的荞麦粉回添至荞麦面团中，提高面团的稳定性和黏弹性，并且降低荞麦面条的蒸煮损失，改变面条质构特性，提升面条品质。同时，崔彦利等（2021）

在对挤压小扁豆粉添加对面团及面条品质的研究中发现，高添加量不利于面条品质提升，0～15%间的添加量可以作为较优选择。

此外，挤压加工能够破坏荞麦中胰蛋白酶抑制剂、植酸以及单宁含量，提高荞麦中营养成分的消化吸收，提高多酚、黄酮的生物可利用度（Rathod 和 Annapure，2017），并且 Wang 等（2020）发现适当的挤压条件可使荞麦粉总多酚、总黄酮、芦丁和山柰酚含量以及抗氧化能力显著提高，Şensoy 等（2006）也发现挤压后荞麦粉与未挤压的天然荞麦粉的抗氧化相当。

基于上述研究，本研究拟利用挤压技术对陕西苦荞粉进行改性，分析改性后苦荞粉淀粉分子量分布变化，并向苦荞粉中回添 5%、10%、15%的挤压改性粉，研究改性粉添加对苦荞理化特性以及碗托结构、抗氧化性、品质及消化性的影响。

5.5.1　材料与仪器

（1）材料与试剂

原料：前述制备的陕西苦荞粉。

试剂：α-淀粉酶、胃蛋白酶、胰酶，美国 Sigma-Aldrich 公司；淀粉葡萄糖苷酶，爱尔兰 Megazyme 公司；DPPH·、ABTS⁺·标准品，上海源叶生物有限公司；其他化学品和试剂至少为分析级。

（2）仪器与设备

主要设备见表 5-22。

表 5-22　实验设备

设备	型号	厂家
双螺杆挤出机	DSE-20	德国 Brabender 公司
旋转混匀仪	MX-RD-PRO	大龙兴创实验仪器有限公司
电蒸锅	ZG26Easy401	美的集团
冰箱	BCD-268WSV	青岛海尔股份有限公司
冷冻干燥机	SCIENTZ-12N	宁波新芝生物科技股份有限公司
冷冻球磨仪	MM-400	德国 Retsch 公司
色度计	CM-5	日本 Konica Minolta 公司
RVA	RVA4500	澳大利亚 Perten 公司
SEM	TM-3000	日本 Hitachi 公司
食品物性测定仪	TA.XTplus	英国 Stable Microsystems 公司
全波长酶标仪	SpectraMax-M2e	美国 Molecular 公司
FTIR	SP2	美国 PE 公司
XRD	D8	德国 Bruker 公司
水浴恒温振荡器	SHZ-82A	常州朗越仪器制造有限公司

5.5.2 试验方法

（1）原料及样品制备

① 挤压改性粉的制备

利用双螺杆挤压机对陕西苦荞粉进行改性处理，具体条件为：挤出水分为40%，挤压温度为 40℃/60℃/120℃/100℃/80℃/80℃（一区/二区/三区/四区/五区/六区），螺杆转速为 120r/min，进料速度为 25g/min。挤出结束后样品自然风干至水分下降到12%以下后，利用万能磨粉机对其进行粉碎，得到挤压改性粉。

② 混粉

准确称取不同质量的挤压改性粉加入陕西苦荞粉中，得到挤压改性粉含量为5%（ETB-5%）、10%（ETB-10%）、15%（ETB-15%）的苦荞粉，该粉用于后续实验表征。

③ 碗托的制备

同5.4.2。

（2）分子结构测定

TBF（改性前）、ETB（改性后）的分子量以及脱支后样品分子量委托三黍生物科技有限公司测试。

（3）色差测定

同5.2.2。

（4）水合特性测定

同5.4.2。

（5）糊化特性测定

同5.4.2。

（6）凝胶截面SEM测定

同5.4.2。

（7）凝胶质构特性测定

同5.4.2。

（8）总多酚含量及抗氧化活性测定

① 总多酚含量测定

同5.4.2。

② DPPH·自由基清除能力

同5.4.2。

③ $ABTS^{+}$·自由基清除能力

同5.4.2。

④ 铁还原能力

同 5.4.2。

（9）碗托长程有序结构测定

同 5.4.2。

（10）碗托短程有序结构测定

同 5.4.2。

（11）碗托质构特性测定

同 5.4.2。

（12）碗托消化特性测定

同 5.4.2。

（13）感官评价测试

同 5.4.2。

5.5.3　结果与讨论

（1）挤压改性对荞麦分子结构的影响

在苦荞粉挤压改性过程中，剪切力和摩擦力会使得粉体中淀粉结构发生明显改变（特别是分子结构和直链支链比例），因此利用 HPSEC 研究了改性前（TBF）和改性后（ETB）粉体中淀粉分子结构的变化，其全淀粉/淀粉脱支的分子量分布图和分子量如图 5-12 和表 5-23 所示。所有分布曲线均已对最高峰进行归一化处理。由表 5-23 可知，挤压改性后，粉体中淀粉的重均分子量（M_w）和数均分子量（M_n）均降低，说明淀粉分子在剪切和摩擦力作用下发生了降解。而相比于 M_n 来说，M_w 降低更为明显，说明分子量更高的支链淀粉部分受挤压改性影响更大。同时，改性后多分散系数（M_w/M_n）趋于 1，说明样品中淀粉分子分子量分布更加集中，进一步说明分子量更大的支链降解后使得分子量趋同（Wang 等，2022a）。Z-平均回转半径（Rz）可能受支链淀粉分支结构和长度的影响，Rz 的减少说明挤压后样品支化程度降低，表明挤压改性不仅破坏了淀粉的 α-1,4-糖苷键，而且也破坏了淀粉的 α-1,6-糖苷键（Liu 等，2022b）。

表 5-23　TBF 和 ETB 分子量数据

样品	M_w/ ($\times10^7$g/mol)	M_n/ ($\times10^7$g/mol)	M_w/M_n	Rz/nm	峰 1 面积/ %	峰 2 面积/ %	峰 3 面积/ %
TBF	5.66	2.32	2.44	98.20	49.28	19.07	31.65
ETB	4.03	2.29	1.76	70.40	52.68	21.11	26.21

图 5-12（a）是两种荞麦粉的全淀粉分子量分布图，均表现为典型的双峰分布，其中 Rh＜10nm 的峰可代表直链淀粉，Rh＞10nm 的峰可代表支链淀粉。由图可知，挤压改性后曲线左移，且右边的峰变化更明显，这与表中数据一致，共同说明荞麦

长支链淀粉在挤压中受到机械力破坏而降解，并且部分被破坏的支链与直链淀粉 Rh 相似，使得直链淀粉比例增加（Liu 等，2022a）。

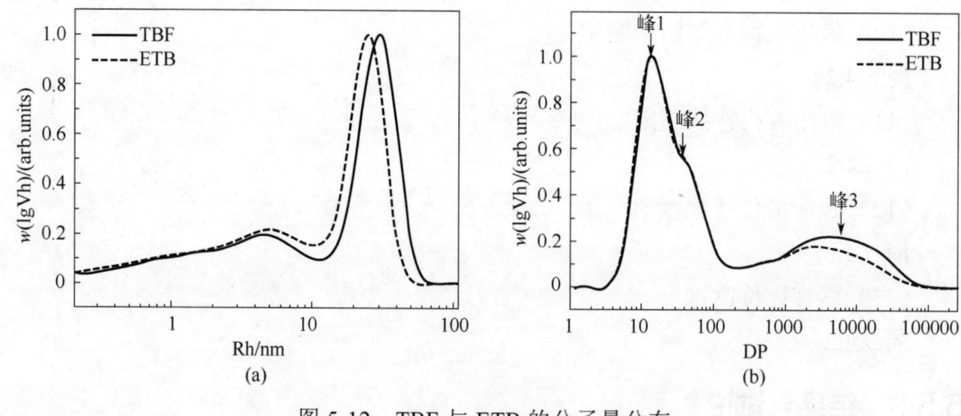

图 5-12　TBF 与 ETB 的分子量分布

（a）全淀粉分子量分布；（b）脱支淀粉分子量分布

图 5-12（b）为 TBF 和 ETB 中的淀粉脱支后的分子量分布图，其中峰 1 表示较短的仅跨越一个结晶片层的原淀粉支链，峰 2 表示较长的可跨越两个或更多片层的原淀粉支链，峰 3 则代表原淀粉中的直链淀粉和较长的支链淀粉（Tao 等，2019）。结合表 5-23 中 3 个峰的峰面积数据可知，TBF 中原淀粉经过挤压改性后，短直链和中直链比例上升，直链淀粉和较长支链淀粉比例下降。进一步明确了在挤压过程中，较高的温度和适当的水分使得淀粉链段流动性增强，在摩擦和剪切力的作用下，荞麦中原淀粉的直链和长支链部分的分子链断裂、降解，产生短链或小分子糊精（Shaikh 等，2020）。

（2）ETB 添加对混合粉色差的影响

混合粉的色差如表 5-24 所示，经挤压改性后苦荞粉颜色变暗，红度和黄度增加，添加 ETB 的样品 L^*值显著降低、b^*值显著增加，混合粉颜色变暗，黄度加深。而随 ETB 添加量的增加，该变化愈加明显。而添加 ETB 的样品 a^*值与 TBF 无显著性差异，这可能是由于 ETB 红度值增加幅度不高，在添加量较低的情况下对样品影响不大。Zhang 等（2020）在对青稞粉挤压改性研究中发现，挤压后的青稞粉 L^*值降低、b^*值增加、a^*变化不明显，与本研究结果相似。根据前人报道可知，色差特征值的变化可能是由于挤出过程中淀粉降解产生游离糖，其还原末端与赖氨酸等具有游离胺末端的氨基酸发生美拉德反应，最终导致粉体颜色发生变化（Sharma 等，2015），此外，挤压时苦荞中色素降解以及类黄酮、芦丁与槲皮素等与水接触，也会引起 ETB 颜色的变化（Sun 等，2018b）。

表 5-24 苦荞-改性粉混合粉的色差

样品	L^*	a^*	b^*
TBF	86.50±0.12^{a}	0.12±0.02^{bc}	10.81±0.07^{d}
ETB-5%-M	85.31±0.04^{b}	0.13±0.00^{b}	11.89±0.05^{c}
ETB-10%-M	84.21±0.02^{c}	0.10±0.01^{c}	12.97±0.04^{b}
ETB-15%-M	83.12±0.02^{d}	0.10±0.00^{c}	13.87±0.05^{a}

注：数值表示为平均值±标准差；表中同一指标中，所带字母不同表示差异性显著（$p<0.05$）。

（3）ETB 添加对混合粉水合特性的影响

混合粉的水合特性如表 5-25 所示，根据数据可知，ETB 的添加降低了混合粉的 WAI 和 SP，增加了 WSI。WAI 能够评估荞麦在过量水中吸水情况，根据 HPSEC 结果，挤压过程一定程度地破坏淀粉分子结构，使样品中短链增加、分子量大的长链减少，干扰淀粉分子之间交联作用，进而降低混合粉吸水能力（Liu 等，2015；Liu 等，2017a），使添加 ETB 样品的 WAI 有所下降。同时，挤压过程会使淀粉与蛋白质产生相互作用，使经挤压改性后样品的 WAI 降低（Sharma 等，2015）。另外，挤压改性过程还会破坏样品的结晶结构，导致更多暴露的羟基与水形成氢键，提高 WAI（Liu 等，2017b），在多种影响的共同作用下，使混合粉的 WAI 低于 TBF，但不受其含量变化影响。

表 5-25 苦荞-改性粉混合粉的水合特性

样品	WAI/(g/g)	WSI/(g/100g)	SP/(g/g)
TBF	9.00±0.02^{a}	5.56±0.06^{d}	8.14±0.02^{a}
ETB-5%-M	7.92±0.15^{b}	6.97±0.29^{c}	7.23±0.12^{c}
ETB-10%-M	7.96±0.17^{b}	8.72±0.18^{b}	7.45±0.17^{bc}
ETB-15%-M	8.03±0.21^{b}	9.19±0.58^{a}	7.55±0.06^{b}

注：数值表示为平均值±标准差；表中同一指标中，所带字母不同表示差异性显著（$p<0.05$）。

WSI 值的增加表明样品中可溶性部分的含量增加，这应该是挤压改性过程中苦荞淀粉发生糊化和降解，使得可溶性多糖比例大幅提升（Morales-Sanchez 等，2021），此外，挤压过程可能会造成膳食纤维的溶出（Garcia-Amezquita 等，2019），使 ETB 中可溶性物质增加。随着添加量的升高，WSI 从（5.56±0.06）g/100g 近似成比例升高，最后增加到（9.19±0.58）g/100g，也说明混合粉中改性粉越多，可溶性部分也越多。

SP 与荞麦中淀粉颗粒结构完整性有关，一般破损淀粉粒越多，SP 越低。同时，淀粉-脂质复合物形成会干扰淀粉颗粒在冷却过程中的排列，同时，挤压过程中对淀粉结晶结构产生影响，进而降低 ETB 的 SP（Jafari 等，2017）。TBF 淀粉颗粒完整，糊化过程中颗粒吸水膨胀程度较高，而 ETB 中的破损颗粒较多，因此添加 ETB 的混合粉 SP 值低于 TBF。但同时，有文献报道，挤压改性也会破坏支链淀粉的胶束结构，使其吸水膨胀能力增强（Cheng 等，2020）。上述两种机制相互竞争，共同作用使得添加 ETB 样品 SP 低于 TBF，但随 ETB 添加量升高，其 SP 数值有所上升。

（4）ETB 添加对混合粉糊化特性的影响

混合粉的糊化曲线及其特征值分别如图 5-13 和表 5-26 所示。由表可知，ETB-5%-M 与 TBF 的峰值黏度、峰谷黏度没有显著差异，而 ETB 添加量为 10%和 15%的混合粉糊化峰值黏度、峰谷黏度明显下降。这可能与淀粉的破损程度有关（Martínez 等，2014）：添加量较低时，混合粉中破损淀粉比例较低，对糊化黏度影响不显著；中高添加量时，混合粉中糊化和降解的淀粉含量升高（Liu 等，2022a）。反映混合粉热凝胶抵抗机械剪切的能力的崩解值随 ETB 添加，无显著变化。而反映混合粉冷凝胶生成能力和稳定性的最终黏度和回生值随着 ETB 添加量的增加而显著降低，这可能是由于 ETB 在挤压过程中受到高温剪切以及压力的作用，淀粉分子结构损伤或断裂，重结晶倾向降低（Espinosa-Ramírez 等，2021；Sharma 等，2015）。同时，挤压改性可促进淀粉-脂质复合物形成，影响直链淀粉之间的相互作用，限制双螺旋的形成，最终延缓冷凝胶的形成以及稳定性（Jafari 等，2017）。ETB 添加后混合粉糊化时间和糊化温度的降低，可能是由于 ETB 在挤压过程发生了糊化，有序结构受到破坏，使得混合粉糊化所需能量减少。此外，结合淀粉分子结构变化可知，样品中短链淀粉含量的增加也会降低其糊化温度（Zhou 等，2018）。

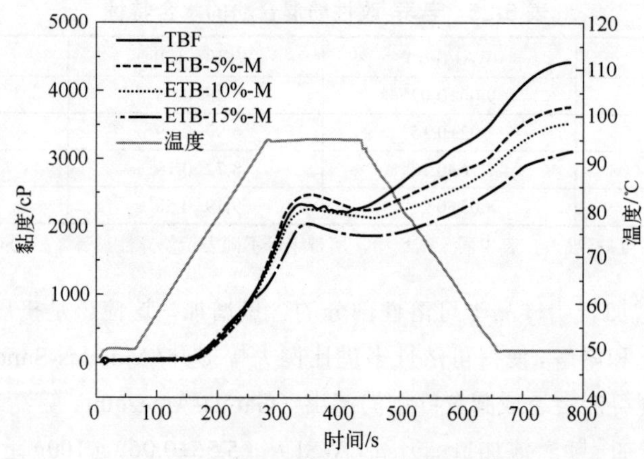

图 5-13　苦荞-改性粉混合粉的糊化曲线

表 5-26　苦荞-改性粉混合粉的糊化特性

样品	峰值黏度/cP	峰谷黏度/cP	崩解值/cP	最终黏度/cP	回生值/cP	糊化时间/min	糊化温度/℃
TBF	2347±58.89^{ab}	2221±19.70^{a}	125±39.23^{a}	4486±45.32^{a}	2265±54.65^{a}	6.38±0.52^{a}	72.55±0.70^{a}
ETB-5%-M	2552±77.00^{a}	2285±19.50^{a}	268±57.50^{a}	3884±122.50^{b}	1599±103.00^{b}	5.80±0.13^{b}	72.55±0.00^{a}
ETB-10%-M	2297+21.00^{b}	2127±12.50^{b}	171+33.50^{a}	3507+11.00^{c}	1381+1.50^{bc}	5.83±0.10^{b}	72.23±0.43^{ab}
ETB-15%-M	2017±10.00^{c}	1890±26.00^{c}	127±36.00^{a}	3090±7.50^{d}	1200±33.50^{c}	5.83±0.03^{b}	71.33±0.43^{b}

注：数值表示为平均值±标准差；表中同一指标中，所带字母不同表示差异性显著（$p<0.05$）。

ETB 的添加对混合粉的糊化特性影响显著，随着添加量的增加，混合粉糊化黏度下降，回生值下降，糊化时间和糊化温度降低，这种变化可能与混合粉中破损淀粉、淀粉-脂质复合物含量、淀粉分子精细结构变化有关。

（5）ETB 添加对混合粉凝胶截面结构的影响

混合粉凝胶截面 SEM 如图 5-14 所示，TBF 样品的凝胶截面存在大小与分布不均匀的网孔，凝胶的致密性较 CBF 差，可能是由于苦荞中的蛋白质、脂质、灰分以及总黄酮和总多酚含量较高，影响淀粉冷却过程中凝胶的形成（Min 等，2022；Du 等，2019）。ETB 添加量为 5%时，凝胶网络结构得到明显改善，孔径增加，网孔分布更加均匀，这可能是由于 ETB 中的支链淀粉分子部分降解，加热时游离在水相中，冷却时起到了联结作用。但随着 ETB 添加量的升高，过多被降解的短链和小分子糊精也会破坏混合粉样品的凝胶网络结构，使其分布不均匀，孔径大小不一（10%添加时），甚至凝胶网络结构破裂，无法形成（15%添加时）。

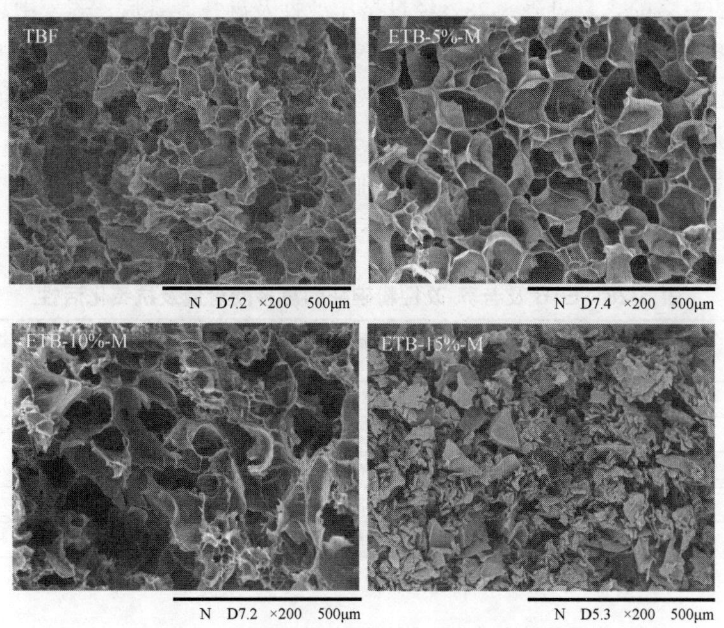

图 5-14 苦荞-改性粉混合粉凝胶截面 SEM

（6）ETB 添加对混合粉凝胶质构特性的影响

混合粉凝胶质构特性如表 5-27 所示，添加 ETB 后凝胶的硬度、胶着度以及咀嚼度随添加量增加而降低，弹性在添加量为 15%时有所下降，黏聚性随 ETB 添加量增加有降低的趋势，但与 TBF 无显著性差异，不同样品的回复性无显著差异。

凝胶硬度、咀嚼度等指标的变化与 RVA 中最终糊化黏度和回生值表现出相似的趋势，与 Garcia-Valle 等（2021）的研究结果相似，可能是由改性粉粉体中淀粉分子降解，产生较小的淀粉分子，影响淀粉网络的延展（Espinosa-Ramírez 等，2021），降低凝胶的硬度、咀嚼度等机械性能。同时，混合粉中糊化的淀粉含量的增加也是降低凝胶硬度的因素之一（Sandhu 和 Singh，2007）。

表 5-27 苦荞-改性粉混合粉凝胶质构特性

样品	硬度/g	弹性/g	黏聚性	胶着度	咀嚼度	回复性
TBF	58.30±2.66[a]	0.94±0.01[a]	0.50±0.09[ab]	29.10±4.98[a]	27.27±4.43[a]	0.04±0.01[a]
ETB-5%-M	52.20±1.00[b]	0.92±0.04[ab]	0.53±0.02[a]	21.55±1.26[b]	25.46±2.21[a]	0.04±0.00[a]
ETB-10%-M	47.83±1.04[c]	0.92±0.02[ab]	0.50±0.01[ab]	23.88±1.19[ab]	22.01±1.47[b]	0.03±0.00[a]
ETB-15%-M	40.77±1.12[d]	0.91±0.01[b]	0.49±0.01[b]	19.90±0.92[b]	18.14±0.74[c]	0.03±0.00[a]

注：数值表示为平均值±标准差；表中同一指标中，所带字母不同表示差异性显著（$p<0.05$）。

（7）ETB 添加对碗托总多酚含量的影响

碗托的总多酚含量见表 5-28。经过挤压改性及碗托制备后，荞麦中总酚含量有所下降，但 ETB 中总多酚含量较陕西苦荞碗托（TBW）高，说明挤压改性及碗托蒸制过程会造成多酚损失，但挤压过程保留的多酚较多。并且挤压改性能够促进结合酚向游离酚转化，易于多酚提取，并提升多酚的生物利用度（Wang 等，2022b）。随着 ETB 的添加碗托总多酚含量有所增加，但在超过 10%时，无显著性差异，这可能是由于经过挤压改性技术保留的多酚不易在碗托蒸制过程中被破坏。

表 5-28 ETB 及苦荞-改性粉碗托的总多酚含量及抗氧化活性

样品	总多酚含量/(mg GAE/100g)	DPPH · 自由基清除能力/(μmol TE/100g)	ABTS⁺ · 自由基清除能力/(μmol TE/100g)	铁还原能力/(μmol TE/100g)
ETB	28.80±1.02[a]	110.77±0.52[a]	194.50±4.68[a]	192.99±1.63[a]
TBW	14.28±1.17[c]	76.94±0.97[d]	94.50±8.10[c]	59.58±0.29[e]
ETB-5%	17.60±2.03[b]	78.40±1.16[d]	106.58±3.58[b]	69.65±0.43[d]
ETB-10%	23.83±2.69[a]	81.46±0.68[c]	115.33±5.03[b]	74.72±0.39[c]
ETB-15%	26.73±1.17[a]	88.54±2.95[b]	119.50±5.10[b]	86.74±0.43[b]

注：数值表示为平均值±标准差；表中同一指标中，所带字母不同表示差异性显著（$p<0.05$）。

（8）ETB 添加对碗托抗氧化活性的影响

碗托的 DPPH · 自由基清除能力、$ABTS^+$ · 自由基清除能力以及铁还原能力如表 5-28 所示，ETB 与 TBW 相比具有较高的抗氧化活性，这除了与 ETB 中多酚含量较高相关，还可能与挤压过程中美拉德反应产物的抗氧化活性有关（Arora 等，2020；Zhang 等，2018a）。随着 ETB 添加量的增加，碗托的抗氧化活性近似线性增加，DPPH ·自由基清除能力从（76.94±0.97）μmol TE/100g 增加到（88.54±2.95）μmol TE/100g，$ABTS^+$ ·自由基清除能力从（94.50±8.10）μmol TE/100g 增加到（119.50±5.10）

μmol TE/100g，铁还原能力从（59.58±0.29）μmol TE/100g 增加到（86.74±0.43）mol TE/100g，但均低于 ETB 中抗氧化活性相应数值。ETB 的添加使碗托中具有抗氧化活性的物质含量增加，提升了碗托的功能特性。

（9）ETB 添加对碗托长程有序结构的影响

碗托的 XRD 谱图如 5-15 所示，相对结晶度见表 5-29。由图可知 ETB 在 7° 及 27° 附近存在明显的特征峰，分别为芦丁（Wang 等，2021）、槲皮素（Li 等，2020c；Zhou 等，2022）与淀粉相互作用产生的峰。碗托中芦丁与淀粉相互作用的峰（7° 附近的峰）几乎消失，可能是由于在水存在的环境下，芦丁被荞麦中高活性的芦丁降解酶水解为槲皮素（杜程等，2018），使碗托中芦丁明显降低或完全水解。而随着 ETB 添加量的升高，碗托中 27° 附近的特征峰逐渐增强，槲皮素有所增加。

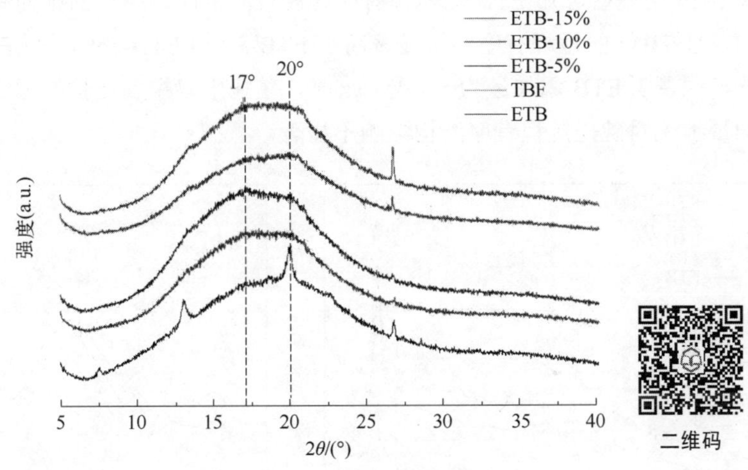

图 5-15　苦荞-改性粉碗托的 XRD 谱图

表 5-29　苦荞-改性粉碗托的相对结晶度、17° 峰面积、20° 峰面积及 1022/995 数值

样品	相对结晶度/%	17° 峰面积/%	20° 峰面积/%	1022/995
ETB	28.72	—	55.5	0.94±0.02[c]
TBW	17.46	1.2	11.4	1.17±0.01[b]
ETB-5%	16.94	15.5	10.6	1.20±0.00[a]
ETB-10%	16.03	0.8	13.0	1.18±0.02[ab]
ETB-15%	17.74	4.2	11.7	1.21±0.02[a]

注：“—”表示未测出数值；数值表示为平均值±标准差；表中同一指标中，所带字母不同表示差异性显著（$p<0.05$）。

ETB 在 13°、20° 附近存在明显代表 V 型结构的特征峰，可能是由于挤压过程中高温剪切作用破坏苦荞中淀粉颗粒结构，增加脂质与直链淀粉接触并为二者形成复合物提供驱动力，促进脂质进入直链淀粉空腔，进而形成淀粉-脂质复合物，呈现 V 型结构（De Pilli 等，2008）。而 TBW 中除存在 V 型结构特征峰外，17° 还出现通常由淀粉重结晶引起新的特征峰（Wu 等，2009），这与碗托在冷却过程中的直链、支链淀粉分子重排有关。结合表 5-29 中数据，添加 ETB 后，碗托的淀粉-脂质复合物形成以及淀粉分子重排受到影响，长程有序度发生改变。其中 ETB-10%中 V 型复合物含量最高，并且淀粉分子重排受到抑制，长程有序度低，碗托的回生受到明显的抑制。

（10）ETB 添加对碗托短程有序结构的影响

碗托的 FTIR 谱图如图 5-16 所示。图中 3200～3550cm^{-1} 处的特征峰与样品中—OH 有关，2900cm^{-1} 附近的特征峰为 CH_2 变形振动峰，1650cm^{-1} 附近的特征峰由无定型区的水分子以及蛋白质中 C═O 伸缩振动引起。在较低的波数下，1047cm^{-1}、995cm^{-1} 和 1022cm^{-1} 分别归属于淀粉的结晶区和无定型区的特征峰，1022cm^{-1}/995cm^{-1} 的比值能够表示淀粉中有序或无序结构的比例变化（Guo 等，2018）。结合图 5-16（b）与表 5-29 中数据可知 ETB 的短程有序程度较高，而碗托样品则拥有较高的无定型结构，且 TBW 的短程有序结构显著高于 ETB-5%与 ETB-15%，与 ETB-10%无显著差异，这表明 ETB 添加量为 5%或 15%时，碗托中双螺旋结构的形成受到影响，而添加量 10%对碗托短程有序结构影响不显著。

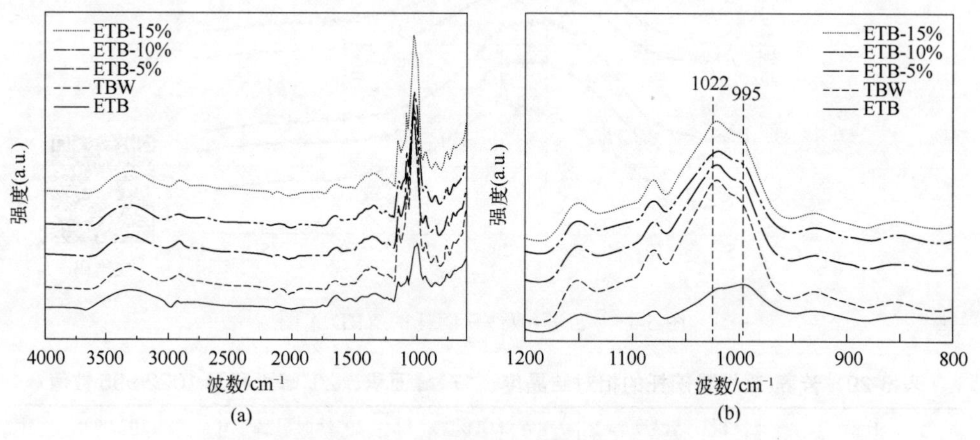

图 5-16　苦荞-改性粉碗托的 FTIR 谱图

（11）ETB 添加对碗托质构特性的影响

碗托的质构指标如表 5-30 所示，由表可知，ETB 添加后，碗托的黏聚性与回复性没有显著差异，弹性随 ETB 添加增加而升高，硬度、胶着度与咀嚼度的变化趋势相似：ETB-15%最高、TBW 和 ETB-10%较低。结合 HPSEC 数据，ETB 添加后，使得碗托中长支链含量降低，短链含量增加，这种变化影响碗托的持水能力，使样品硬度增加（Liu 等，2017a）。同时，部分游离的短直链可能会促进样品短期回生。但是 ETB 中直链与脂质、多酚、黄酮类物质发生相互作用，形成 V 型结构，能够起到抑制回生的作用（董慧娜等，2022），进而影响碗托的质构，降低其硬度。因此，碗托中淀粉精细结构变化（Zhu 等，2021a；Zhang 等，2019）以及组分间的相互作用（Shaikh 等，2020）共同对碗托质构存在影响。其中 ETB-10%的回生较弱，硬度最低，可能与 XRD 数据中该样品表现出的降低的回生值和较高的 V 型复合物含量有关。碗托质构特性与混合粉凝胶质构特性存在差异，这可能是由于碗托冷却时间短，质构变化主要是由直链淀粉凝胶化引起的，而混合粉凝胶质构变化不仅受到直链淀粉影响，长时间的冷却会为支链淀粉重排提供条件，此外，混合粉凝胶中水分含量较高，利于结构重排，因此碗托质构与混合粉凝胶质构存在差异。

表 5-30　苦荞-改性粉碗托的质构特性

样品	硬度/g	弹性/g	黏聚性	胶着度	咀嚼度	回复性
TBW	371.01±12.03[c]	0.92±0.01[c]	0.78±0.02[a]	287.69±14.62[c]	264.50±12.29[c]	0.42±0.02[a]
ETB-5%	388.47±5.87[b]	0.94±0.01[b]	0.79±0.02[a]	307.86±11.46[b]	289.39±11.82[b]	0.41±0.02[a]
ETB-10%	367.18±9.80[c]	0.95±0.01[a]	0.80±0.01[a]	294.19±8.93[bc]	280.73±9.23[bc]	0.42±0.01[a]
ETB-15%	452.79±4.32[a]	0.95±0.01[ab]	0.80±0.00[a]	361.46±4.11[a]	342.86±5.77[a]	0.42±0.01[a]

注：数值表示为平均值±标准差；表中同一指标中，所带字母不同表示差异性显著（$p<0.05$）。

（12）ETB 添加对碗托体外消化特性的影响

碗托体外水解率及 RDS、SDS、RS 含量如图 5-17 和表 5-31 所示。由表可知，样品的水解拟合曲线 R^2 均大于 0.970，这表明一级动力学方程很好地描述了非线性消化曲线（Ma 等，2021）。C∞表示在反应终点时已消化样品的平衡浓度，与 TBW 相比，添加 ETB 的样品该数值显著下降，消化受到抑制，且 pGI 值下降，其中添加量为 10%的碗托水解率和 pGI 值最低。另外，根据 RDS、SDS、RS 的数据可知，与 TBF 相比，TBW 的 RDS 和 SDS 含量较低，RS 含量较高，这与质构特性结果相似，可能与凝胶食品本身的抗消化性有关。添加 ETB 后，碗托的 RDS 先降低后增加，RS 先增加后降低，其中 ETB-10%的 RDS 最低、RS 最高。

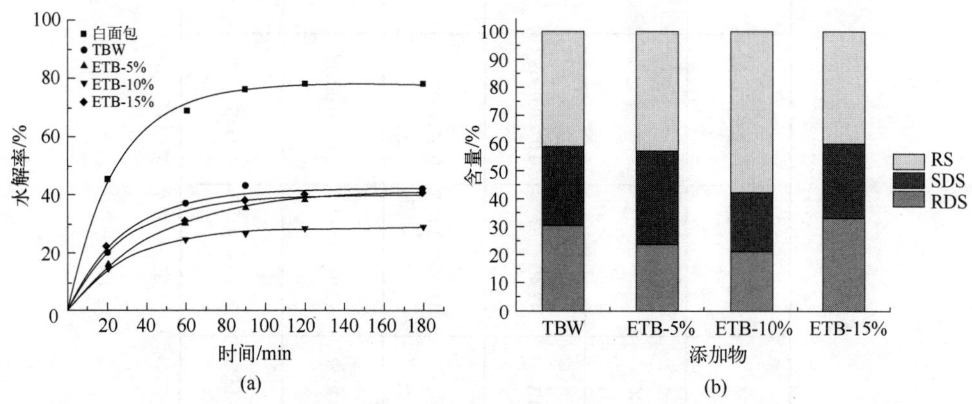

图 5-17　苦荞-改性粉碗托水解曲线及 RDS、SDS、RS 含量

表 5-31　苦荞-改性粉碗托体外消化性

样品	$C\infty$/%	$K/(s^{-1})^b$	R^2	AUC	HI/%	pGI	RDS/%	SDS/%	RS/%
TBF							36.60±0.28	32.76±0.88	30.65±1.31
TBW	$42.40±0.67^a$	$0.03±0.0002^a$	0.9889	$64.15±1.07^a$	$52.70±0.92^a$	$68.63±0.51^a$	$30.63±0.56^b$	$28.21±1.12^b$	$41.16±1.50^c$
ETB-5%	$41.40±0.14^b$	$0.02±0.0002^b$	0.9981	$56.88±0.08^c$	$46.72±0.10^c$	$65.36±0.06^c$	$23.86±0.24^c$	$33.26±0.60^a$	$42.87±0.36^b$
ETB-10%	$28.96±0.51^d$	$0.03±0.0012^a$	0.9954	$43.09±0.52^d$	$35.40±0.47^d$	$59.14±0.26^d$	$21.45±0.13^d$	$20.86±1.03^d$	$57.70±1.16^a$
ETB-15%	$39.85±0.41^c$	$0.03±0.0015^a$	0.9759	$59.97±1.01^b$	$49.26±0.88^b$	$66.76±0.48^b$	$33.37±0.75^a$	$26.33±0.45^c$	$40.31±1.14^c$

注：数值表示为平均值±标准差；表中同一指标中，所带字母不同表示差异性显著（$p<0.05$）。

ETB 添加对碗托消化的影响可能与其对碗托硬度的影响有关，根据 Zheng 等（2021）的研究，凝胶制品消化率受到凝胶硬度影响，较硬的凝胶柔性较差，在消化过程中容易破碎形成较小的颗粒，增加比表面积，使其更易被水解，而 ETB-10%的硬度最低，可能是其拥有较好抗消化性的原因之一。另外，碗托的消化特性还会受到淀粉-脂质 V 型复合物的含量影响，淀粉-脂质复合物为 RS5 中的一种，会对消化产生抑制作用（Qin 等，2019），降低消化率提高 RS 含量，根据 XRD 中对 20°峰面积的拟合数据可知，ETB-10%在该处的峰面积较大，表明其形成了更多的 V 型复合物，进而提升该样品的抗消化性能。此外，样品的长程和短程结构变化对其消化特性同样存在一定的影响（Pu 等，2013），但其影响机制较为复杂，可以进行更深层次的研究。

结合上述分析，添加 ETB 能够有效降低碗托水解率并提高 RS 含量，其中 ETB-10%对碗托消化特性抑制最高。

（13）ETB 添加对碗托感官特性的影响

碗托的感官评价结果如表 5-32 所示。由表可知，各样品之间的感官性状没有显著性差异，从分值上看，添加改性粉的碗托样品色泽得分较 TBW 高，这可能是因为改性粉的加入提高了碗托黄度，使苦荞碗托偏金黄色，进而更受青睐，其他感官性状差别不大。这说明 ETB 的加入能在提高碗托品质与抗消化性能的同时，保证苦荞碗托的感官特性，其中 ETB-10%样品的感官评价总分值最高，为 78.9，并且该样品的抗老化和抗消化性能较好，具备进一步开发潜力。

5.5.4 小结

本研究研究了挤压改性粉回添对苦荞粉理化特性的影响，并制备对应碗托，对碗托的抗氧化性能、结构变化、质构品质、消化性及感官特性进行测定，具体结果如下：

挤压改性对荞麦中淀粉结构影响显著，荞麦中支链和直链淀粉受到挤压中机械力的作用发生降解，使得样品的分子量降低，分子量分布更加均匀，支链淀粉的支化程度降低，产生部分糊精，表现为短链增加，长支链和直链减少。

挤压改性粉添加对苦荞粉理化特性存在影响，改性粉加入降低混合粉亮度，提高黄度，降低 WAI、SP，提高 WSI，糊化峰值黏度随添加量先升高后降低，其他指标降低，老化受到抑制，降低凝胶硬度、弹性等指标，并改变凝胶的截面结构。

挤压改性粉添加提高了碗托总多酚含量和抗氧化活性，由于改性粉结构的变化，碗托长程和短程有序结构存在影响，碗托弹性增加，硬度随添加量先降低后增加，改性粉添加降低碗托的消化性，其中 ETB-10%对碗托消化的抑制最强，并且添加改性粉后对碗托感官无不良影响。

表 5-32 苦荞-改性粉碗托感官评价数值

样品	色泽		结构		口感			食味	总分
	颜色	光泽	表面结构	内部结构	黏性	弹性	硬度		
TBF	7.5 ± 1.1^{ND}	6.9 ± 1.6^{ND}	8.2 ± 1.2^{ND}	8.1 ± 1.2^{ND}	13.4 ± 1.3^{ND}	10.3 ± 1.2^{ND}	8.5 ± 1.5^{ND}	14.4 ± 0.9^{ND}	77.3 ± 1.6^{ND}
ETB-5%	8.2±1.3	7.3±1.4	7.9±1.7	7.7±1.2	12.8±1.7	10.2±1.6	7.8±1.8	14.1±1.0	76.0±1.7
ETB-10%	8.4±1.2	7.5±1.3	8.2±1.4	8.5±1.4	13.4±1.3	10.1±1.5	8.2±1.6	14.6±1.3	78.9±1.6
ETB-15%	7.8±1.4	7.1±1.1	7.4±1.2	8.1±1.6	13.2±1.4	10.2±1.1	7.7±1.3	14.3±1.6	75.8±1.5

注：数值表示为平均值±标准差；表中同一指标中，所带字母不同表示差异性显著（$p<0.05$）；ND 代表无显著差异。

5.6　结论

本研究对我国不同植源、产地荞麦样品的组分及理化特性进行比较研究，并选择凝胶质构较好的陕西荞麦制备碗托，研究加工工艺对甜荞碗托质构的影响，并探明多酚添加和挤压改性粉回添分别对陕西甜荞和苦荞的理化特性及碗托品质的影响，主要结论如下：

甜荞和苦荞的基本组分差异较小，总黄酮、总多酚含量差异明显。二者理化特性差异较明显，甜荞颜色亮白，苦荞颜色较暗，甜荞的峰值黏度、最终黏度和回生值高于苦荞样品，甜荞的凝胶弹性较高，黏聚性和回复性略低于苦荞。而不同产地的样品组分均存在差异，甜荞除糊化时间、凝胶弹性及黏聚性，苦荞除凝胶弹性没有显著性差异外，所测其他加工指标均存在差异。根据相关性分析，两种植源荞麦的组分对理化特性影响存在相似以及不同之处，相似的，两种植源荞麦的色差、糊化特性以及凝胶质构特性均受到直链淀粉的显著影响，此外，甜荞理化特性与其蛋白质含量相关性显著。而对于苦荞，其色差只受直链淀粉和总多酚影响，糊化特性和质构特性还受到灰分与总黄酮的显著影响。

随着加热时间的延长，碗托的糊化度增加，未糊化淀粉颗粒减少，有序结构发生改变，过长的加热时间可能会对碗托的结构造成破坏，碗托的硬度等指标呈现先升高后降低的趋势。随着冷却时间的延长，碗托中淀粉少量回生，所测定的糊化度略微降低，样品结晶度增加，短程有序度也略增加，回生过程中凝胶结构变化使得碗托截面结构趋于平整，硬度等指标有增加的趋势。在加热时间为 15min，冷却时间为 30min 或 40min 时，碗托的凝胶网络结构较稳定，强度较高。

GA 的加入提高混合粉的亮度与黄度、降低红度，其与荞麦组分的相互作用提高 WAI、WSI、SP，影响糊化特性，延缓老化，降低凝胶硬度、弹性等指标，并改变凝胶的截面结构，凝胶孔径增加。EGCG 的加入增加混合粉的红度与黄度，低添加量时亮度增加，高添加量时亮度下降，对水合特性中 SP 没有显著影响，增加 WSI，高添加量时降低 WAI，低添加量对糊化特性影响较小，添加量高时与 GA 影响相似。EGCG 影响混合粉凝胶截面结构与质构特性，凝胶网络孔径随添加量增加减小，网孔数量增加，凝胶硬度在高添加量时减小。多酚的添加明显增强其抗氧化活性，影响样品的有序结构，降低碗托的回生趋势，影响碗托的硬度与弹性等质构指标，并通过与淀粉和消化过程中酶发生相互作用而抑制碗托的消化率。但高添加量的多酚略微降低碗托的食味品质。

挤压改性对荞麦中淀粉结构影响显著，荞麦中支链和直链淀粉受到挤压中机械力的作用发生降解，使得样品的分子量降低，支链淀粉的支化程度降低。挤压改性粉添加对苦荞粉理化特性存在影响，改性粉加入降低荞麦粉亮度、提高黄度，降低 WAI、SP，提高 WSI，糊化峰值黏度随添加量先升高后降低，其他指标降低，老化受到抑制，降低凝胶硬度、弹性等指标，并改变凝胶的截面结构。挤压改性粉添加提高了碗托总多酚含量和抗氧化活性，由于改性粉结构的变化，碗托长程和短程有序结构存在影响，碗托弹性增加，硬度随添加量先降低后增加，改性粉添加降低碗托的消化性，其中ETB-10%对碗托消化的抑制最强，并且添加改性粉后对碗托感官无不良影响。

参考文献

包劲松, 1999. 植物淀粉生物合成研究进展. 生命科学[J], 11: 104-107.

崔彦利, 乔雨雨, 刘沁沁, 等, 2021. 挤压膨化小扁豆粉对面团特性及面条品质的影响. 中国粮油学报[J], 36: 1-7.

董慧娜, 汪磊, 陈洁, 等, 2022. 板栗淀粉-脂质复合物对淀粉老化性质的影响. 河南工业大学学报(自然科学版)[J], 43: 49-57.

杜程, 崔晓东, 王转花, 2018. 苦荞芦丁水解酶序列鉴定及在昆虫系统中的表达. 食品科学[J], 39: 91-98.

郭慧敏, 2017. 荞麦营养品质分析及新型苦荞茶研制[M]. 天津大学.

黄峻榕, 唐晓东, 蒲华寅, 2017. 淀粉凝胶的微观结构、质构及稳定性研究进展. 食品与生物技术学报[J], 36: 673-679.

贾雅轩, 2013. 家乡的“碗秃则”. 快乐作文[J], 32: 16.

李宏梁, 赵晶晶, 樊成, 等, 2011. 魔芋凝胶食品中葡甘露聚糖含量的测定. 食品研究与开发[J], 32: 120-122.

李华, 朱宣宣, 2021. 食品组分对淀粉糊化性质影响的研究进展. 河南工业大学学报(自然科学版)[J], 42: 108-114.

李琳, 陈洁, 陈玲, 2019. 玉米淀粉对大米粉凝胶特性的影响. 河南工业大学学报（自然科学版）[J], 40: 7-11: 40.

李蟠莹, 2018. 原花青素对大米淀粉理化性质及消化性的影响[M]. 南昌大学.

李小林, 李建勋, 张文娟, 等, 2022. 挤压预糊化淀粉的性能及其添加对糙米发糕品质的影响. 食品工业科技[J/OL]: 1-11.

梁灵, 2003. 小麦品种（系）籽粒淀粉性状研究[M]. 西北农林科技大学.

梁啸天, 张春华, 倪娜, 等, 2020. 荞麦营养功能与产品开发前景. 特种经济动植物[J], 09: 21-23+32.

刘丹, 2015. 山西碗托文化. 青年文学家[J], 4X: 189.

刘华玲, 史苗苗, 周亚萍, 等, 2019. 茶多酚/直链淀粉复合物的制备及表征. 食品工业科技[J], 40: 113-118.

刘琴, 张薇娜, 朱媛媛, 等, 2014. 不同产地苦荞籽粒中多酚的组成、分布及抗氧化性比较. 中国农业科学[J], 47: 2840-2852.

刘云飞, 2019. 改良挤压技术对大米淀粉结构和性质的影响及其在淀粉基食品中的应用[M]. 南昌大学.

缪铭, 张涛, 沐万孟, 等, 2010. 淀粉的支链精细结构与消化性能. 食品科学[J], 31: 12-15.

彭登峰, 柴春祥, 张坤生, 等, 2014a. 不同解冻方式对冷冻荞面碗托品质的影响. 浙江农业学报[J], 26: 592-597.

彭登峰, 柴春祥, 张坤生, 等, 2014b. 不同解冻方式对速冻荞面碗托品质的影响. 现代食品科技[J], 30: 187-193, 263.

彭登峰, 柴春祥, 张坤生, 等, 2014c. 超高压处理对荞面碗托品质的影响. 浙江农业学报[J], 26: 1055-1061.

彭登峰, 柴春祥, 张坤生, 等, 2014d. 荞面碗托生产工艺优化. 食品与机械[J], 30: 222-227.

丘濂, 2021. 在陕北，与杂粮相遇. 科学之友(上半月)[J], 11: 72-75.

桑满杰, 卫海燕, 毛亚娟, 等, 2015. 基于随机森林的我国荞麦适宜种植区划及评价. 山东农业科学[J], 47: 46-52.

孙川惠, 武强, 张炳文, 2016. 淀粉凝胶食品——粉皮、凉粉的研究进展. 中国食物与营养[J], 22: 40-43.

王世霞, 刘珊, 李笑蕊, 等, 2015. 甜荞麦与苦荞麦的营养及功能活性成分对比分析. 食品工业科技[J], 36: 78-82.

文平, 2006. 荞麦籽粒芦丁与蛋白质含量的基因型与环境效应研究[M]. 浙江大学.

肖仕芸, 2020. 超微粉碎处理对薏苡仁全粉及其凝胶品质特性的影响[M]. 贵州大学.

谢亚敏，许飞，陈洁，等, 2021. 多酚与淀粉相互作用对板栗淀粉特性的影响. 河南工业大学学报(自然科学版)[J], 42: 30-38.

延莎，郝忠超，朱明明，等, 2018. 藜麦粉对高筋粉糊化特性的影响及藜麦碗托的开发. 食品工业[J], 39: 5-8.

张冬媛，邓媛元，张名位，等, 2015. 发芽_挤压_淀粉酶协同处理对速食糙米粉品质特性的影响. 中国农业科学[J], 48: 759-768.

张帆, 2018. 一种碗托及其加工方法[M].

张继斌, 王玉, 徐浪, 等, 2018. 不同产地苦荞麦中黄酮类成分的含量测定与分析. 食品研究与开发[J], 39: 150-155.

张莉，李志西, 2009. 传统荞麦制品保健功能特性研究. 中国粮油学报[J], 24: 53-57.

张连水，聂志矗，赵晓辉，等, 2009. 表儿茶素类单质红外光谱特性研究. 茶叶[J], 35（3）: 152-156.

张志超, 2016. 糯米团凝胶特性的研究[M]. 河南工业大学.

郑君君，王敏，柴岩，等, 2009. 我国荞麦主要品种的粉质性状相关性研究. 食品工业科技[J], 06: 66-69.

周小理, 肖文艳, 周一鸣, 2008. 不同品种荞麦糊化特性与直链淀粉含量关系的研究. 食品科学[J], 29: 37-40.

Abubakar M F, Mohamed M, Rahmat A, et al., 2009. Phytochemicals and antioxidant activity of different parts of bambangan (Mangifera pajang) and tarap (Artocarpus odoratissimus). Food Chemistry[J], 113: 479-483.

Aleixandre A, Gil J V, Sineiro J, et al., 2021. Understanding phenolic acids inhibition of alpha-amylase and alpha-glucosidase and influence of reaction conditions. Food Chemistry[J], 372: 131231-131239.

Arora B, Yoon, Sriram M, et al., 2020. Reactive extrusion: A review of the physicochemical changes in food systems. Innovative Food Science & Emerging Technologies[J], 64: 102429-102440.

Asioli D, Aschemann-Witzel J, Caputo V, et al., 2017. Making sense of the "clean label" trends: A review of consumer food choice behavior and discussion of industry implications. Food Research International[J], 99: 58-71.

Benzie I F F, Strain J J, 1996. The Ferric Reducing Ability of Plasma (FRAP) as a Measure of "Antioxidant Power": The FRAP Assay. Analytical Biochemistry[J], 239: 70-76.

Bhinder S, Kaur A, Singh B, et al., 2020. Proximate composition, amino acid profile, pasting and process characteristics of flour from different Tartary buckwheat varieties. Food Research International[J], 130: 108946.

Birch G G, 1973. Degree of Gelatinisation of Cooked Rice. Starch-Stärke[J], 25: 98-100.

Božič M, Gorgieva S, Kokol V, 2012. Laccase-mediated functionalization of chitosan by caffeic and gallic acids for modulating antioxidant and antimicrobial properties. Carbohydrate Polymers[J], 87: 2388-2398.

Brites L T G F, Rebellato A P, Meinhart A D, et al., 2022. Technological, sensory, nutritional and bioactive potential of pan breads produced with refined and whole grain buckwheat flours. Food Chemistry: X[J], 13: 100243-100250.

Builders P F, Mbah C C, Adama K K, et al., 2014. Effect of pH on the physicochemical and binder properties of tigernut starch. Starch-Stärke[J], 66: 281-293.

Chai Y, Wang M, Zhang G, 2013. Interaction between amylose and tea polyphenols modulates the postprandial glycemic response to high-amylose maize starch. Journal of Agricultural and Food Chemistry[J], 61: 8608-8615.

Chen N, Chen L, Gao H X, et al., 2020. Mechanism of bridging and interfering effects of tea polyphenols on starch molecules. Journal of Food Processing and Preservation[J], 44: 14576-14588.

Cheng W, Gao L, Wu D, et al., 2020. Effect of improved extrusion cooking technology on structure, physioch- emical and nutritional characteristics of physically modified buckwheat flour: Its potential use as food ingredients. LWT[J], 133: 109872-109879.

Chi C, Li X, Zhang Y, et al., 2018. Modulating the in vitro digestibility and predicted glycemic index of rice starch gels by complexation with gallic acid. Food Hydrocolloids[J], 89: 821-828.

Coronel E B, Guiotto E N, Aspiroz M C, et al., 2021. Development of gluten-free premixes with buckwheat and chia flours: Application in a bread product. LWT[J], 141:110916-110923.

Dankar I, Haddarah A, Omar F E L, et al., 2018. Characterization of food additive-potato starch complexes by FTIR and X-ray diffraction. Food Chemistry[J], 260: 7-12.

De Pilli T, Jouppila K, Ikonen J, et al., 2008. Study on formation of starch-lipid complexes during extrusion- cooking of almond flour. Journal of Food Engineering[J], 87: 495-504.

Denchai N, Suwannaporn P, Lin J, et al., 2019. Retrogradation and digestibility of rice starch gels: the joint effect of degree of gelatinization and storage. Journal of Food Science[J], 84: 1400-1410.

Di Paola R D, Asis R, Aldao M A J, 2003. Evaluation of the Degree of Starch Gelatinization by a New Enzymatic Method. Starch-Stärke[J], 55: 403-409.

Du J, Yao F, Zhang M, et al., 2019. Effect of persimmon tannin on the physicochemical properties of maize starch with different amylose/amylopectin ratios. International Journal of Biological Macromolecules[J], 132: 1193-1199.

Englyst H, Kingman S, Cummings J, 1992. Classification and Measurement of Nutritionally Important Starch Fractions. European journal of clinical nutrition[J], 46 Suppl 2: S33-50.

Espinosa-Ramírez J, Rodríguez A, De La Rosa-Millán J, et al., 2021. Shear-induced enhancement of technofunctional properties of whole grain flours through extrusion. Food Hydrocolloids[J], 111: 106400-106412.

Funami T, Kataoka Y, Omoto T, et al., 2005. Effects of non-ionic polysaccharides on the gelatinization and retrogradation behavior of wheat starch. Food Hydrocolloids[J], 19: 1-13.

Gao L, Cheng W, Fu M, et al., 2021. Effect of improved extrusion cooking technology modified buckwheat flour on whole buckwheat dough and noodle quality. Food Structure[J], 31: 100248-100255.

Gao L, Wang H, Wan C, et al., 2020. Structural, pasting and thermal properties of common buckwheat (Fagopyrum esculentum Moench) starches affected by molecular structure. International Journal of Biological Macromolecules[J], 156: 120-126.

Garcia-Amezquita L E, Tejada-Ortigoza V, Pérez-Carrillo E, et al., 2019. Functional and compositional changes of orange peel fiber thermally-treated in a twin extruder. LWT[J], 111: 673-681.

Garcia-Valle D E, Agama-Acevedo E, Nuñez-Santiago M D C, et al., 2021. Extrusion pregelatinization improves texture, viscoelasticity and in vitro starch digestibility of mango and amaranth flours. Journal of Functional Foods[J], 80: 104441-104451.

Giménez-Bastida J A, Piskuła M, Zieliński H, 2015. Recent advances in development of gluten-free buckwheat products. Trends in Food Science & Technology[J], 44: 58-65.

Goh R, Gao J, Ananingsih V K, et al., 2015. Green tea catechins reduced the glycaemic potential of bread: an in vitro digestibility study. Food Chemistry[J], 180: 203-210.

Goñi I, Garcia-Alonso A, Saura-Calixto F, 1997. A starch hydrolysis procedure to estimate glycemic index. Nutrition Research[J], 17: 427-437.

Guha M, Ali S Z, Bhattacharya S, 1997. Twin-screw extrusion of rice flour without a die: Effect of barrel temperature and screw speed on extrusion and extrudate characteristics. Journal of Food Engineering[J], 32: 251-267.

Gunaratne A, Hoover R, 2002. Effect of heat–moisture treatment on the structure and physicochemical properties of tuber and root starches. Carbohydrate Polymers[J], 49: 425-437.

Guo P, Yu J, Copeland L, et al., 2018. Mechanisms of starch gelatinization during heating of wheat flour and its effect on in vitro starch digestibility. Food Hydrocolloids[J], 82: 370-378.

Gutierrez A S A, Guo J, Feng J, et al., 2020. Inhibition of starch digestion by gallic acid and alkyl gallates. Food Hydrocolloids[J], 102: 105603-105609.

Han M, Bao W, Wu Y, et al., 2020a. Insights into the effects of caffeic acid and amylose on in vitro digestibility of maize starch-caffeic acid complex. International Journal of Biological Macromolecules[J], 162: 922-930.

Han X, Zhang M, Zhang R, et al., 2020b. Physicochemical interactions between rice starch and different polyphenols and structural characterization of their complexes. LWT[J], 125: 109227-109233.

He T, Wang K, Zhao L, et al., 2021. Interaction with longan seed polyphenols affects the structure and digestion properties of maize starch. Carbohydrate Polymers[J], 256: 117537-117543.

Hu H, Yong H, Yao X, et al., 2021. Highly efficient synthesis and characterization of starch aldehyde-catechin conjugate with potent antioxidant activity. International Journal of Biological Macromolecules[J], 173: 13-25.

Huang X Y, Zeller F J, Huang K F, et al., 2014. Variation of major minerals and trace elements in seeds of tartary buckwheat (Fagopyrum tataricum Gaertn.). Genetic Resources Crop Evolution[J], 61: 567-577.

Huang Z-R, Deng J-C, Li Q-Y, et al., 2020. Protective Mechanism of Common Buckwheat (Fagopyrum esculentum Moench.) against nonalcoholic fatty liver disease associated with dyslipidemia in mice fed a high-fat and high-cholesterol diet. Journal of Agricultural and Food Chemistry[J], 68: 6530-6543.

Igoumenidis P E, Zoumpoulakis P, Karathanos V T, 2018. Physicochemical interactions between rice starch and caffeic acid during boiling. Food Research International[J], 109: 589-595.

Ikeda K, 2002. Buckwheat composition, chemistry, and processing[C]//Advances in Food and Nutrition Research. Academic Press:395-434.

Jafari M, Koocheki A, Milani E, 2017. Effect of extrusion cooking on chemical structure, morphology, crystallinity and thermal properties of sorghum flour extrudates. Journal of Cereal Science[J], 75: 324-331.

Jiang C, Chen Y, Ye X, et al., 2021. Three flavanols delay starch digestion by inhibiting alpha-amylase and binding with starch. International Journal of Biological Macromolecule[J], 172: 503-514.

Kalinová J P, Vrchotová N, Tříska J, 2019. Phenolics levels in different parts of common buckwheat (Fagopyrum esculentum) achenes. Journal of Cereal Science[J], 85: 243-248.

Kan L, Capuano E, Oliviero T, et al., 2022. Wheat starch-tannic acid complexes modulate physicochemical and rheological properties of wheat starch and its digestibility. Food Hydrocolloids[J], 126: 107459-107470.

Koa S S, Jin X, Zhang J, et al., 2017. Extrusion of a model sorghum-barley blend: Starch digestibility and associated properties. Journal of Cereal Science[J], 75: 314-323.

Lee L-S, Choi E-J, Kim C-H, et al., 2016. Contribution of flavonoids to the antioxidant properties of common and tartary buckwheat. Journal of Cereal Science[J], 68: 181-186.

Li M, Griffin L E, Corbin S, et al., 2020a. Modulating phenolic bioaccessibility and glycemic response of starch-based foods in wistar rats by physical complexation between starch and phenolic acid. Journal of Agricultural and Food Chemistry[J], 68: 13257-13266.

Li M, Ndiaye C, Corbin S, et al., 2020b. Starch-phenolic complexes are built on physical CH-pi interactions and can persist after hydrothermal treatments altering hydrodynamic radius and digestibility of model starch-based foods. Food Chemistry[J], 308: 125577-125586.

Li M, Pernell C, Ferruzzi M G, 2018. Complexation with phenolic acids affect rheological properties and digestibility of potato starch and maize amylopectin. Food Hydrocolloids[J], 77: 843-852.

Li N, Taylor L S, Ferruzzi M G, et al., 2013. Color and chemical stability of tea polyphenol (−)-epigallocatechin- 3-gallate in solution and solid states. Food Research International[J], 53: 909-921.

Li Y, Gao S, Ji X, et al., 2020. Evaluation studies on effects of quercetin with different concentrations on the physicochemical properties and in vitro digestibility of Tartary buckwheat starch. International Journal of Biological Macromolecule[J], 163: 1729-1737.

Liu B, Zhong F, Yokoyama W, et al., 2020. Interactions in starch co-gelatinized with phenolic compound systems: Effect of complexity of phenolic compounds and amylose content of starch. Carbohydrate Polymers[J], 247: 116667-116675.

Liu G, Gu Z, Hong Y, et al., 2017a. Structure, functionality and applications of debranched starch: A review. Trends in Food Science & Technology[J], 63: 70-79.

Liu G, Hong Y, Gu Z, et al., 2015. Pullulanase hydrolysis behaviors and hydrogel properties of debranched starches from different sources. Food Hydrocolloids[J], 45: 351-360.

Liu Q, Wang Y, Yang Y, et al., 2022a. Effects of extrusion and enzymatic debranching on the structural characteristics and digestibility of corn and potato starches. Food Bioscience[J], 47: 101679-101687.

Liu X, Chao C, Yu J, et al., 2021. Mechanistic studies of starch retrogradation and its effects on starch gel properties. Food Hydrocolloids[J], 120: 106914-106922.

Liu Y, Chen J, Luo S, et al., 2017b. Physicochemical and structural properties of pregelatinized starch prepared by improved extrusion cooking technology. Carbohydrate Polymers[J], 175: 265-272.

Liu Y, Chen J, Wu J, et al., 2019. Modification of retrogradation property of rice starch by improved extrusion cooking technology. Carbohydrate Polymers[J], 213: 192-198.

Liu Z, Fu Y, Zhang F, et al., 2022b. Comparison of the molecular structure of heat and pressure-treated corn starch based on experimental data and molecular dynamics simulation. Food Hydrocolloids[J], 125: 107371-107380.

Lorenzo J M, Munekata P E S, 2016. Phenolic compounds of green tea: Health benefits and technological application in food. Asian Pacific Journal of Tropical Biomedicine[J], 6: 709-719.

Ma Y, Xu D, Sang S, et al., 2021. Effect of superheated steam treatment on the structural and digestible properties of wheat flour. Food Hydrocolloids[J], 112:106362-106370.

Martínez M M, Rosell C M, Gómez M, 2014. Modification of wheat flour functionality and digestibility through different extrusion conditions. Journal of Food Engineering[J], 143: 74-79.

Min C, Ma W, Kuang J, et al., 2022. Textural properties, microstructure and digestibility of mungbean starch–flaxseed protein composite gels. Food Hydrocolloids[J], 126: 107482-107489.

Morales-Sanchez E, Cabrera-Ramirez A H, Gaytan-Martinez M, et al., 2021. Heating-cooling extrusion cycles as a method to improve the physicochemical properties of extruded corn starch. International Journal of Biological Macromolecules[J], 188: 620-627.

Olivares Diaz E, Kawamura S, Matsuo M, et al., 2019. Combined analysis of near-infrared spectra, colour, and physicochemical information of brown rice to develop accurate calibration models for determining amylose content. Food Chemistry[J], 286: 297-306.

Pan J, Li M, Zhang S, et al., 2019. Effect of epigallocatechin gallate on the gelatinisation and retrogradation of wheat starch. Food Chemistry[J], 294: 209-215.

Panyoo A E, Emmambux M N, 2017. Amylose-lipid complex production and potential health benefits: A mini-review. Starch-Stärke[J], 69: 1600203-1600209.

Park J, Oh S-K, Chung H-J, et al., 2020. Structural and physicochemical properties of native starches and non- digestible starch residues from Korean rice cultivars with different amylose contents. Food Hydrocolloids[J], 102: 105544-105553.

Pasqualone A, Costantini M, Labarbuta R, et al., 2021. Production of extruded-cooked lentil flours at industrial level: Effect of processing conditions on starch gelatinization, dough rheological properties and techno-functional parameters. LWT[J], 147: 111580-111587.

Pathare P B, Opara U L, Al-Said F A-J, 2012. Colour Measurement and Analysis in Fresh and Processed Foods: A Review. Food and Bioprocess Technology[J], 6: 36-60.

Pu H, Chen L, Li L, et al., 2013. Multi-scale structural and digestion resistibility changes of high-amylose corn starch after hydrothermal-pressure treatment at different gelatinizing temperatures. Food Research International[J], 53: 456-463.

Putseys J A, Lamberts L, Delcour J A, 2010. Amylose-inclusion complexes: Formation, identity and physico- chemical properties. Journal of Cereal Science[J], 51: 238-247.

Qin P, Wang Q, Shan F, et al., 2010. Nutritional composition and flavonoids content of flour from different buckwheat cultivars. International Journal of Food Science and Technology[J], 45: 951-958.

Qin R, Yu J, Li Y, et al., 2019. Structural Changes of Starch-Lipid Complexes during Postprocessing and Their Effect on In Vitro Enzymatic Digestibility. Journal of Agricultural and Food Chemistry[J], 67: 1530-1536.

Quettier-Deleu C, Gressier B, Vasseur J, et al., 2000. Phenolic compounds and antioxidant activities of buckwheat (Fagopyrum esculentum Moench) hulls and flour. Journal of Ethnopharmacology[J], 72: 35-42.

Rachman A, Chen L, Brennan M, et al., 2020. Effects of addition of buckwheat bran on physicochemical, pasting properties and starch digestion of buckwheat gels. European Food Research and Technology[J], 246: 2111-2117.

Rathod R P, Annapure U S, 2017. Physicochemical properties, protein and starch digestibility of lentil based noodle prepared by using extrusion processing. LWT[J], 80: 121-130.

Re R, Pellegrini N, Proteggente A, et al., 1999. Antioxidant activity applying an improved ABTS radical cation decolorization assay. Free Radical Biology & Medicine,[J], 26: 1231-1237.

Rodríguez-Sandoval E, Fernández-Quintero A, Cuvelier G, et al., 2008. Starch retrogradation in cassava flour from cooked parenchyma. Starch-Stärke[J], 60: 174-180.

Roman L, Sahagun M, Gomez M, et al., 2019. Nutritional and physical characterization of sugar-snap cookies: effect of banana starch in native and molten states. Food & Function[J], 10: 616-624.

Sandhu K, Singh N, 2007. Some properties of corn starches II: Physicochemical, gelatinization, retrogradation, pasting and gel textural properties. Food Chemistry[J], 101: 1499-1507.

Sandhu K S, Siroha A K, Punia S, et al., 2020. Effect of heat moisture treatment on rheological and in vitro digestibility properties of pearl millet starches. Carbohydrate Polymer Technologies and Applications[J], 1: 100002-100007.

Seczyk L, Sugier D, Swieca M, et al., 2021. The effect of in vitro digestion, food matrix, and hydrothermal treatment on the potential bioaccessibility of selected phenolic compounds. Food Chemistry[J], 344: 128581-128588.

Şensoy Í, Rosen R T, Ho C-T, et al., 2006. Effect of processing on buckwheat phenolics and antioxidant activity. Food Chemistry[J], 99: 388-393.

Sevenou O, Hill S E, Farhat I A, et al., 2002. Organisation of the external region of the starch granule as determined by infrared spectroscopy. International Journal of Biological Macromolecules[J], 31: 79-85.

Shaikh F, Ali T M, Mustafa G, et al., 2020. Structural, functional and digestibility characteristics of sorghum and corn starch extrudates (RS3) as affected by cold storage time. International Journal of Biological Macromolecules[J], 164: 3048-3054.

Shang L, Wu C, Wang S, et al., 2021. The influence of amylose and amylopectin on water retention capacity and texture properties of frozen-thawed konjac glucomannan gel. Food Hydrocolloids[J], 113: 106521-106531.

Sharma S, Singh N, Singh B, 2015. Effect of extrusion on morphology, structural, functional properties and in vitro digestibility of corn, field pea and kidney bean starches. Starch-Stärke[J], 67: 721-728.

Shevkani K, Kaur R, Singh N, et al., 2022. Colour, composition, digestibility, functionality and pasting properties of diverse kidney beans (Phaseolus vulgaris) flours. Current Research in Food Science[J], 5: 619-628.

Singh B, Singh J P, Kaur A, et al., 2017. Phenolic composition and antioxidant potential of grain legume seeds: A review. Food Research International[J], 101: 1-16.

Sinkovic L, Sinkovic D K, Meglic V, 2021. Milling fractions composition of common (*Fagopyrum esculentum Moench*) and Tartary (*Fagopyrum tataricum (L.) Gaertn.*) buckwheat. Food Chemistry[J], 365: 130459-130464.

Sun L, Gidley M J, Warren F J, 2018a. Tea polyphenols enhance binding of porcine pancreatic alpha-amylase with starch granules but reduce catalytic activity. Food Chemistry[J], 258: 164-173.

Sun X, Li W, Hu Y, et al., 2018b. Comparison of pregelatinization methods on physicochemical, functional and structural properties of tartary buckwheat flour and noodle quality. Journal of Cereal Science[J], 80: 63-71.

Sun X, Yu C, Fu M, et al., 2019. Extruded whole buckwheat noodles: effects of processing variables on the degree of starch gelatinization, changes of nutritional components, cooking characteristics and in vitro starch digestibility. Food & Function[J], 10: 6362-6373.

Tang Y, Ding M Q, Tang Y X, et al., 2016. Chapter two-Germplasm Resources of Buckwheat in China[C]//M. ZHOU, I. KREFT, S.-H. WOO, et al. Molecular Breeding and Nutritional Aspects of Buckwheat.Academic Press:13-20.

Tao K, Li C, Yu W, et al., 2019. How amylose molecular fine structure of rice starch affects functional properties. Carbohydrate polymers[J], 204: 24-31.

Tiga B H, Kumcuoglu S, Vatansever M, et al., 2021. Thermal and pasting properties of Quinoa—Wheat flour blends and their effects on production of extruded instant noodles. Journal of Cereal Science[J], 97: 103120-103129.

Unal H, Izli G, Izli N, et al., 2016. Comparison of some physical and chemical characteristics of buckwheat (Fagopyrum esculentum Moench) grains. CyTA-Journal of Food[J], 15: 257-265.

Vanier N L, Vamadevan V, Bruni G P, et al., 2016. Extrusion of Rice, Bean and Corn Starches: Extrudate Structure and Molecular Changes in Amylose and Amylopectin. Journal of Food Science[J], 81: 2932-2938.

Wang B, Dong Y, Fang Y, et al., 2022a. Effects of different moisture contents on the structure and properties of corn starch during extrusion. Food Chemistry[J], 368: 130804-130810.

Wang L, Wang L, Li Z, et al., 2021. Diverse effects of rutin and quercetin on the pasting, rheological and structural properties of Tartary buckwheat starch. Food Chemistry[J], 335: 127556-127566.

Wang Q, Li L, Wang T, et al., 2022b. A review of extrusion-modified underutilized cereal flour: chemical composition, functionality, and its modulation on starchy food quality. Food Chemistry[J], 370: 131361-131376.

Wang Q, Li L, Zheng X, et al., 2020. Effect of extrusion feeding moisture on dough, nutritional, and texture properties of noodles fortified with extruded buckwheat flour. Journal of Food Processing and Preservation[J], 44: 14978-14986.

Wang S, Copeland L, 2013. Molecular disassembly of starch granules during gelatinization and its effect on starch digestibility: a review. Food & Function[J], 4: 1564-1580.

Wang S, Li C, Copeland L, et al., 2015. Starch retrogradation: A comprehensive review. Comprehensive Reviews in Food Science and Food Safety[J], 14: 568-585.

Wang S, Li P, Yu J, et al., 2017. Multi-scale structures and functional properties of starches from Indica hybrid, Japonica and waxy rice. International Journal of Biological Macromolecules[J], 102: 136-143.

Wijngaard H H, Arendt E K, 2006. Buckwheat. Cereal Chemistry[J], 83: 391-401.

Wu Y, Chen Z, Li X, et al., 2009. Effect of tea polyphenols on the retrogradation of rice starch. Food Research International[J], 42: 221-225.

Wu Y, Niu M, Xu H, 2020. Pasting behaviors, gel rheological properties, and freeze-thaw stability of rice flour and starch modified by green tea polyphenols. LWT[J], 118: 108796-108803.

Xiao Y, Yang C, Xu H, et al., 2021. Study on the change of flavonoid glycosides to aglycones during the process of steamed bread containing tartary buckwheat flour and antioxidant, α-glucosidase inhibitory activities evaluation in vitro. LWT[J], 145: 111527-111536.

Yan Z, Zhong Y, Duan Y, et al., 2020. Antioxidant mechanism of tea polyphenols and its impact on health benefits. Animal Nutrition[J], 6: 115-123.

Yang J, Gu Z, Zhu L, et al., 2019. Buckwheat digestibility affected by the chemical and structural features of its main components. Food Hydrocolloids[J], 96: 596-603.

Yiming Z, Hong W, Linlin C, et al., 2015. Evolution of nutrient ingredients in tartary buckwheat seeds during germination. Food Chemistry[J], 186: 244-248.

Yu M, Liu B, Zhong F, et al., 2021. Interactions between caffeic acid and corn starch with varying amylose content and their effects on starch digestion. Food Hydrocolloids[J], 114: 106544-106552.

Yu M, Zhu S, Zhong F, et al., 2022. Insight into the multi-scale structure changes and mechanism of corn starch modulated by different structural phenolic acids during retrogradation. Food Hydrocolloids[J], 128: 107581-107588.

Zhang G, Ni C, Ding Y, et al., 2020. Effects of Low Moisture Extrusion on the Structural and Physicochemical Properties of Adlay (Coix lacryma-jobi L.) Starch-Based Polymers. Process Biochemistry[J], 96: 30-37.

Zhang R, Khan S A, Chi J, et al., 2018a. Different effects of extrusion on the phenolic profiles and antioxidant activity in milled fractions of brown rice. LWT[J], 88: 64-70.

Zhang X K, He F, Zhang B, et al., 2018b. The effect of prefermentative addition of gallic acid and ellagic acid on the red wine color, copigmentation and phenolic profiles during wine aging. Food Research International[J], 106: 568-579.

Zhang Y, Li G, Wu Y, et al., 2019. Influence of amylose on the pasting and gel texture properties of chestnut starch during thermal processing. Food Chemistry[J], 294: 378-383.

Zheng B, Tang Y, Xie F, et al., 2022. Effect of pre-printing gelatinization degree on the structure and digestibility of hot-extrusion 3D-printed starch. Food Hydrocolloids[J], 124: 107210-107217.

Zheng M, Ye A, Singh H, et al., 2021. The in vitro digestion of differently structured starch gels with different amylose contents. Food Hydrocolloids[J], 116: 106647-106657.

Zhou H, Zhang G, Zhu C, et al., 2018. Characterization of amylopectin fine structure and its role on pasting properties of starches in rice. Food Science and Technology Research[J], 24: 347-354.

Zhou X, Chen J, Wang S, et al., 2022. Effect of high hydrostatic pressure treatment on the formation and in vitro digestion of Tartary buckwheat starch/flavonoid complexes. Food Chemistry[J], 382: 132324-132331.

Zhou X, Hao T, Zhou Y, et al., 2015. Relationships between antioxidant compounds and antioxidant activities of tartary buckwheat during germination. Journal of Food Science and Technology[J], 52: 2458-2463.

Zhou Z, Robards K, Helliwell S, et al., 2007. Effect of the addition of fatty acids on rice starch properties. Food Research International[J], 40: 209-214.

Zhu D, Fang C, Qian Z, et al., 2021a. Differences in starch structure, physicochemical properties and texture characteristics in superior and inferior grains of rice varieties with different amylose contents. Food Hydrocolloids[J], 110: 106170-106178.

Zhu F, 2015. Interactions between starch and phenolic compound. Trends in Food Science & Technology[J], 43: 129-143.

Zhu F, 2016. Chemical composition and health effects of Tartary buckwheat. Food Chemistry[J], 203: 231-245.

Zhu F, Wang Y J, 2013. Characterization of modified high-amylose maize starch-alpha-naphthol complexes and their influence on rheological properties of wheat starch. Food Chemistry[J], 138: 256-262.

Zhu J, Zhang B, Tan C P, et al., 2021b. Effect of Rosa Roxburghii juice on starch digestibility: a focus on the binding of polyphenols to amylose and porcine pancreatic α-amylase by molecular modeling. Food Hydrocolloids[J], 123: 106966-106974.

Zhu S, Liu B, Wang F, et al., 2021c. Characterization and in vitro digestion properties of cassava starch and epigallocatechin-3-gallate (EGCG) blend. LWT[J], 137: 110398-110405.

第六章　荞麦食品加工利用实例（二）——全荞麦挤压面条的加工工艺及品质形成机理

6.1　概述

6.1.1　荞麦的功效及在食品工业中的应用

（1）荞麦的功效

荞麦具有很强的生态适应性，能够在气候和土壤条件恶劣的边缘地带良好生长，也能在降水量少、温度低的高海拔地区生长。因此，荞麦在欧洲和亚洲部分国家一直是一种广受欢迎的粮食作物。近年来，因其各种健康益处和潜在功能性成分报道，荞麦受到越来越多人的关注（Zhang 等，2012）。联合国粮食和农业组织（FAO）的统计数据显示，世界荞麦产量自 2011 年以来逐年增加，其中，中国是最大的甜荞生产国（Zhu，2016）。

与正常谷物和其他假谷物相比，荞麦含有丰富的功能性营养成分，因此其在疾病中的治疗和预防作用是近年来研究的热点（Ahmed 等，2014；Giménez 等，2018）。荞麦的氨基酸组成平衡，其中，人体所必需的赖氨酸含量较高。荞麦的膳食纤维含量相对较高，特别是荞麦中不含植酸，而植酸是小麦中主要的抗营养因子（Steadman 等，2001）。其他营养素包括多不饱和必需脂肪酸（亚油酸）、矿物质（如镁和钾）、维生素（维生素 B 族、维生素 C 和维生素 E）、D-手性肌醇、类黄酮（芦丁和槲皮素）、植物甾醇、吡喃和其他酚类物质（Qin 等，2010；Wijngaard 和 Arendt，2006）。这些营养组分使得荞麦具有多种健康效益，包括低胆固醇活性、抗氧化和抗自由基清除活性、抗高血压、抗炎，也能抑制体内脂肪堆积、减少结肠癌的发生等（Ahmed 等，2014；Wijngaard 和 Arendt，2006）。

（2）荞麦在食品工业中的应用

荞麦制品一直被认为是一种功能性食品，在世界各地广受欢迎。荞麦作为我国主要的营养作物和中药材被大量种植。中国各地有丰富的传统荞麦食品，如荞麦面、荞麦煎饼、荞麦粥等。这些食品以其悠久的历史、丰富的营养成分、独特的风味、多种的加工方法而闻名于世。例如，荞麦饸饹、荞麦碗托、荞麦猫耳面等是中国北方地区（山西省、陕西省）著名的地方食品。在日本，荞麦是传统饮食的重要组成部分，荞麦面条（soba）和荞麦烤谷粒一直很受欢迎。在韩国，人们非常喜欢的果冻类食物“mook”也是由荞麦制成的。在印度，荞麦粉通常被用来做“辣椒”，用辣木的花被裹豆粉油炸做成一种叫“pakora”的脆食品。中国和印度部分地区也有使用甜荞生产的蜂蜜。在美国，早期荞麦饼曾经是一种特殊的早餐食品，荞麦粉也是一些煎饼混合物的成分，如今荞麦主要用作动物饲料。

目前流行的荞麦食品包括主食、零食、饮料等。主食有荞麦干面条、荞麦方便面、荞麦意大利面、荞麦通心粉、荞麦面包、荞麦馒头、荞麦煎饼；零食有荞麦饼干、荞麦糕点、荞麦早餐谷物；饮料有荞麦醋、苦荞茶、荞麦啤酒、荞麦白酒。据估计，以荞麦为原料生产的商品和食品在中国的产值已经超过 100 亿元人民币（Zhu，2016）。

特别的是，由于荞麦的应用及化学成分与传统谷物相似，通常被归类为假谷物（Campbell，1997），因此荞麦可以成为患有乳糜泻患者所必需的无麸质食品的主要成分（Giménez 等，2015）。根据荞麦的营养价值和健康效益，可以以荞麦为原料开发出各种各样的新型食品。然而，健康且绿色的全荞麦无麸质食品大多只建立在研究的基础上，真正工业化的产品并不多，因此，全荞麦食品有很大的市场。

6.1.2 面条概述

（1）面条的发展

面条是我国的传统主食之一。《科学》（*Nature*）杂志在 2005 年刊登了一篇名为“*Millet noodles in late Neolithic China*”的文章，表明 4000 年前中国已经出现了面条（Lu 等，2005）。早期的中国文学表明，手工面条技术在元代就已经得到了很好的发展。当时的人们能够生产出不同形状、大小和符合当地风味的面条，如今市场上的许多面条都是由当时开发的产品演变而来的（Zhang 等，2016）。约 1200 年前，中国手工面条及其加工技术开始传入日本，且伴随着工业化革命的到来，面条得到了前所未有的发展，亚洲面条成为国际食品。目前，中国是世界上最大的面条消费国，数据显示，从 2007 年到 2012 年，中国面条的销售额上涨了 135.6%，从 86 亿元增加到 202.6 亿元（Zhang 等，2016）。

我国的面条种类非常丰富。Fu（2008）根据面条所用的原料、盐成分、加工方法，对面条的命名进行了标准化。按原料，分为小麦面、非小麦面（如淀粉面条、荞麦面条、米粉）；按盐的成分，分为白盐面和碱盐面；按加工方法，分为新鲜面条、干面条、蒸面条、冷冻熟面、无油及油炸方便面、热干面。然而，近年来随着人们对健康和生活水平的要求提高，消费结构正在发生变化，营养丰富化和风味多样化成为了面条发展的重要趋势。小麦面条中往往缺少膳食纤维、维生素、黄酮多酚等营养素，而杂粮中丰富的营养组分和功能性成分可以有效地弥补小麦面条的营养缺陷，提高营养价值。因此，利用杂粮开发面条产品具有非常重要的意义。

（2）面条的加工

小麦面条的生产步骤比较固定，包括面团的混合、面片的形成、面片的切割。此时的面条已经可以直接包装并作为新鲜面条直接出售，它也可以再进行干燥、蒸煮、油炸、冷冻等处理，以制成不同种类的面条产品（Fu，2008）。

与小麦面条依靠面筋网络成型不同，杂粮面条本身不含面筋蛋白，因此更多地依靠淀粉成型，它也被称为淀粉面条。传统上，淀粉面条是通过以下步骤生产的（Galvez 等，1994）：①混合干的或预糊化的淀粉形成淀粉面团，②将面团挤压漏粉成型，③蒸煮（淀粉糊化），④冷却（淀粉凝胶化），⑤干燥。也有报道使用切片法生产淀粉面条（Lee 等，2005），最有代表性的是日本市场上一款葛粉甜品，称为葛切（kuzukiri）。近年来，挤压蒸煮已经成为食品加工的常用方法，并开始应用于淀粉面条的生产加工中来（Wang 等，2012）。它只需要将事先准备好的谷物原料或淀粉加入挤压机，在螺杆的作用下与水混合，实现淀粉糊化与成型的连续化工作。它不需要预先形成淀粉面团，或者面团漏粉过后在沸水中蒸煮，因此挤压蒸煮可以大大简化传统的淀粉面条制作工艺。

6.1.3 荞麦面条的研究进展

目前，由于荞麦的营养价值，荞麦面条成为部分亚洲和欧洲国家广受欢迎的食品。然而，荞麦中的蛋白质与小麦中的蛋白质有很大的区别，主要由球蛋白组成，占64.5%，而与面条成型有关的醇溶蛋白仅占0.8%（Javornik，1984），这使得荞麦在加工过程中很难形成有效的面筋网络结构。因此当使用传统的加工方法生产荞麦面条时，面条难以成型，制备出来的面条的蒸煮品质和食用品质往往不令人满意，同时荞麦粉不能被大量的使用（不高于 30%），这很大程度上限制了荞麦面条的发展（王瑞斌，2018）。

为了改善荞麦面条的质量，并提高荞麦粉的使用量，目前针对荞麦面条改良的研究主要集中在以下两个方面。首先是向荞麦粉中加入添加剂，栗丽萍等（2011）研究了谷朊粉等增筋剂对荞麦面条品质特性的影响，结果表明添加了 5%谷朊粉的荞麦面条的流变学特性和感官评分均最佳；刘心洁等（2014）的研究向荞麦面条中加入黄原胶、羧甲基纤维素钠等亲水胶体以改善荞麦面条的质量；也有研究向荞麦粉中添加谷氨酰胺转氨酶（TG 酶）或碱盐促进蛋白质的交联，改善了面团的流变性能和荞麦面条的质构特性（Guo 等，2017）。其次是使用物理加工方法改性荞麦粉，Sun 等（2018）使用微波、焙烤、红外加热、挤压处理等预糊化方法对荞麦粉进行改性，表明预糊化后的荞麦粉有生产优质荞麦面条的潜力；Jung 等（2015）研究了高静水压对荞麦面团中淀粉理化性质的影响，结果表明适当的压力和保温时间下处理的面团不仅提高了无面筋面团的加工能力，而且改善了面条制品的质构特性。

根据 Asioli 等（2017）的说法，目前工业化国家的消费者们对他们所食用食品的生产方法和成分信息很感兴趣，一些传统农业的生产方法和食品成分（人工添加剂）被视为“不健康”，这种现象被称为“清洁标签”趋势。同时，部分物理改性方法存在效率低下、加工成本高等问题（王瑞斌，2018）。因此，使用挤压蒸煮技术生产全荞麦面条，是一种绿色且高效的方法。然而，关于全荞麦挤压面条加工工艺的关键影响因素，如挤压工艺、老化工艺、干燥工艺等并没有一个系统的研究，这在一定程度上限制了全荞麦挤压面条的进一步发展。

6.1.4　荞麦面条加工工艺中的关键影响因素

（1）挤压工艺

挤压技术（挤压组织化、挤压膨化、挤压蒸煮）已经用于生产一系列的食品，并在世界范围内广泛消费，即食谷物麦片、膨化食品等成为人们饮食的重要组成部分（Alam 等，2016）。近年来，挤压蒸煮开始应用于淀粉面条的生产（Wang 等，2016）。挤压蒸煮可以促进淀粉本身形成淀粉网络而不是蛋白质网络。在挤压过程中，高温和高剪切力可以使淀粉颗粒发生部分分解，破坏其紧密排列的胶束，这促进了淀粉分子间的交联和网络结构的形成。

淀粉的糊化是挤压过程中的重要现象，而挤压温度和物料水分是影响淀粉糊化程度的关键因素。根据 Lund 等（1989）的说法，淀粉的糊化遵循一级动力学。挤压温度的升高会直接影响物料组分在挤压机内部的熔融状态，高温下淀粉熔融加快，糊化度升高。水是一种增塑剂和润滑剂，增加物料水分会促进淀粉颗粒的膨胀，导致淀粉糊化作用的增强，但更高的水分可能会导致剪切力的降低，缩短物料在挤压机内部的停留时间和分子的降解程度（Wang 等，2012）。

Rathod 等（2017）利用挤压蒸煮技术制备不同比例的扁豆和大米混合面条，得出结论，当挤压温度为 95℃，物料水分为 20%时，面条的品质最佳，蒸煮时间为 4 分 26 秒，蒸煮损失为 4.6%。Wang 等（2012）采用响应面法研究了挤压加工变量（温度和水分）对双螺杆挤压制备的豌豆淀粉面条理化性质、糊化特性、蒸煮品质的影响。结果表明挤压温度的升高（85～100℃）或者水分从 34%降低至 30%均可以增加淀粉的糊化度。同时，建立了挤压豌豆淀粉面条的最佳工艺条件（挤压温度 90℃，物料水分 35%），此时的面条与商业产品相比具有类似的颜色，但质地更坚固。

（2）老化工艺

淀粉经过糊化后，处于热力学不稳定体系，冷却后会发生结构的转变，形成具有一定强度和弹性的半透明凝胶。淀粉凝胶是胶体的一种特殊存在方式，它的性质介于固态和液态之间。通常，糊化的淀粉从无定型状态转变为结晶状态的过程被称为淀粉的老化，也叫淀粉的凝胶化（Miles 等，2014）。

淀粉的老化包括短期老化和长期老化。短期老化通常在淀粉糊化后较短的时间内完成，主要由直链淀粉负责。Fredriksson 等（1998）的研究表明，淀粉凝胶主要是依靠析出的直链淀粉通过分子链间的相互作用和有序缠绕形成的。直链淀粉也可以形成稳固的晶体结构，同时产生抗性淀粉（吴丹，2017）。长期老化持续时间较长，决定了淀粉老化的最终程度，主要由支链淀粉负责。支链淀粉的外层短链的重结晶是淀粉凝胶在储藏过程中硬度增加的主要原因。

通常，为了获得较为理想的强度，淀粉凝胶面条需要这样的老化步骤。传统的工业化生产中，老化过程一般是面条糊化之后经过风冷，在自然条件下静置，一般需要 10h 以上，影响了连续化生产（孙庆杰，2006）。目前，很多面条的研究已经采用了低温老化工艺，特别是在 4℃时较快的老化速度通常会利于面条凝胶结构的形成，这样的结构大大缩短了老化时间，且得到的面条品质良好。骆丽君（2015）对冷冻熟面的老化过程进行了研究，结果表明，与高温老化相比，低温老化（低于 5℃）有助于面条品质的保持；李刚凤（2013）研究了老化温度和时间对米粉品质的影响，结果表明，老化温度在 4～5℃，老化时间在 2～5h，米粉品质最佳，具体表现为断条率最低，硬度最高；Liu 等（2019）也研究了老化时间对 4℃下储存的大米淀粉凝胶的影响。

（3）干燥工艺

干燥是淀粉凝胶面条生产过程中必不可少的步骤，通过将食品中的水分含量降低到 12%以下，从而抑制面条中的微生物生长、酶促反应及其他劣变反应，最终延长其货架期，使其更易储存和运输（Law 等，2014）。

传统的面条干燥方式为自然晾干，一般在室温下进行，是最经济的干燥手段，然而易受到气候、湿度、温度、生产效率等的影响（Tsakama 等，2013）。因此，机械干燥方法如热风干燥受到了广泛的关注。通常，热风干燥温度不超过 50℃，这种方法干燥的产品质量稳定，干燥过程易于控制温湿度，设备配套性好，但是在烘干时间、效率等方面存在较大不足。

随着面条市场的不断扩大和加工技术的不断进步，高温干燥和超高温干燥已经被迅速接受（Ogawa 等，2017）。高温干燥在干燥效率和生产成本控制等方面具有很大的优势。提高干燥温度可以加速面条表面水分的蒸发，但往往会降低内部水分向外迁移的速率，使得面条内外水分的蒸发速率无法保持动态平衡，导致面条出现表面结膜、壳化的现象，还可能出现“酥面”“劈条”等质量问题（Ogawa 等，2017）。因此，为了减缓高温干燥时面条表面水分的蒸发速度，可以采取提高相对湿度的办法，即“保湿烘干”原则。

已经有大量研究集中在干燥温度和相对湿度对小麦面条制品品质特性的影响。郭颖（2014）研究了高温干燥（45～95℃）对挂面品质的影响，结果表明，干燥温度在 65～75℃时，面条的品质较好。王杰（2014）的研究表明随着相对湿度从 65% 增加到 85%，面条最终含水量、a^*和 b^*值显著增加，L^*值和抗弯强度显著下降，面条变得更加平直、光滑且有均匀的色泽。

6.2　挤压加工变量对全荞麦面条品质特性的影响

荞麦由于其丰富的营养素及黄酮、多酚等生物活性物质，已经在食品工业中受到了越来越多的关注（Giménez 等，2015）。目前，面条在世界范围内的消费量不断增加，荞麦面条因其较高的营养价值在部分亚洲和欧洲国家广受欢迎。但由于荞麦本身无面筋的特性，难以形成良好的面筋网络结构，这不利于荞麦面条的加工。许多研究集中在通过物理加工方法改性荞麦粉后制备荞麦面条，或者向其中加入添加剂以改善面条的品质（Guo 等，2017；Han 等，2012）。然而，通过物理改性方法存在效率低下、加工成本高等问题，向荞麦中添加大量的添加剂也不符合“清洁标签”的发展趋势。

挤压蒸煮是一种集淀粉糊化和成型于一体的连续化加工手段。挤压蒸煮过程可以促进淀粉本身形成淀粉网络而不是蛋白质网络。挤压过程中的剪切力和热作用使淀粉颗粒发生部分分解，破坏其紧密排列的胶束，这促进了淀粉分子间的交联和网络结构的形成，并有助于面条的成型和面条品质的提升。因此挤压蒸煮技术已被应用于杂粮面条的生产中（Rathod 等，2017），也可以用于制备全荞麦面条。

淀粉糊化是挤压过程中的重要现象，挤压温度和物料水分是影响淀粉糊化程度的关键因素（Budi 等，2016）。然而，关于淀粉糊化程度和全荞麦挤压面条品质之间的相关性研究还未见报道。同时，挤压加工过程营养组分的变化和淀粉体外消化率的研究也较少，这限制了荞麦制品的进一步发展。

因此，本研究采用挤压蒸煮技术制备全荞麦面条，目的是探讨不同的挤压加工变量（挤压温度和物料水分）对淀粉糊化度及营养组分、蒸煮特性和淀粉体外消化率的影响。

6.2.1 试验材料与仪器

（1）材料与试剂

原料：荞麦粒，安徽燕之坊有限公司；经超速离心粉碎机粉碎，通过 60 目筛，得到荞麦粉。使用 AOAC 方法分析了荞麦粉的基本成分（总淀粉 68.13%，粗蛋白质 13.59%，粗脂肪 2.55%，粗纤维 1.44%，总灰分 1.76%）。

主要试剂：黄酮类标准品（芦丁）和酚酸标准品（没食子酸），上海源叶生物有限公司；α-淀粉酶（10065；≥30U/mg），胃蛋白酶（P700；800～2500U/mg）和胰酶（P7545；8X USP），美国密苏里州圣路易斯 Sigma-Aldrich 公司；淀粉葡萄糖苷酶（3260U/mL），爱尔兰 Megazyme 公司；其他化学品和试剂至少为分析级。

（2）主要仪器与设备

主要实验设备见表 6-1。

表 6-1　实验设备

设备	型号	厂家
双螺杆挤压实验室工作站	DSE-20/40	德国 Brabender 公司
数显鼓风干燥箱	XMTD-8222	南京大卫仪器设备有限公司
冷冻干燥机	SCIENTZ-12N	宁波新芝生物科技股份有限公司
锤式旋风磨	JXFM110	上海嘉定粮油仪器有限公司
超速离心粉碎仪	ZM 200	德国 Retsch 公司
凯氏定氮分析仪	K-360	瑞士 Buchi 公司
索氏抽提仪	B-811	瑞士 Buchi 公司
酶标仪	SpectraMax-M2e	美国 Molecular 公司
X-射线衍射仪	D/max-2500/PC	日本理学株式会社
纤维测定仪	Fibertec1023	丹麦 Foss 公司
色差仪	CM 5	日本 Konica Minolta 公司
质构分析仪	TA-XT2i	英国 Stable Microsystems 公司

6.2.2 试验方法

（1）全荞麦挤压面条的制备

采用 Brabender 双螺杆挤压机（Brabender DSE 20/40，德国）制备全荞麦面条。其中，螺杆直径为 20mm，长径比为 40∶1，模口直径为 1mm，螺杆转速为 120r/min，进料速度为 25g/min。从进料区到模头的挤压温度设定为 40℃/60℃/变量/100℃/80℃/80℃，第三个区域的温度分别设置为 100℃、120℃、140℃和 160℃。在挤压过程中，用蠕动泵调节不同的水分含量（32%、40%和 48%）。

挤压后的面条一部分在室温下风干 24h，直至水分降低至 12%左右，另一部分经冷冻干燥后，磨碎过 60 目筛。所有样品分别用塑料袋包装，室温保存，以便进一步分析。

（2）系统参数的测定

在挤压机达到稳态后，直接从计算机程序中获得模头压力和扭矩的数值。直接机械能（SME）输入采用以下公式计算：

$$\mathrm{SME(kJ/kg)} = \frac{12\pi \times n \times T}{\mathrm{MFR}} \tag{6-1}$$

式中，n 是挤压机螺杆转速（120r/min）；T 是扭矩（N • m）；MFR 是质量流率（g/min）。

（3）糊化度的测定

参考 Birch 和 Priestley（1973）的方法，采用碱法测定糊化度，并对其进行了适当的修改。取 40mg 样品，用 40mL 0.05mol/L KOH 分散，轻轻摇动 20min，然后以 4000r/min 离心 10min。取 1mL 上清液倒入离心管中，用 1mL 0.05mol/L HCl 和 8mL 蒸馏水稀释，然后与 0.1mL 1% I_2-KI 混合。实验组的吸光度在 600nm 处测量，同时做试剂空白(不加样品)。对照组用 0.5mol/L KOH 和 0.5mol/L HCl 代替 0.05mol/L KOH 和 0.05mol/L HCl。糊化度（%）使用以下公式计算：

$$\mathrm{DG} = \frac{A_1}{A_2} \times 100 \tag{6-2}$$

式中，DG 为糊化度；A_1 为实验组在 600nm 处的吸光度；A_2 为对照组在 600nm 处的吸光度。

（4）吸水性指数和水溶性指数的测定

根据 Anderson 等（1969）的描述，测定了原荞麦粉和挤压后荞麦粉的吸水性指数和水溶性指数。取 2g 荞麦粉于离心管中，加入 25mL 蒸馏水，振荡。然后将悬浮液在 30℃的水浴中保持 30min，中间每 10min 搅拌一次。最后在 4200r/min 下离心 15min。吸水性指数（g/g）和水溶性指数 WSI（%）计算如下：

$$\mathrm{WAI} = \frac{W_2}{W_0} \tag{6-3}$$

$$\mathrm{WSI} = \frac{W_1}{W_0} \times 100 \tag{6-4}$$

式中，WAI 为吸水性指数；WSI 为水溶性指数；W_0 是干燥样品的质量；W_1 是上清液中溶解固体的质量；W_2 是去除上清液后获得的残渣的质量。

（5）X-射线衍射的测定

使用 X-射线衍射仪研究原荞麦粉和挤压荞麦粉的晶型结构，测试管压 40kV，管流 30mA。样品在室温下以 0.5°/min 的扫描速率从 4°到 40°扫描（2θ）。相对结晶度用 MDI Jade 6.5 软件（Material Date，Inc. Livermore，California，USA）计算，表示为结晶区面积与总面积的比值。

（6）总黄酮和总多酚含量的测定

根据 Li 等（2015）的研究，将原荞麦粉或挤压荞麦粉与甲醇均匀混合（1∶30），离心过滤（3500r/min，15min）后的上清液用于总黄酮和总多酚含量的测定。从标准芦丁曲线中计算总黄酮含量，并表示为每克荞麦粉中的芦丁含量（mg）。使用 Folin-Ciocalteu 试剂测定总多酚含量，并表示为每克荞麦粉中的没食子酸当量（GAE）mg。

（7）膳食纤维含量的测定

根据 AOAC 方法 991.43，使用 Megazyme K-TDFR 试剂盒，通过 Fibertec 系统 1023 分析荞麦粉中膳食纤维的含量，包括总膳食纤维（TDF）、不溶性膳食纤维（IDF）和可溶性膳食纤维（SDF）。

（8）色差的测定

用色差仪测量原荞麦粉和挤压荞麦粉的颜色值，包括 L^*（亮度）、a^*（红色）和 b^*（黄色）值，在测试前用标准白色瓷砖校准。这些值表示为在荞麦粉上随机位置进行的 10 次测量的平均值。

（9）蒸煮特性的测定

根据 Giménez 等（2013）的描述，测定了挤压荞麦面条的蒸煮特性，包括蒸煮损失和断条率。取 10g 面条于 500mL 沸水中，蒸煮至最佳蒸煮时间，通过在两个玻璃片之间轻轻挤压面条，直至白芯消失来判断。面条煮熟后，用蒸馏水冲洗 30s。蒸煮损失是通过将蒸煮水和漂洗水在 105℃下干燥 12h 来测定的，将它表示为蒸煮水中固体损失的质量与干面条质量的比值。断条率表示为蒸煮过程中断裂的面条数与干面条数的比值。

（10）质构特性的测定

利用 TA-XT2i 型质构仪对挤压荞麦面条进行质构测试。面条煮熟后，立即在蒸馏水中冷却，并在测试前沥干。将三根 10cm 左右面条平行放置在试验台上进行 TPA 试验，保持面条之间间距一致。选用 P/36R 测试探头，其它参数设置为：测试前速度 5.00mm/s，测试速度 1.00mm/s，测试后速度 5.00mm/s，形变量 75%，触发力 5.0g，间隔时间 5s，数据采集 400pp/s。每个样品做 6 次实验，结果取平均值。

（11）淀粉体外消化率的测定

根据 Goh 等（2015）和 Woolnough 等（2010）的研究，对淀粉的体外消化进行了测试，包括模拟口服、胃和胰腺消化三个阶段。取 2.5g 煮熟的面条，切成 1mm 长，置于装有 30mL 蒸馏水的锥形瓶，然后将锥形瓶放在 37℃的振荡水浴中（130r/min）。通过添加溶解在蒸馏水中的 0.1mL 10% α-淀粉酶溶液来引发口服相，1min 后加入 0.8mL 1mol/L HCl 水溶液以停止口服消化。胃相消化阶段通过加入 1mL 溶于 0.05mol/L HCl 中的 10%胃蛋白酶溶液引发，30min 后加入 2mL 1mol/L $NaHCO_3$

溶液和 5ml 0.2mol/L 马来酸盐缓冲液 pH 6.0（停止胃消化）。加入 0.1mL 葡萄糖淀粉酶以防止终产物（麦芽糖）抑制胰蛋白酶，再加入 1mL 5%胰蛋白酶（溶于 0.2mol/L 马来酸盐，pH6.0）来引发胰腺消化阶段，最后添加蒸馏水至 55mL。在 0min、20min、60min、120min 和 180min 分别取 1mL 反应液加至含有 4mL 无水乙醇的离心管中。离心管于 3000r/min 离心 10min，取 0.1mL 上清液用 D-葡萄糖（GOPOD 法）试剂盒测量葡萄糖浓度。

采用非线性模型描述淀粉水解动力学，一级方程为：

$$C=C\infty(1-e^{-kt}) \tag{6-5}$$

式中，C（%）为 t（min）时的葡萄糖浓度；$C\infty$（%）为平衡浓度；k 为动力学常数；t 为时间。

水解指数（HI）以淀粉水解曲线下的面积计算，以白面包为参考。预测血糖指数（pGI）使用以下方程式估算：

$$\text{pGI}=39.71+0.549\text{HI} \tag{6-6}$$

同时，快消化淀粉（RDS）和慢消化淀粉（SDS）分别表示为消化 20min 和 120min 时的葡萄糖含量，以 RDS+SDS 和总淀粉的含量差异计算抗性淀粉（RS）。

（12）数据处理和统计分析

所有的数据使用 SPSS 22.0 分析处理。采用方差分析（ANOVA）和邓肯多重范围检验（$p<0.05$）进行统计学处理，并计算皮尔逊相关性系数。除特殊说明，每组实验均进行三次。

6.2.3 结果与分析

（1）系统参数的分析

系统参数（SME、压力、扭矩）描述了挤压机对由其处理的原材料的影响。本研究中，SME 介于 46.53W • h/kg 和 380.95W • h/kg 之间，压力介于 11.90Pa 到 70.53Pa 之间，扭矩在 2.50N • m 和 16.27N • m 之间（表 6-2）。挤压温度和物料水分对荞麦产品的 SME、压力和扭矩有显著影响（$p<0.05$）。

当温度升高时，SME 降低可能是因为淀粉解聚导致熔体黏度下降。Jafari 等（2017）也得出结论：随着挤出温度的升高，固体流动变为黏弹性流动，从而降低熔体黏度。较高的水分含量增加了淀粉分子的柔韧性，导致较少的摩擦，因此减少了挤出机机械能转化为热能的比例，使 SME 下降。模头压力和扭矩的趋势与 SME 一致。Giménez 等（2013）和 Meng 等（2010）报道的研究结果亦与本文一致。

（2）糊化度的分析

由表 6-2 可知，原荞麦粉的糊化度（DG）为 10.11%，挤压后，荞麦粉的 DG 升高至 50.53%～96.36%。随着挤压温度的升高和物料水分的降低，DG 逐渐增大。

表 6-2 挤压温度和物料水分对系统参数、糊化度、吸水性指数、水溶性指数和结晶度的影响

温度/°C	水分/%	SME/(W·h/kg)	压力/Pa	扭矩/(N·m)	糊化度/%	WAI/(g/g)	WSI/%	结晶度/%
原料		—	—	—	$10.11±0.09^{h}$	$2.27±0.02^{g}$	$3.03±0.23^{j}$	$24.74±1.04^{a}$
100	48	$93.06±3.70^{i}$	$27.67±0.46^{g}$	$4.97±0.17^{g}$	$50.53±0.24^{fg}$	$4.23±0.05^{f}$	$6.13±0.10^{i}$	$16.32±1.34^{b}$
	40	$211.40±6.10^{e}$	$47.12±0.46^{d}$	$9.83±0.21^{d}$	$51.64±0.31^{f}$	$5.41±0.03^{d}$	$6.72±0.03^{hi}$	$15.03±0.39^{bc}$
	32	$380.95±9.63^{a}$	$70.53±2.77^{a}$	$16.27±0.41^{a}$	$55.64±0.14^{f}$	$6.22±0.03^{c}$	$7.25±0.31^{gh}$	$14.24±1.04^{c}$
120	48	$83.20±3.07^{ij}$	$24.72±0.80^{h}$	$4.37±0.12^{h}$	$67.07±0.12^{e}$	$4.39±0.07^{f}$	$7.78±0.03^{g}$	$10.00±0.89^{d}$
	40	$164.73±3.97^{f}$	$36.66±1.24^{f}$	$7.77±0.25^{e}$	$68.79±0.15^{de}$	$6.10±0.04^{c}$	$7.30±0.51^{gh}$	$9.17±1.26^{df}$
	32	$323.36±7.04^{b}$	$60.79±0.81^{b}$	$13.50±0.22^{b}$	$71.52±0.25^{d}$	$6.47±0.04^{b}$	$10.70±0.53^{e}$	$8.02±0.55^{fg}$
140	48	$76.24±4.18^{j}$	$21.73±0.96^{i}$	$4.07±0.21^{h}$	$78.81±0.06^{c}$	$6.47±0.19^{b}$	$8.50±0.35^{f}$	$6.65±1.17^{g}$
	40	$132.44±6.13^{g}$	$28.90±0.32^{g}$	$6.25±0.29^{f}$	$85.33±0.25^{b}$	$6.68±0.21^{b}$	$12.52±0.27^{d}$	$5.11±0.55^{gh}$
	32	$267.23±3.26^{c}$	$54.93±0.90^{c}$	$11.50±0.16^{c}$	$88.97±0.21^{b}$	$8.31±0.05^{a}$	$14.47±0.54^{c}$	$5.04±0.40^{gh}$
160	48	$46.53±4.62^{k}$	$11.90±0.06^{j}$	$2.50±0.22^{i}$	$87.96±0.09^{b}$	$4.81±0.04^{e}$	$12.62±0.06^{d}$	$4.64±0.40^{h}$
	40	$108.05±2.13^{h}$	$22.35±0.15^{i}$	$5.07±0.05^{g}$	$94.08±0.13^{a}$	$5.29±0.23^{d}$	$17.34±0.09^{b}$	$3.82±0.50^{h}$
	32	$225.24±3.35^{d}$	$45.26±1.21^{d}$	$9.67±0.21^{d}$	$96.36±0.21^{a}$	$6.49±0.01^{b}$	$18.54±0.24^{a}$	$3.85±0.23^{h}$

注：同一列中所带字母不同表示差异性显著（$p<0.05$）。

在挤压糊化过程中，较高的温度和水分会导致淀粉颗粒中氢键和晶体结构的破坏，这需要能量的吸收。物料水分对 DG 的影响与水分子的润滑作用有关，水分的存在降低了剪切力，缩短了材料在挤压机内部的停留时间和分子降解程度。Wang 等（2012）报告了随着物料水分从 34%下降到 30%，挤压温度从 85℃上升到 100℃，豌豆淀粉面条的 DG 增加。这一趋势也与 Zhuang 等（2010）在大米挤出物的研究中得到的结论一致。

（3）吸水性指数和水溶性指数的分析

吸水性指数（WAI）和水溶性指数（WSI）通常被认为表明淀粉糊化和降解的程度(Sharma 等，2015)。挤压荞麦粉的 WAI 为 4.23～8.31g/g，WSI 为 6.13%～18.54%。挤压过程中淀粉的糊化和降解作用导致挤压荞麦粉的 WAI 和 WSI 显著高于原荞麦粉（$p<0.05$）。

WAI 受到非晶态和晶体结构之间分子内和分子间相互作用的显著影响（Fu 等，2012）。当淀粉糊化时，因分子内和分子间氢键的断裂，晶体结构被破坏，导致更多羟基暴露与水形成氢键，因此，水分子更容易扩散到无定型颗粒中（Liu 等，2017）。然而，观察到 WAI 在挤压温度为 140℃和物料水分为 32%时有最大值，随后随着挤压温度升高至 160℃而下降。

随着挤压温度的升高和物料水分的降低，WSI 显著增加（表 6-2）。早期 WSI 的增加可能与淀粉糊化过程中直链淀粉和支链淀粉分子的分散有关。随着挤压条件（高温、高剪切力）的加剧，淀粉大分子降解，导致了可溶性物质的增加，这也升高了 WSI（Colonna 等，1984）。然而，值得注意的是，WSI 越高意味着淀粉降解得越多，这可能不利于面条网状结构的形成及面条的品质。

（4）X-射线衍射的分析

图 6-1 显示了原荞麦粉和挤压荞麦粉的 X-射线图谱。原荞麦粉表现出典型的 A 型谷物淀粉图谱，在约 $2\theta=15°$、$17.9°$ 和 $23°$ 处具有强峰。随着挤压条件的加剧，所有峰都明显减少，这表明了淀粉从晶体结构到无定型结构的转变。

由表 6-2 可知，挤压荞麦粉的结晶度为 3.82%至 16.32%。随着挤压温度的升高和物料水分的降低，淀粉的结晶度降低。挤压过程中较高的温度促进了淀粉分子的流动性，并破坏了淀粉晶体或改变了微晶的取向，而较低的物料水分导致较高的剪切力，机械地破坏了淀粉的结晶（Teba 等，2017）。

然而，值得注意的是，淀粉糊化之后形成了直链淀粉-脂质复合物，如 $2\theta=20°$ 的峰值所示（Pilli 等，2008）。挤压蒸煮过程中，淀粉的熔融破坏了支链淀粉的双螺旋结构，游离的脂质可以与浸出的直链淀粉分子形成复合物（Hoover 等，1981）。

（5）总黄酮和总多酚含量的分析

荞麦中含有大量的黄酮和酚类化合物，这使其具有比燕麦、大麦和其他谷物更高的抗氧化活性（Yu 等，2018）。图 6-2 显示了原荞麦粉和挤压荞麦粉的总黄酮含量（TFC）和总多酚含量（TPC）的变化。挤压后，TFC 和 TPC 均低于原材料，且随挤压温度的升高而显著降低（$p<0.05$）。

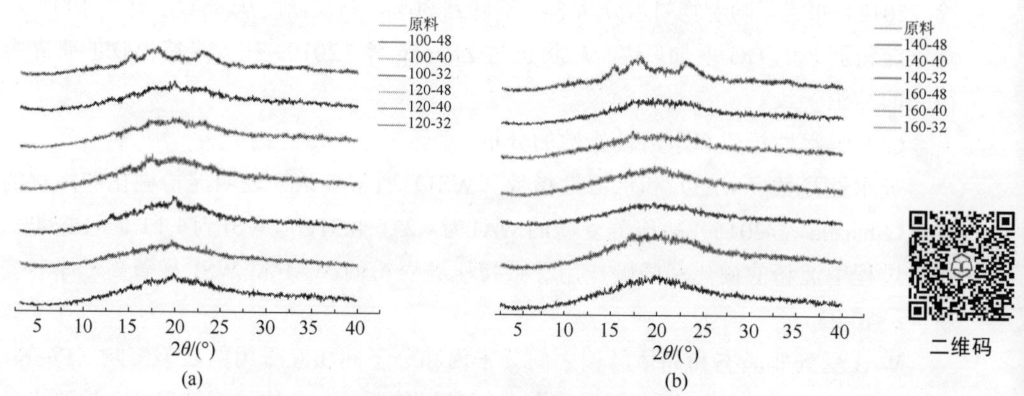

图 6-1　原荞麦粉和挤压荞麦粉 X-射线衍射图

（a）低挤压温度；（b）高挤压温度

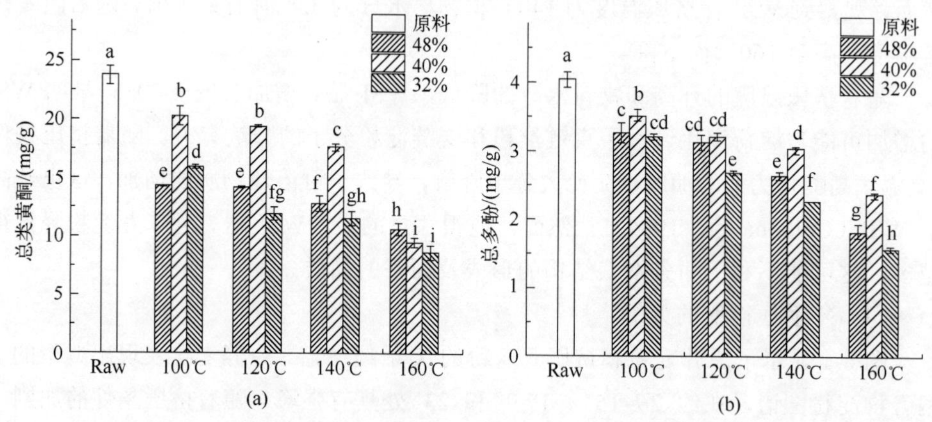

图 6-2　原荞麦粉和挤压荞麦粉的总黄酮（a）和总多酚（b）含量

黄酮类化合物具有很强的热敏感性，因此 TFC 的降低与黄酮类化合物的热损伤呈正相关（Sharma 等，2011）。TPC 的降低是由于谷物中的酚酸在挤压过程中由结合态转变为自由态，随后较高的挤压温度引起游离酚类物质的降解（Hu 等，2017）。然而，随着水分含量的降低，TFC 和 TPC 均遵循先升高后降低的趋势。

有趣的是，我们观察到当物料水分从 48%下降到 32%时，TFC 和 TPC 并未出现持续下降的趋势，且当物料水分为 40%时，两者均得到了最高的保留，这可能和 40%水分含量下形成的面条具有良好的凝胶结构有关。黄酮和多酚化合物被包裹在淀粉网络中，免受热降解和机械降解的影响。随着物料水分的进一步降低（40%～

32%），剪切力的增加导致 TFC 和 TPC 的降低。

（6）膳食纤维含量的分析

高含量的膳食纤维（DF）有利于人体健康，由于与代谢功能相关，可溶性膳食纤维（SDF）的比例是影响 DF 生理功能的重要因素（Chen 等，2018）。如表 6-3 所示，挤压蒸煮显著提高了 SDF 的含量（$p<0.05$），从 3.13%增加到 4.73%。不溶性膳食纤维（IDF）含量由 7.06%降至 5.32%，总膳食纤维（TDF）的含量与原荞麦粉相比无明显变化。这些结果主要是因为挤压过程中的高温、高压和高剪切力的影响，导致了纤维中化学键的分裂和分子极性的变化（Singh 等，2007）。

随着挤压温度的升高，SDF 增大，IDF 减小。研究表明，温度的升高会进一步破坏纤维基质的宏观和微观结构，破坏多糖中的键，这导致 IDF 进一步降解，并促进了 SDF 的增加（Zhong 等，2019）。随着物料水分的降低，SDF 增加，IDF 减少。较高的物料水分降低了机械剪切力，因此需要消耗更多的能量产生蒸汽，从而减少应用到物料上的能量（Alam 等，2016），这可以通过 SME 的结果证实。然而，本研究没有观察到 TDF 的变化，这表明 DF 的变化可能只与 IDF 向 SDF 的转化有关（Rashid 等，2015）。

表 6-3　挤压温度和物料水分对膳食纤维和颜色参数的影响

温度/℃	水分/%	SDF/%	IDF/%	TDF/%	L^*	a^*	b^*
原料（未经处理的）		$3.13±0.10^h$	$7.06±0.06^a$	$10.18±0.05^a$	$86.76±0.08^a$	$0.65±0.01^j$	$9.93±0.08^d$
100	48	$3.33±0.08^g$	$6.64±0.11^b$	$9.93±0.04^b$	$82.85±0.16^b$	$1.46±0.01^h$	$9.64±0.04^e$
	40	$3.46±0.10^{fg}$	$6.55±0.08^{bc}$	$10.00±0.04^b$	$82.97±0.13^b$	$1.38±0.02^i$	$10.08±0.14^d$
	32	$3.55±0.10^f$	$6.51±0.12^{bc}$	$10.06±0.03^{ab}$	$81.79±0.24^c$	$1.37±0.03^i$	$9.51±0.12^e$
120	48	$3.48±0.09^{fg}$	$6.47±0.07^{bc}$	$9.95±0.10^b$	$80.92±0.10^d$	$1.57±0.03^f$	$9.70±0.09^e$
	40	$3.57±0.06^f$	$6.42±0.12^c$	$10.00±0.07^b$	$81.49±0.19^c$	$1.36±0.01^i$	$9.27±0.09^{fg}$
	32	$3.81±1.12^e$	$6.23±0.17^d$	$10.04±0.05^{ab}$	$79.29±0.16^e$	$1.63±0.01^e$	$9.18±0.07^g$
140	48	$3.87±0.10^{de}$	$6.15±0.07^{de}$	$10.02±0.12^{ab}$	$81.70±0.13^c$	$1.51±0.02^g$	$8.31±0.03^h$
	40	$4.04±0.06^{cd}$	$6.00±0.03^e$	$10.00±0.04^b$	$78.77±0.20^f$	$1.95±0.02^c$	$9.46±0.02^{ef}$
	32	$4.29±0.06^b$	$5.74±0.09^f$	$10.03±0.09^{ab}$	$78.83±0.04^f$	$1.91±0.02^{cd}$	$9.47±0.07^{ef}$
160	48	$4.14±0.06^{bc}$	$5.77±0.06^f$	$9.91±0.12^b$	$78.57±0.20^f$	$1.89±0.03^d$	$10.29±0.16^c$
	40	$4.29±0.05^b$	$5.70±0.09^f$	$9.99±0.05^b$	$77.39±0.07^g$	$2.08±0.02^b$	$10.97±0.03^b$
	32	$4.73±0.04^a$	$5.32±0.01^g$	$10.05±0.04^{ab}$	$76.04±0.16^i$	$2.37±0.02^a$	$12.33±0.13^a$

注：同一列中所带字母不同表示差异性显著（$p<0.05$）。

（7）色差的分析

颜色是面条最重要的品质参数之一（Wang 等，2014）。如表 6-3 所示，与原荞麦粉相比，挤压荞麦粉的 L^*值显著降低，a^*值显著增加（$p<0.05$）。

挤压温度的升高促进了淀粉颗粒中色素的氧化和美拉德反应的发生，这导致了较低的 L^*值和较高的 a^*值。较高的水分含量会增强物料的流动性，缩短其在挤压机内的停留时间，从而减少非酶褐变的时间（Jafari 等，2017）。Zheng 等（1997）

认为，挤压后荞麦粉的颜色变化与黄酮和酚类等显色物质的含量呈正相关。然而，应该注意的是，颜色的变化对于以荞麦为原料的加工产品来说可能是有利的，有时金色或棕色的荞麦制品是人们希望看到的（Sun 等，2018）。

（8）蒸煮特性的分析

蒸煮损失和断条率是评价面条蒸煮特性的重要指标（Wang 等，2018）。如图 6-3 所示，不同挤压温度和物料水分显著改变了荞麦面条的蒸煮损失和断条率（$p<0.05$）。

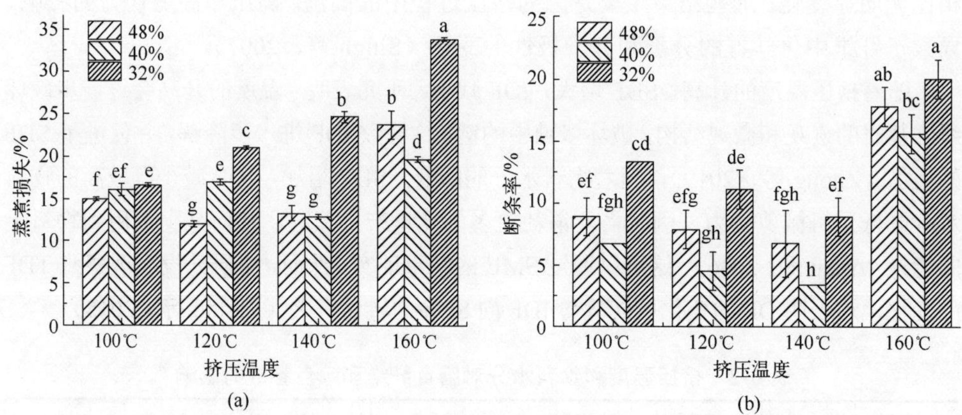

图 6-3　不同的挤压温度和物料水分下挤压荞麦面条的蒸煮损失（a）和断条率（b）

面条蒸煮过程中蒸煮损失和断条率的增加主要是由于面条表面结合不紧密的糊化淀粉的溶解，这取决于淀粉自身的糊化程度和糊化淀粉周围的老化淀粉网络的强度（Resmini 等，1983）。挤压温度（100～140℃）和物料水分（40%～48%）的降低导致荞麦面条中淀粉的糊化度升高，降低了蒸煮损失（12.88%）和断条率（3.33%）。Marti 等（2010）报告称，随着挤压温度的升高，面条蒸煮损失减少，这可能是因为淀粉和非淀粉多糖分子形成多糖网络所致。此外，挤压后不溶性膳食纤维向可溶性膳食纤维的转变也可能使得面条的结构得到强化。然而，当挤压温度继续升高到 160℃，物料水分下降到 32%，蒸煮损失和断条率增加。较高的挤压温度和机械剪切促使淀粉的降解与较高的 WSI，淀粉分子在蒸煮过程中更易溶于水，这导致了较高的蒸煮损失和断条率。这些结果表明，在一定范围内，蒸煮特性与淀粉糊化度呈正相关，但高温高剪切下面条的过度蒸煮，使得淀粉糊化度和淀粉降解程度继续升高，面条品质发生劣变。

（9）质构特性的分析

质构分析仪常用于定量测定面条的食用品质。图 6-4 描述了挤压温度和物料水分对荞麦面条质构特性的影响。随着挤压温度的升高（除 160℃），面条的硬度增加，在 40%的物料水分下表现出最高值，这与面条蒸煮特性的结果一致。

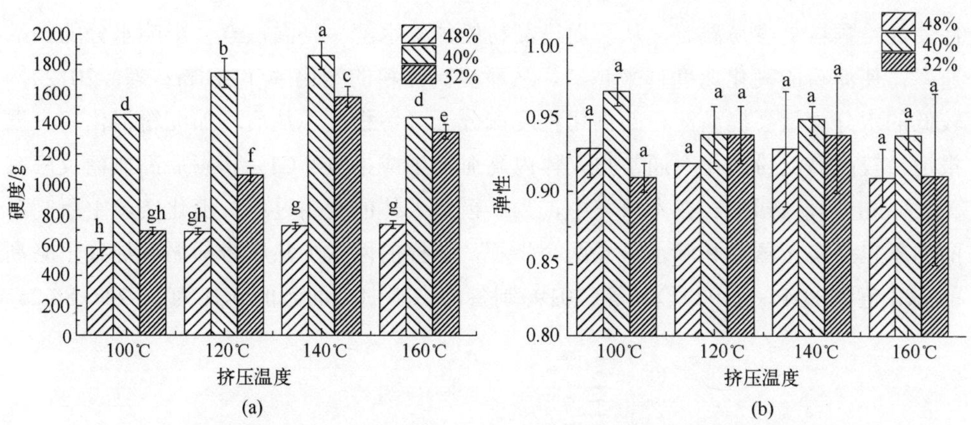

图 6-4　不同的挤压温度和物料水分下挤压荞麦面条的硬度（a）和弹性（b）

全荞麦粉制备的面条的质构易受到荞麦淀粉凝胶特性的影响（Hatcher 等，2008）。加热和冷却处理引起的淀粉糊化和老化有助于形成一定的淀粉网络来支撑蒸煮压力（Wang 等，2012）。硬度通常被认为是反映整体质构特性的指标。从蒸煮特性上分析，较高的糊化度有利于形成强度较高的淀粉网络，从而提高硬度。但当物料水分达到 48%时，硬度明显下降，这是因为过量的水润滑使黏度降低。同样的，当挤压温度达到 160℃时面条的过度蒸煮，导致了整体质构特性的下降。

根据 Galvez 和 Resurreccion（1992）的说法，淀粉面条在蒸煮后应保持坚固、不粘、蒸煮时间短、蒸煮损失低、断条率低等特性，以获得消费者的最大认可。在本研究中，以挤压温度 140℃、物料水分 40%制备的直径为 1mm 的全荞麦面条具有较好的品质特性，其蒸煮损失、断条率和硬度分别为 12.88%、3.33%和 1855.75g。Wang 等（2019）报告了用 50%改性荞麦粉和小麦粉制备的荞麦面条的蒸煮损失约为 17%，断条率为 2.5%。Choy 等（2013）报告了由 60%～100%小麦粉和 40%～0%普通荞麦粉制备的方便面的蒸煮损失和硬度，分别为 16.9%～11.5%、1260g～1840g。

（10）淀粉体外消化率的分析

体外水解曲线通常用于模拟体内消化过程和预测血糖指数（pGI）（Goñi 等，1997）。对照组白面包和不同挤压荞麦面条的淀粉水解曲线如图 6-5 所示。所有样品的淀粉水解曲线均遵循相同趋势，在 0～20min 内迅速上升，60min 后缓慢上升，并逐渐达到平衡。如表 6-4 的拟合数据所示，随着挤压温度的升高和物料水分的降低，计算平衡浓度（$C\infty$）、曲线线下面积（AUC）、水解率（HI）和 pGI 均增加。

挤压蒸煮是淀粉糊化和降解的主要原因，也是改变组分之间分子交联程度的原因。这些变化为淀粉消化率的差异提供了合理的解释。由剧烈的挤压条件引起的较高的淀粉糊化度对淀粉消化率有显著影响（$p<0.05$）。根据 Hagenimana 等（2006）的研究，挤压过程中淀粉对酶水解的敏感性与加工的程度直接相关。剧烈的挤压条

件使淀粉颗粒更容易破裂，从而促进淀粉的体外水解。高温蒸煮会影响水分的扩散速率，使淀粉的糊化速度越来越快，从而提高淀粉的消化率（Briffaz 等，2012）。较低的水分含量会提高淀粉的糊化程度和分子降解程度，从而增加淀粉消化率。据报道，较高的淀粉消化率通常与人体内高血糖生成指数（GI）和餐后高血糖反应有关（Goñi 等，1997）。在本研究中，为了模拟人体的食用过程，消化实验中所制备的面条包括挤压蒸煮和沸水蒸煮两个步骤，这样的两次加热和冷却循序导致了略高的 pGI 值（78.04～86.92）。Xu 等（2019）制备的中国白咸面条的 pGI 为 76.23～84.25。

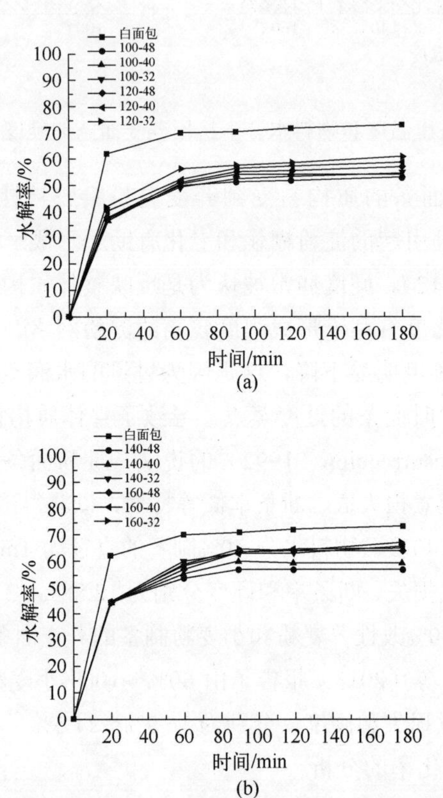

图 6-5　对照组白面包和挤压荞麦面条的淀粉水解曲线

（a）低挤压温度；（b）高挤压温度

挤压条件对快消化淀粉（RDS）、慢消化淀粉（SDS）和抗性淀粉（RS）的影响如表 6-4 所示。随着挤压温度的升高和含水率的降低，RDS 增大，RS 减小。研究发现，热湿处理通常会导致 RS 含量的增加（Englyst 等，1996）。然而，我们的研究结果与 Zhang 等（2019）的观点一致，他们报道当挤压温度从 90℃升高到 110℃时，含水量从 34%降低到 27%，RS 含量降低，分别为 7.89～17.32%、7.55%～15.71%。一般来说，RDS 的增加和 RS 的降低使酶水解曲线变得更加陡峭，这是开发低血糖

表 6-4　挤压温度和物料水分对计算平衡浓度（$C\infty$）、酶水解速率（K）、水解指数（HI）、预测血糖指数（pGI）和淀粉体外消化级分的影响

T/°C	M/%	$C\infty$/%	K/（s^{-1}）^{b}	AUC	HI/%	pGI	RDS/%	SDS/%	RS/%
100	48	52.25±0.20^{i}	0.057±0.004^{c}	84.81±0.28^{j}	69.82±0.23^{j}	78.04±0.13^{j}	35.88±0.48^{c}	23.86±0.28^{ef}	40.26±0.00^{a}
	40	54.00±0.18^{h}	0.053±0.005^{c}	87.00±0.39^{i}	71.63±0.32^{i}	79.03±0.17^{i}	35.80±0.51^{c}	25.98±0.36^{cd}	38.22±0.22^{c}
	32	53.22±0.18^{g}	0.059±0.005^{bc}	86.88±0.22^{i}	71.52±0.18^{i}	78.97±0.10^{i}	37.43±0.61^{c}	23.68±0.21^{ef}	38.88±0.03^{b}
120	48	55.85±0.12^{f}	0.054±0.001^{c}	90.17±0.19^{h}	74.24±0.16^{h}	80.47±0.09^{h}	37.36±0.53^{c}	26.22±0.43^{cd}	36.42±0.09^{d}
	40	57.05±0.27^{e}	0.057±0.008^{c}	92.70±0.57^{g}	76.32±0.47^{g}	81.61±0.26^{g}	40.04±1.00^{b}	25.51±1.11^{cd}	34.45±0.34^{f}
	32	58.92±0.20^{d}	0.060±0.005^{bc}	96.31±0.36^{e}	79.29±0.30^{e}	83.24±0.16^{e}	41.38±1.11^{b}	24.99±0.90^{de}	33.63±0.09^{g}
140	48	56.22±0.16^{f}	0.076±0.004^{a}	93.80±0.30^{f}	77.29±0.25^{f}	82.14±0.14^{f}	44.14±0.73^{a}	20.29±0.52^{g}	35.51±0.13^{e}
	40	58.86±0.28^{d}	0.068±0.006^{ab}	97.30±0.47^{d}	80.11±0.39^{d}	83.69±0.21^{d}	44.33±0.55^{a}	22.60±0.39^{f}	33.07±0.08^{h}
	32	63.57±0.12^{b}	0.055±0.002^{c}	102.94±0.23^{b}	84.75±0.18^{b}	86.23±0.10^{b}	42.93±1.44^{a}	27.86±1.44^{ab}	29.15±0.18^{i}
160	48	63.14±0.07^{c}	0.055±0.006^{c}	102.17±0.11^{c}	84.11±0.09^{c}	85.88±0.51^{c}	43.20±0.88^{a}	28.97±0.73^{a}	27.82±0.22^{k}
	40	63.74±0.29^{b}	0.056±0.003^{c}	103.33±0.51^{b}	85.07±0.42^{b}	86.41±0.23^{b}	43.99±0.99^{a}	28.63±0.79^{ab}	27.38±0.02^{l}
	32	64.36±0.22^{a}	0.056±0.002^{c}	104.46±0.37^{a}	86.00±0.30^{a}	86.92±0.17^{a}	44.51±0.73^{a}	27.06±0.72^{bc}	28.42±0.08^{j}

注：同一列中所带字母不同表示差异性显著。

食品不理想的特征，因为在健康人体中，可能导致更高的血糖水平和胰岛素反应（Brahma 等，2016）。

如上所述，剧烈的加工条件增加了淀粉的水解，这可能不利于荞麦面条这样的健康低血糖食品的开发。

（11）皮尔逊相关性的分析

表 6-5 显示了独立变量之间的皮尔逊相关性。总的来说，糊化度（DG）对荞麦面条的品质特性有显著影响。DG 与 WAI（$r = 0.438$）、WSI（$r = 0.901$）和 Cry（$r = -0.959$）显著相关，这反映了淀粉的糊化过程。DG 与 TFC（$r = -0.645$）和 TPC（$r = -0.792$）呈负相关，这与黄酮和多酚类化合物的热不稳定性有关。挤压过程中纤维化学键的断裂，导致了 DG 与 SDF 显著的正相关（$r = 0.902$）。高温也促进了谷物中更多的美拉德反应和色素的氧化，导致了 DG 与 L^*值呈负相关（$r = -0.900$），DG 与 a^*值呈正相关（$r = 0.877$）。然而，过度蒸煮会导致更高的 DG 和面条品质的下降，因此蒸煮损失（$r = 0.421$）、断条率（$r = 0.334$）与面条品质无显著相关性。结果还表明，DG 与 pGI 呈显著正相关（$r = 0.949$），说明糊化的面条会快速消化且反映出较高的血糖指数。根据 Englyst 等（1999）的建议，控制淀粉类食品的 DG 是控制其营养和品质特性的有效途径。

6.2.4 小结

本研究通过挤压蒸煮技术制备了全荞麦面条，研究了挤压加工变量对淀粉糊化程度及荞麦面条营养组分、蒸煮特性和淀粉体外消化率的影响，并探讨了其皮尔逊相关性，主要结论如下：

通过改变挤压温度（T=100℃、120℃、140℃和 160℃）和物料水分（M=32%、40%和 48%），可以得到不同糊化度的荞麦面条。

挤压加工变量对荞麦面条的营养组分有很大的影响。挤压蒸煮显著降低了总黄酮含量（TFC）和总多酚含量（TPC），但在物料水分为 40%时，TFC 和 TPC 的保留率相对较高。此外，剧烈的挤压条件下（高温、高剪切力），可溶性膳食纤维（SDF）的含量也从 3.13%显著增加到 4.73%（$p<0.05$）。

挤压加工变量对荞麦面条的蒸煮特性有很大的影响。荞麦面条的蒸煮特性（蒸煮损失、断条率）及质构特性与糊化度呈正相关，而当糊化度高于 87.96%时，面条过度蒸煮，导致蒸煮品质下降。

挤压加工变量对荞麦面条的淀粉体外消化率有很大的影响。剧烈的加工条件可以提高淀粉对酶解的敏感性，预测血糖指数（pGI）由 78.04 升高到 86.92。

以上结果表明，从营养和品质的角度来看，合适的挤压工艺参数的选择是生产全荞麦面条的关键。

表 6-5　荞麦面条系统参数、理化特性、功能特性和消化特性的皮尔逊相关系数

	DG	SME	WAI	WSI	Cry	TFC	TPC	SDF	IDF	TDF	L*	a*	b*	CL	BR	Har	RDS	SDS	RS	pGI
DG	1	−0.194	0.438*	0.901**	−0.959**	−0.645**	−0.792**	0.902**	−0.909**	0.005	−0.900**	0.877**	0.412*	0.421*	0.334*	0.417*	0.909**	0.344*	−0.917**	0.949**
SME		1	0.555**	0.002	0.210	0.094	0.105	0.011	0.071	0.401*	−0.011	−0.111	0.005	−0.248	−0.077	0.150	−0.166	−0.026	0.145	−0.088
WAI			1	0.366*	−0.427*	−0.080	−0.243	0.474**	−0.407*	0.347*	−0.326	0.263	−0.150	−0.106	−0.273	0.535**	0.499**	−0.109	−0.330*	0.439**
WSI				1	−0.818**	−0.724**	−0.823**	0.940**	−0.927**	0.104	−0.959**	0.962**	0.680**	0.445*	0.499**	0.400*	0.770**	0.513**	−0.907**	0.929**
Cry					1	0.602**	0.762**	−0.847**	0.865**	0.051	0.852**	−0.787**	−0.299	−0.402*	−0.265	−0.390*	−0.910**	−0.316	0.900**	−0.928**
TFC						1	0.844**	−0.698**	0.704**	0.001	0.715**	0.708**	−0.455**	−0.481*	−0.680**	0.262	−0.563**	−0.391*	0.674**	−0.698**
TPC							1	−0.870**	0.874**	−0.015	0.833**	−0.816**	−0.557**	−0.680**	−0.678**	−0.010	−0.737**	−0.476**	0.859**	−0.875**
SDF								1	−0.980**	0.143	0.915**	0.921**	0.598**	0.467**	0.475**	0.374*	0.837**	0.384*	−0.882**	0.923**
DF									1	0.059	0.915**	−0.926**	−0.608**	−0.521**	−0.497**	−0.353*	−0.819**	−0.439**	0.900**	−0.931**
IDF										1	−0.039	0.012	−0.025	−0.246	−0.086	0.120	0.122	−0.253	0.054	0.001
*L**											1	−0.951**	−0.650**	−0.461*	−0.512**	−0.359*	−0.779**	−0.498**	0.905**	−0.928**
*a**												1	0.724*	0.467**	0.504**	0.339*	0.735**	0.461**	−0.848**	0.879**
*b**													1	0.494**	0.665**	0.189	0.198	0.623**	−0.522**	0.481**
CL														1	0.729**	−0.107	0.244	0.733**	−0.625**	0.540**
BR															1	−0.364**	0.209	0.568**	−0.500**	0.431**
Har																1	0.359*	0.191	−0.394*	0.407*
RDS																	1	0.038	−0.806**	0.862**
SDS																		1	−0.621**	0.519**
RS																			1	−0.983**
PGI																				1

注：*表示在 $p \leqslant 0.05$ 水平上相关性显著，**表示在 $p \leqslant 0.01$ 水平上相关性显著。

6.3 不同的老化处理对荞麦面条品质特性的影响

研究已证实挤压蒸煮对于全荞麦面条的连续化生产是有效的（Sun 等，2019）。然而，挤压加工后荞麦面条中糊化的淀粉分子处在混乱无序的状态，此时淀粉凝胶处于热力学不稳定体系，这不利于面条的成型和结构的稳定。因此为了获得较为理想的面条品质包括机械强度等，糊化后的面条需要一定时间的老化，使淀粉分子从无序向有序化方向重新排列（Miles 等，2014）。

在传统淀粉类面条的工业化生产中，老化过程一般是面条糊化之后经过风冷，在自然条件下静置，一般需要 10h 以上，这影响了生产连续化（孙庆杰，2006）。目前，国内外很多面条的生产已经开始采用低温老化工艺，特别是在 4℃时淀粉较快的老化速度通常会利于面条凝胶结构的形成，从而大大缩短了老化时间，提高了面条的品质（Liu 等，2019；骆丽君，2015）。我们前期的研究发现，在低温老化之前增加一步快速过 4℃冷却水预冷的过程，可以使面条由高温骤降至低温，抑制面条内部水分由中心向表面迁移，同时有利于糊化过程中溢出的直链淀粉通过分子间氢键发生相互作用，趋于形成更多有序的结构，这有助于淀粉凝胶内水分的均匀分布，维持面条煮制后的质构和口感。4℃冷却水预冷的过程也有可能进一步降低老化时间，利于荞麦挤压面条的连续化生产，提升全荞麦面条的品质。

因此，本研究的目的是研究不同的老化方式（室温老化，4℃冰箱老化，4℃冷却水预冷+4℃冰箱老化）对全荞麦挤压面条品质特性的影响。通过 DSC、XRD、FTIR 等分析手段阐明不同老化方式下淀粉结构的变化，并通过 SEM 观察老化后荞麦面条的微观结构加以验证。此外，研究不同的老化处理方式对荞麦面条蒸煮特性、质构特性、淀粉体外消化特性的影响。

6.3.1 试验材料与仪器

（1）材料与试剂

原料：荞麦粒，安徽燕之坊有限公司；经超速离心粉碎机粉碎，通过 60 目筛，得到荞麦粉。使用 AOAC 方法分析了荞麦粉的基本成分（总淀粉 68.13%，粗蛋白质 13.59%，粗脂肪 2.55%，粗纤维 1.44%，总灰分 1.76%）。

主要试剂：上海源叶生物有限公司；α-淀粉酶（10065；≥30U/mg），胃蛋白酶（P700；800～2500U/mg）和胰酶（P7545；8X USP），美国密苏里州圣路易斯 Sigma-Aldrich 公司；淀粉葡萄糖苷酶（3260U/mL），爱尔兰 Megazyme 公司；其他化学品和试剂至少为分析级。

（2）仪器与设备

主要实验设备见表 6-6。

表 6-6 实验设备

设备	型号	厂家
双螺杆挤压实验室工作站	DSE-20/40	德国 Brabender 公司
数显鼓风干燥箱	XMTD-8222	南京大卫仪器设备有限公司
冷冻干燥机	SCIENTZ-12N	宁波新芝生物科技股份有限公司
锤式旋风磨	JXFM110	上海嘉定粮油仪器有限公司
超速离心粉碎仪	ZM 200	德国 Retsch 公司
差示扫描量热仪	DSC-8000	美国 PE 公司
傅里叶红外分光光度计	Tensor 27	德国 Bruker 公司
X-射线衍射仪	D/max-2500/PC	日本理学株式会社
质构分析仪	TA-XT2i	英国 Stable Microsystems 公司
扫描电镜	TM-3000	日本 Hitachi 公司
紫外分光光度计	U-3900	日本 Hitachi 公司
酶标仪	SpectraMax-M2e	美国 Molecular 公司

6.3.2 试验方法

（1）全荞麦挤压面条的制备

采用 Brabender 双螺杆挤压机（Brabender DSE 20/40，德国）加工制备全荞麦面条。其中，螺杆直径为 20mm，长径比为 40∶1，模口直径为 1mm，螺杆转速为 120r/min，进料速度为 25g/min。从进料区到模头的挤压温度为 40℃/60℃/120℃/95℃/80℃/80℃（一区/二区/三区/四区/五区/六区），用蠕动泵调节物料水分为 40%。

面条挤出后，分别在室温 25℃老化、4℃冰箱老化、4℃冷却水预冷+4℃冰箱老化三种老化方式下老化 30min、1h、2h，单独过 4℃冷却水预冷 10s 的样品设为独立实验组，并把未经老化的样品设为对照组。老化完成后，部分面条样品经冷冻干燥并过 100 目筛，用自封袋包装，置于−20℃保存，以进行 DSC、XRD、FTIR 测试；其他样品在温度为 40℃的烘箱中干燥 5h，最终水分控制在 12%左右，立即用于 SEM、蒸煮特性、质构特性、淀粉体外消化特性的测试。

（2）热力学特性的测定

称量 15～20mg 冷冻干燥后的荞麦粉，放入差示扫描量热仪（differential scanning calorimetry，DSC）专用坩埚内，加盖压片后密封，进行 DSC 测试，测试前用铟进行校准，并以空锅作为参考。设定升温参数具体如下：扫描温度为 50～160℃，扫描速率为 10℃/min，得到 DSC 吸热曲线和以下参数，相变起始温度（T_O）、相变峰值温度（T_P）、相变终止温度（T_C）、熔融焓值（ΔH）。

（3）X-射线衍射的测定

同 6.2.2。

（4）傅里叶红外光谱的测定

将冷冻干燥后的荞麦粉与烘干至恒重的溴化钾以（1∶100）～（1∶200）的比例混合，研磨压片，采用傅里叶红外分光光度计（fourier transform infrared spectroscopy，FT-IR）对样品进行分析，得到红外光谱图。测试范围 800～1200cm^{-1}，扫描次数 32，分辨率 4cm^{-1}。使用 OMNIC 8.2 对红外光谱图进行基线纠正和解卷积处理，以计算 1047cm^{-1} 和 1022cm^{-1} 处吸光度的数值。

（5）扫描电镜的测定

将干燥后的面条用液氮淬断，固定在托盘上，经离子溅射喷金后，置于扫描电子显微镜（scanning electron microscopy，SEM）下，放大 500 倍观察面条截面的微观结构，加速电压为 1.0kV。

（6）蒸煮特性测定

同 6.2.2。

（7）质构特性测定

同 6.2.2。

（8）淀粉体外消化率的测定

同 6.2.2。

（9）数据处理和统计分析

同 6.2.2。

6.3.3 结果与分析

（1）热力学特性的分析

DSC 作为一种热分析手段，可以用于检测老化过程中因直链淀粉或支链淀粉重结晶引起的吸热焓的变化（Wang 等，2016）。淀粉的老化分为短期老化和长期老化。短期老化主要是由直链淀粉的有序聚合和结晶所引起的，长期老化是由支链淀粉外侧短链的重结晶所引起的。本研究中老化时间在 30～120min，属于短期老化。

表 6-7 列出了不同老化方式处理后的荞麦面条在相转变过程中的起始温度 T_o，峰值温度 T_p，结束温度 T_c。结果表明，所有样品在 125.50～137.55℃处发现熔融峰。通常，重结晶的支链淀粉在 40～100℃的温度范围内熔化，而直链淀粉晶体在更高的温度（120～170℃）下熔化（Lian 等，2014）。Petal 等（2017）研究了高直链玉米淀粉的老化现象，发现直链淀粉熔融峰的 DSC 参数 T_o、T_p 和 T_c 分别为（125±1.2℃）、（133.2±3.2）℃和（141±1.9）℃。

如表 6-7 所示，对照组未老化的面条 ΔH 为 1.91J/g，独立实验组 4℃冷却水预冷老化的面条 ΔH 为 6.24J/g，实验组室温下老化的面条 ΔH 为 5.63～22.82J/g，4℃冰箱老化的面条 ΔH 为 9.59～94.86J/g，4℃冷却水预冷+4℃冰箱老化的面条 ΔH 为

表 6-7 不同老化方式对挤压荞麦面条热力学特性、红外吸光值、结晶度的影响

老化方式	时间/min	T_o/°C	T_p/°C	T_c/°C	ΔH/(J/g)	A_{1047}/A_{1022}	结晶度/%
未老化	—	104.32±0.87^{d}	125.50±3.28^{b}	131.92±0.61^{d}	1.91±0.35^{d}	0.65±0.00^{g}	12.97±0.79^{h}
4°C冷却水预冷	—	104.99±1.92^{d}	133.94±2.02^{a}	139.40±1.55^{c}	6.24±0.86^{d}	0.67±0.01^{efg}	16.12±0.41^{g}
室温老化	30	109.96±0.06^{bcd}	132.57±0.00^{a}	138.24±0.07^{c}	5.63±0.87^{d}	0.66±0.01^{fg}	16.43±0.44^{g}
	60	109.04±1.41^{cd}	131.73±0.92^{a}	150.59±0.36^{ab}	11.90±1.72^{d}	0.68±0.00^{efg}	19.20±0.33^{ef}
	120	113.90±3.29^{ab}	132.68±1.41^{a}	154.05±5.74^{a}	22.82±1.84^{c}	0.71±0.05^{cdef}	21.28±1.28^{cd}
4°C冰箱老化	30	115.23±4.79^{ab}	131.77±5.86^{a}	152.07±4.82^{ab}	9.59±0.95^{d}	0.69±0.00^{defg}	17.98±0.35^{f}
	60	115.59±4.43^{ab}	137.17±2.30^{a}	155.65±3.96^{a}	24.43±0.80^{c}	0.75±0.03^{bc}	20.34±0.55^{de}
	120	116.52±1.56^{a}	137.55±3.57^{a}	156.21±1.41^{a}	94.86±9.87^{b}	0.80±0.03^{ab}	23.02±1.37^{b}
4°C冷却水预冷	30	107.34±0.70^{d}	135.90±0.38^{a}	153.37±4.28^{a}	12.87±0.21^{d}	0.73±0.05^{cde}	18.75±0.20^{ef}
+ 4°C冰箱老化	60	109.08±2.80^{cd}	136.09±0.76^{a}	151.59±1.33^{ab}	26.41±3.79^{c}	0.75±0.02^{bc}	22.52±0.33^{bc}
	120	116.51±1.12^{a}	134.02±1.23^{a}	153.13±0.10^{a}	124.46±11.45^{a}	0.82±0.03^{a}	24.93±0.96^{a}

注：同一列中所带字母不同表示差异性显著（$p<0.05$）。

12.87～124.46J/g。不同老化方式处理后的荞麦面条的 ΔH 有很大的差异。室温下的淀粉结晶是不断形成的，老化速度较慢，而 4℃时的淀粉结晶为一次形成，老化速度较快，因此 4℃老化的 ΔH 显著大于室温老化（$p<0.05$）。4℃冷却水预冷的老化步骤虽然时间较短，但可以使面条由高温骤降至低温，抑制面条内部水分由中心向表面迁移，同时有利于糊化过程中溢出的直链淀粉通过分子间氢键发生相互作用，趋于形成最初的淀粉凝胶网络结构。表 6-7 表明其 ΔH 已经高于室温下老化 30min，当 4℃冷却水预冷结合随后的 4℃冰箱老化，其 ΔH 显著高于同样老化时间下室温老化及 4℃冰箱老化（$p<0.05$）。且随着老化时间的延长，老化程度增加，ΔH 呈现快速升高的趋势，120min 时，呈现出最高的 ΔH，为 124.46J/g，可见 4℃冷却水预冷+4℃冰箱老化两种方法结合可以显著提高直链淀粉的老化程度。通常，直链淀粉老化程度的增加代表直链淀粉更有序的交联，这对面条凝胶结构的形成可能会起到重要的作用。

（2）傅里叶红外光谱的分析

傅里叶红外光谱提供了一种研究淀粉分子从无序到有序的方法，在 1047cm^{-1} 处的吸光度峰反映淀粉结晶区的结构特征，对应淀粉聚集态结构中的有序结构，在 1022cm^{-1} 处的吸光度峰反映淀粉非晶区的结构特征，对应淀粉大分子的无规线团结构（Flores 等，2012）。因此，1047cm^{-1} 和 1022cm^{-1} 处的吸光度比值可以有效地反映淀粉的老化程度，比值越大，老化程度越大。

如图 6-6 所示，未老化样品中 1022cm^{-1} 处的峰较明显，老化后的样品该峰均明显减弱，这说明了淀粉无定型结构的减少，开始转化为有序结构。表 6-7 显示了不同老化方式下荞麦面条在 1047cm^{-1} 和 1022cm^{-1} 处的吸光度比值。对照组未老化的样

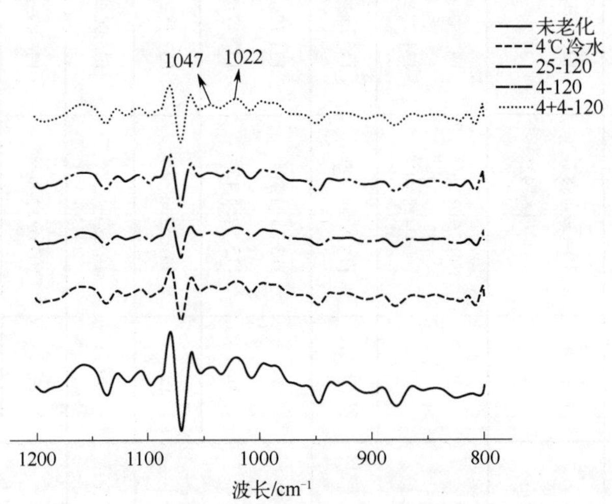

图 6-6　不同老化方式下挤压荞麦面条的红外光谱图

4℃冷水：4℃冷却水预冷；25-120：室温老化 120min；4-120：4℃冰箱老化 120min；4+4-120：4℃冷却水预冷+4℃冰箱老化 120min

品比值最低，为 0.65；4℃冷却水预冷的样品比值为 0.67；实验组中，室温老化的样品比值在 0.66～0.71；4℃冰箱老化面条的比值在 0.69～0.80。4℃下的老化较室温下的老化发生较快，因此，有更高的 $1047cm^{-1}/1022cm^{-1}$ 处的比值，且随着老化时间的延长，所有实验组样品在 $1047cm^{-1}/1022cm^{-1}$ 处的比值均有增大的趋势，这表明了淀粉分子间的重排，导致有序程度的增加。其它研究也获得了类似的结果（Zhang 等，2019）。值得一提的是，在相同老化时间下，增加 4℃冷却水预冷配合 4℃冰箱老化在相同的老化时间下均有最高的 $1047cm^{-1}/1022cm^{-1}$ 比值，其范围为 0.73～0.82，这说明了过 4℃冷却水预冷的步骤有利于老化程度的迅速提升，可以实现淀粉的快速凝胶化，使得面条迅速达到适宜老化的状态，从而可能促使面条蒸煮品质和质构品质的进一步提升。

（3）X-射线衍射的分析

图 6-7 反映了原荞麦粉及不同老化方式下挤压荞麦粉的 XRD 图。原荞麦粉在 2θ=15°、17.9°和 23°处具有较强的峰值，这是典型的 A 型谷物淀粉，老化过后，荞麦粉的晶型发生了改变，原样品中的峰均消失，这反映了 A 型结晶的大量损失，在淀粉的老化过程中，A 型到 B 型晶体的转变已经被广泛报道（Liu 等，2019）。所有样品在 20°处出现强峰，这归因于直链淀粉和脂质复合形成的 V 型结构。

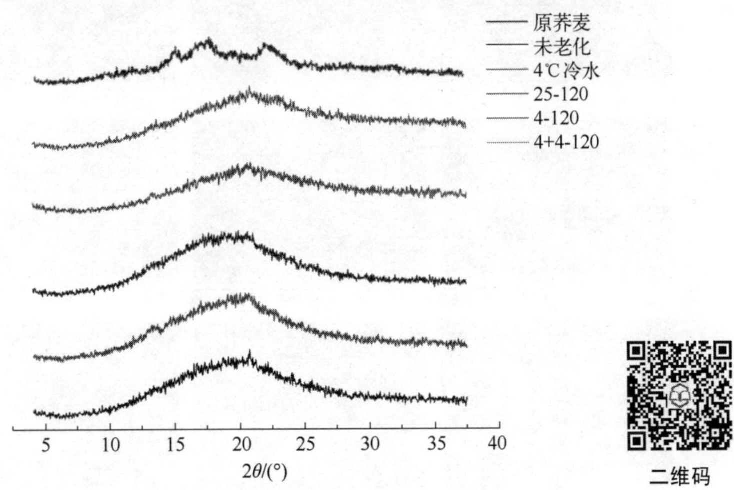

图 6-7　不同老化方式下挤压荞麦粉的 X-射线衍射图

4℃冷水：4℃冷却水预冷；25-120：室温老化 120min；4-120：4℃冰箱老化 120min；4+4-120：4℃冷却水预冷+4℃冰箱老化 120min

表 6-7 显示了老化后不同样品的相对结晶度，未老化处理的样品为 12.97%；4℃冷却水预冷后结晶度增加至 16.12%；室温老化后，面条的结晶度达到了 16.43%～19.20%；4℃冰箱老化后的结晶度为 17.98%～23.02%，4℃冷却水预冷+4℃冰箱老化后的结晶度为 18.75%～24.93%。通常，4℃是淀粉老化最适宜的温度，然而当样

品储存在室温下时老化仍然存在，但速率明显低于 4℃。老化时间对相对结晶度也有很大的影响，所有样品的相对结晶度随着老化时间的增加而增加。与 DSC 和 FTIR 所显示的老化结果一致，4℃冷却水预冷+4℃冰箱老化的处理方式更有利于直链淀粉分子的重排结晶，在老化时间 120min 时样品具有最高的相对结晶度（24.93%）。

（4）扫描电镜的分析

为了分析不同的老化方式对全荞麦挤压面条品质的影响，利用 SEM 观察了面条截面的微观结构。相对于未老化处理的样品，所有面条在经过老化处理之后大裂纹逐渐消失，面条结构得到显著的改善。在不同老化处理的样品中，室温下老化的样品表面较为粗糙，并伴随着较大的孔隙，同时也存在更多的断裂结构。4℃冰箱老化、4℃冷却水预冷+4℃冰箱老化的老化方式下，样品呈现出一个相对完整、连续的表面结构。随着老化时间的延长，面条裂纹减少，孔洞逐渐消失，结构变得紧密，形成了排列比较整齐的凝胶网络，这在 C3（4℃冷却水预冷+4℃冰箱老化 120min）样品中得到了验证（如图 6-8 所示）。

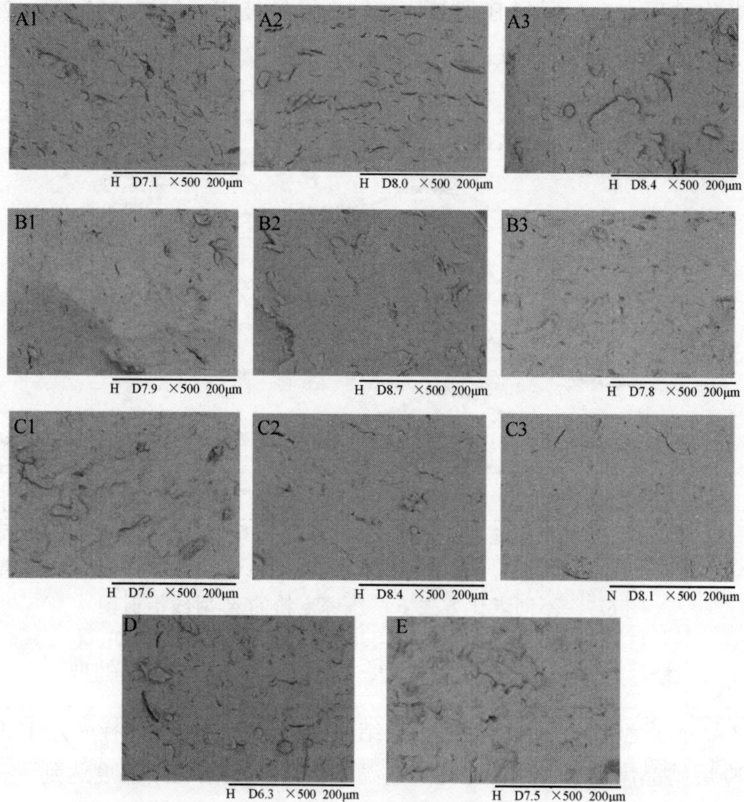

图 6-8 不同老化方式下全荞麦挤压面条的扫描电镜图

A：室温老化；B：4℃冰箱老化；C：4℃冷却水预冷+4℃冰箱老化；
D：未老化；E：4℃冷却水预冷；1：老化 30min；2：老化 60min；3：老化 120min

糊化后的淀粉在冷却过程中会发生老化现象，分散的淀粉分子开始重新缔合并形成三维网络结构，这有效地稳定了凝胶基质中的淀粉链（Roman 等，2018）。老化过程中直链淀粉的结晶有效地保持了米粉结构的完整性，使其具有较高的凝胶强度以承受蒸煮过程中的压力（Mestres 等，1988）。因此，4℃冷却水预冷+4℃冰箱老化的处理有效地提高了淀粉的老化程度，使得面条形成了较好的凝胶网络结构。这样的结构使得面条在干燥过程中内部保持一定的水分，保护其凝胶网络不被破坏，同时赋予面条在蒸煮过程中一定的耐煮性。Tan 等（2006）的研究也表明绿豆淀粉面条光滑和连续的表面与其更强的凝胶强度有关，这可以更好地抵抗面条在干燥过程中的收缩现象。

（5）蒸煮特性的分析

图 6-9 反映了不同的老化方式对全荞麦挤压面条蒸煮特性的影响，蒸煮损失和断条率均表现出显著差异。相对于对照组，所有老化后样品的蒸煮损失和断条率均显著下降。其中，经过 4℃冷却水预冷+ 4℃冰箱老化处理的面条，其蒸煮损失和断条率最低，分别为 11.57%～14.84%和 2.22%～8.89%，显著低于室温老化和 4℃冰箱老化的面条。

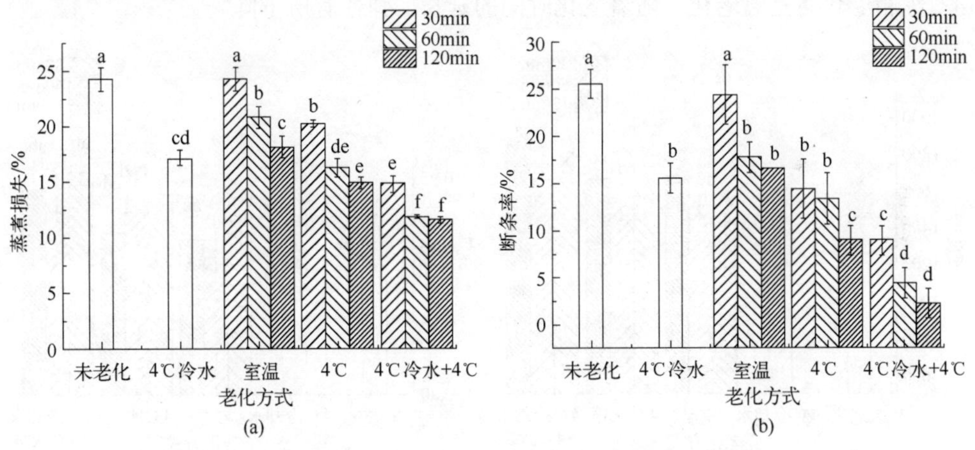

图 6-9　不同老化方式下挤压荞麦面条的蒸煮损失（a）和断条率（b）

根据 Galvez 等（1994）的说法，在淀粉面条的生产过程中，通常通过在低温（−18℃至 5℃）下保持一定时间来实现淀粉的老化，以提升面条的品质。4℃冷却水预冷+ 4℃冰箱老化处理的样品表现出良好的蒸煮品质，可能存在两方面的原因。首先，4℃冷却水预冷可能带来较高的冷却速率，使得面条温度迅速降低，有助于抑制面条内部水分由中心向表面的迁移。同时面条温度的迅速降低尤其在 4℃下，利于糊化过程中溢出的直链淀粉通过分子间氢键发生相互作用，趋于形成更多有序的结构，即形成最初的淀粉凝胶网络结构，这样的结构利于水分的保持，从而最大程度地维持面条煮制后的质构和口感。随后，面条在 4℃下老化，直链淀粉以双螺旋形式互相缠绕，并在部分区域有序化形成微晶，这有利于淀粉氢键的形成，继续以较快的速度形成淀粉凝胶网络，使得面条获得一定的凝胶强度。

此外，随着老化时间的增加，三种老化方式下的蒸煮损失和断条率均在下降。这可能是因为随着老化时间的延长，糊化的淀粉分子趋向于定向排列，结构稳定，质地均匀一致，形成了良好的凝胶网络，因此淀粉的溶出减少，蒸煮损失和断条率较低，其与淀粉的老化程度呈正相关（Resmini 等，1983）。Lee 等（2005）研究了老化时间对甘薯淀粉面条蒸煮特性的影响，同样发现面条的蒸煮损失随着老化时间的增加而减少，从 1.28%降低至 0.25%。

（6）质构特性的分析

图 6-10 反映了不同的老化方式对全荞麦挤压面条质构特性的影响。所有样品在经过老化处理后，硬度显著增加（$p<0.05$），从 1264.49g 上升至 1389.55～1895.87g，硬度所呈现的趋势为 4℃冷却水预冷+4℃冰箱老化＞4℃冰箱老化＞室温老化，随着老化时间的延长，硬度上升。值得一提的是，独立实验组 4℃冷却水预冷表现出最高的弹性（0.97）。实验组中弹性呈现的整体趋势为 4℃冷却水预冷+4℃冰箱老化＞4℃冰箱老化＞室温老化，随着老化时间的延长，弹性有所下降。

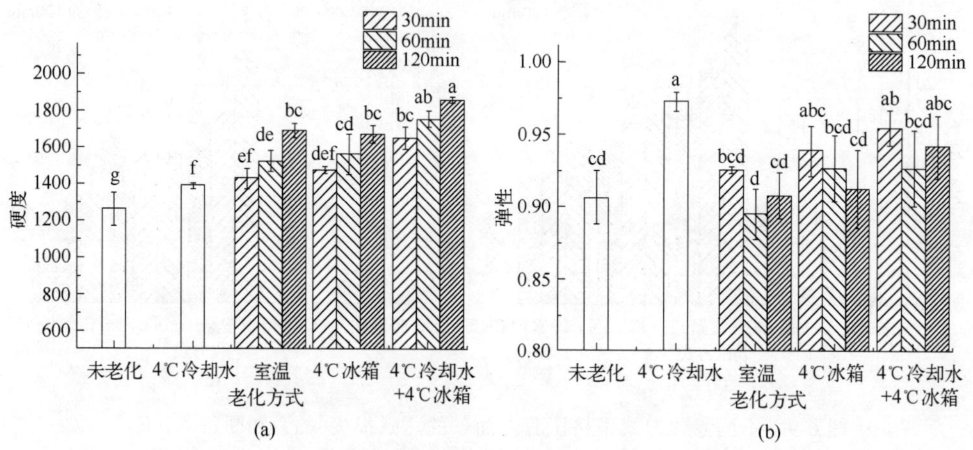

图 6-10　不同老化方式下挤压荞麦面条的硬度（a）和弹性（b）

直链淀粉较高程度的老化往往能被用来生产具有较高硬度、一定弹性和较低蒸煮损失的米粉（Denchai 等，2019）。如之前所述，独立实验组 4℃冷却水预冷的老化处理利于直链淀粉的分子间交联以形成最初的淀粉凝胶网络结构，因此硬度显著高于对照组未老化的样品（$p<0.05$）。实验组中，4℃冷却水预冷+4℃冰箱老化处理下面条的老化程度最高，因此硬度最高。室温下淀粉的老化速度较慢，而随着温度降低至 4℃，淀粉老化速度逐渐加快，Czuchajowska 等（1991）表明，低温但在玻

璃化转变温度之上会加速淀粉类食物的老化，增加凝胶的硬度。此外，随着老化时间的增加，老化越充分，形成的凝胶强度越大，硬度也越大。通常，淀粉老化的凝胶强度和蒸煮损失成反比（Tan 等，2009）。

弹性与面条的口感相关，消费者往往希望面条有爽滑、Q弹的感觉（Li 等，2017）。独立实验组 4℃冷却水预冷后的面条弹性最高，其原因可能是 4℃冷却水预冷带来较高的冷却速率，使得面条温度迅速降低，有助于抑制面条内部水分由中心向表面的迁移。同时直链淀粉通过分子间氢键发生相互作用，趋于形成更多有序的结构，这样的结构有利于水分的保持。水分子可以通过氢键与淀粉结合，部分自由水转变非冻结的结合水，非冻结水对凝胶体系起到一定的增塑作用，提高了面条的弹性。然而，随着老化时间的延长，直链淀粉发生交联重排，增加了淀粉凝胶的硬度，而面条的弹性有所下降。

根据 Galvez 和 Resurreccion（1992）的说法，淀粉面条在蒸煮后应保持一定的硬度、有较高的弹性、较低的蒸煮损失、较低的断条率等特性，以获得消费者的最大认可。本研究中，4℃冷却水预冷+ 4℃冰箱老化的处理方式可以用来制备具有较高品质特性的全荞麦面条，其蒸煮损失范围为 11.57%～14.84%，断条率范围为 2.22%～8.89%，硬度范围为 1684.32～1895.87g，弹性范围为 0.93～0.96。

（7）淀粉体外消化率的分析

体外水解曲线已经被广泛地用于体内的消化过程和 pGI 值的预测（Goñi 等，1997）。对照白面包和不同老化处理的全荞麦挤压面条的淀粉水解曲线如图 6-11 所示。所有样品都遵循淀粉水解的相同趋势，在 0～20min 内迅速上升，60min 后缓慢上升，逐渐达到平衡。如表 6-8 拟合数据所示，所有样品在经过老化处理后，平衡浓度（$C\infty$）、曲线线下面积（AUC）、水解指数（HI）、预测血糖指数（pGI）均显著降低（$p<0.05$）。随着老化时间的增加，$C\infty$、AUC、HI、pGI 均显著降低（$p<0.05$）。

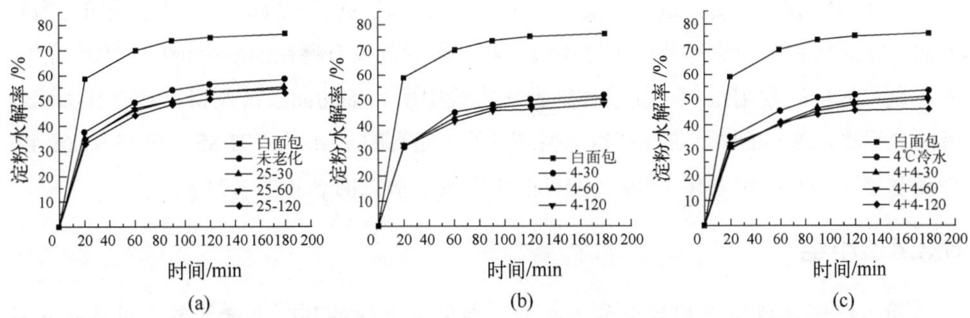

图 6-11　对照组白面包和不同老化方式下挤压荞麦面条的体外消化曲线

表 6-8　不同老化处理对挤压荞麦面条计算平衡浓度（$C\infty$）、酶解速率（k）、水解指数（HI）、预测血糖指数（pGI）的影响

老化方式	时间/min	$C\infty$(%)	K/s^{-1b}	AUC	HI/%	pGI
未老化	—	55.58±1.48[a]	0.053±0.0075[a]	89.56±2.99[a]	72.18±2.41[a]	79.33±1.32[a]
4℃冷却水预冷	—	51.35±1.29[bc]	0.054±0.0073[a]	82.92±2.72[bc]	66.83±2.19[bc]	76.40±1.20[bc]
室温老化	30	52.32±1.34[b]	0.051±0.0067[a]	83.92±2.92[ab]	67.63±2.35[ab]	76.84±1.29[ab]
	60	52.01±1.39[bc]	0.051±0.0071[a]	83.42±2.98[ab]	67.23±2.40[ab]	76.62±1.32[ab]
	120	50.28±1.46[bcd]	0.048±0.0071[a]	80.03±3.16[bcd]	64.50±2.55[bcd]	75.12±1.40[bcd]
4℃冰箱老化	30	49.72±0.90[cd]	0.048±0.0044[a]	79.14±1.98[bcde]	63.78±1.60[bcde]	74.73±0.88[bcde]
	60	48.07±1.26[de]	0.052±0.0071[a]	77.28±2.68[bcde]	62.28±2.16[bcde]	73.90±1.19[bcde]
	120	45.98±1.07[ef]	0.057±0.0073[a]	74.70±2.24[de]	60.20±1.80[de]	72.76±0.99[de]
4℃冷却水预冷+4℃冰箱老化	30	48.14±1.87[de]	0.048±0.0093[a]	76.62±4.02[cde]	61.75±3.24[cde]	73.61±1.78[cde]
	60	46.95±1.70[ef]	0.052±0.0098[a]	75.48±3.54[de]	60.83±2.85[de]	73.11±1.57[de]
	120	44.89±0.76[f]	0.055±0.0050[a]	72.64±1.61[e]	58.54±1.30[e]	71.85±0.71[e]

注：同一列中所带字母不同表示差异性显著（$p<0.05$）。

直链淀粉在糊化过程中从淀粉颗粒中溢出，冷却后发生回生，因此直链淀粉发生重结晶且形成紧密堆积的双螺旋，并具有抗酶水解的能力，这为淀粉消化率的变化提供了合理的解释（Ashwar 等，2016）。大量的研究已经证明，淀粉基食品的老化会降低淀粉的消化率（Patel 等，2017；Denchai 等，2019）。本研究中，4℃冷却水预冷+4℃冰箱老化处理的老化速率快于 4℃冰箱老化和室温老化，因此结晶更快，抗酶解作用越强，有较低的淀粉消化率。Chung 等（2006）观察到大米淀粉的水解率随着结晶程度的增加而减少。有趣的是，独立实验组 4℃冷却水预冷老化的水解率 HI（66.83%）已经低于室温下 30min（67.63%）和 60min（67.23%），这表明淀粉在预冷过程中形成了更多有序的结构，以限制淀粉酶的催化效率，这与淀粉老化的证据一致。Patel 等（2017）表明直链淀粉作为控制淀粉老化初期的主要成分，更倾向于形成稳定的晶体结构和抗性淀粉。随后，老化时间的延长（30～120min）也更有利于淀粉重结晶的进行，较高的老化程度导致了较低的淀粉消化率。据报道，较低的淀粉消化率通常与人体内低 pGI 和餐后低血糖反应有关（Goñi 等，1997），同时，有助于预防心血管疾病、糖尿病和肥胖症等非传染性疾病，对人类的健康有潜在的应用价值。本研究中，为了模拟人体的食用过程，淀粉体外消化实验中所制备的面条涉及挤压蒸煮和沸水蒸煮两个步骤，这样的两次加热和冷却循序导致了略高的 pGI 值（71.85～79.33），在 4℃冷却水预冷+4℃冰箱老化 120min 的样品中发现了最低的 pGI 值（71.85）。

6.3.4　小结

通过挤压蒸煮技术制备全荞麦面条，在低温老化的基础上增加低温过冷却水预冷的步骤，将其应用于挤压淀粉凝胶面条的连续化生产中。研究了不同的老化处理方式对淀粉老化结构的影响及全荞麦挤压面条的微观结构、蒸煮特性和淀粉体外消化率的变化，主要结论如下：

① 老化方式对淀粉的老化程度有很大的影响。经过 4℃冷却水预冷的步骤可以实现糊化淀粉的快速凝胶化，结合随后的 4℃冰箱老化更有利于直链淀粉分子的重排结晶，显著增加了淀粉的老化程度。

② 老化方式对荞麦面条的微观结构和蒸煮品质有很大的影响。所有面条在经过老化处理之后大裂纹消失，面条微观结构得到显著改善，蒸煮损失和断条率显著降低，硬度提高。同时，4℃冷却水预冷对凝胶体系起到一定的增塑作用，提高了面条的弹性。

③ 老化方式对荞麦面条的淀粉体外消化特性有很大的影响。由直链淀粉形成的稳定晶体结构降低了淀粉酶的催化效率和 pGI 值，从 79.33 降低至 71.85。

④ 以上结果表明，4℃冷却水预冷+ 4℃冰箱老化的处理方式可以用来制备具有较高品质特性的全荞麦面条，其蒸煮损失范围为 11.57%～14.84%，断条率范围为 2.22%～8.89%，硬度范围为 1684.32～1895.87g，弹性范围为 0.93～0.96。

6.4 高温高湿干燥对荞麦面条品质特性的影响

淀粉凝胶类面条，是部分亚洲地区广受欢迎的传统主食。作为一种无麸质食品，它也是很多不能耐受小麦面筋（患有乳糜泻）的消费者的理想选择（Wang 等，2012）。与小麦粉面条不同，淀粉面条是依靠淀粉自身形成淀粉网络而不是面筋网络。传统上，淀粉面条的生产方法主要包括五个步骤，包括形成淀粉面团、将面团挤压漏粉形成面条（成型）、蒸煮（淀粉糊化）、冷却（淀粉凝胶化）和干燥（Tan 等，2009）。之前的研究将挤压蒸煮技术应用于淀粉凝胶面条的连续化制备（Sun 等，2019），并通过增加过冷却水预冷的步骤实现了淀粉的快速凝胶化，降低了淀粉凝胶面条的蒸煮损失和断条率，并赋予其较好的弹性和一定的硬度，这大大增加了其竞争力和市场价值。

然而，挤压生产的面条需要立刻进行干燥，通过将其中的水分含量降低到 12%以下，以抑制微生物的生长、酶促反应及其它劣变反应的发生，最终达到延长货架期、更易储存和运输的目的（Law 等，2014）。传统的面条干燥温度通常不超过 50℃，在烘干时间、效率等方面存在较大不足。而高温干燥在干燥效率、生产成本控制等方面具有很大的优势，较高的干燥温度可以加速面条表面水分蒸发，但会导致面条中心水分向外迁移速率较慢，无法与表面水分的蒸发速率保持动态平衡，从而导致面条表面结膜、壳化，并出现酥面、劈条等品质问题。因此，面条的高温干燥必须遵循“保湿烘干”的原则，在提高干燥温度的同时，使得烘箱内部保持一定的空气湿度（惠滢，2018）。目前，已有大量研究报道了干燥温度和相对湿度对面条产品品质的影响（Padalino 等，2016；Ogawa 等，2017），但绝大多数研究对象都是依靠面筋网络成型的小麦面条产品，如挂面、意大利面，关于淀粉凝胶面条在高温高湿条件下的干燥过程及品质的变化报道较少，特别是高温高湿干燥对全荞麦挤压面条微观结构、淀粉结构、蒸煮品质以及营养组分的影响尚未见报道，这在一定程度上限制了全荞麦面条制品进一步的发展。

因此，通过双螺杆挤压机制备全荞麦面条，分别在 60℃、70℃、80℃的温度和 65%、75%、85%的湿度下干燥。研究面条在干燥过程中干燥速率的变化，干燥后面条水分分布、淀粉老化和微观结构的变化以及干燥参数对面条蒸煮特性、质构特性、营养组分的影响，并将其与常规的热风干燥作对比。

6.4.1　试验材料与仪器

（1）材料与试剂

原料：荞麦粒，安徽燕之坊有限公司；经超速离心粉碎机粉碎，通过 60 目筛，得到荞麦粉。使用 AOAC 方法分析了荞麦粉的基本成分（总淀粉 68.13%，粗蛋白 13.59%，粗脂肪 2.55%，粗纤维 1.44%，总灰分 1.76%）。

主要试剂：黄酮类标准品（芦丁）和酚酸标准品（没食子酸），上海源叶生物有限公司；其他化学品和试剂至少为分析级。

（2）主要仪器

主要实验设备见表 6-9。

表 6-9　实验设备

设备	型号	厂家
双螺杆挤压实验室工作站	DSE-20/40	德国 Brabender 公司
数显鼓风干燥箱	XMTD-8222	南京大卫仪器设备有限公司
锤式旋风磨	JXFM110	上海嘉定粮油仪器有限公司
超速离心粉碎仪	ZM 200	德国 Retsch 公司
差示扫描量热仪	DSC-8000	美国 PE 公司
X-射线衍射仪	D/max-2500/PC	日本理学株式会社
色差仪	CM 5	日本 Konica Minolta 公司
质构分析仪	TA-XT2i	英国 Stable Microsystems 公司
扫描电镜	TM-3000	日本 Hitachi 公司
酶标仪	SpectraMax–M2e	美国 Molecular 公司

6.4.2　试验方法

（1）全荞麦挤压面条的制备

采用 Bradender KETSE-20/40 型双螺杆挤压机（长径比 40∶1，螺杆直径 20mm）

生产荞麦面条，基于实验室前期的研究，挤压参数设定在模口直径 1mm，螺杆转速为 120r/min，喂料速度 25g/min，物料水分 40%，从进料区到模头的挤压温度 40℃/60℃/120℃/95℃/80℃/80℃（一区/二区/三区/四区/五区/六区）。

面条挤出后过 4℃冷却水预冷 10s，吹风定条后，采用热风干燥法烘干面条，将面条样品置于烘箱中，分别调节干燥温度 60℃-70℃-80℃，相对湿度 65%-75%-85%，并设置 40℃干燥为对照组（不控制湿度），直至水分含量降至 12%左右。干燥结束后取部分样品磨粉过 100 目筛，以进行理化性质和营养组分的测定，包括 DSC、XRD、总黄酮和总多酚含量、色差，其他面条样品立刻用于 SEM、低场核磁（LF-NMR）、蒸煮特性、质构特性的测试。

（2）干燥曲线的绘制

自湿面条放入烘箱起，每隔三十分钟取出少量面条，用于水分含量的测定。面条水分含量参照 GB 5009.3—2016 直接干燥法测定。

（3）低场核磁的测定

将面条切成 20mm 的小段，称取 1.00g 置于直径 15mm 的核磁管中。测试前，使用低场核磁分析软件中的 FID（Free induction decay）脉冲序列校准中心频率。测试时采用 CPMG（Carr-Purcell-Meiboom-Gill）脉冲序列扫描样品，测得横向弛豫参数，每组样品重复 3 次，取平均值。CPMG 序列的参数设置为：主频 SF1=19MHz，采样频率 SW=200kHz，90° 脉冲时间 P1=13μs，180° 脉冲时间 P2=25μs，采样点数 TD=135014，采样间隔时间 TW=1500ms，累加次数 NS= 16，回波个数 Echo Count= 3000。测试后，使用低场核磁分析软件对横向弛豫数据进行拟合，计算每个峰的顶点时间和峰下面积。

（4）热力学特性的测定

同 6.3.2。

（5）X-射线衍射的测定

同 6.2.2。

（6）扫描电镜的测定

同 6.3.2。

（7）蒸煮特性的测定

同 6.2.2。

（8）质构特性的测定

同 6.2.2。

（9）总黄酮和总多酚含量的测定

同 6.2.2。

（10）色差的测定

同 6.2.2。

（11）数据处理和统计分析

分析方法同 6.2.2。

6.4.3 结果与分析

（1）干燥曲线的分析

图 6-12 是不同干燥温度和相对湿度下荞麦面条的干燥曲线。温度和湿度共同决定了面条的干燥过程。随着干燥温度的增加和相对湿度的降低，面条的干燥速率明显上升，水分含量更快下降。确定了面条干燥至水分含量达到 12%以下所需要的时间，对照组 40℃热风干燥需要 300min，实验组 60℃时需要 270～300min，70℃时需要 240～270min，80℃时需要 210min。

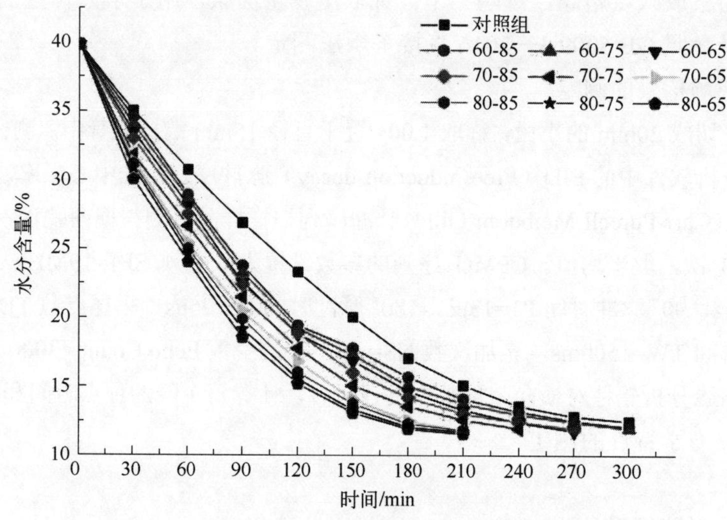

图 6-12　不同干燥温度和相对湿度下荞麦面条的干燥曲线

对照组：40℃热风干燥；60-85：60℃干燥温度+85%相对湿度；
60-75：60℃干燥温度+75%相对湿度；60-65：60℃干燥温度+65%相对湿度；
70-85：70℃干燥温度+85%相对湿度；70-75：70℃干燥温度+75%相对湿度；
70-65：70℃干燥温度+65%相对湿度；80-85：80℃干燥温度+85%相对湿度；
80-75：80℃干燥温度+75%相对湿度；80-65：80℃干燥温度+65%相对湿度

在干燥初期，高温干燥可以加快干燥速率，使得面条水分迅速下降，而到了干燥后期，高温干燥可以使面条具有较低的平衡含水量，水分更多地迁移至面条外部。因此，高温干燥可以有效地减少干燥时间，提升干燥速率。

在较高的相对湿度下，面条的干燥易受外部水分迁移的影响，面条表面的水分难以扩散到周围介质中，使其干燥速率减慢。魏益民等（2017）对挂面的干燥过程进行了研究，也得到了类似的结论：干燥温度一定时，相对湿度越高，干燥速率越慢，平衡含水量越高；相对湿度一定时，干燥温度越高，干燥速率越快，平衡含水量越低。

（2）低场核磁的分析

低场核磁是研究面制品中水分分布的一种有效工具（Wang 等，2018）。图 6-13 是不同干燥温度和相对湿度条件下荞麦面条的水分分布图。荞麦面条的 T_2 弛豫时间分布为 3 个峰，T_{21}、T_{22}、T_{23}。其中，T_{21}（0.01～10ms）为强结合水，存在于老化淀粉的结晶区；T_{22}（10～300ms）为弱结合水，存在于无定型区和半结晶区；T_{23}（300～1000ms）为自由水，存在于各孔隙内。T_{21}、T_{22}、T_{23} 所对应的峰占总面积的比例 A_{21}、A_{22}、A_{23} 反映了不同流动性水的相对含量。

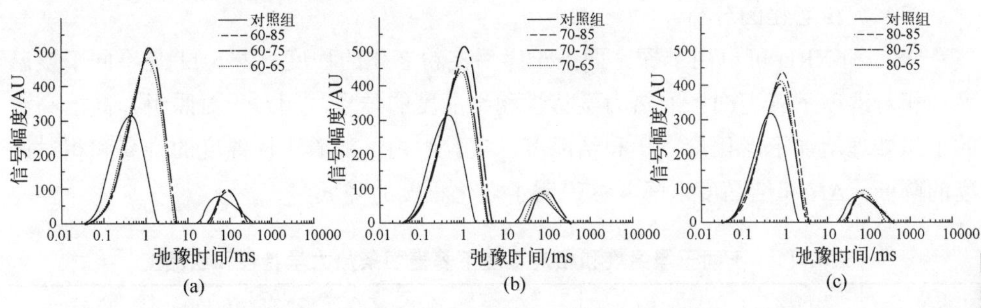

图 6-13 不同干燥温度和相对湿度下荞麦面条的水分分布图

二维码

如表 6-10 所示，与对照组 40℃热风干燥相比，高温高湿的干燥处理显著增加了横向弛豫时间 T_{21}、T_{22}、T_{23}（$p<0.05$），这表明了高温高湿的干燥条件使得干燥后面条中的水分更具有流动性（Yu 等，2018）。但在试验组内，随着干燥温度的升高和相对湿度的降低，核磁曲线整体向左偏移，横向弛豫时间 T_{21}、T_{22}、T_{23} 下降，表明高温高湿的干燥条件下，干燥速率的提升使得干燥后面条中水分整体的流动性减弱。各种水的含量（表 6-10）表明，干燥后的面条中，水主要以强结合水状态存在，和 Zhu 等（2019）的研究结果类似。干燥温度的升高和相对湿度的降低使得峰面积 A_{21} 逐渐减少，A_{22} 逐渐增加，这说明了强结合水的含量减少，弱结合水的含量增加。横向弛豫时间的降低和强结合水的含量减少可能与水分快速散失导致的淀粉老化程度的降低有关，较低的结晶度使得水分子更容易被无定型区域所吸收（Joardder 等，2017）。由于所有样品都干燥至约 12%，因此自由水 A_{23} 的含量没有显著差异。

表 6-10 不同干燥温度和相对湿度下荞麦面条的横向弛豫时间和水分分布

温度/℃	湿度/%	T_{21}/ms	T_{22}/ms	T_{23}/ms	A_{21}/%	A_{22}/%	A_{23}/%
对照组	—	0.45±0.00[d]	54.32±3.66[b]	469.28±61.40[cd]	82.52±0.45[e]	17.16±0.51[a]	0.32±0.09[ab]
60	85	1.32±0.09[a]	84.31±5.68[a]	928.01±110.75[a]	90.20±0.10[a]	9.59±0.14[e]	0.21±0.13[b]
	75	1.20±0.08[a]	80.30±5.68[a]	723.47±51.14[abc]	90.02±0.07[a]	9.74±0.10[e]	0.24±0.02[b]
	65	0.99±0.07[b]	80.30±5.68[a]	701.43±133.45[abcd]	89.20±0.12[b]	10.49±0.07[d]	0.32±0.11[ab]

续表

温度/℃	湿度/%	T_{21}/ms	T_{22}/ms	T_{23}/ms	A_{21}/%	A_{22}/%	A_{23}/%
70	85	1.21±0.17^{a}	84.95±12.25^{a}	770.27±135.03^{ab}	90.08±0.07^{a}	9.72±0.07^{e}	0.20±0.04^{b}
	75	0.85±0.06^{bc}	76.83±9.17^{a}	743.30±170.93^{ab}	88.20±0.17^{c}	11.55±0.26^{c}	0.26±0.09^{b}
	65	0.85±0.06^{bc}	76.83±9.17^{a}	527.48±124.90^{bcd}	88.14±0.83^{c}	11.47±0.11^{c}	0.39±0.08^{ab}
80	85	0.77±0.05^{c}	73.37±10.58^{a}	624.85±44.17^{bcd}	87.64±0.14^{d}	12.04±0.14^{bc}	0.32±0.06^{ab}
	75	0.73±0.05^{c}	69.35±4.90^{ab}	583.77±152.62^{bcd}	87.49±0.20^{d}	12.02±0.28^{bc}	0.48±0.10^{a}
	65	0.73±0.05^{c}	69.35±4.90^{ab}	445.98±53.22^{d}	87.49±0.42^{d}	12.24±0.41^{b}	0.27±0.02^{ab}

注：同一列中所带字母不同表示差异性显著（$p<0.05$）。

（3）淀粉老化的分析

DSC 和 XRD 可以用于探究面条干燥后淀粉老化的程度。表 6-11 是不同干燥温度和相对湿度下荞麦面条的热力学特性和结晶度的结果。相对于对照组，高温高湿的干燥处理增加了老化焓 ΔH 和结晶度。实验组内，随着干燥温度的升高和相对湿度的降低，ΔH 和结晶度下降，这说明了老化程度的降低。

表 6-11　不同干燥温度和相对湿度下荞麦面条热力学特性和结晶度

温度/℃	湿度/%	T_o/℃	T_p/℃	T_c/℃	ΔH/(J/g)	结晶度/%
对照组	—	103.08±2.01^{c}	124.83±0.96^{ab}	139.14±1.29^{b}	6.05±0.73^{d}	14.38±0.23^{d}
60	85	104.00±0.78^{bc}	124.69±0.67^{ab}	150.30±0.59^{a}	8.80±0.43^{a}	17.62±0.42^{a}
	75	104.26±0.65^{abc}	125.16±0.58^{ab}	150.16±0.83^{a}	8.06±0.06^{bc}	16.81±0.56^{ab}
	65	105.23±0.79^{abc}	125.34±0.37^{ab}	150.19±0.61^{a}	7.54±0.38^{c}	16.39±0.15^{bc}
70	85	106.44±1.05^{a}	124.91±0.42^{ab}	150.90±0.58^{a}	8.45±0.13^{ab}	16.88±0.24^{ab}
	75	105.29±0.96^{abc}	123.88±0.21^{b}	150.47±0.93^{a}	7.75±0.17^{bc}	16.17±0.26^{bc}
	65	105.84±0.44^{ab}	124.21±0.41^{ab}	150.04±0.24^{a}	7.33±0.14^{c}	16.09±0.53^{bc}
80	85	105.36±0.72^{ab}	125.42±0.79^{a}	149.59±1.08^{a}	7.70±0.17^{c}	16.51±0.89^{b}
	75	105.41±0.93^{ab}	124.19±0.39^{ab}	150.60±0.47^{a}	7.39±0.30^{c}	15.38±0.52^{cd}
	65	105.82±0.49^{ab}	125.26±0.86^{ab}	151.15±0.46^{a}	7.29±0.15^{c}	15.33±0.50^{cd}

注：同一列中所带字母不同表示差异性显著（$p<0.05$）。

对于淀粉凝胶类产品来说，淀粉糊化时的产物处于亚稳非平衡体系中，即使是在过冷却水这样瞬时的预冷步骤之后。糊化的产物在干燥过程中会经历几个结构变化，如收缩和结晶（Xiang 等，2018）。先前的研究已经表明，这些结构的变化很大程度上取决于干燥过程的操作参数，最终影响到复水后产品的食用性能（Ficco 等，2016）。干燥处理会使水分从淀粉凝胶中大量去除，这促进了淀粉老化并稳定了产品结构（Padalino 等，2016）。Zhang 和 Moore（1998）发现，干燥后糊化淀粉的显著差异可能归因于淀粉颗粒结晶结构的重新组织。对于对照组 40℃的热风干燥来说，较低的干燥速率导致内部水分流动较慢，这促进了水和淀粉以氢键相结合，不利于淀粉老化的发生。高温高湿的干燥处理增加了面条内外水分的迁移速率，水和淀粉结合机会较少，这在一定程度上促进了淀粉分子之间的相互作用，淀粉老化更易发生。然而，在实验组内，继续升高温度以及降低湿度进一步加快了干燥速率，可能使得面条内部水分迅速向外迁移，降低了平衡含水量，淀粉分子链的移动性变差，相互之间碰撞的机会降低，从而不利于淀粉分子的重结晶（向卓亚，2018），导致较低的 ΔH 和结晶度。Xiang 等（2018）研究了干燥条件对淀粉面条老化特性的影响，结果也同样显示，高温高湿的干燥条件下，面条中的糊化淀粉在较低的干燥速率时会经历更严重的老化。

（4）扫描电镜的分析

为了探究不同的干燥温度和相对湿度处理后的全荞麦挤压面条在品质特性上差异的潜在机理，用 SEM 观察了面条的截面（图 6-14）。对照组 40℃热风干燥下的面条大的裂纹较多，多孔粗糙，而在高温高湿的干燥条件下，面条截面大裂纹有所减少，粗糙多孔的结构明显改善，尤其是在 70℃-75%（相对湿度）下，面条截面呈现出一个相对平滑、致密的结构。Ogawa 等（2017）研究意大利面的干燥时发现，提高干燥温度（50～85℃）会形成更致密的表面，提高相对湿度（50%～80%）可以有效地防止表面裂纹。实验组内，当继续升高温度（70～80℃），更快的干燥速率

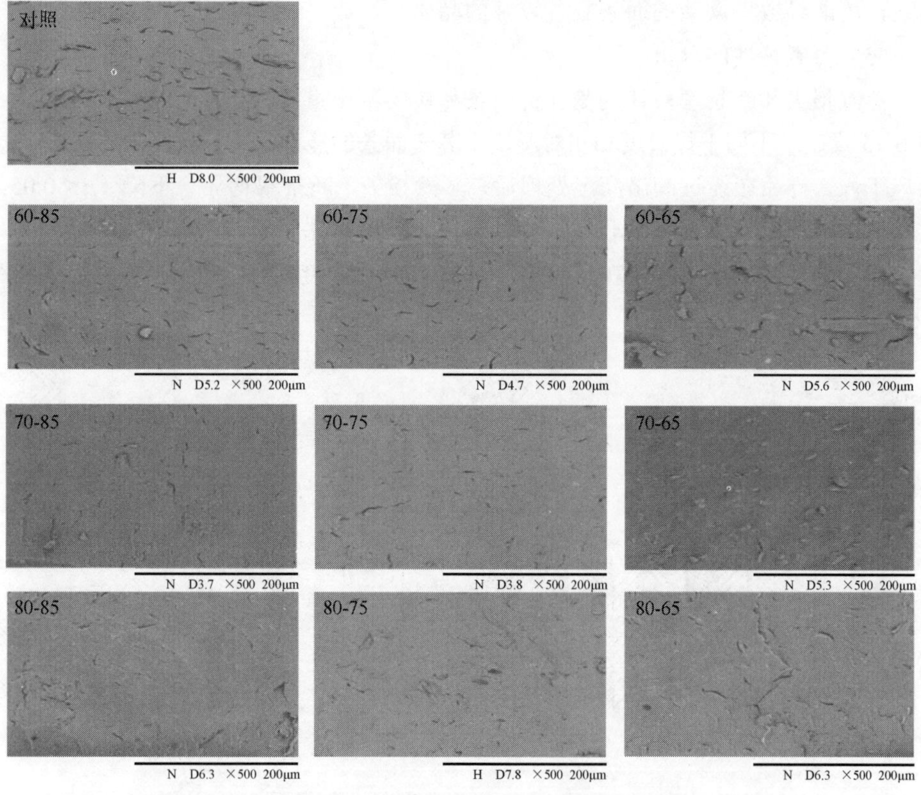

图 6-14　不同干燥温度和相对湿度下荞麦面条的扫描电镜图

control：40℃热风干燥；60-85：60℃干燥温度+85%相对湿度

使得面条内外水分不平衡，导致面条表面又变得粗糙，裂纹增加，这与广泛接受的干燥规律一致，干燥过程的快速脱水会促进裂缝或裂纹的产生（Gunasekaran 等，1985）。当湿度继续增加（75%～85%），面条粗糙度和裂纹也有所增加，这看似与面条的水分分布和淀粉的老化结果相矛盾。研究通常认为，较多的强结合水利于稳定面条的品质（Yu 等，2018）；越高的老化程度（老化焓和结晶度）往往也代表着越高的凝胶强度，使面条具有良好的结构（Tan 等，2009）。然而，Xiang 等（2018）的研究报道，淀粉面条的干燥过程是从橡胶态到玻璃态的转变，较高的湿度会延长这个过程，这使得 60℃-85%（相对湿度）的样品中存在更多的橡胶态，因此强结合水含量最大，同时老化程度最高。干燥过程的进行使得面条表面会首先转变为完全玻璃态，而内部则保持橡胶态。由于玻璃态的收缩远远慢于橡胶态，继续干燥会使得内部不可避免地产生一种应力，内部的紧密程度较高，应力无法释放，最终会冲破面条表面形成裂缝以释放压力。这为最佳的面条微观结构出现在 70℃-75%（相对湿度）的样品中提供了合理的解释，我们的结果与 Xiang 等（2018）的报道一致。适当的干燥温度和湿度条件的选择，使得面条水分迁移和相态转变保持一个平衡的关系，可能导致干燥后的面条具备较好的品质。

（5）蒸煮特性的分析

蒸煮损失和断条率被认为是评价面条品质的两个重要指标（Wang 等，2018）。图 6-15 反映了不同干燥温度和相对湿度下荞麦面条的蒸煮品质。相比于对照组 40℃热风干燥，样品在经过高温高湿处理后，蒸煮损失、断条率均显著下降（$p<0.05$）。实验组内，随着干燥温度的升高，蒸煮损失和断条率先降后升；蒸煮损失和断条率随着湿度的增加先降后升。观察到 70℃-75%（相对湿度）的样品有最低的蒸煮损失 6.61%，断条率为 0。

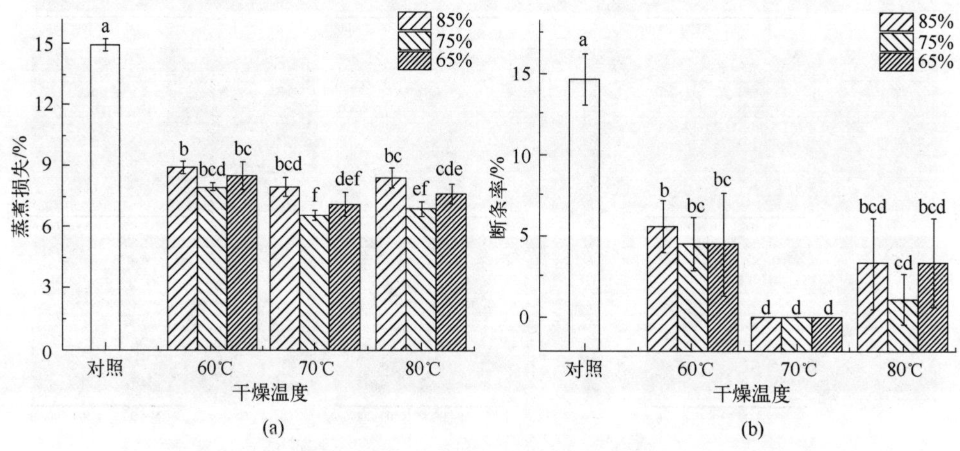

图 6-15　不同干燥温度和相对湿度下荞麦面条的蒸煮损失（a）和断条率（b）

干燥温度和相对湿度的高低会直接影响面条水分的迁移速率，决定干燥速率的快慢，影响面条品质。对照组 40℃的热风干燥没有湿度的控制，面条内外水分散失不平衡，导致面条表面结构松散，裂纹较多，如 SEM 所见，因此其蒸煮品质不佳。Marti 等（2011）报道了干燥温度的升高会提升由荞麦粉和小麦粉混合制备的面条的耐煮性，使面条具备较低的蒸煮损失和断条率。实验组内，高温（80℃）和低湿（相对湿度 65%）使得面条水分下降过快，表面变得粗糙且有裂纹，这会对面条的内部结构造成破坏，降低蒸煮品质。低温（60℃）和高湿（相对湿度 85%）会延长从橡胶态到玻璃态的转变，内部产生应力导致面条产生裂纹，降低蒸煮品质。而控制适中的温度（70℃）和相对湿度（75%）可以使面条内外水分迁移和相态转变保持平衡，这有利于面条品质的提高。Kaushal 和 Sharma（2013）的研究同样发现，与 50℃、60℃和 70℃下干燥的由芋头、大米、木豆混合制备的淀粉面条相比，80℃下干燥的面条质量并不理想。Xiang 等（2018）研究了相对湿度（40%～80%）对甘薯淀粉面条蒸煮品质的影响，结果表明，相对湿度控制在 60%时，面条的蒸煮品质较好，蒸煮损失为 2.20%。

（6）质构特性的分析

为了评价荞麦面条的食用性能，对面条的质构特性进行了研究。图 6-16 反映了不同的干燥温度和相对湿度对荞麦面条质构特性的影响。与对照组相比，高温高湿的干燥处理显著增加了面条的硬度。实验组中，随着干燥温度的增加和相对湿度的减少，硬度表现为先增加后降低的趋势，在 70℃-75%（相对湿度）的样品中发现了最高的硬度（1695.17g）及最高的弹性（0.92）。

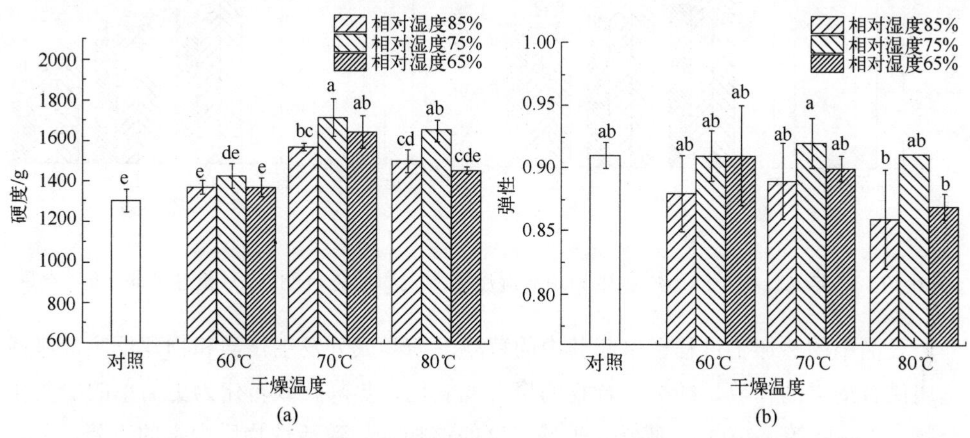

图 6-16 不同干燥温度和相对湿度下荞麦面条的硬度（a）和弹性（b）

全荞麦粉制备的面条质构易受到荞麦淀粉凝胶特性的影响（Hatcher 等，2008）。与蒸煮特性类似的是，对照组 40℃热风干燥的面条结构松散，因此硬度较低。高温高湿的干燥显著提高了淀粉的老化程度，良好的淀粉凝胶网络赋予了面条一定的硬度（Zhang 等，2013）。实验组内，随着干燥温度的增加（60～70℃），面条表面的裂纹与孔洞减少，结构变得致密。较高湿度下干燥速率的减慢也使得面条结构更加紧实，这赋予了面条更好的耐煮性（Ogawa 等，2017），有助于硬度、弹性和咀嚼性等的提升。然而，过高的温度和湿度导致的内外水分不平衡会对面条的内部结构造成破坏，因此质构特性的指标有所下降。本研究中，相对于对照组和 60℃、80℃时的实验组，70℃时高温高湿的干燥处理显著增加了面条的硬度和弹性（$p<0.05$），这与蒸煮品质的结果一致。D'Amico 等（2015）研究无麸质面食的干燥过程也得到了类似的结论。

（7）总黄酮和总多酚含量的分析

荞麦的黄酮类化合物和多酚类化合物含量丰富，这导致了其抗氧化能力优于其他杂粮（Yu 等，2018）。图 6-17 呈现了不同干燥温度和相对湿度下荞麦粉的总黄酮和总多酚含量。荞麦粉在经过挤压加工后，总黄酮含量由 25.42mg/g 降为 19.40mg/g，减少了 23.68%，总多酚含量由 4.22mg/g 降为 3.22mg/g，减少了 23.70%；干燥处理（对照组 40℃热风干燥和高温高湿干燥）后，总黄酮含量降为 11.64～16.29mg/g，减少了 35.92%～54.21%，总多酚含量降为 1.30～2.78mg/g，减少了 34.12%～69.19%。随着干燥温度的升高和相对湿度的降低，总黄酮和总多酚含量持续降低。

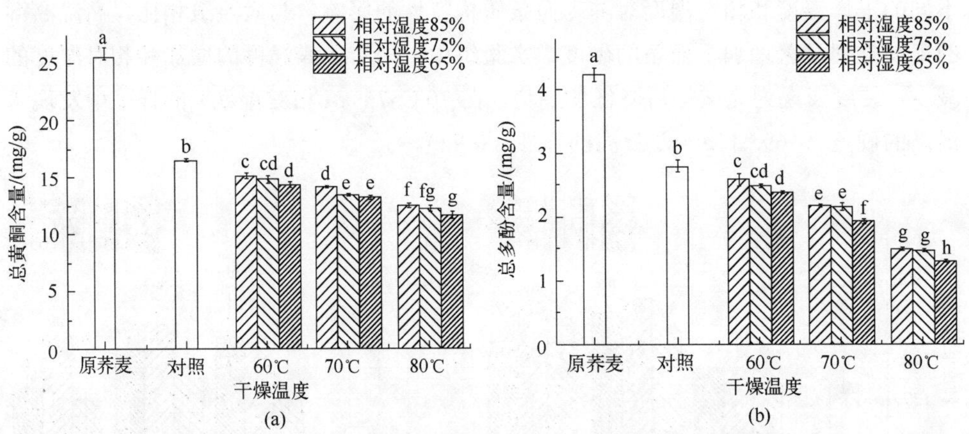

图 6-17 原荞麦粉和不同干燥温度和相对湿度下荞麦粉的总黄酮（a）和总多酚（b）含量

食品中的热加工过程会引起其中的黄酮多酚类成分发生化学和物理反应，包括基质结合酚类的释放、酚类化合物的聚合或氧化、热降解或转化为更简单的酚类化合物（Duodu 等，2011）。通常，干燥温度的增加会导致活性物质含量的下降，主要是由于黄酮或多酚类物质极易受温度和氧气浓度的影响，在干燥过程其损失较严重（Lang 等，2019）。干燥速率的加快会使得水分子热运动更加剧烈，这会导致热不稳定性的活性物质如黄酮或多酚分子发生氧化降解（Goula 等，2016）。本研究中，对照组 40℃的热风干燥其干燥温度较低，因此活性物质保留较多，干燥温度的升高和相对湿度的降低加快了干燥速率，因此活性物质的含量显著降低（$p<0.05$）。

（8）色差的分析

食品的颜色通常被认为是决定消费者是否购买的第一属性（Kaushal 等，2013）。表 6-12 是不同的干燥温度和相对湿度对荞麦粉颜色特性的影响。与原荞麦相比，干燥后的荞麦粉 L^*值和 b^*值显著降低，a^*值显著增加（$p<0.05$）。高温高湿的干燥处理下，a^*值和 b^*值较对照组均有所增加，且随着干燥温度的升高和相对湿度的降低，L^*值显著降低，a^*值和 b^*值显著升高（$p<0.05$）。

表 6-12　原荞麦粉和不同干燥温度和相对湿度下荞麦粉的颜色特性

温度/℃	湿度/%	L^*	a^*	b^*
原荞麦	—	86.76±0.08[a]	0.65±0.01[i]	9.93±0.08[a]
对照组	—	85.04±0.11[d]	1.40±0.01[h]	8.28±0.05[f]
60	85	86.16±0.07[b]	1.53±0.01[g]	8.24±0.01[f]
	75	85.78±0.06[c]	1.62±0.02[f]	8.23±0.07[f]
	65	85.65±0.12[c]	1.63±0.01[f]	8.41±0.05[e]
70	85	85.05±0.05[d]	1.62±0.03[f]	8.16±0.03[f]
	75	84.88±0.09[d]	1.68±0.02[e]	8.27±0.04[f]
	65	84.41±0.09[e]	1.75±0.02[d]	8.57±0.04[d]
80	85	83.47±0.08[f]	1.93±0.02[c]	9.30±0.05[c]
	75	82.46±0.29[g]	1.98±0.02[b]	9.39±0.05[bc]
	65	82.04±0.06[h]	2.05±0.05[a]	9.47±0.02[b]

注：同一列中所带字母不同表示差异性显著（$p<0.05$）。

干燥样品中颜色的变化可能与食品基质中的生化反应有关（Chuyen 等，2017）。对照组 40℃热风干燥的温度较低，受干燥影响较小，因此 a^*值和 b^*值较低。干燥温度的升高（60～80℃）促进了酶促反应、美拉德反应和抗坏血酸褐变的发生（Perera，2005），相对湿度的减少加速了干燥脱水的过程和色素的变化，导致了较低的 L^*值，较高的 a^*和 b^*值。Zheng 等（1997）的研究发现，荞麦食品的颜色变化与荞麦粉中的显色物质含量呈正相关，比如类黄酮物质和多酚类化合物。然而，应该注意的是，颜色的变化对于荞麦类食品可能具有一定的优势，黄色和棕色更受欢迎（Sun 等，2018）。

6.4.4　小结

本研究探究了不同的干燥工艺（干燥温度 60℃、70℃、80℃和相对湿度 65%、75%、85%下干燥）对全荞麦挤压面条品质特性的影响。研究面条在干燥过程中干燥速率的变化，干燥后面条水分分布和淀粉老化的变化，通过 SEM 观察荞麦面条的微观结构，研究干燥参数对面条蒸煮特性、质构特性的影响以及干燥前后营养组分的变化（总黄酮和总多酚含量、颜色特性）。主要结论如下：

① 相对于对照组 40℃的热风干燥，干燥温度的升高（60～80℃）和相对湿度的降低（85%～65%）显著增加了面条的干燥速率。

② 高温高湿干燥对面条的水分分布和淀粉老化有很大的影响。高温高湿的干燥条件使得干燥后面条中的水分更具有流动性，且促进了淀粉分子间的相互作用，淀粉老化更易发生。

③ 高温高湿干燥对面条的微观结构和蒸煮品质有很大的影响。面条经过高温高湿干燥处理后，大裂纹基本消失，70℃-75%（相对湿度）的样品中表现出相对均匀致密的结构，因此面条具备较低的蒸煮损失和断条率。

④ 高温高湿干燥对面条的营养组分有很大的影响。干燥速率的增加使得总黄酮含量下降了 35.89%～54.21%，总多酚含量下降了 34.18%～69.13%，并加深了荞麦粉的颜色。

⑤ 以上结果表明，适当的干燥温度和湿度条件的选择使得面条水分迁移和相态转变保持在一个平衡的关系，导致干燥后面条具备较好的品质，如 70℃-75%（相对湿度）的样品，其蒸煮损失为 6.61%，断条率为 0，硬度为 1695.17g，弹性为 0.92。

6.5 结论

本研究使用荞麦粉为原料，通过挤压蒸煮技术制备了全荞麦面条。研究了挤压过程淀粉的糊化、挤压后淀粉的老化以及高温高湿干燥对全荞麦面条品质特性的影响，完整地阐述了全荞麦挤压面条的加工工艺及品质形成的机理，为荞麦制品的发展和加工技术的改良提供了一定的理论基础，主要结论如下：

挤压蒸煮是生产全荞麦面条的有效途径，挤压加工变量（挤压温度和物料水分）对淀粉的糊化度有显著的影响，同时挤压全荞麦面条的营养特性、蒸煮特性和消化特性发生了很大变化。挤压蒸煮降低了总黄酮和总多酚含量，但在含水率为 40%时，两者的保留率相对较高。剧烈的挤压条件下可溶性膳食纤维含量从 3.13%显著增加到 4.73%（$p<0.05$）。随着糊化度的增加，荞麦面条的蒸煮品质得到改善，但当糊化度大于 87.96%时，荞麦面条出现过熟现象，导致蒸煮品质下降。此外，剧烈的加工条件增加了淀粉的水解，这可能不利于荞麦面条等营养产品的生产。

不同的老化处理方法（室温老化，4℃冰箱老化，4℃冷却水预冷+4℃冰箱老化）对淀粉结构及全荞麦挤压面条蒸煮特性、淀粉体外消化特性有显著的影响。结果表明过 4℃冷却水预冷的步骤可以实现糊化淀粉的快速凝胶化，结合随后的 4℃冰箱老化更有利于直链淀粉分子的重排结晶，显著增加了淀粉的老化程度，在老化时间 120min 时样品具有最高的老化焓值（124.46J/g），最大的红外 1047cm^{-1}/1022cm^{-1} 比值（0.82）

以及最高的相对结晶度（24.93%）。扫描电镜（SEM）观察到面条在经过老化处理之后大裂纹消失，微观结构得到显著改善，蒸煮损失和断条率显著降低，硬度提高。同时，4℃冷却水预冷对凝胶体系起到一定的增塑作用，提高了面条的弹性。淀粉体外消化率的结果表明由直链淀粉形成的稳定晶体结构降低了淀粉酶的催化效率，pGI 值从 79.33 降低至 71.85。以上结果表明，4℃冷却水预冷+ 4℃冰箱老化的处理方式可以用来制备具有较高品质特性的全荞麦面条，其蒸煮损失范围为 11.57%～14.84%，断条率范围为 2.22%～8.89%，硬度范围为 1684.32～1895.87g，弹性范围为 0.93～0.96。

高温高湿干燥（干燥温度 60℃、70℃、80℃，相对湿度 65%、75%、85%）对全荞麦挤压面条的干燥速率、水分分布、淀粉结构、微观结构、蒸煮特性及营养组分有显著的影响。相对于常规热风干燥（40℃），干燥温度的升高（60～80℃）和相对湿度的降低（85%～65%）显著增加了面条的干燥速率。高温高湿的干燥条件使得干燥后面条中的水分更具有流动性，且促进了淀粉分子之间的相互作用，淀粉老化更易发生。SEM 的结果表明面条经过高温高湿干燥处理后，大裂纹基本消失，70℃-75%（相对湿度）的样品中表现出相对完整、致密的结构，因此面条具备较低的蒸煮损失和断条率。干燥速率的增加使得总黄酮含量下降了 35.89%～54.21%，总多酚含量下降了 34.18%～69.13%，且加深了荞麦粉的颜色。以上结果表明，适当的干燥温度和湿度条件的选择使得面条水分迁移和相态转变保持一个平衡的关系，导致干燥后面条具备较好的品质，如 70℃-75%（相对湿度）的样品，其蒸煮损失为 6.61%，断条率为 0，硬度为 1695.17g，弹性为 0.92。

参考文献

郭颖, 2015. 不同烘干温度对挂面品质影响的研究[D]. 郑州：河南工业大学.

惠滢, 2018. 高温高湿干燥工艺对挂面产品质量影响研究[D]. 咸阳：西北农林科技大学.

李刚凤, 2013. 米粉老化的影响因素及其机理研究[D]. 郑州：河南工业大学.

栗丽萍，王寿东,2011. 谷朊粉对高含量荞麦面条品质的影响[J]. 农业机械, (8):67-69.

刘心洁，于明玉，胡朝辉，等, 2014. 水溶性胶体改善无麸质荞麦面条弹性特性的研究[J]. 食品工业, (8):4.

骆丽君, 2015. 冷冻熟面加工工艺对其品质影响的机理研究[D]. 无锡：江南大学.

孙庆杰, 2006. 米粉加工原理与技术[M]. 北京：中国轻工业出版社.

王杰, 2014. 挂面干燥工艺及过程控制研究[D]. 北京：中国农业科学院.

王瑞斌, 2018. 荞麦粉挤压改性及其对面条质量特性的影响研究[D]. 北京：中国农业科学院.

魏益民，王振华，于晓磊，等, 2017. 挂面干燥过程水分迁移规律研究[J]. 中国食品学报, 17(12):1-12.

吴丹, 2017. 紫薯全粉面条生产工艺优化及品质形成机理研究[D]. 新乡：河南农业大学.

向卓亚, 2018. 甘薯粉丝品质特性及其干燥新工艺研究[D]. 重庆：西南大学.

Ahmed A, Khalid N, Ahmad A, et al., 2014. Phytochemicals and biofunctional properties of buckwheat: a review[J]. The Journal of Agricultural Science, 152(03):349-369.

Alam M, Kaur J, Khaira H, et al., 2016. Extrusion and extruded products: Changes in quality attributes as affected by extrusion process parameters: A review[J]. Critical Reviews in Food Science and Nutrition, 56(3):445-473.

Anderson R A, Conway H F, Peplinski A J, et al., 1970. Gelatinization of Corn Grits by Roll Cooking, Extrusion Cooking and Steaming[J]. Starch-Stärke, 22(4):6.

Ashwar B A, Gani A, Wani I A, et al., 2016. Production of resistant starch from rice by dual autoclaving-retrogradation treatment: In vitro digestibility, thermal and structural characterization[J]. Food Hydrocolloids, 56, 108-117.

Asioli D, Aschemann-Witzel J, Caputo V, et al., 2017. Making sense of the"clean label"trends: A review of consumer food choice behavior and discussion of industry implications[J]. Food Research International, 99:58-71.

Birch G G, Priestley R J, 1973. Degree of gelatinisation of cooked rice[J]. Starch-Stärke, 25(3):98-100.

Brahma S, Weier S A, Rose D J, 2016. Effects of selected extrusion parameters on physicochemical properties and in-vitro starch digestibility and β-glucan extractability of whole grain oats[J]. Journal of Cereal Science, 70:85-90.

Briffaz A, Mestres C, Escoute J, et al., 2012. Starch gelatinization distribution and peripheral cell disruption in cooking rice grains monitored by microscopy[J]. Journal of Cereal Science, 56(3):699-705.

Budi F S, Hariyadi P, Budijanto S, et al., 2015. Effect of Dough Moisture Content and Extrusion Temperature on Degree of Gelatinization and Crystallinity of Rice Analogues[J]. Journal of Developments in Sustainable Agriculture, 10:91-100.

Campbell B, 1997. Buckwheat Fagopyrum esculentum Moench[J]. Buckwheat Moench.

Chen H, Zhao C, Li J, et al., 2018. Effects of extrusion on structural and physicochemical properties of soluble dietary fiber from nodes of lotus root[J]. LWT-Food Science and Technology, 93:204-211.

Choy A L, Morrison P D, Hughes J G, et al., 2013. Quality and antioxidant properties of instant noodles enhanced with common buckwheat flour[J]. Journal of Cereal Science, 57(3):281-287.

Chung H J, Lim H S, Lim S T, 2016. Effect of partial gelatinization and retrogradation on the enzymatic digestion of waxy rice starch[J]. Journal of Cereal Science, 43, 353-359.

Chuyen H V, Roach P D, Golding J B, et al., 2017. Effects of four different drying methods on the carotenoid composition and antioxidant capacity of dried Gac peel[J]. Journal of the Science of Food and Agriculture, 97(5): 1656-1662.

Colonna P, Doublier J L, Melcion J P, et al., 1985. Extrusion cooking and drum drying of wheat starch. I. Physical and macromolecular modifications[J]. Cereal Chemistry, 61:538-543.

Czuchajowska Z, Sievert D, Pomeranz Y, 1991. Enzyme-Resistant Starch. Ⅳ. Effects of Complexing Lipids'[J]. Cereal Chemistry, 68(5):537-542.

D'Amico S, Mäschle J, Jekle M, et al., 2015. Effect of high temperature drying on gluten-free pasta properties[J]. LWT-Food Science and Technology, 63(1): 391-399.

Denchai N, Suwannaporn P, Lin J, et al., 2019. Retrogradation and Digestibility of Rice Starch Gels: The Joint Effect of Degree of Gelatinization and Storage[J]. Journal of Food Science, doi:10.1111/1750-3841.14633.

Duodu K G, 2011. Effects of Processing on Antioxidant Phenolics of Cereal and Legume Grains[J]. ACS Symposium Series, 1089:31-54.

Englyst H N, Hudson G J, 1996. The classification and measurement of dietary carbohydrates[J]. Food Chemistry, 57(1):15-21.

Englyst K N, Englyst H N, Hudson G J, et al., 1999. Rapidly available glucose in foods: An in vitro measurement that reflects the glycemic response[J]. American Journal of Clinical Nutrition, 69(3):448-454.

Ficco D B M, De Simone V, De Leonardis A M, et al., 2016. Use of purple durum wheat to produce naturally functional fresh and dry pasta[J]. Food Chemistry, 205:187-195.

Flores-Morales A, Jiménez-Estrada M, Mora-Escobedo R, 2012. Determination of the structural changes by FT-IR,

Raman, and CP/MAS 13C NMR spectroscopy on retrograded starch of maize tortillas[J]. Carbohydrate Polymers, 87(1):61-68.

Fredriksson H, Silverio J, Andersson R, et al., 1998. The influence of amylose and amylopectin characteristics on gelatinization and retrogradation properties of different starches[J]. Carbohydrate Polymer, 35(3-4): 119-134.

Fu B X, 2008. Asian noodles: History, classification, raw materials, and processing[J]. Food Research International, 41(9):888-902.

Fu Z Q, Wang L J, Li D, et al., 2012. Effects of partial gelatinization on structure and thermal properties of corn starch after spray drying[J]. Carbohydrate Polymers, 88(4):1319-1325.

Galvez F C F, Resurreccion A V A, 1992. Reliability of the focus group technique in determining the quality characteristics of mung bean[Vigna radiata (L.) wilczec]noodles[J]. Journal of Sensory Studies, 7(4): 315-326.

Galvez F, Resurreccion A, Ware G, 1994. Process Variables, Gelatinized Starch and Moisture Effects on Physical Properties of Mung bean Noodles[J]. Journal of Food Science, 59(2):378-381.

Giménez J A, Zielinski H, 2015. Buckwheat as a Functional Food and Its Effects on Health[J]Journal of Agricultural and Food Chemistry, 63(36):7896-7913.

Giménez J A, Laparra J M, Baczek N, et al., 2018. Buckwheat and buckwheat enriched products exert an anti-inflammatory effect on the myofibroblasts of colon CCD-18Co[J]. Food & Function, 9(6):3387-3397.

Giménez M A, González R J, Wagner J, et al., 2013. Effect of extrusion conditions on physicochemical and sensorial properties of corn-broad beans (Vicia faba) spaghetti type pasta[J]. Food Chemistry, 136(2):538-545.

Giménez-Bastida, Juan A, Piskuta M, et al., 2015. Recent advances in development of gluten-free buckwheat products[J]. Trends in Food Science & Technology, 44(1):58-65.

Goh R, Gao J, Ananingsih V K, et al., 2015. Green tea catechins reduced the glycaemic potential of bread: An in vitro digestibility study[J]. Food Chemistry, 180:203-210.

Goñi A, Garcia-Alonso F, Saura C, 1997. A starch hydrolysis procedure to estimate glycemic index[J]. Nutrition Research, 17(3):427-437.

Goula A M, Thymiatis K, Kaderides K, 2016. Valorization of grape pomace: drying behavior and ultrasound extraction of phenolics[J]. Food and Bioproducts Processing, 100: 132-144.

Gunasekaran S, Deshpande S S, Paulsen M R, et al., 1985. Size characterization of stress cracks in corn kernels[J]. Transactions of the ASAE, 28(5): 1668-1672.

Guo X N, Wei X M, Zhu K X, 2017. The impact of protein cross-linking induced by alkali on the quality of buckwheat noodles[J]. Food Chemistry, 221:1178-1185.

Hagenimana A, Ding X, Fang T, 2006. Evaluation of rice flour modified by extrusion cooking[J]. Journal of Cereal Science, 43:38-46.

Han L, Zhan H L, Hao X, et al., 2012. Impact of Calcium Hydroxide on the Textural Properties of Buckwheat Noodles[J]. Journal of Texture Studies, 43(3):227-234.

Hatcher D W, You S, Dexter J E, et al., 2008. Evaluation of the performance of flours from cross-and self-pollinating Canadian common buckwheat (Fagopyrum esculentum Moench) cultivars in soba noodles[J]. Food Chemistry, 107(2):722-731.

Hoover R, Hadziyev D, 1981. Characterization of Potato Starch and Its Monoglyceride Complexes[J]. Starch, 33(9):290-300.

Hou G G, 2011. Asian noodles: Science, technology, and processing[M]. John Wiley & Sons.

Hu Z, Tang X, Liu J, et al., 2017. Effect of parboiling on phytochemical content, antioxidant activity and physicochemical properties of germinated red rice[J]. Food Chemistry, 214:285-292.

Jafari M, Koocheki A, Millani E, 2017. Effect of extrusion cooking on chemical structure, morphology, crystallinity and thermal properties of sorghum flour extrudates[J]. Journal of Cereal Science, 75:324-331.

Javornik B, Kreft I, 1984. Characterization of buckwheat protein[J]. Fagopyrum, 4.

Joardder M U H, Kumar C, Karim M A, 2017. Food structure: Its formation and relationships with other properties[J]. Critical reviews in food science and nutrition, 57(6): 1190-1205.

Jung H, Pan C H, Yoon W B, 2015. Effect of high hydrostatic pressure on tensile and texture properties of gluten-free buckwheat dough and noodle[J]. Journal of Cereal Science, 19(3):269-274.

Kaushal P, Sharma H K,2013. Convective dehydration kinetics of noodles prepared from taro (Colocasia esculenta), rice (Oryza sativa) and pigeonpea (Cajanus cajan) flours[J]. Agricultural Engineering International: CIGR Journal, 15(4): 202-212.

Lang G H, da Silva Lindemann I, Ferreira C D, et al., 2019. Effects of drying temperature and long-term storage conditions on black rice phenolic compounds[J]. Food chemistry, 287: 197-204.

Law C L, Chen H H H, Mujumdar A S, 2014. Food Technologies: Drying[J]. Encyclopedia of Food Safety:156-167.

Lee S Y, Woo K S, Lim J K, et al., 2005. Effect of Processing Variables on Texture of Sweet Potato Starch Noodles Prepared in a Nonfreezing Process[J]. Cereal Chemistry, 82(4):475-478.

Li Y, Ma D, Sun D, et al., 2015. Total phenolic, flavonoid content, and antioxidant activity of flour, noodles, and steamed bread made from different colored wheat grains by three milling methods[J]. The Crop Journal, 3:328-334.

Lian X, Wang C, Zhang K, et al., 2014. The retrogradation properties of glutinous rice and buckwheat starches as observed with FT-IR, ^{13}C NMR and DSC[J]. International Journal of Biological Macromolecules, 64:288-293.

Liu Y F, Jun C, Wu J Y, et al., 2019. Modification of retrogradation property of rice starch by improved extrusion cooking technology[J]. Carbohydrate Polymers, 213:192-198.

Liu Y, Chen J, Luo S, et al., 2017. Physicochemical and structural properties of pregelatinized starch prepared by improved extrusion cooking technology[J]. Carbohydrate Polymers, 175:265-272.

Lu H, Yang X, Ye M, et al., 2005. Culinary archaeology: millet noodles in late Neolithic China[J]. Nature, 437(7061): 967-968.

Lund D B, 1989. Starch Gelatinization[M]. Food Properties and Computer-Aided Engineering of Food Processing Systems. Springer Netherlands.

Marti A, Fongaro L, Rossi M, et al., 2011. Quality characteristics of dried pasta enriched with buckwheat flour[J]. International journal of food science & technology, 46(11): 2393-2400.

Marti A, Seetharaman K, Pagani M A, 2010. Rice-based pasta: A comparison between conventional pasta-making and extrusion-cooking[J]. Journal of Cereal Science, 52(3):404-409.

Meng X, Threinen D, Hansen M, et al., 2010. Effects of extrusion conditions on system parameters and physical properties of a chickpea flour-based snack[J]. Food Research International, 43(2):650-658.

Mestres C, Colonna P, Buléon A, 1988. Characteristics of starch networks within rice flour noodles and mungbean starch vermicelli[J]. Journal of Food Science, 53(6): 1809-1812.

Miles M J, Morris V J, Orford P D, et al., 2014. The roles of amylose and amylopectin in the gelation and retrogradation of starch[J]. International Journal of Food Engineering, 135(2):271-81.

Ogawa T, Adachi S, 2017. Drying and rehydration of pasta[J]. Drying Technology, 35(16): 1919-1949.

Ogawa T, Chuma A, Aimoto U, et al., 2017. Effects of drying temperature and relative humidity on spaghetti characteristics[J]. Drying Technology, 35(10):1214-1224.

Padalino L, Caliandro R, Chita G, et al., 2016. Study of drying process on starch structural properties and their effect on semolina pasta sensory quality[J]. Carbohydrate Polymers, 153:229-235.

Patel H, Royall P G, Gaisford S, et al., 2017. Structural and enzyme kinetic studies of retrograded starch: Inhibition of α-amylase and consequences for intestinal digestion of starch[J]. Carbohydrate Polymers, 164:154-161.

Perera C O, 2005. Selected quality attributes of dried foods[J]. Drying Technology, 23(4): 717-730.

Pilli T D, Jouppila K, Ikonen J, et al., 2008. Study on formation of starch-lipid complexes during extrusion-cooking of almond flour[J]. Journal of Food Engineering, 87(4):495-504.

Qin P, Wang Q, Shan F, et al., 2010. Nutritional composition and flavonoids content of flour from different buckwheat cultivars[J]. International Journal of Food Science & Technology, 45(5):951-958.

Rashid S, Rakha A, Anjum F M, et al., 2015. Effects of extrusion cooking on the dietary fibre content and Water Solubility Index of wheat bran extrudates[J]. International Journal of Food Science & Technology, 50(7):1533-1537.

Rathod R P, Annapure U S, 2017. Physicochemical properties, protein and starch digestibility of lentil-based noodle prepared by using extrusion processing[J]. LWT-Food Science and Technology, 80:121-130.

Resmini P, Pagani M A, 1983. Ultrastructure studies of pasta. A review[Wheat flour, rice flour, heat starch modification, protein coagulation][J]. Food Microstructure, 2:1-12.

Roman L, Gomez M, Hamaker B R, et al., 2018. Shear scission through extrusion diminishes inter-molecular interactions of starch molecules during storage[J]. Journal of food engineering, 238: 134-140.

Shaikh I M, Ghodke S K, Ananthanarayan L, 2007. Staling of chapatti (Indian unleavened flat bread)[J]. Food Chemistry, 101(1):113-119.

Sharma P, Gujral H S, 2011. Effect of sand roasting and microwave cooking on antioxidant activity of barley[J]. Food Research International, 44(1):235-240.

Sharma S, Singh N, Singh B, 2015. Effect of extrusion on morphology, structural, functional properties and in vitro digestibility of corn, field pea and kidney bean starches[J]. Starch-Stärke, 67(9-10):721-728.

Sievert D, Pomeranz Y, 1989. Enzyme-resistant starch. I. Characterization and evaluation by enzymatic, thermoanalytical, and microscopic methods[J]. Cereal Chemistry, 66:342-347.

Singh S, Gamlath S, Wakeling L, 2010. Nutritional aspects of Food extrusion: A review[J]. International Journal of Food Science & Technology, 42(8):916-929.

Steadman K J, Burgoon M S, Lewis B A, et al., 2001. Buckwheat Seed Milling Fractions: Description, Macronutrient Composition and Dietary Fibre[J]. Journal of Cereal Science, 33(3):271-278.

Sun X, Li W, Hu Y, et al., 2018. Comparison of pregelatinization methods on physicochemical, functional and structural properties of tartary buckwheat flour and noodle quality[J]. Journal of Cereal Science, 80:63-71.

Sun X, Yu C, Fu M, et al., 2019. Extruded whole buckwheat noodles: effects of processing variables on the degree of starch gelatinization, changes of nutritional components, cooking characteristics and in vitro starch digestibility[J]. Food & Function, 10: 6362-6373.

Tan H Z, Gu W Y, Zhou J P, et al., 2006. Comparative study on the starch noodle structure of sweet potato and mung bean[J]. Journal of Food Science, 71(8), 447-455.

Tan H Z, Li Z G, Tan B, 2009. Starch noodles: History, classification, materials, processing, structure, nutrition, quality evaluating and improving[J]. Food Research International, 42(5-6):551-576.

Teba C D S, Silva E M M D, Chavez D W H, et al., 2017. Effects of whey protein concentrate, feed moisture and temperature on the physicochemical characteristics of a rice-based extruded flour[J]. Food Chemistry, 228:287-296.

Tsakama M, Mwangwela A M, Kosamu I B M, 2013. Effect of heat-moisture treatment (HMT) on cooking quality and sensory properties of starch noodles from eleven sweet potato varieties[J]. International Research Journal of Agricultural Science & Soil Science, 3(7):256-261.

Wang L, Duan W, Zhou S, et al., 2016. Effects of extrusion conditions on the extrusion responses and the quality of brown rice pasta[J]. Food Chemistry, 204(1):320-325.

Wang L, Zhang C, Chen Z, et al., 2018. Effect of annealing on the physico-chemical properties of rice starch and the quality of rice noodles[J]. Journal of Cereal Science, 84:125-131.

Wang N, Maximiuk L, Toews R, 2012. Pea starch noodles: Effect of processing variables on characteristics and optimisation of twin-screw extrusion process[J]. Food Chemistry, 133(3):742-753.

Wang N, Warkentin T D, Vandenberg B, et al., 2014. Physicochemical properties of starches from various pea and lentil varieties, and characteristics of their noodles prepared by high temperature extrusion[J]. Food Research International, 55:119-127.

Wang S, Zhang X, Wang S, et al., 2016. Changes of multi-scale structure during mimicked DSC heating reveal the nature of starch gelatinization[J]. Scientific Reports, 6:28271.

Wijngaard H H, Arendt E K, 2006. Buckwheat[J]. Cereal Chemistry, 83(4):391-401.

Woolnough J W, Bird A R, Monro J A, et al., 2010. The Effect of a Brief Salivary α-Amylase Exposure During Chewing on Subsequent in Vitro Starch Digestion Curve Profiles[J]. International Journal of Molecular Sciences, 11(8):2780-2790.

Xiang Z, Ye F, Zhou Y, et al., 2018. Performance and mechanism of an innovative humidity-controlled hot-air drying method for concentrated starch gels: A case of sweet potato starch noodles[J]. Food Chemistry, 269:193-201.

Xu M, Wu Y, Hou G G, et al., 2019. Evaluation of different tea extracts on dough, textural, and functional properties of dry Chinese white salted noodle[J]. LWT-Food Science and Technology, 101:456-462.

Yu D, Chen J, Ma J, et al., 2018. Effects of different milling methods on physicochemical properties of common buckwheat flour[J]. LWT-Food Science and Technology, 92:220-226.

Yu X, Wang Z, Zhang Y, et al., 2018. Study on the water state and distribution of Chinese dried noodles during the drying process[J]. Journal of Food Engineering, 233, 81-87.

Zhang F, Huang A, Liu H, et al., 1998. Study on the process of improving the quality of instant rice flour with ripple[J]. Food Science (Chinese), 19(1):52–54.

Zhang H, An H, Chen H, et al., 2010. Effect of Extrusion Parameters on Physicochemical Properties of Hybrid Indica Rice (Type 9718) Extrudates[J]. Journal of Food Processing and Preservation, 34(6):1080-1102.

Zhang L, Nishizu T, Hayakawa S, et al., 2013. Effects of different drying conditions on water absorption and gelatinization properties of pasta[J]. Food and bioprocess technology, 6(8): 2000-2009.

Zhang N, Ma G, 2016. Noodles, traditionally and today[J]. Journal of Ethnic Foods, 3(3):209-212.

Zhang Y, Chen C, Chen Y, et al., 2019. Effect of rice protein on the water mobility, water migration and microstructure of rice starch during retrogradation[J]. Food Hydrocolloids, 91:136-142.

Zhang Y, Zhang Y, Li B, et al., 2019. In vitro hydrolysis and estimated glycemic index of jackfruit seed starch prepared by improved extrusion cooking technology[J]. International Journal of Biological Macromolecules, 121:1109–1117.

Zhang Z L, Zhou M L, Tang Y, et al., 2012. Bioactive compounds in functional buckwheat food[J]. Food Research International, 49(1):389-395.

Zheng G H, Sosulski F W, Tyler R T, 1997. Wet-milling, composition and functional properties of starch and protein isolated from buckwheat groats[J]. Food Research International, 30(7):493-502.

Zhong L, Fang Z, Wahlqvist M L, et al., 2019. Extrusion cooking increases soluble dietary fibre of lupin seed coat[J]. LWT-Food Science and Technology, 99:547–554.

Zhu L, Cheng L, Zhang H, et al., 2019. Research on migration path and structuring role of water in rice grain during soaking[J]. Food Hydrocolloids, 92:41-50.

Zhu, Fan, 2016. Buckwheat starch: structures, properties, and applications[J]. Trends in Food Science & Technology, 49:121-135.

第七章　高粱食品加工利用实例——碱法和挤压协同酶法制备高粱蛋白质及 ACE 抑制肽

7.1　概述

7.1.1　研究目的和意义

高粱[*Sorghum bicolor*(L.) Moench]是人类栽培的重要谷类作物之一，同时也是禾本科重要旱粮作物，抗逆性强，适应性广，产量高。世界谷物排名中，高粱种植面积和产量在玉米、小麦、稻米和大麦之后，位居第五（Rooney，2006）。因高粱自身的形态和生理特点如根系发达等，使得它能够适应的环境范围广泛，具有耐旱耐涝、耐盐碱、耐贫瘠的特性，常种植于高地或低洼处，同时也适应于干旱、盐碱地和贫瘠土地种植。此外，对鸟类、昆虫类、霉菌等生物也具有抗性（申瑞玲，2012）。因此大力发展高粱种植业及生产对于缓解因水资源短缺、耕地资源减少、自然灾害频率增加、粮食价格高涨所带来的粮食安全问题具有深远的意义。目前，高粱是世界许多热带和半干旱地区主要的粮食作物及食物来源，特别是亚洲、非洲地区。在我国，高粱是一种很重要的酿酒原材料，在全国各地均有种植，在国民经济中有相当高的地位（董玉琛，2003）。

高粱的组成、结构特点与玉米非常相似，而且含有人体所需要的多种营养物质。其主要组成成分包括淀粉，约占高粱的 65%～70%，其次是蛋白质，约占 8%～11%，粗脂肪占 3%，粗纤维占 2%～3%（Rooney，1978）。由于其淀粉比重很高，自古以来就是我国白酒酿造的极佳原料。此外，高粱还含有多种具有生物活性的组分，如多酚、类黄酮、凝缩类单宁等，这些成分有很高的抗氧化能力，有助于使某些慢性非传染疾病的发病风险降低，如肥胖症、糖尿病、心血管疾病、高血压、癌症等（吴丽，2012）。虽然高粱营养成分丰富，但是与其他禾谷类作物相比，它的蛋白质营养价值相对较低。一是高粱蛋白质在动物体内消化率较低，而且在蒸煮处理后，消化率还会进一步降低（Hamaker，1986；Zhang，1998；Duodu，2003）。Axtell 等（1981）报道蒸煮后的高粱蛋白质消化率仅为 46%，远低于小麦蛋白质的 81%、玉米蛋白质的 73%和大米蛋白质的 66%。极低的消化率大大地限制了高粱的食用以及其在食品和动物饲料工业当中的应用。二是高粱蛋白质溶解性较差，不具有小麦面筋蛋白吸水后的黏弹性和延伸性，使得基于高粱生产的食品很难得到较好的结构及其他感官特质。另外，由于高粱单宁含量高，可以和蛋白质、碳水化合物等物质结合，限制了高粱的营养价值，使其消化率低、口感变差（Wang，1991），进一步限制了高粱在食品中的广泛应用。目前，在我国高粱主要应用于酿酒，在食品工业其他领域中的应用几乎处于空白（李桂霞，2009）。

中国是高粱主产国，有丰富的高粱种质资源，因此有可靠的高粱蛋白质来源。本研究通过传统的碱提酸沉法提取高粱碱溶性蛋白质和通过挤压预处理辅助淀粉酶法提取高粱全蛋白，然后利用蛋白酶酶解法分别制备 ACE 抑制肽，比较两种 ACE 抑制肽的抑制活性和体外稳定性，以期得到高效制备高粱 ACE 抑制肽的方式，为提高高粱蛋白质资源的利用效率提供了一个可行的方向。

7.1.2 国内外研究现状

（1）高粱蛋白质的结构与特性

醇溶蛋白和谷蛋白在大多数的谷类蛋白质中占比较高。由于溶解性的差异，高粱蛋白质被分为清蛋白、球蛋白、谷蛋白和醇溶蛋白四大类，其中高粱贮藏蛋白（包括谷蛋白和醇溶蛋白）占高粱总蛋白质的 70%～90%（刘培新，2011），醇溶蛋白含量最高，约占 80%，它是研究人员关注的热点。依据 Shull 等（1993）建立的醇溶蛋白命名和分类方法，高粱醇溶蛋白主要被分为 α-醇溶蛋白、β-醇溶蛋白和 γ-醇溶蛋白三个部分。其中 α-醇溶蛋白占比最高，占总量的 66%～84%，β-醇溶蛋白占 7%～8%，γ-醇溶蛋白占 9%～12%（Watterson，1993）。α-醇溶蛋白相对较少交联，其分子中的二硫键分布于分子内部，富含非极性氨基酸。而 β-醇溶蛋白及 γ-醇溶蛋白除了分子内的二硫键外，还有许多亚基通过分子间二硫键连接并高度交联。

高粱醇溶蛋白的微结构以及与蛋白质体和淀粉颗粒的关系已得到了较深入地研究（Duodu，2002；Schober，2007）。研究发现，高粱醇溶蛋白位于球形的蛋白质体内，该蛋白质体包埋在谷蛋白基质内，同时周围环绕着淀粉颗粒，如图 7-1 所示。Hamaker 等（2003）指出正因为醇溶蛋白包埋于坚固的蛋白质体内，有效地限制了食品加工中蛋白质形成连续性的网络结构，并且相较于其他的谷物醇溶蛋白，高粱醇溶蛋白疏水性更强一些。

高粱蛋白质的消化率相对其他谷物比较低，Duodu 等（2003）阐述了影响高粱蛋白质消化率的因素，概括来说，主要有外源和内源因素。前者包括蛋白质与非蛋白质组分（如单宁、脂质、淀粉等）之间的复合，后者主要是由于蛋白质的结构、谷蛋白对于醇溶蛋白以及淀粉颗粒的包围。蒸煮处理后，一方面蒸煮可能增强了高粱醇溶蛋白和非蛋白质组分的相互作用，从而降低了蛋白质的消化率。另一方面，高粱醇溶蛋白可能通过分子间的二硫键形成聚合体以及重排形成 β-层状结构。这种结构的改变进一步抑制了蛋白质的吸水和膨胀作用，增强了抗蛋白酶消化性（Belton，2006；Emmambux，2009）。

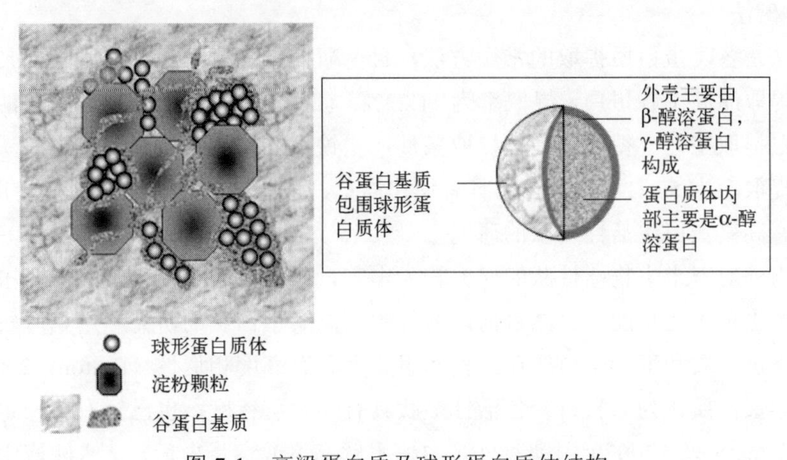

图 7-1　高粱蛋白质及球形蛋白质体结构

（2）高粱蛋白质的提取方法

高粱蛋白质的主要组分是谷蛋白和醇溶蛋白，目前关于高粱蛋白质的提取主要有以下几种方法。

① 有机溶剂提取法

有机溶剂法多用于提取高粱醇溶蛋白。早期研究多以乙醇提取为主，之后 Taylor 等（1984）以正丙醇和叔丁醇为提取剂研究高粱种子醇溶蛋白。王伟等（2007）研究乙醇、正丙醇、叔丁醇、异丙醇、正丁醇、异丁醇、乙二醇等七种有机溶剂对高粱醇溶蛋白提取效果的影响，对比蛋白质的电泳图谱条带，发现以叔丁醇、正丙醇和异丙醇提取效果最好，其次为乙醇。有机溶剂法蛋白质提取率较高，但存在浸提时间较长、溶剂用量大、成本高的缺点。

② 还原剂提取法

Huang（2001）利用十二烷基硫酸钠（SDS）和 β-巯基乙醇（β-Me）在碱性条件下提取高粱蛋白质，提取效果较好；Park 等（2003）在 12.5mmol/L 硼酸钠，pH 为 10.0，以及含有 1%SDS 的缓冲液中，另外分别添加三种不同还原剂，如 β-Me，二硫苏糖醇（DTT）和 TCEP-HCl（tris-2-羰乙基磷化氢盐酸）提取高粱蛋白质，实验表明，提取效果好坏顺序依次为 β-Me、DTT、TCEP-HCl。

③ 物理方法辅助提取法

耿存花（2014）采用微波预处理-超声波辅助提取高粱醇溶蛋白工艺，与乙醇法提取高粱醇溶蛋白对比，蛋白质得率提高了 1.62%。玉米蛋白质的提取研究相对较多，应该适用于高粱蛋白质的提取。赵春玲（2015）利用超声技术提取玉米醇溶蛋白，优化试验后玉米蛋白质提取率可以达到 61.78%；金英姿等（2005）采用超临界 CO_2 萃取法辅助提取玉米蛋白质，改善了蛋白质产品颜色以及提高了蛋白质纯度。

④ 碱法

碱法是各类蛋白质提取的常用方法，目前研究较为成熟。杜金娟（2012）利用碱提法提取甜高粱谷蛋白，提取率为 11.23%；郭兴凤等（2007）采用正交法优化玉米谷蛋白提取工艺，得到了最佳提取条件；张铁（2012）从玉米黄粉中碱法提取谷蛋白，提取率为 50.12%。碱法因具有操作简单、成本低的优点而被广泛使用。

（3）高粱蛋白质活性多肽的研究

国内外对玉米生物活性肽的研究较为丰富，研究表明（王松，2008）玉米多肽具有多种生理生化功能。虽然目前国内外关于高粱蛋白质的研究利用相对较少，但由于高粱蛋白质和玉米蛋白质在结构和组成上具有高度相似性（Belton，2006），因此以高粱蛋白质作为原材料制备活性多肽具有一定可行度，也已经有了一定的研究基础。Kamath 等（2007）用胰凝乳蛋白酶水解高粱醇溶蛋白后，从水解液中分离得到四种具有血管紧张素转换酶（ACE）抑制活性的组分；杜金娟（2013）以甜高粱为原料提取蛋白质分离纯化得到 ACE 抑制肽，发现甜高粱 ACE 抑制肽中含量和活性最高的肽链氨基酸序列为 Thr-Ile-Ser 或 Thr-Leu-Ser；Camargo Filho 等（2008）从高粱蛋白质中分离纯化出一种分子质量为 2kDa 的抗病毒肽。我国丰富的高粱蛋白质资源为高粱活性肽的研究提供了条件，本试验尝试用不同的方式提取高粱蛋白质的主要组分，并分别制备 ACE 抑制肽，选择更为高效、无污染的高粱蛋白质及活性肽的制备方法，为高效合理利用高粱蛋白质提供科学的方向。

（4）ACE 抑制肽

① 血管紧张素转换酶及作用机制

升压系统——肾素-血管紧张素系统（renin-angiotensin system，RAS）和降压系统——激肽释放酶-激肽系统（kallikrein-kinin system，KKS）是高血压发病机制中重要的血压调节系统。

血管紧张素转换酶（angiotensin converting enzyme，ACE）是一种膜结合的单一肽链二肽羧肽酶，首次由 Skeggs（1954）从马血浆中分离提取，属于外肽酶，是糖蛋白的一种，于人体组织及血浆中广泛存在。ACE 在 RAS 系统和 KKS 系统中对血压的调节发挥着重要的作用，影响系统平衡，作用机制如图 7-2 所示。

在 RAS 系统中，血管紧张素原受到肾素的刺激作用而释放出一种非活性多肽，即为血管紧张素Ⅰ（AngⅠ）。ACE 催化 AngⅠ，使其失去 C 末端的 His-Leu 后转化成为具有升压作用的 AngⅡ，同时 AngⅡ会进一步生成 AngⅢ，醛固酮分泌增多，引起了血液量和钠贮量的增加，血压上升。在 KKS 系统中，ACE 作用于可舒张血管的缓激肽（bradykinin），使其在失去了 C 末端的 Phe-Arg 或 Ser-Pro 后转变为无活力的缓释肽，血压继续上升。由此可见，ACE 起着重要的血压调节作用，若是 ACE 活性受到抑制，则 AngⅡ的合成被阻断，就能起到降低血压的效果（郑炯，2012），对于 ACE 抑制剂的研究成为治疗原发性高血压疾病的理想切入点。

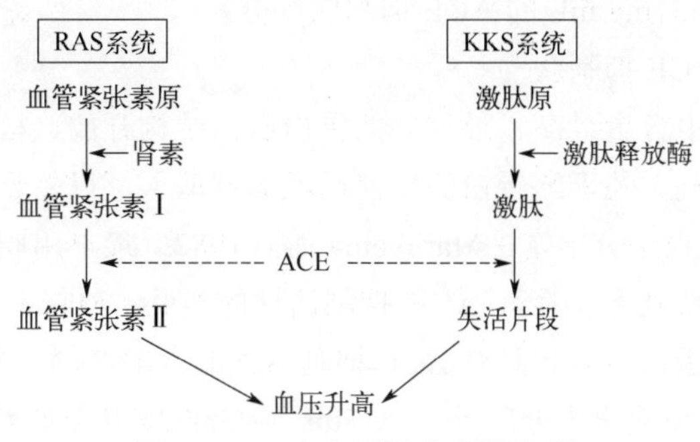

图 7-2　ACE 血压调节作用机制

② ACE 抑制肽

血管紧张素转换酶抑制肽（ACEIP）是一类对 ACE 活性具有抑制作用的多肽物质。因为 ACEIP 与 AngⅠ的结构相似，在 ACE 催化的酶促反应中会形成对酶作用位点的竞争，是 ACE 的竞争性底物。ACEIP 与 ACE 的亲和力要强于 AngⅠ或缓激肽，而且也较不容易从 ACE 结合区释放，从而阻止了 AngⅡ的生成而形成竞争性抑制作用。因此 ACEIP 具有降低血压的作用，又被称为降血压肽。

1965 年 Ferreira 从蛇的毒液里分离出能增强缓激肽的舒张血管作用的多肽物质，被称为“缓激肽增强肽（bradykinin-potentiating peptide）”，之后发现此肽类也能抑制 ACE 活性，阻碍了 AngⅠ转变为 AngⅡ的过程，从而具有降压作用。这是首次发现的天然 ACE 抑制肽，从此科学界开始了对天然来源 ACE 抑制肽的研究。1979 年，食源性 ACE 抑制肽首次由 Oshima 等利用细菌胶原酶水解明胶获得，并且有较强抑制活性。此后食源性 ACE 抑制肽因与合成的 ACE 抑制肽相比，具备食用安全性高、低毒副作用、降压效果温和专一以及对血压正常者无任何不良影响等优势，而受到研究者的广泛关注，成为控制和治疗高血压研究的热点。

③ 食源性 ACE 抑制肽的分类

食源性 ACE 抑制肽主要分为以下几大类：

a．植物蛋白源 ACE 抑制肽

刘佳（2008）通过水解大豆蛋白质分离得到高分子蛋白质片段 HMF，进一步水解分离纯化得到高活性 ACE 抑制肽 Ser-Trp，IC_{50} 值为 41.1μmol/L；管骁（2006）利用不同蛋白酶水解燕麦蛋白质，测定水解产物的 ACE 抑制活性后发现 Alacase 和胰蛋白酶解物活性最强，抑制率分别达 92.31%和 86.36%；Ma 等（2006）水解荞麦蛋白分离纯化出一种活性较强的 ACE 抑制三肽 GPP；张伟（2007）从花生蛋白质中制备得到了较高 ACE 抑制率的小分子肽，其分子质量主要分布在 300～700Da；Hirofumi Motoi 等（2003）用酸性蛋白酶水解小麦醇溶蛋白得到序列为 IAP 的三肽，IC_{50} 值为 2.7μmol/L；袁东振（2005）从芝麻粕中提取蛋白质，水解蛋白质分离纯化得到了 IC_{50} 值为 0.531mg/mL 的 ACE 抑制肽组分。

b．乳蛋白源 ACE 抑制肽

酪蛋白是牛乳中含量最高、最重要的蛋白质，结构开放、松散，易受各种蛋白酶的作用而发生水解。关于酪蛋白的研究已经非常深入，以酪蛋白为蛋白质源制备 ACE 抑制肽的研究也十分丰富。Maruyama 等（1982）最早用胰蛋白酶水解牛乳酪蛋白并分离纯化出得到多种具有 ACE 抑制活性的多肽；Maeno 等（1996）利用乳杆菌蛋白酶水解酪蛋白后得到具有 ACE 抑制活性的水解产物。除此之外，乳清蛋白来源的 ACE 抑制肽研究也十分广泛。Christos 等（2007）从羊奶发酵制品的乳清中分离纯化得到一种高活性的 ACE 抑制肽；Pan（2012）用胰蛋白酶酶解牛奶乳清蛋白后分离纯化得到结构为 Leu-Leu 的 ACE 抑制二肽；李朝慧（2005）用碱性蛋白酶酶解乳清蛋白获得抑制率 55.75%的水解液，通过超滤初步分离后抑制率提高了 34%。

c．水产品蛋白源 ACE 抑制肽

Byun（2001）从阿拉斯加鳕鱼鱼皮中分离得到两种高活性的 ACE 抑制肽，Gly-Pro-Leu 和 Gly-Pro-Met，IC_{50} 值分别为 2.6μmol/L 和 17.13μmol/L；刘文颖（2016）以深海鲑鱼皮为原料制备海洋胶原低聚肽，纯化后组分利用 Q-TOF 质谱仪进行结构鉴定，得到 15 个具有 ACE 抑制活性的肽段，其中 Ala-Pro（AP）、Val-Arg（VR）、Gly-Arg（GR）的 ACE 抑制率较高，IC_{50} 值分别为（0.07±0.01）mg/mL、（0.35±0.03）mg/mL、（0.92±0.85）mg/mL；张效荣（2013）以斑点叉尾鮰鱼皮为原料制备得到两种具有较高 ACE 抑制活性的多肽，IC_{50} 值分别为 0.3041mg/mL 和 0.8064mg/mL；张丰香（2009）用蛋白酶水解草鱼鱼鳞明胶，分离纯化后得到具有较高抑制活性的六肽，Gly-Pro-Ala-Gly-Pro-Arg，IC_{50} 值约为 52.1μmol/L；Wang 等（2008）用 *Lactobacillus fermentum* SM 对中国毛虾进行发酵，生成的虾酱具有很高的 ACE 抑制活性，分离纯化后得到三种 ACE 抑制肽，Asp-Pro、Gly-Thr-Gly 和 Ser-Thr，IC_{50} 值分别为（2.15±0.02）μmol/L、（5.54±0.09）μmol/L、（4.03±0.10）μmol/L。

d．其他来源 ACE 抑制肽

于志鹏（2011）分离纯化蛋清蛋白质酶解液后得到具有 ACE 抑制活性的 8 个肽段，其中序列 RVPSL 和 QIGLF 具有较高活性，IC_{50} 值分别为 20μmol/L 和 70μmol/L；Lee（2004）从可食用菌 *Tricholoma giganteum* 中提取 ACE 抑制肽，分离纯化后得到 IC_{50} 值为 0.31mg/mL 的三肽，Gly-Glu-Pro；Minguel（2007）以胃蛋白酶水解鸡蛋蛋清分离纯化得到具有ACE抑制活性的三个多肽，IC_{50}值分别是4.7μmol/L、6.2μmol/L和33.11μmol/L；张小丽（2011）酶解鸭骨蛋白质制备ACE抑制肽，分离纯化后得到IC_{50}值为20.05μg/mL的肽段。

④ ACE抑制肽构效关系研究

研究表明，食物源ACE抑制肽活性与其特异的多肽结构密切相关，包括分子量、氨基酸序列以及由此形成的空间构象等因素。目前，已被报道的ACE抑制肽大多为分子量较小的短肽，这可能是因为短肽更容易与ACE活性位点结合。ACE活性位点不能容纳大分子肽，因此ACE抑制肽的氨基酸残基数量通常为2～12个（Hernández-Ledesma，2010）。李莹（2012）用菠萝蛋白酶水解泥鳅蛋白质制备ACE抑制肽，首次发现具有高降压活性的四肽Ala-His-Leu-Leu，分子质量为452.2Da，IC_{50}值为（18.2±0.9）μg/mL；翟爱华（2015）以米糠蛋白质为原料，分离得到高ACE抑制活性的三肽Ala-Asn-Tyr和二肽Tyr-Val，抑制率分别为94.84%和92.15%；Jiang等（2010）从酪蛋白中分离出六肽RYPSYG和四肽DERF，经测定IC_{50}值分别为（54±1.2）μg/mL和（21±0.8）μg/mL。

ACE抑制肽的抑制活性与其氨基酸序列紧密相关。1977年Ondetti提出当活性肽C端序列为-Phe-Glu-Pro时，其与ACE活性中心亲和能力最强；Cushma（1982）和Cheung等（1980）研究发现，当肽链C端有Trp、Tyr、Phe等芳香族氨基酸和Pro时，其ACE抑制活性较高；当肽链N端有疏水性氨基酸如Val、Ile、Leu或碱性氨基酸等时，肽的ACE抑制活性较高（Pro除外）。贾俊强等（2009）通过统计分析270种已被报道过的ACE抑制肽的组成后发现，ACE抑制肽的主要特点有：N端氨基酸主要为Arg、Tyr、Glu、Val、Ala、Ile和Leu，C端氨基酸主要为Tyr、Pro、Trp、Phe和Leu，其中N端疏水氨基酸与非疏水氨基酸的比例基本相等，C端含疏水氨基酸的比例为60%，肽链两端至少含有一个疏水氨基酸的比例为83%。这说明ACE抑制肽的抑制能力与疏水氨基酸存在强关联性，而疏水氨基酸的数量及其在肽链上的位置则直接影响了多肽空间结构的形成。

⑤ ACE抑制肽的评价方法

目前用于测定ACE抑制肽抑制活性的方法众多，主要是体外检测。Cushman等（1971）提出ACE抑制肽活性的体外检测方法——紫外分光光度法。ACE在37℃、pH8.3的条件下会催化分解Ang Ⅰ的模拟物Hippuryl-L-Histidyl-L-Leucine(HHL)产生马尿酸（hippuric acid）和二肽（His-Leu），利用马尿酸在228nm处有特征紫外吸收峰的原理检测抑制活性。Nili（2000）在Cushman基础上进行改造，建立了高效液相色谱法直接分离并定量反应产物马尿酸。Holmquist（1979）建立可见分光光度法测定ACE抑制活性。反应体系中ACE催化带有蓝色的底物Furanacryloyl-Phe-Gly- Gly(FAPGG)分解为FAP和GG，FAPGG约在340nm处有特征吸收峰，分解后光吸收减弱，以单位时间内吸光值的变化来表示酶活力或反应速率。FAPGG 法相较于紫外分光光度法和色谱法，操作简单，方便实用，检测速度快。Shalaby（2006）研究表明 FAPGG 法与紫外法测定结果基本一致，前者具有参与物质更少、反应速度更快的优势。除上述三种使用较为广泛的 ACE 抑制肽活性检测方法外，Groff(1993)等建立了酶偶联法测定 ACE 抑制活性，徐小华等（2001）建立了毛细管胶束电动色谱（MECC）测定 ACE 抑制肽活性的方法。

7.1.3 挤压膨化技术及其在高粱加工中的应用

（1）挤压技术

食品挤压膨化技术是指物料经粉碎、调湿、预热、混合等预处理后，通过机械作用使其通过具有一定形状的模具孔，从而形成一定形状和组织状态的产品。挤压膨化的基本原理是：一定水分含量的物料在挤压机套筒内受到螺杆的推动作用和卸料模具及套筒内节流装置（如反向螺杆）的反向阻滞作用，此外还受到来自外部的高压和高温（120～200℃，甚至更高）。物料因此呈现熔融状态，当其被强行推至模具口时，压力骤降，水分急剧蒸发，产生类似于“爆炸”现象，产品发生膨胀。物料的热量因水分蒸发而被带走，温度迅速降至 80℃左右，因此得以固化成型，形状保持不变。

（2）挤压过程中物料各组分的变化

物料中的各个组分由于在挤压过程中受到了高压、高温和剪切力的作用，结构和存在形式发生了不同程度的改变，主要体现在淀粉的糊化、蛋白质变性、脂肪复合体的产生等方面。

淀粉糊化的根本原因是分子间氢键的断裂。其糊化程度与挤压机的螺杆转速、挤压温度和物料水分含量等工艺参数密切相关。Lawton 等（1972）研究了挤压工艺参数对糊化程度的影响，结果表明物料水分含量和挤压温度的升高可提高产品的糊化度，然而也有研究结果与之相反，如 Gomez 等（1983）以玉米为例，当玉米淀粉原料中水分含量降低时，会导致挤出物的糊化度增加。这种研究结果的不一致可能与挤压原料、挤压条件和挤压设备的不同有关。在高温高压剪切条件下，淀粉分子链部分被打断，还会发生降解现象，生成小分子寡糖，淀粉链裸露，更利于淀粉酶的分解作用。

在挤压过程中，原料中蛋白质的变化也十分明显。高温和剪切作用破坏了维持蛋白质结构的作用力，使得蛋白质分子结构伸展，分子间部分氢键、二硫键发生断裂（孙君社，2000），蛋白质变性。据报道，蛋白质变性程度随挤压温度上升而增加，同时改善了蛋白质的组织化程度，但降低了蛋白质的水溶性，若挤压温度过高还可能产生焦化现象（高福成，1997）。一般经过挤压会改善蛋白质的消化率，相对于未挤压原料消化率明显提高，一方面是因为挤压作用会使产品中的游离氨基酸含量增加；另一方面温和的挤压条件可以使蛋白质分子适度变性伸展，酶作用位点的暴露增加了蛋白质对酶的敏感性，加快了酶水解速度，蛋白质的消化率提高（Lin，2011；Alonso，2000）。但是如果挤压条件过于剧烈，暴露的氨基酸残基可能与原料中存在的某些还原糖或羰基化合物发生美拉德反应或非酶促褐变反应，造成了一定的氨基酸损失，并降低了蛋白质的生物效价和消化率（杜双奎，2005）。原料经过挤压膨化后，蛋白质含量一般会有所降低。有实验表明玉米经过挤压膨化后蛋白质含量由9.01%降为8.67%（杜双奎，2005）；米粉挤压膨化后，蛋白质含量也有所下降（谭志光，2006）。

（3）高粱挤压加工的研究现状

对于高粱来说，已有研究证明，挤压技术是改善其品质、提高其营养价值的有效途径。Fapojuwo等（1987）报道挤压能够提高高粱蛋白质体外消化率达30%，尤其是改变挤压机螺杆转速及提高挤压温度对于蛋白质消化率有显著的影响。Dahlin等（1993）用单螺杆挤压机处理高粱粉，结果表明在15%物料水分，100r/min的螺杆转速，以及挤压温度150℃的工艺条件下可以得到较高的蛋白质消化率。Hamaker等（1994）在原料水分含量20%、挤压温度为177℃、喂料速度为345kg/h的条件下挤压高粱，结果表明高粱醇溶蛋白在乙醇溶液中的溶解性显著提高，蛋白质消化率也增加18%。刘明等（2009）研究了双螺杆挤压机处理白高粱粉，研究表明在挤压温度150℃、物料水分17%、喂料速度300g/min、螺杆转速275r/min条件下，产品的体外蛋白质消化率达到最大值。Llopart等（2013）对不同水分含量和温度条件下挤压的红高粱进行分析，结果表明挤压温度为182℃，原料水分含量为14%时获得的膨化产品具有良好的物理和营养特性，赖氨酸含量减少了25.4%，蛋白质消化率显著提高了31%。

目前关于高粱蛋白质整体的研究应用较少，主要是有关于高粱醇溶蛋白膜以及生物活性肽的制备等。碱法是植物蛋白质提取的常用方法，在玉米、大米、小麦、荞麦等谷物蛋白质的提取中广泛应用，工艺成熟、操作方便；而又有研究表明，挤压加工过程对高粱淀粉和蛋白质的理化特性影响较大，高温挤压使淀粉发生糊化、淀粉链断裂、降解等，且有可能打破高粱蛋白质体，为后续通过高温α-淀粉酶分解淀粉提取高粱蛋白质提供理论依据。并且，适度的挤压加工可以使高粱蛋白质变性，破坏蛋白质结构，有利于蛋白酶的水解作用，使高粱蛋白质活性肽的制备更为高效。本研究尝试分别用碱法和挤压协同淀粉酶法提取高粱蛋白质并制备ACE抑制肽，比较传统碱法和挤压法的蛋白质提取率、纯度以及ACE抑制肽的体外稳定性，为提高高粱蛋白质资源的利用效率提供一个可行的方向。

7.2 高粱蛋白质的碱法提取工艺研究

高粱在中国种植广泛，主要在秦岭、黄河以北地带分布较多。目前，高粱利用以淀粉为主，主要应用于酿酒、糖料、动物饲料、生物能源等多个方面，虽然高粱蛋白质含量仅次于淀粉，但由于消化率低、溶解性差等特性并未得到充分的利用。已有的关于高粱蛋白质的提取研究主要采用有机溶剂提取法以及还原剂提取法两种，主要是用于高粱醇溶蛋白的提取，关于谷蛋白的提取研究较少。

碱法主要是应用于谷蛋白的提取，由于谷蛋白可以溶解于稀酸和稀碱，而不溶于水和盐溶液，尝试碱提酸沉法提取高粱蛋白质，并根据单因素试验的结果来设计正交试验进行工艺优化，得到高粱蛋白质碱提酸沉的最优提取条件。

7.2.1 试验材料与仪器

（1）材料与试剂

试验材料：脱壳高粱米，购于苏果超市。

主要试剂：氢氧化钠，盐酸，浓硫酸，Braford 蛋白质浓度测定试剂盒（索莱宝生物科技有限公司），石油醚，乙醇，冰醋酸，十二烷基硫酸钠（SDS），Tris，甘氨酸，β-巯基乙醇（β-Me）。所有试剂均为分析纯。

（2）仪器及设备

酶标仪	美国 Molecular 公司
离心机	湖南湘仪仪器公司
恒温加热磁力搅拌器	予华仪器公司
锤式旋风磨	上海嘉定粮油仪器公司
pHS-3C 精密数显 pH 计	上海精密科学仪器厂
K-360 凯氏定氮仪	瑞士 Buchi 公司
垂直电泳仪	美国 Bio-Rad 公司

7.2.2 方法

（1）高粱粉基本成分分析

脱壳高粱米经锤式旋风磨粉碎过 60 目筛，得到微细高粱粉，为后续实验做准备。

① 高粱粉粗蛋白含量测定

参照 AACC 46-11A，微量凯氏定氮法（AACC，2000）。

② 高粱粉粗脂肪含量测定

参照 AACC 30-25，测定粗脂肪含量（AACC，2000）。

③ 高粱粉水分含量测定

参照AACC 44-19，135℃烘箱干燥法（AACC，2000）。

④ 高粱粉灰分的测定

参照GB 5009.4—2016，550℃灼烧法（GB 5009.4—2016）。

⑤ 高粱粉淀粉含量测定

参照GB 5009.9—2016，酸水解法（GB 5009.9—2016）。

（2）碱法提取高粱蛋白质实验流程

称取高粱粉置于石油醚中（高粱粉∶溶剂，1∶7），在室温条件下振荡8h后40℃低温烘干。取脱脂后高粱粉于烧杯中，按一定比例加入NaOH溶液，用恒温加热磁力搅拌器，搅拌提取一定时间，5000r/min离心20min，使用试剂盒测定上清液的蛋白质含量。上清液冷却后调节pH为5.0，静置1.5h，离心取沉淀，继续将沉淀水洗并离心三次，弃去上清液，冷冻干燥后即得高粱碱溶蛋白质。

（3）单因素试验设计

固定其他反应条件，分别改变料液比（高粱粉∶碱液为1∶8，1∶10，1∶12，1∶14，1∶16，1∶18，1∶20）、NaOH质量浓度（0.2g/L，0.4g/L，0.6g/L，0.8g/L，1.0g/L，1.5g/L，2.0g/L）、提取温度（20℃，30℃，40℃，50℃，60℃）、提取时间（0.5h，1h，1.5h，2h，2.5h，3h），离心取上清液，使用Braford蛋白浓度测定试剂盒，测定高粱蛋白质浓度，计算提取率，公式如下：

$$\text{蛋白质提取率}=\frac{c_1\times V}{c_0\times m}\times 100 \tag{7-1}$$

式中，c_1是上清蛋白质浓度（mg/mL）；V是上清体积（mL）；c_0是高粱粗蛋白含量；m是高粱粉质量。

（4）正交试验设计

依据单因素试验的结果，以料液比、NaOH浓度、温度、提取时间为影响因素设计$L_9(3^4)$正交试验。

（5）高粱蛋白质的氨基酸组成分析

准确称取0.1g高粱蛋白质于水解管中，加入10mL 6mol/L HCl，减压条件下，密封水解管放入烘箱，110℃水解24h。将水解后的样品过滤后放入圆底烧瓶旋蒸去除盐酸。残留样品用0.02mol/L HCl定容至50mL，吸取稀释后的水解液经0.22μm滤膜过滤，装入进样瓶中通过氨基酸分析仪测定。采用碱水解的方法测定色氨酸含量。

（6）高粱蛋白质的营养价值评价计算公式

① 氨基酸评分（AAS）$=\frac{\text{每克高粱蛋白质中某种必需氨基酸含量（mg）}}{\text{每克参考蛋白质中该种必需氨基酸之和（mg）}}\times 100$（王

光慈，2006）

注：以 1973 年 FAO/WHO 推荐的模式（学龄前儿童）为参考蛋白质。

② 必需氨基酸与总氨基酸之比$\left(\dfrac{E}{T}\right)=\dfrac{\text{8种必需氨基酸之和}}{\text{全部氨基酸之和}}\times 100$

③ 预测的蛋白质功效比值（PER）（Alsmeyer，1974）

PER Ⅰ=−0.684+0.456（Leu）−0.047（Pro）

PER Ⅱ=−0.468+0.454（Leu）−0.105（Tyr）

PER Ⅲ=−1.816+0.435（Met）+0.780（Leu）+0.211（His）− 0.944（Tyr）

（7）蛋白质体外消化率（IVPD）的测定

参照（Hamaker，1987）实验方法。取蛋白质样品 0.2g 加入 35mL 0.1mol/L 磷酸钾缓冲液，调节溶液 pH 为 2.0，并加入 1.5g/L 胃蛋白酶在 37℃水浴恒温条件下振荡反应 2h 后，加入 2mL 2.0mol/L NaOH 溶液终止反应。结束后 5000r/min 离心 15min，收集沉淀并用 15mL 超纯水水洗 3 次后冻干，采用微量凯氏定氮法测定沉淀中未消化的蛋白质含量。根据式（7-2）计算 IVPD：

$$\mathrm{IVPD}/\% = \frac{M-m}{M}\times 100 \qquad (7\text{-}2)$$

式中，M 为样品中蛋白质含量；m 为沉淀中未消化的蛋白质含量。

（8）SDS-PAGE 凝胶电泳分析高粱蛋白质

方法见文献（汪家政，2004）。

（9）数据处理和统计分析

采用 Origin 8.0 和 SPSS 18.0 数据处理软件对数据进行分析，并用 Tukey 法进行显著性分析（$p<0.05$）。

7.2.3 结果与讨论

（1）高粱基本成分分析

测得高粱米的各组分含量（干基），结果如表 7-1 所示。脱壳后的高粱中淀粉含量最高，占比达 71.61%，蛋白质含量次之，为 10.17%。

表 7-1　脱壳高粱各组分含量

成分	水分	淀粉	蛋白质	粗脂肪	灰分
含量/%	12.48	71.61	10.17	2.34	2.10

（2）料液比对蛋白质提取率的影响

由图 7-3 可知，当料液比在（1∶8）～（1∶14）范围内变化时，蛋白质提取率随料液比增大而显著增加，当料液比达到 1∶14 之后，蛋白质提取率变化不显著。在蛋白质的碱提过程中，若浸提液用量较少，则蛋白质无法充分溶出，提取率较低；但当碱液增加到一定值，若继续增加碱液量，提取率变化不大。

（3）NaOH 浓度对蛋白质提取率的影响

由图 7-4 可知，蛋白质提取率受 NaOH 浓度的影响较大。随着碱液浓度的增加，蛋白质提取率总体呈现上升趋势，变化显著；当 NaOH 浓度达到 0.15%之后，蛋白质提取率变化不显著。由于高粱蛋白质与淀粉结合紧密的特性，较难溶出，较高浓度的碱液可以使其结构变得疏松，促进蛋白质与淀粉的分离。若碱液浓度过高，可能使淀粉发生糊化，提取时溶液黏度增加，不利于后续离心分离，并且可能导致赖氨酸与丙氨酸或胱氨酸发生缩合反应产生有毒物质 Lysinoaline 等（Groot，1969），造成蛋白质营养价值的降低。

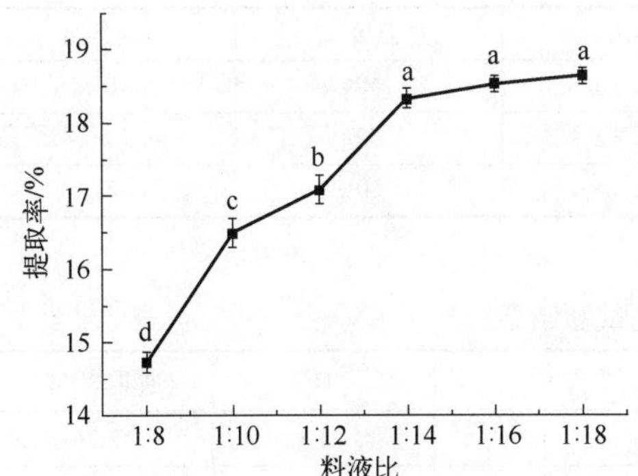

图 7-3　料液比对蛋白提取率的影响

a～d 不同的小写字母代表提取率对于不同料液比的显著性差异（$p<0.05$）

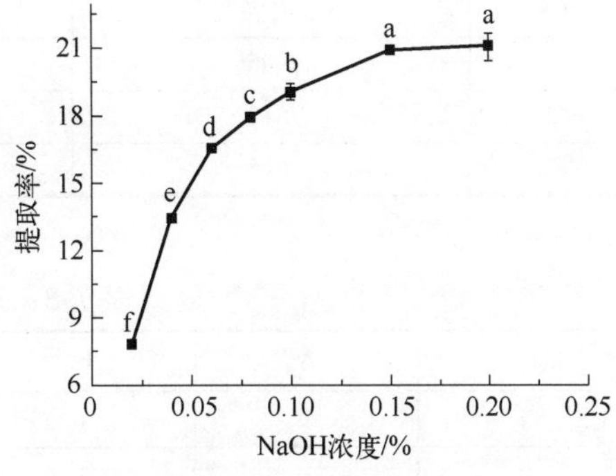

图 7-4　NaOH 浓度对蛋白提取率的影响

a～f 不同的小写字母代表提取率对于不同 NaOH 浓度的显著性差异（$p<0.05$）

（4）提取时间对蛋白质提取率的影响

由图 7-5 可知，随着提取时间的增加，蛋白质提取率显著增加。当提取时间到 1.5h 之后，随时间延长，提取率变化不显著。

（5）温度对蛋白质提取率的影响

由图 7-6 可知，随着温度的上升，蛋白质提取率显著增加。当温度达到 50℃后，蛋白质提取变化不显著。其原因可能是随着温度的升高，加剧了分子运动速度，促进蛋白质溶出。但是温度不能过高，试验结果表明，当温度继续上升达到 70℃时，淀粉发生糊化，提取时溶液的黏度过大，难以离心分离，试验操作有一定困难。

（6）正交试验设计及结果

根据单因素试验的结果设计正交试验，各因素水平如表 7-2，正交试验结果如表 7-3。

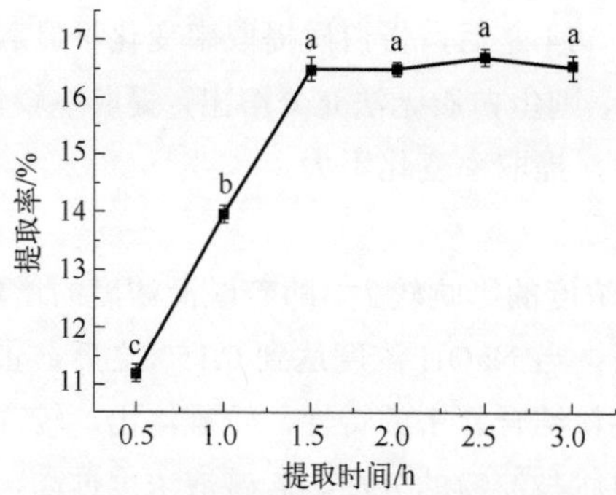

图 7-5　提取时间对蛋白质提取率的影响

a～c 不同的小写字母代表提取率对于不同提取时间的显著性差异（$p<0.05$）

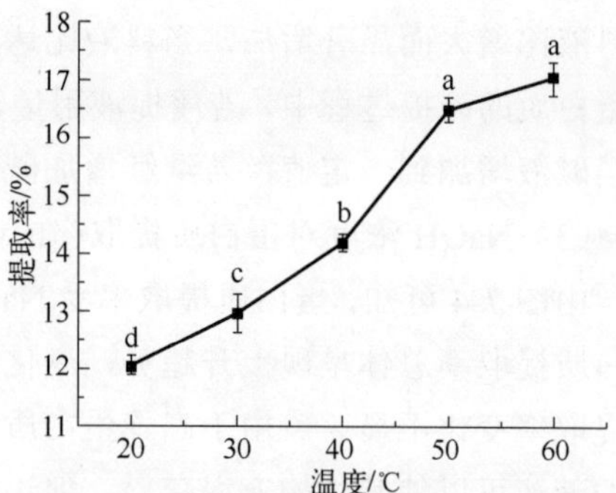

图 7-6　温度对蛋白质提取率的影响

a～d 不同的小写字母代表提取率对于不同温度的显著性差异（$p<0.05$）

表 7-2　正交试验因素和水平

水平	A NaOH 浓度/%	B 料液比	C 温度/℃	D 时间/h
1	0.05	1∶10	40	1
2	0.10	1∶12	50	1.5
3	0.15	1∶14	60	2

表 7-3　正交试验结果

试验号	A	B	C	D	提取率/%
1	1	1	1	1	13.26
2	1	2	2	2	15.87
3	1	3	3	3	17.21
4	2	1	2	3	14.58
5	2	2	3	1	13.91
6	2	3	1	2	18.72
7	3	1	3	2	19.55
8	3	2	1	3	20.18
9	3	3	2	1	18.79
k_1	15.447	15.797	17.387	15.320	
k_2	15.737	16.653	16.890	18.047	
k_3	19.507	18.240	16.413	17.323	
R	4.060	2.443	0.973	2.727	

由表 7-4 方差分析结果可知，影响碱溶蛋白提取率大小的因素先后顺序是 A＞D＞B＞C，即 NaOH 浓度＞时间＞料液比＞温度，NaOH 浓度影响显著，其余 3 个因素影响均为不显著。最佳的提取条件是 $A_3D_2B_3C_1$，即 NaOH0.15%，料液比 1∶14，

温度 40℃，时间 1.5h。在此条件下进行三次蛋白质提取的验证试验，蛋白质提取率平均为 21.57%，最终得到的高粱碱溶蛋白质纯度为 85.47%。

表 7-4　SPSS 正交试验方差分析

方差来源	偏差平方和	自由度	均方	F 值	显著性
A	30.781	2	15.390	21.657	*
B	9.221	2	4.611	6.488	
C	1.421	2	0.711	0.154	
D	11.971	2	5.986	8.423	
误差	1.421	2	0.711		

注：$F_{0.1\,(2,2)}$=9.00；$F_{0.05\,(2,2)}$=19.00；$F_{0.01\,(2,2)}$=99.00。

（7）高粱蛋白质的氨基酸组成分析

已有研究表明（Cushma，1982；Cheung，1980），ACE 抑制肽的抑制作用与其氨基酸序列联系紧密。肽链端含有芳香族氨基酸、疏水性氨基酸、支链氨基酸的 ACE 抑制肽具有较强抑制活性。由表 7-5 可知，碱法提取的高粱蛋白质氨基酸组成中芳香族、疏水性、支链氨基酸占比较高，含量丰富，因此推测通过蛋白酶水解高粱碱溶蛋白应该是制备 ACE 抑制肽的有效手段，高粱碱溶蛋白可以为研究 ACE 抑制肽提供蛋白质资源。

表 7-5　高粱碱溶蛋白的氨基酸组成

氨基酸种类		氨基酸含量（mg/g）	AAS	FAO/WHO 推荐模式	
				小孩	成人
必需氨基酸	苏氨酸 Thr	4.35	1.08	4.00	0.9
	缬氨酸 Val	5.91	1.18	5.00	1.3
	甲硫氨酸 Met	3.13			
	甲硫氨酸+胱氨酸	3.16	1.26	2.50	1.7
	苯丙氨酸 Phe	4.74			
	苯丙氨酸+酪氨酸	9.77	1.63	6.00	1.9
	异亮氨酸 Ile	4.97	1.24	4.00	1.3
	亮氨酸 Leu	8.24	1.89	7.00	1.9
	赖氨酸 Lys	2.82	0.51	5.50	1.6
	色氨酸 Trp	0.83	0.83	1.00	1.0
	组氨酸 His	2.26			

续表

氨基酸种类		氨基酸含量（mg/g）	AAS	FAO/WHO 推荐模式	
				小孩	成人
非必需氨基酸	天冬氨酸 Asp	6.94			
	谷氨酸 Glu	20.00			
	丝氨酸 Ser	4.39			
	甘氨酸 Gly	2.62			
	精氨酸 Arg	7.39			
	丙氨酸 Ala	10.00			
	酪氨酸 Tyr	5.03			
	胱氨酸 Cys	0.3			
	脯氨酸 Pro	6.08			
总量		105.06			
必需氨基酸		42.31			
芳香族氨基酸		10.6			
支链氨基酸		19.12			
疏水性氨基酸		42.56			

注：必需氨基酸包括缬氨酸、异亮氨酸、甲硫氨酸、苯丙氨酸、赖氨酸、亮氨酸、苏氨酸、色氨酸；芳香族氨基酸包括苯丙氨酸、酪氨酸、色氨酸；支链氨基酸包括缬氨酸、异亮氨酸、亮氨酸；疏水性氨基酸包括亮氨酸、甘氨酸、丙氨酸、异亮氨酸、缬氨酸、苯丙氨酸、脯氨酸。

（8）高粱蛋白质的营养价值评价

综合表 7-5 和表 7-6 可以看出，高粱碱溶蛋白中除了赖氨酸、色氨酸，其他的氨基酸的 AAS 均大于 1，说明其氨基酸含量大多满足 FAO/WHO 推荐标准，但在必需氨基酸组成上还是有所欠缺，色氨酸、赖氨酸量偏低。蛋白质的营养价值主要是由氨基酸含量和配比所决定的，尤其是必需氨基酸的含量及比例。依据 FAO/WHO 1973 年推荐标准，必需氨基酸与总氨基酸的比值（E/T）在 36%以上的为高品质蛋白质，而试验所得高粱碱溶蛋白的 E/T 为 37.25%，符合推荐要求，营养价值良好。同时，预测蛋白质效率比（PER）常作为判断蛋白质营养价值的评价指标，通常认为蛋白质的 PER 大于 2.0 时，该蛋白质的营养价值较高。高粱碱溶蛋白 PERⅠ、PERⅡ均大于 2.0，PERⅢ略小于 2.0，说明其蛋白质氨基酸组成合理，营养价值整体水平较好，有一定的研究利用价值。由于高粱碱溶蛋白赖氨酸、色氨酸含量较低，为限制性氨基酸，若要将高粱碱溶蛋白投入实际生产应用中，则需要依据蛋白质互补原则，补充其他赖氨酸、色氨酸含量高的蛋白质以保证蛋白质营养均衡。

表 7-6 高粱蛋白质的营养评价

项目	高粱碱溶蛋白
必需氨基酸（E/T）/%	37.25
第一限制性氨基酸	赖氨酸 Lys
第二限制性氨基酸	色氨酸 Trp
PER Ⅰ	2.79
PER Ⅱ	2.74
PER Ⅲ	1.70
蛋白质消化率/%	74.32±0.17

由此可知，高粱碱溶蛋白氨基酸组成模式基本符合儿童和成人的氨基酸需求，是值得利用的蛋白质资源。根据 ACE 抑制肽的构效特征，推断高粱碱溶蛋白是适宜制备 ACE 抑制肽的蛋白质资源，并通过后续实验进行了 ACE 抑制肽的制备探究。

（9）高粱蛋白质分子质量分析

图 7-7 是高粱碱溶蛋白质（SP1）经过考马斯亮蓝 R250 染色后的电泳图谱。与低分子质量蛋白质标记条带对比可以发现，目标蛋白质主要显示有 3 个条带，分子质量分别为 43.0kDa、27.0kDa、15.0kDa 左右，说明 SP1 主要含有 3 种不同的蛋白质组分。研究表明（郭海峰，2009）依据蛋白质分子质量的不同，高粱主要蛋白成分醇溶蛋白可分为 23～25kDa 的 α-醇溶蛋白、16～20kDa 的 β-醇溶蛋白和 28kDa 的 γ-醇溶蛋白 3 种，图中 27.0kDa 和 15.0kDa 条带表明目标蛋白质中包括了部分醇溶蛋白质，43.0kDa 条带部分主要是高粱谷蛋白。

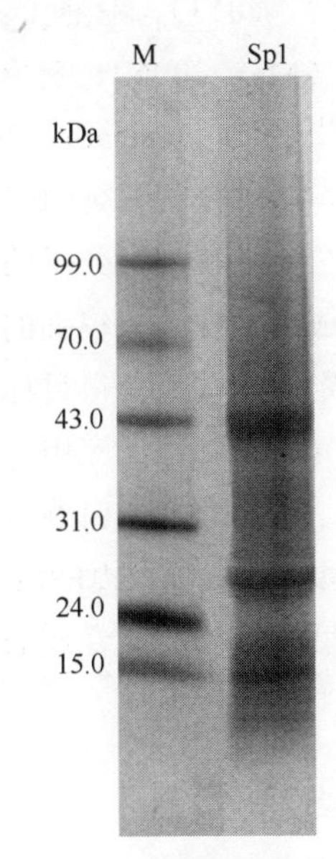

图 7-7 高粱碱溶蛋白的聚丙烯酰胺凝胶电泳法（SDS-PAGE）图谱

7.2.4 小结

试验用高粱粗淀粉含量为 71.61%，粗蛋白质含量 10.17%，粗脂肪含量 2.34%，灰分 2.1%。其高粱碱溶蛋白提取工艺的最佳条件为 NaOH 浓度 1.5mg/L，料液比 1∶14，提取温度 40℃，提取时间 1.5h。蛋白质提取率为 21.57%，最终得到的蛋白质纯度为 85.47%。经测试，高粱碱溶蛋白营养价值良好，富含芳香族氨基酸、疏水性氨基酸、支链氨基酸，可以作为有效制备 ACE 抑制肽的蛋白质资源。高粱碱溶蛋白主要存在分子质量为 43.0kDa、27.0kDa、15.0kDa 左右的 3 种蛋白质组分。

7.3 高粱碱溶蛋白 ACE 抑制肽制备工艺的优化

生物活性肽（bioactive peptide）又被称作功能肽，来源于蛋白质，由数目不等的多个氨基酸组成，具有一定生理活性功能（李路胜，2006）。许多活性肽不是由必需氨基酸组成的，为蛋白质的开发利用提供了科学依据。ACE 抑制肽属于生物活性肽的一种，因具有降血压的作用而被称为降压肽。目前，国内外对 ACE 抑制肽研究成果丰富，多种动植物蛋白如鱼皮明胶（张效荣，2013）、猪血红蛋白（邓惠玲，2013）、毛虾蛋白质（Wang，2008）、燕麦蛋白质（管骁，2006）、荞麦蛋白质（Ma，2006）、芝麻蛋白质（袁东振，2005）、花生蛋白质（张伟，2007）、高粱蛋白质（Kamath，2007）等中均分离纯化得到 ACE 抑制肽。

酶法是制备 ACE 抑制肽的主要途径之一（陈芳，2001）。主要是利用蛋白酶将蛋白质水解成小分子的活性肽，相对其他方法而言条件比较温和，水解过程易控制，生成的多肽具有较强的生物活性及多样性，而且能够通过酶的作用位点对蛋白质进行定位水解而获得目标肽，具有高效率和高安全性。因此酶法在 ACE 抑制肽的制备研究中得到广泛应用。

选用木瓜蛋白酶、复合蛋白酶、风味蛋白酶、Alacase 碱性蛋白酶、胰蛋白酶 5 种蛋白酶，以碱提酸沉制备的高粱蛋白质为原料进行酶解反应，以 ACE 抑制率和水解度为指标选择合适的蛋白酶制备高粱蛋白质 ACE 抑制肽，并通过响应面方法对制备工艺进行优化。

7.3.1 材料

（1）材料与试剂

试验材料：高粱碱溶蛋白（前期制备），血管紧张素转换酶（ACE）、*N*-[3-(2-呋喃基)丙烯酰基]-苯丙氨酸（FAPGG），Sigma 公司；Alacase 碱性蛋白酶、木瓜蛋白酶、风味蛋白酶、复合蛋白酶，诺维信公司；胰蛋白酶，Sigma 公司；L-酪氨酸，索莱宝公司。

主要试剂：磷酸氢二钠、磷酸二氢钠、氢氧化钠、酪氨酸、碳酸钠、福林酚试剂、三氯乙酸。

（2）仪器与设备

酶标仪	美国 Molecular 公司
pHS-3C 精密数显 pH 计	上海精密科学仪器厂
恒温加热磁力搅拌器	予华仪器公司
高速冷冻离心机	湖南湘仪仪器公司
电子分析天平	赛多利斯科学仪器公司

7.3.2　试验方法

（1）蛋白酶活力测定

酶活力单位是指在一定的温度和 pH 条件下，每分钟水解酪蛋白产生 1μg 酪氨酸的酶量。本试验采用福林酚法测定蛋白酶活力（Admason，1996），通过绘制酪氨酸标准曲线（图 7-8）对照测定酶活力。

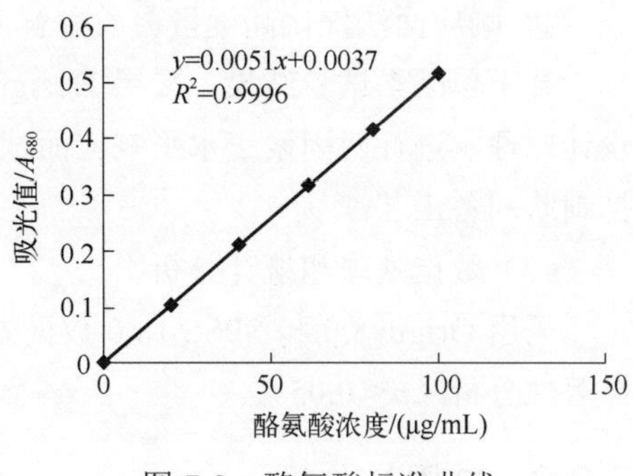

图 7-8　酪氨酸标准曲线

（2）酶解工艺流程

配制 5mg/mL 的高粱蛋白质溶液分散于各蛋白酶的最适缓冲液中。置于恒温加热磁力搅拌器中，反应温度为蛋白酶的最适温度，加入蛋白酶后低速搅拌反应 2h，沸水浴灭酶 15min。待溶液冷却后于 5000r/min，4℃条件下离心 20min，测定上清液的 ACE 抑制率。

（3）水解度的测定

采用茚三酮比色法（郭兴凤，2000）。

（4）ACE 抑制肽体外活性测定（FAPGG 法）

参考（Shalaby，2006）的方法，使用 FAPGG 为反应底物，通过酶标仪测定并计算 ACE 抑制率。具体步骤：提前预热酶标仪至 37℃，并在 37℃条件下预热底物溶液 15min（1.0mmol/L FAPGG 溶解于 50mmol/L 的 Tris-HCl，pH7.5，包含 0.3mol/L NaCl）。将 10μL 的 ACE 溶液（0.25U/mL）和 10μL 水解液加入 96 孔板的微孔，然后加入 150μL 预热后的底物。迅速将孔板放入酶标仪中，每 30s 记录一次在 340nm 下的吸光值，共记录 30min。空白对照使用 10μL 的缓冲液（50mmol/L 的 Tris-HCl，pH 7.5，包含 0.3mol/L NaCl）代替蛋白质水解液。以吸光值变化（ΔA）对时间作出曲线，计算斜率。计算公式如下：

$$\text{ACE抑制率}/\% = (1-\frac{\Delta A_{\text{抑制剂}}}{\Delta A_{\text{空白}}})\times 100 \tag{7-3}$$

（5）不同蛋白酶水解高粱蛋白质酶解液 ACE 抑制活性的比较

本试验选取了胰蛋白酶、木瓜蛋白酶、风味蛋白酶、复合蛋白酶、Alcase 碱性蛋白酶对高粱蛋白质进行酶解反应。通过水解度、ACE 抑制活性的测定，比较不同蛋白酶的水解效果，选择制备高粱碱溶蛋白 ACE 抑制肽的最佳用酶。

（6）高粱蛋白酶解工艺条件优化

① 单因素试验

固定其他反应条件，分别改变底物浓度（1.25～10.00mg/mL）、酶量（800～

4800U/g)、反应温度(25~75℃)、pH 值(6.0~9.0)及酶解时间(0.5~5h),通过酶解产物的 ACE 抑制率的变化,分析各因素对酶解产物 ACE 抑制活性的影响,确定蛋白酶的最适反应条件。

② 响应面法优化高粱蛋白质酶解工艺条件

基于单因素试验结果,采用 Design-Expert8.0 软件根据 Box-Behnken 中心组合设计原理,进行四因素三水平响应面试验(RSM),优化工艺参数,确定最佳 ACE 抑制肽制备工艺。

(7)数据处理和统计分析

采用 Origin 8.0 和 SPSS 18.0 数据处理软件对数据进行分析,并用 Tukey 法进行显著性分析($p<0.05$)。

7.3.3 结果与分析

(1)酶活力的测定结果

根据标准曲线结果,计算得到各蛋白酶活力如表 7-7。

表 7-7 酶活力的测定结果

酶种类	缓冲液	温度/℃	酶活力/[$\times10^5$U/g(mL)]	酶量/(U/g)
胰蛋白酶	pH8.0	37	0.9	2400
木瓜蛋白酶	pH6.5	55	1.0	2400
风味蛋白酶	pH6.5	50	0.4	2400
复合蛋白酶	pH6.5	50	0.8	2400
碱性蛋白酶	pH 8.0	55	1.7	2400

(2)不同蛋白酶水解高粱蛋白质产物的水解度以及 ACE 抑制活性

由表 7-8 可知选择不同的蛋白酶酶解高粱蛋白质的水解物都有一定的 ACE 抑制活性,说明以高粱碱溶蛋白为原料可以有效制备 ACE 抑制肽。

表 7-8 不同蛋白酶水解高粱蛋白的水解度及 ACE 抑制活性

酶种类	水解度/%	ACE 抑制率/%
胰蛋白酶	6.74	67.95±1.38
木瓜蛋白酶	6.15	71.58±3.28
风味蛋白酶	5.44	40.63±1.94
复合蛋白酶	6.78	68.59±1.84
碱性蛋白酶	12.22	72.13±1.87

碱性蛋白酶水解产物的水解度和 ACE 抑制率相较其他酶类都是最高的。其他蛋白酶,比如复合酶和胰酶的水解度都高于木瓜蛋白酶,但是 ACE 抑制率相对较低。

这表明，不同种类的蛋白酶水解度的大小与ACE抑制活性的强弱无明显相关关系。碱性蛋白酶水解产物两种特性都高于其他蛋白酶，可能与它溶解性强、耐热性高以及作用位点为羧基侧具有芳香族或疏水性氨基酸，能针对性地作用于高粱蛋白质有关。各种酶都具有各自底物专一性，酶切的作用位点也不尽相同，碱性蛋白酶相对可以高效地水解高粱蛋白质。综合考虑，本试验后续选择碱性蛋白酶作为高粱蛋白质的水解用酶，以ACE抑制率作为评价指标设计单因素和响应面试验优化酶解工艺条件。

（3）碱性蛋白酶酶解单因素试验

① 底物浓度对水解物ACE抑制率的影响

由图7-9可知，随着底物浓度由1.25mg/mL增加到6.25mg/mL，ACE抑制率显著增加。此时若底物浓度继续增加，ACE抑制率变化趋势不明显。底物浓度在一定范围内时，相同量的酶可以与底物充分结合；若底物浓度过高时，酶量不变，酶与底物则难以有效结合，ACE抑制率保持稳定。

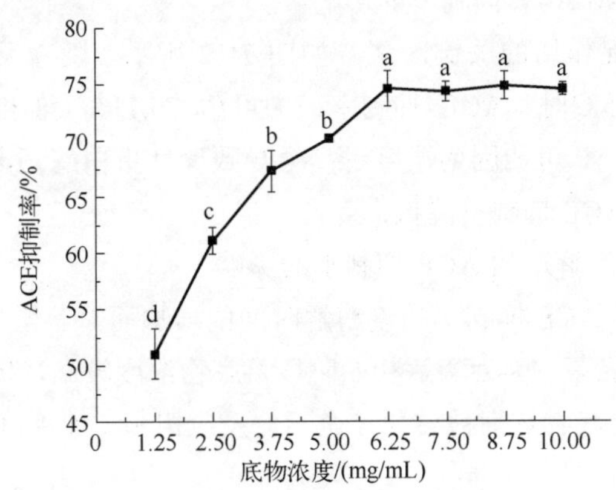

图7-9 底物浓度对ACE抑制率的影响

a～d不同的小写字母代表ACE抑制率对于不同底物浓度的显著性差异（$p<0.05$）

② 酶量对水解物ACE抑制率的影响

由图7-10可知，当蛋白酶添加量在800～2400U/g范围内，随酶量增加，水解物ACE抑制率显著上升。酶量大于2400U/g时，ACE抑制率变化不显著。加酶量较低时，底物未能充分与酶结合，有活性的水解产物少，ACE抑制率低；而当酶量继续增加到一定量后，底物与酶充分结合达到饱和状态，此时若继续加大酶量，则ACE抑制率变化不大。

③ pH对水解物ACE抑制率的影响

蛋白酶活性反应体系对pH值的变化较敏感。如图7-11所示，pH值低于8.0时，ACE抑制率随体系pH值的上升而显著增加，最高可达到73.47%。当pH高于8.0

时，ACE 抑制率开始降低。可能因为 pH8.0 是碱性蛋白酶进行酶促反应时的最适 pH 值，此时酶活性最强，水解效率最高，ACE 抑制率较高。

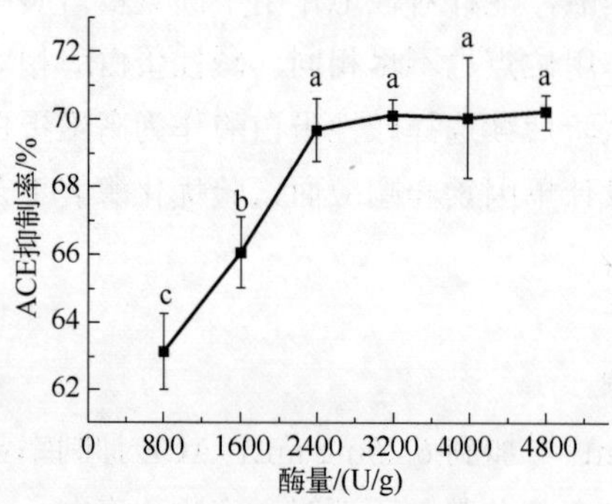

图 7-10　酶量对 ACE 抑制率的影响

a～c 不同的小写字母代表 ACE 抑制率对于不同酶量的显著性差异（$p<0.05$）

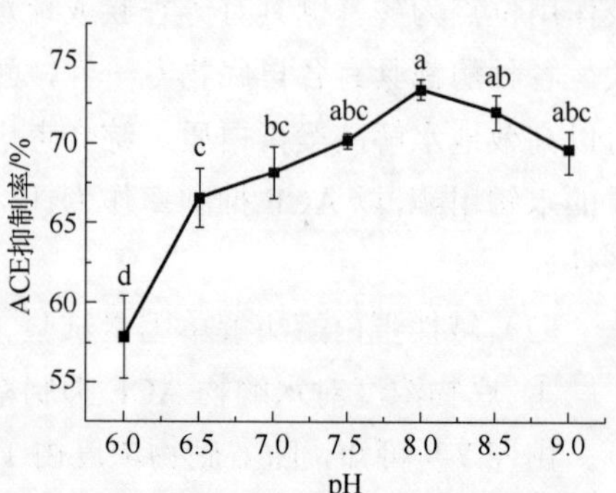

图 7-11　pH 对 ACE 抑制率的影响

a～d 不同的小写字母代表 ACE 抑制率对于不同 pH 条件的显著性差异（$p<0.05$）

④ 温度对水解物 ACE 抑制率的影响

温度是影响酶促作用的关键因素。如图 7-12 所示，随着反应温度升高，ACE 抑制率增加显著，55℃时，ACE 抑制率最大可达 70.11%。但随着温度继续升高，ACE 抑制率急剧下降，可能因为温度过高会导致碱性蛋白酶逐渐变性失活，底物未能有效水解，进而 ACE 抑制率降低。

⑤ 酶解时间对水解产物 ACE 抑制率的影响

由图 7-13 可知，ACE 抑制率随着酶解时间的增加而显著增加，当反应 2h 之后，ACE 抑制率变化不显著。因为酶解初始阶段，底物浓度较高，蛋白酶和底物充分结合，反应速率快；当底物逐渐被转化完全后，反应饱和，速率降低，ACE 抑制率不再增加。

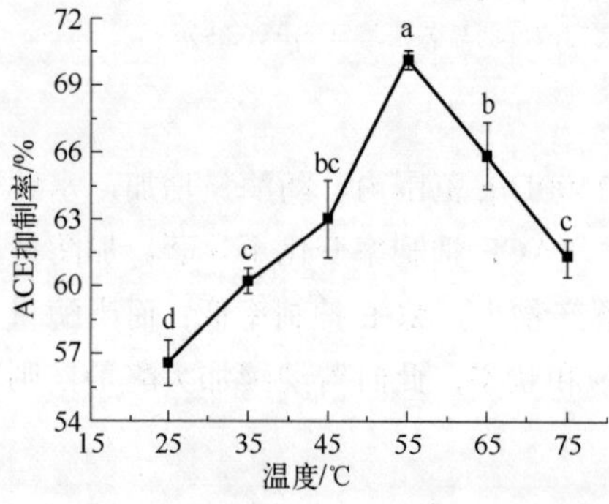

图 7-12　温度对 ACE 抑制率的影响

a～d 不同的小写字母代表 ACE 抑制率对于不同温度的显著性差异（$p<0.05$）

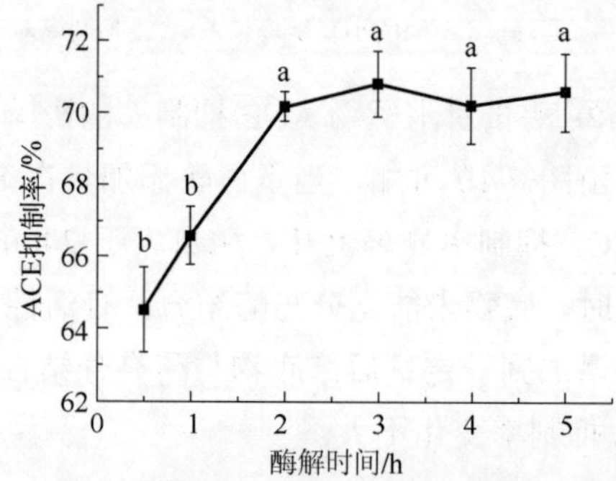

图 7-13　酶解时间对 ACE 抑制率的影响

a～b 不同的小写字母代表 ACE 抑制率对于不同水解时间的显著性差异（$p<0.05$）

（4）酶解高粱蛋白质制备 ACE 抑制肽的响应面优化

根据单因素试验结果，设计响应面试验因素水平表，如表 7-9 所示。并以 ACE 抑制率作为响应值，进行响应面试验优化酶解工艺条件。

表 7-9　响应面试验因素水平表

水平	因素			
	X_1/温度(℃)	X_2/时间(h)	X_3/pH	X_4/酶量(U/g)
−1	45	1	7.5	1600
0	55	2	8.0	2400
1	65	3	8.5	3200

Box-Behnken 试验设计结果如表 7-10 所示，并利用 Design-Expert 对响应面试验结果进行方差分析，结果见表 7-11。

表 7-10　响应面试验设计方案与结果

序号	X_1/温度/℃	X_2/时间/h	X_3/pH	X_4/酶量/(U/g)	X/抑制率/%
1	−1	−1	0	0	70.86
2	1	−1	0	0	67.94
3	−1	1	0	0	59.25
4	1	1	0	0	57.25
5	0	0	−1	−1	67.79
6	0	0	1	−1	72.39
7	0	0	−1	1	75.26
8	0	0	1	1	73.86
9	−1	0	0	−1	66.44
10	1	0	0	−1	64.74
11	−1	0	0	1	71.21
12	1	0	0	1	70.50
13	0	−1	−1	0	72.25
14	0	1	−1	0	63.79
15	0	−1	1	0	72.41
16	0	1	1	0	64.73
17	−1	0	−1	0	68.71
18	1	0	−1	0	68.38
19	−1	0	1	0	72.62
20	1	0	1	0	69.28
21	0	−1	0	−1	70.25
22	0	1	0	−1	53.64
23	0	−1	0	1	71.32
24	0	1	0	1	70.74
25	0	0	0	0	69.59
26	0	0	0	0	70.19
27	0	0	0	0	69.25

表 7-11　方差分析结果

方差来源	平方和	自由度	均方	F 值	p 值	显著性
模型	641.12	14	45.79	26.39	＜0.0001	**
X_1	10.1	1	10.1	5.82	0.0328	*
X_2	257.57	1	257.57	148.44	＜0.0001	**
X_3	6.93	1	6.93	3.99	0.0689	
X_4	118.28	1	118.28	68.17	＜0.0001	**
X_1X_2	0.21	1	0.21	0.12	0.7321	
X_1X_3	2.27	1	2.27	1.31	0.2748	
X_1X_4	0.24	1	0.24	0.14	0.715	
X_2X_3	0.16	1	0.16	0.089	0.77	
X_2X_4	64.48	1	64.48	37.16	＜0.0001	**
X_3X_4	9	1	9	5.19	0.0419	*
X_1^2	23.37	1	23.37	13.47	0.0032	*
X_2^2	72.37	1	72.37	41.71	＜0.0001	**
X_3^2	25.65	1	25.65	14.78	0.0023	*
X_4^2	1.49	1	1.49	0.86	0.3717	
残差	20.82	12	1.74			
失拟项	20.36	10	2.04	8.91	0.1051	
纯误差	0.46	2	0.23			
总和	661.94					

注：*表示显著（$p<0.05$）；**表示极显著（$p<0.01$）。

各个因素经过二次多项回归拟合后，得到 ACE 抑制率（Y）与酶解温度、酶解时间、酶解 pH、酶量 4 个因素的二次多项回归方程为：

$$Y=69.68-0.917X_1-4.633X_2+0.960X_3+3.139X_4+0.230X_1X_2-0.754X_1X_3+0.246X_1X_4+0.197X_2X_3+4.015X_2X_4-1.5X_3X_4-2.093X_1^2-3.684X_2^2+2.193X_3^2+0.529X_4^2$$

从表 7-11 的方差分析结果可知，模型极显著，失拟项不显著，说明回归模型理想，可以用来拟合 4 个因素对水解产物 ACE 抑制率的影响。R^2=0.9685，R^2(Adj)=0.9318 证明回归方程与实际数据之间的拟合性良好。方程的一次项 X_2、X_4 对高粱蛋白质水解产物的 ACE 抑制率影响极显著，X_1 影响显著，影响顺序依次为 $X_2>X_4>X_1$；二次项 X_1^2、X_2^2、X_3^2 以及交互项 X_2X_4、X_3X_4 均有显著的影响。这说明响应值的变化十分复杂，各具体试验因素对响应值的影响并不是简单的线性相关关系，因素之间存在交互作用。

通过分析计算得到碱性蛋白酶水解高粱碱溶蛋白制备 ACE 抑制肽的最优酶解条件为酶解温度 55.5℃，酶解时间 1.68h，pH 值 7.95，酶量 2360U/g，ACE 抑制率预测值为 76.84%。在该条件下重复三次试验，得到 ACE 抑制率实测值为 75.98%，与理论值误差在 1%以内，说明模型预测性能较好，对实际操作有一定的指导意义。

7.3.4　小结

通过比较木瓜蛋白酶、风味蛋白酶、复合蛋白酶、胰蛋白酶、碱性蛋白酶水解高粱蛋白质产物的 ACE 抑制率及水解度，筛选出 ACE 抑制率和水解度都最高的 Alacase 碱性蛋白酶作为后续实验水解用酶。

通过单因素试验研究了底物浓度、酶量、pH 值、温度、反应时间等 5 个因素对水解产物 ACE 抑制率的影响，以此为基础进行响应面试验优化酶解条件。响应面试验结果得到 Alacase 碱性蛋白酶水解高粱碱溶蛋白制备 ACE 抑制肽最优工艺为：酶解温度 55.5℃，酶解时间 1.68h，pH 值 7.95，酶量 2360U/g。经 Design-Expert 8.0 软件分析得到 ACE 抑制率（Y）对酶解温度（X_1）、反应时间（X_2）、pH 值（X_3）、酶量（X_4）的二次多项回归方程为 $Y=69.68-0.917X_1-4.633X_2+0.960X_3+3.139X_4+0.230X_1X_2-0.754X_1X_3+0.246X_1X_4+0.197X_2X_3+4.015X_2X_4-1.5X_3X_4-2.093X_1^2-3.684X_2^2+2.193X_3^2+0.529X_4^2$；将最优条件代入方程后的预测值与实测值相近，模型可靠，具有一定的参考价值。

7.4　挤压协同淀粉酶法制备高粱蛋白质及其 ACE 抑制肽

研究表明，高粱蛋白质与淀粉结合紧密，主要含有醇溶蛋白，谷蛋白含量较少，因此前期实验通过碱提酸沉法提取高粱蛋白质，蛋白质提取率最高达到 20%左右，大部分高粱蛋白质无法得到有效的提取。为探索一个更为高效并有别于传统利用碱提酸沉或者有机溶剂法提取高粱蛋白质的方式，本研究试验尝试通过挤压协同淀粉酶法提取高粱蛋白质。挤压食品的原料主要组分是淀粉。挤压过程中因高温、高压和高剪切力的作用使得部分淀粉链被打断，淀粉发生降解，产生小分子的寡糖，有利于 α-淀粉酶的水解作用。并且，经挤压之后，蛋白质与淀粉的结合变得松散，原有的蛋白质结构遭到破坏，分子间氢键、二硫键等部分断裂，酶作用位点也因此暴露，更容易受到蛋白酶的作用而分解成小分子肽。

挤压协同淀粉酶法就是通过淀粉酶酶解淀粉，使原本在挤压过程中被部分断裂、降解的淀粉分子链进一步分解成易溶于水的小分子物质，如糊精、寡糖等。因而高粱淀粉包埋蛋白质的结构被破坏，蛋白质得以释放，通过离心沉淀方式分离得到高粱蛋白质。本部分研究了通过挤压预处理后提取高粱蛋白质的可行性，探索高效提取高粱蛋白质以及制备 ACE 抑制肽的方式。

7.4.1　材料

（1）材料与试剂

试验材料：脱壳高粱米。

主要试剂：高温 α-淀粉酶，索莱宝公司；碱性蛋白酶，诺维信公司；胃蛋白酶，Sigma 公司；磷酸氢二钠、磷酸二氢钠、氢氧化钠、盐酸等均为国产分析纯。

（2）仪器与设备

DSE-20 型双螺杆挤压膨化机	德国 Brabender 公司
酶标仪	美国 Molecular 公司
高速冷冻离心机	湖南湘仪仪器公司
pHS-3C 精密数显 pH 计	上海精密科学仪器厂
水浴恒温磁力搅拌器	予华仪器公司
凯氏定氮仪	瑞士 Buchi 公司
垂直电泳仪	美国 Bio-Rad 公司

7.4.2 试验方法

（1）挤压试验

将过筛后的微细高粱粉分装后，分别调水分含量至 15%、17%、19%、21%、23%，混合均匀后，放入自封袋中平衡过夜。

采用 DSE-20 双螺杆挤压机，长径比 30∶1，螺杆外径 20mm，模孔直径 4mm。挤压机套筒温度分别设定为Ⅰ区 40℃、Ⅱ区 60℃、Ⅲ区 100℃、Ⅳ区 120℃、Ⅴ区 120～180℃，喂料器转速恒定为 14r/min，螺杆转速恒定为 150r/min。

（2）挤压样品处理

将挤出样品室温放置一段时间散去余热后，测得挤出物产量。不同条件的挤出样品放置于 40℃烘箱干燥 24h 后，分别磨粉过 60 目筛为后续实验做准备。

（3）挤压过程系统参数

挤压试验过程中，整个设备由计算机程序控制和记录，可以直接读取挤压加工过程中的扭矩、模头压力等参数，数据采集频率为 6 次/min。根据式（7-4）计算出单位机械能耗（SME）：

$$\mathrm{SME}=\frac{2\pi\times n\times T}{\mathrm{MFR}} \tag{7-4}$$

式中，SME 为单位机械能耗（kJ/kg）；n 为螺杆转速（r/min）；T 为扭矩（N·m）；MFR 为挤压机稳定时的产量（g/min）。

（4）淀粉酶法制备高粱蛋白质

挤压后高粱粉用石油醚（高粱粉∶溶剂，1∶7）在室温条件下振荡 8h 后 40℃低温烘干。取一定样品按照料液比 1∶6（高粱粉∶超纯水）于 90℃恒温水浴锅中搅拌反应，并添加适量的耐高温 α-淀粉酶，反应 2h 后，5000r/min，4℃离心 15min，倾倒上清液后取沉淀，并反复水洗沉淀并离心 3 次，直至上清液澄清，将沉淀冻干即得高粱蛋白质。

（5）物料水分含量、挤压温度以及淀粉酶量对蛋白质提取的影响

固定其他反应条件，分别改变未挤压高粱粉物料水分含量为15%、17%、19%、21%、23%，挤压开始后，调整温区温度分别为120℃、135℃、150℃、165℃、180℃，提取蛋白质时淀粉酶量为0.4U/g、0.8U/g、1.2U/g、1.6U/g、2.0U/g、2.4U/g、2.8U/g，测定冻干后蛋白质的质量及蛋白质含量，计算蛋白质提取率和纯度。

（6）蛋白质体外消化率（IVPD）的测定

测定方法及过程同试验7.2.2。

（7）酶解工艺流程

测定方法及过程同试验7.3.2。

（8）ACE抑制肽体外活性测定（FAPGG法）

测定方法及过程同试验7.3.2。

（9）正交试验设计

根据单因素试验结果，以物料水分含量、挤压温度、淀粉酶量为因素，选定合适条件区间，进行L_9（3^4）正交试验。

（10）氨基酸组成分析

测定方法及过程同试验7.2.2。

（11）氨基酸的营养价值评价

测定方法及过程同试验7.2.2。

（12）SDS-PAGE凝胶电泳分析高粱蛋白质

测定方法及过程同试验7.2.2。

（13）数据处理和统计分析

采用Origin 8.0和SPSS 18.0数据处理软件对数据进行分析处理。

7.4.3　结果与讨论

（1）物料水分含量、挤压温度对扭矩、模头压力和单位机械能耗（SME）的影响

扭矩和模头压力是重要的挤压过程系统参数。扭矩反映的是螺杆转动时需要克服的阻力大小，模头压力是熔融体流出的基础。

如图7-14所示，扭矩随着物料水分含量（15%～23%）、挤压温度（120～180℃）的升高而降低，与模头压力变化趋势一致。高粱因挤压作用呈熔融状态，有一定黏性。物料水分含量低时，黏性较大，机筒内受强制性流动的阻力增大，挤压螺杆要保持转速稳定就要克服更大的阻力，剪切作用加强，所以低水分含量时扭矩和模头压力大。此外，因为水分在挤压膨化过程中起到塑化剂的作用，可以改善物料的流动性，减小了物料运输过程中的摩擦阻力，所以高水分含量时扭矩下降。由表7-12可知，扭矩与模头压力呈显著正相关（r=0.955）。

由图 7-14 还可以看出单位机械能耗（SME）随着物料水分含量、挤压温度的升高而降低。由计算公式（7-4）可知，SME 是扭矩、转速和产量的综合反映（赵学伟，2006）。螺杆转速、喂料速度一定时，扭矩降低，物料滞留时间短，SME 随之下降。同时由表 7-12 可知扭矩、模头压力和 SME 的变化趋势呈显著正相关。Ding（2005）研究也表明，SME 受水分含量、挤压温度影响较大，SME 随水分含量、挤压温度的升高而降低，与本研究试验研究结果一致。

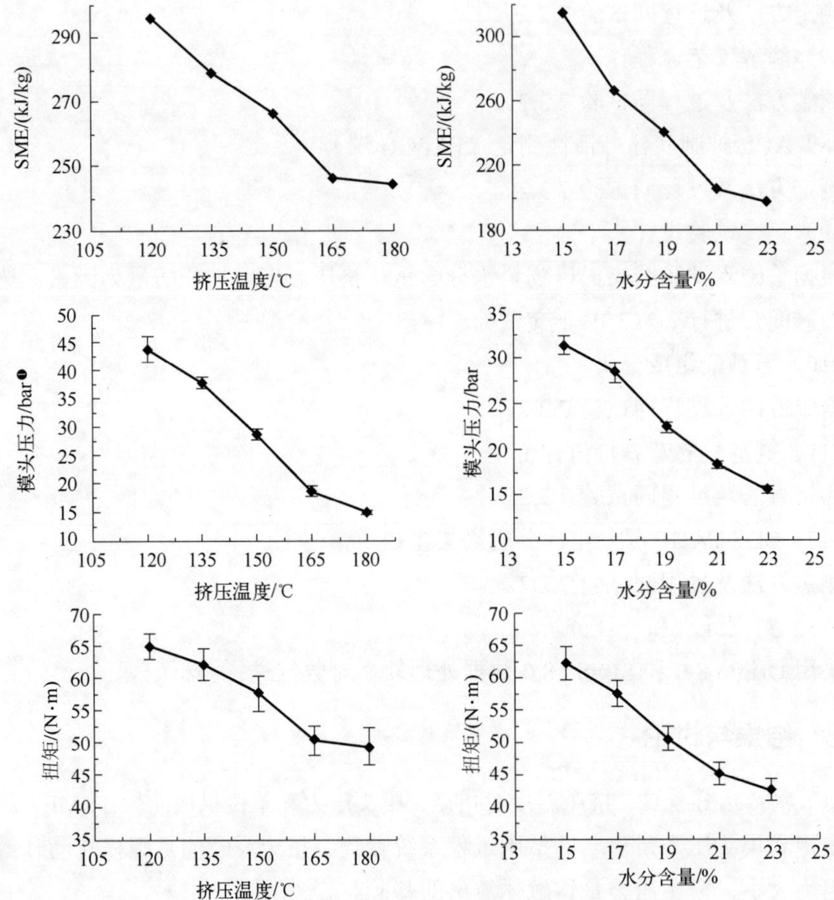

图 7-14　水分含量、挤压温度对单位机械能耗（SME）、模头压力和扭矩的影响

表 7-12　产品挤压特性与产品蛋白质特性相互间的皮尔森相关性系数

相关系数	SME	P	T	ACEI	DH	IVPD	PC	EY
SME	1	0.932**	0.803**	−0.927**	−0.940**	−0.919**	0.386	−0.585
P		1	0.955**	−0.823**	−0.908**	−0.953**	0.349	−0.628
T			1	−0.724*	−0.846**	−0.934**	0.194	−0.591

❶ 1bar=10^5Pa。

续表

相关系数	SME	P	T	ACEI	DH	IVPD	PC	EY
ACEI				1	0.969**	0.914**	−0.114	0.429
DH					1	0.963**	−0.135	0.534
IVPD						1	−0.200	0.499
PC							1	0.022
EY								1

注：**α=0.01 水平上显著，*α=0.05 水平上显著。

SME：单位机械能耗（kJ/kg）；P：模头压力；T：扭矩；ACEI：ACE 抑制率；DH：水解度；IVPD：蛋白质消化率；PC：蛋白质含量；EY：蛋白质提取率。

（2）物料水分含量对蛋白质提取率和纯度的影响

本研究试验对高粱蛋白质的提取是通过淀粉酶分解淀粉使蛋白质脱离出来实现的。如表 7-13 所示，未经挤压处理的高粱粉原料直接进行一步 α-淀粉酶水解后，得到的蛋白质含量只有 12.23%左右，相较于原材料蛋白质含量 10.17%，只提高了 2.06%。虽然蛋白质提取率高达 91.27%，但蛋白质提取率与最后得到的样品质量有关，由于高粱淀粉结构紧密，且与蛋白质形成包埋结构，淀粉酶难以有效分解淀粉，蛋白质依旧与淀粉紧密结合。最终得到的样品淀粉量高，提取率高，蛋白质纯度低。

表 7-13　淀粉酶法提取未经挤压预处理的高粱蛋白质

项目	提取率/%	蛋白质含量/%	消化率/%
未挤压的高粱原料	91.27±1.46	12.23±0.20	61.74±2.01

挤压预处理对于提高蛋白质纯度和提取率有显著影响。如图 7-15 所示，蛋白质的提取率随水分含量增加呈现先上升后下降的趋势，当水分含量从 17%上升至 19%时，提取率急剧上升。蛋白质含量（纯度）随水分含量增加，与提取率的变化趋势一致。在物料水分含量 19%的条件下，蛋白质提取率可以达到 83.9%，纯度 75.77%。

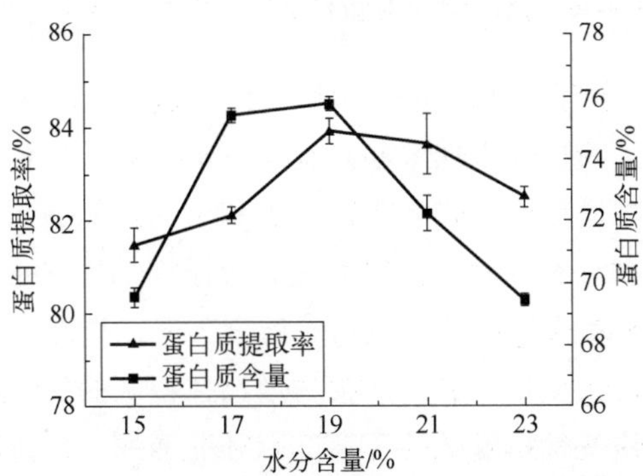

图 7-15　水分含量对蛋白质提取率和纯度的影响

分子间氢键的断裂是淀粉糊化的本质。在一定的单位机械能耗（SME）范围内，挤压过程淀粉发生糊化，氢键的断裂使淀粉由原来的致密结构变得松散无序，α-化度提高，出现了较大的空间，α-淀粉酶能更轻易地进入淀粉分子中间，酶解效率增强。随水分含量增加，产品糊化度增加，因此 α-淀粉酶水解淀粉效率随之增大，蛋白质与淀粉的包埋结构瓦解，蛋白质周围的环绕淀粉颗粒被分解成小分子糊精、寡糖等易溶于水的物质，蛋白质因此沉淀并与淀粉分离。在挤压过程中还伴随淀粉的降解，对 α-淀粉酶的水解有促进作用。因而当水分含量升高至 19%时，蛋白质纯度高，提取率高。但随物料水分含量继续增加，SME 持续降低，挤压过程剪切力对淀粉分子间的破坏作用减弱，淀粉的降解程度下降，α-淀粉酶水解作用减弱，蛋白质纯度下降，提取率减小。

（3）挤压温度对蛋白质提取率和纯度的影响

如图 7-16 所示，随挤压温度的上升，蛋白质提取率和含量呈先增加后降低的变化趋势。挤压温度是影响淀粉糊化和降解程度的重要因素。挤压温度上升，伴随着淀粉糊化度以及降解度的增加，α-淀粉酶水解淀粉的效率随之增大，蛋白质与淀粉的包埋结构被破坏，因此可以得到高纯度蛋白质，提取率也高。

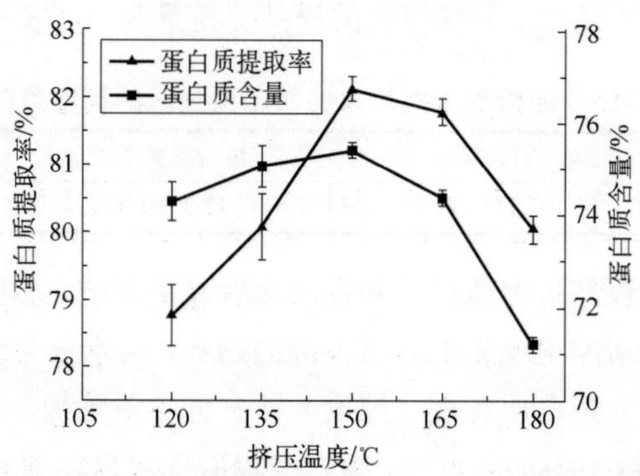

图 7-16　挤压温度对蛋白质提取率和纯度的影响

在挤压温度 150℃的条件下，蛋白质提取率可以达到 82.12%，纯度 75.38%。但当温度高于 150℃时，蛋白质提取率和纯度呈下降趋势。一是挤压温度过高可能会导致淀粉与脂肪、蛋白质结合生成复合体，不利于淀粉酶的水解作用；二是随着挤压温度升高，SME 持续下降，挤压过程对淀粉分子间的破坏作用减弱，淀粉的降解程度下降，α-淀粉酶水解作用减弱，蛋白质纯度下降，提取率减小。并且挤压温度持续升高，加剧蛋白质的变性，蛋白质损失增加，得到的蛋白质纯度下降，提取率降低。据报道，蛋白质变性程度随挤压温度上升而增加，同时改善了蛋白质的组织化程度，但降低了蛋白质的水溶性，若挤压温度过高还可能产生焦化现象（高福成，1997）。

（4）α-淀粉酶量对蛋白质提取率和纯度的影响

α-淀粉酶的作用是水解淀粉得到蛋白质的关键。如图 7-17 所示，随着酶量的增加，蛋白质纯度和提取率呈上升趋势，当酶量达到 2.0U/g 之后，蛋白质纯度和提取率变化不大，趋于稳定。挤压预糊化后的淀粉在 α-淀粉酶的作用下水解成为可溶于水的小分子物质，当淀粉底物的量不变，酶量增加时，淀粉酶可以催化更多的淀粉水解，破坏淀粉分子间结构以及淀粉与蛋白质的包埋结构，使蛋白质纯度和提取率增加。当淀粉酶量继续增加到一定量时，酶与底物的结合达到饱和状态，此时继续加大酶量，蛋白质纯度和提取率变化较为稳定。

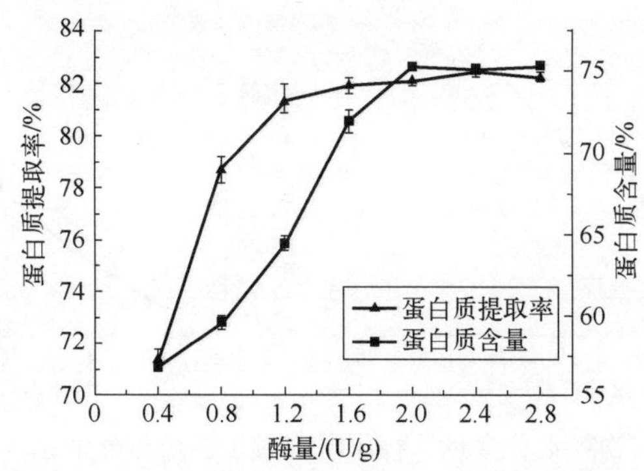

图 7-17 α-淀粉酶量对蛋白质提取率和纯度的影响

（5）物料水分含量、挤压温度对蛋白质体外消化率的影响

如图 7-18 所示，高粱蛋白质体外消化率随着物料水分含量、挤压温度的上升而增加。Maclean 等（1983）和 Mertz 等（1984）的研究结果表明，挤压处理会提高高粱蛋白质的体外消化率。如表 7-13 所示，未经挤压处理提取的高粱蛋白质消化率仅为 61.74%，而前面得出高粱碱溶蛋白消化率为 74.32%，可能因为高粱蛋白质难消化的蛋白质组分主要是醇溶蛋白，所以碱溶性蛋白质的消化率要高于整体高粱蛋白质。经高温挤压后高粱蛋白质的体外消化率之所以会大幅提高，一方面是因为蛋白质经淀粉酶水解淀粉的作用从原本紧密结合的淀粉包埋结构中释放出来，胃蛋白酶可以直接与蛋白质接触，水解效率提高；另一方面蛋白质经挤压发生适度的变性，蛋白质分子变性伸展，酶作用位点因此暴露，蛋白质对酶作用的敏感性增加，易受蛋白酶的水解作用，所以挤压之后蛋白质消化率显著提高，达 80%以上。蛋白酶水解的效率和蛋白质变性程度与挤压条件的变化密切相关，也因此影响了蛋白质消化率大小。

（6）不同挤压条件下蛋白酶解液的 ACE 抑制率和水解度

从图 7-19 可以看出，随着水分含量的增加，从 15%到 19%，蛋白质酶解液的

ACE 抑制率大幅提高，水分含量达到 19%之后，ACE 抑制率的上升趋势平缓，同时由表 7-12 可知 ACE 抑制率和水解度呈显著正相关（r=0.969）。一方面是因为随水分含量增加至 19%时，蛋白质的纯度和提取率都上升，蛋白酶水解后可能会得到更多具有抑制活性的短肽，ACE 抑制率增加；另一方面，已有研究表明（陈锋亮，2016）挤压时物料水分含量的增加有利于蛋白质二硫键与氢键、二硫键与疏水作用之间协同作用的形成和蛋白质的伸展变性，可以大大降低蛋白质分子的聚合程度。所以随水分含量增加，酶作用位点暴露程度加大，更有利于蛋白酶的水解作用，如图 7-19 所示水解液水解度增加，有抑制活性的短肽可能增多，ACE 抑制率增加。

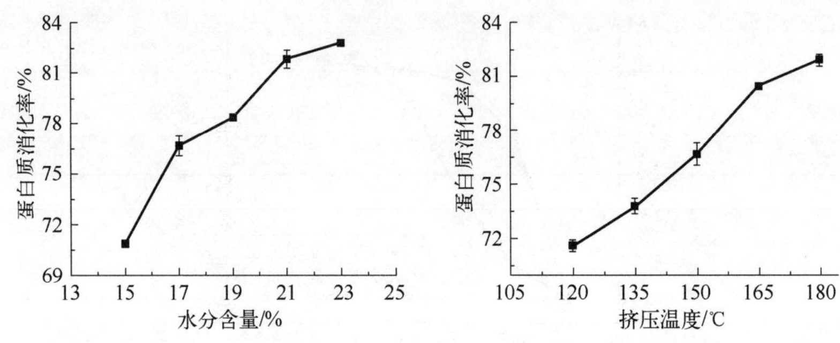

图 7-18　物料水分含量、挤压温度对蛋白质体外消化率的影响

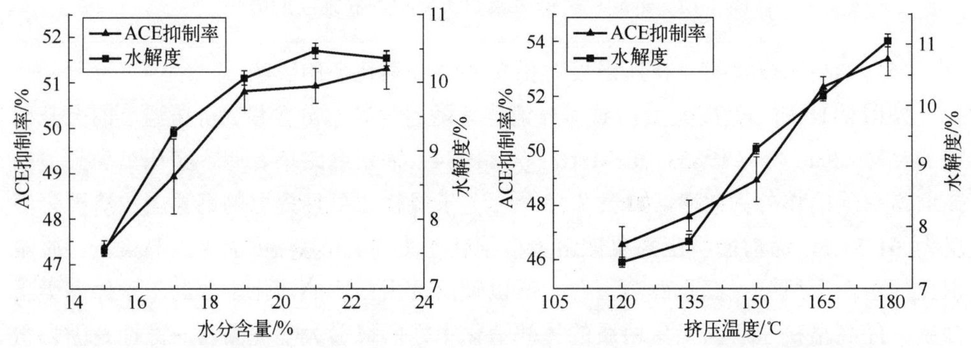

图 7-19　物料水分含量、挤压温度对 ACE 抑制率、水解度的影响

此外，从图 7-19 可知随挤压温度的升高，蛋白质酶解液的 ACE 抑制率上升，水解液的水解度也上升。挤压温度是影响蛋白质自由巯基、二硫键含量的重要因素，对蛋白质变性的程度影响较大（房岩强，2013）。随着温度升高，蛋白质纯度增加，蛋白酶水解后可能得到更多具有活性的短肽；虽然温度过高时，蛋白质纯度有所降低，但同时蛋白质的空间结构在高温作用下的变性程度加大，酶作用位点暴露程度加大，对于蛋白酶的水解产生有抑制活性的短肽具有促进作用。所以随挤压温度升高，ACE 抑制率持续增长。

（7）α-淀粉酶量对蛋白酶解液 ACE 抑制率和水解度的影响

如图 7-20 所示，随 α-淀粉酶量的上升，蛋白质酶解液的抑制率和水解度先增加，当酶量达到 2.0U/g 后，水解度、ACE 抑制率趋于稳定，变化幅度不大。当淀粉酶量较少时，蛋白质产物纯度低，淀粉水解不彻底，且淀粉与蛋白质之间的包埋结构破坏不完全，酶作用的位点暴露少，不利于蛋白酶的水解作用，所以低酶量时酶解液的水解度较低，有抑制活性的短肽不多，ACE 抑制率低。随着淀粉酶量增加，水解度和 ACE 抑制率都得到改善。当酶量增加到一定值时，淀粉酶与底物结合达到饱和状态，淀粉不再水解，蛋白质最大限度地从淀粉中脱离，蛋白质产物纯度和提取率不变，酶解液的水解度、ACE 抑制率变化趋势平缓。

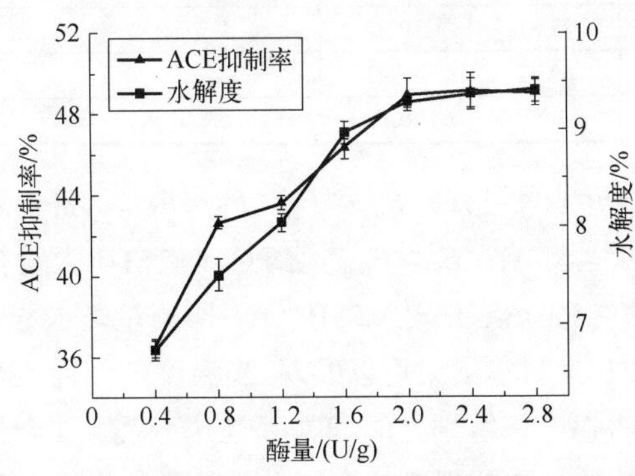

图 7-20　α-淀粉酶量对 ACE 抑制率和水解度的影响

结合表 7-12 可知，酶解液的水解度、ACE 抑制率和蛋白质消化率之间呈显著正相关。因为这三者的性质都与蛋白酶水解蛋白质的效率有关，挤压促使蛋白质发生变性，甚至打破了高粱的蛋白质体，淀粉酶解破坏了蛋白质与淀粉间的紧密结构，促进了蛋白酶与蛋白质分子活性作用位点之间的有效接触，随水分含量、挤压温度、淀粉酶量增大，蛋白质体外消化率、水解度、ACE 抑制活性呈上升趋势。

（8）正交试验设计及结果

根据单因素试验结果设计正交试验，各因素水平如表 7-14，以蛋白质含量为测定指标，并参考不同提取条件下蛋白酶水解液的 ACE 抑制率。试验结果如表 7-15。

表 7-14　正交试验因素和水平

水平	*A* 挤压温度/℃	*B* 水分含量/%	*C* 酶量/（U/g）
1	135	17	1.2
2	150	19	1.6
3	165	21	2.0

表 7-15　正交试验结果

试验号	A	B	C	蛋白质含量/%	ACE 抑制率/%
1	1	1	1	63.81	48.38
2	1	2	2	71.24	48.65
3	1	3	3	72.33	49.94
4	2	1	2	70.61	51.11
5	2	2	3	78.98	52.69
6	2	3	1	65.17	52.12
7	3	1	3	76.44	53.74
8	3	2	1	68.21	51.49
9	3	3	2	71.07	52.61
k_1	69.13	70.29	65.73		
k_2	71.59	72.81	70.97		
k_3	71.91	69.52	75.92		
R	2.78	3.29	10.19		

由表 7-16 方差分析结果可知，$F_{0.1}<F_A<F_B<F_{0.05}$，挤压温度和水分含量两因素对蛋白质含量有较显著影响；$F_C>F_{0.01}$，酶量对蛋白质含量有极显著影响。3 个因素对蛋白质含量的影响先后顺序是 C>B>A，即酶量>水分含量>挤压温度。并且参考 9 组试验的 ACE 抑制率结果可以发现，当温度条件为 150℃和 165℃时，ACE 抑制率均可以达到 50%以上，组别之间抑制率差异不大。综合各因素作用，得到高粱经挤压预处理后淀粉酶提取获得高纯度蛋白质的最佳提取条件是 $C_3B_2A_3$，即淀粉酶量 2U/g，水分含量 19%，挤压温度 165℃。在此条件下进行三次验证试验，得到蛋白质含量为 79.23%，提取率 83.2%，ACE 抑制率达到 53.89%。

表 7-16　SPSS 正交试验方差分析

方差来源	偏差平方和	自由度	均方	F 值	显著性
A	13.882	2	6.941	11.102	(*)
B	17.752	2	8.876	14.196	(*)
C	155.697	2	77.849	124.511	**
误差		2	0.825		

注：$F_{0.1\,(2,2)}=9.00$；$F_{0.05\,(2,2)}=19.00$；$F_{0.01\,(2,2)}=99.00$。

（9）高粱蛋白质的氨基酸组成分析及营养学评价

由表 7-17 可知，经正交试验优化提取条件后得到的高粱蛋白质富含芳香族氨基酸、疏水性氨基酸、支链氨基酸，并且含量都略高于前面所提取的碱溶性高粱蛋白质，可以作为制备 ACE 抑制肽的合理来源。可能是因为碱法提取的蛋白质组成主要是高粱谷蛋白，而挤压辅助淀粉酶法提取的蛋白质是高粱粉除去淀粉和脂肪之后的蛋白质，接近于高粱全蛋白，因此有些氨基酸的含量会有所增加，如亮氨酸、谷氨酸、丙氨酸等。但是挤压也会造成某些氨基酸的损失，如赖氨酸、精氨酸、苏氨酸等含量的降低，因为高温高压的挤压条件使氨基酸残基暴露，并与原料中存在的某些还原糖或羰基化合物发生美拉德反应或非酶促褐变反应，氨基酸含量下降。

表 7-17 高粱蛋白质的氨基酸组成分析

氨基酸种类		氨基酸含量 (mg/g)	AAS	FAO/WHO 推荐模式	
				小孩	成人
必需氨基酸	苏氨酸 Thr	3.74	0.94	4.00	0.9
	缬氨酸 Val	5.11	1.02	5.00	1.3
	甲硫氨酸 Met	3.64			
	甲硫氨酸+胱氨酸	4.24	1.70	2.50	1.7
	苯丙氨酸 Phe	5.38			
	苯丙氨酸+酪氨酸	9.97	1.66	6.00	1.9
	异亮氨酸 Ile	4.00	1.0	4.00	1.3
	亮氨酸 Leu	11.97	1.71	7.00	1.9
	赖氨酸 Lys	1.22	0.22	5.50	1.6
	色氨酸 Trp	0.26	0.26	1.00	1.0
	组氨酸 His	2.71			
非必需氨基酸	天冬氨酸 Asp	4.70			
	谷氨酸 Glu	23.79			
	丝氨酸 Ser	4.17			
	甘氨酸 Gly	1.59			
	精氨酸 Arg	2.82			
	丙氨酸 Ala	14.32			
	酪氨酸 Tyr	4.59			
	胱氨酸 Cys	0.6			
	脯氨酸 Pro	5.39			
总量		105.19			
必需氨基酸		43.22			
芳香族氨基酸		10.23			
支链氨基酸		21.08			
疏水性氨基酸		47.76			

综合表 7-18 高粱蛋白质的营养评价可知，高粱蛋白质中苏氨酸、赖氨酸、色氨酸含量偏低，可能是在挤压过程中造成了一定的氨基酸损失。其他氨基酸的 AAS 均大于 1，基本满足 FAO/WHO 推荐标准。并且高粱蛋白质的 E/T 为 38.03%，高于 FAO/WHO 推荐标准，有一定的营养价值。但是偏低的赖氨酸和色氨酸含量表明高

梁蛋白质的必需氨基酸组成合理性欠缺，所以可以通过酶解制备 ACE 抑制肽的方式进一步提升蛋白质的利用价值。由 PER 计算公式可知，亮氨酸含量对其影响很大。而挤压处理后提取的高梁蛋白质亮氨酸含量高，所以 PERⅠ、PERⅡ、PERⅢ均大于 2.0。并且高梁蛋白质的提取中无任何有机溶剂、化学试剂的使用，绿色无污染，蛋白质纯度较高，提取率相较于碱法大大提高，可以考虑将此法投入到工业生产中，提高高梁蛋白质的利用效率。

表 7-18　高梁蛋白质的营养评价

项目	高梁蛋白
必需氨基酸（*E*/*T*）/%	38.03
第一限制性氨基酸	赖氨酸 Lys
第二限制性氨基酸	色氨酸 Trp
PERⅠ	4.52
PERⅡ	4.48
PERⅢ	5.34

（10）高梁蛋白质的分子量分析

如图 7-21 所示，为挤压协同淀粉酶法提取的蛋白质（SP2）经过考马斯亮蓝 R250 染色后的电泳图谱，并与碱溶蛋白（SP1）电泳图谱比较。与低分子量蛋白质标记（Marker）条带对比可以发现，SP2 主要有四个条带。其中，有一条带分子质量位于 24～31kDa 之间，并且此范围内蛋白质亚基较为集中。其余 3 条带分子质量分别为 43kDa、37kDa、15kDa 左右。从图中还可以看出，SP2 的条带部分与 SP1 重合，可能因为 SP2 是除去淀粉和脂质后提取的高梁蛋白质，其中包含了碱溶性蛋白质组分，所以分子质量分布一致。显然，在 24～31kDa 之间，SP2 蛋白质组分较为密集。前人研究表明（郭海峰，2009）依据蛋白质分子质量的不同，高梁主要蛋白质组分醇溶蛋白可分为 23～25kDa 的α-醇溶蛋白、16～20kDa 的β-醇溶蛋白和 28kDa 的γ-醇溶蛋白 3 种。对比可知，SP2 的条带分子量范围几乎包含了所有的醇溶蛋白，并且醇溶蛋白组分密集，说明挤压协同淀粉酶法几乎将高梁醇溶蛋白完全提出。

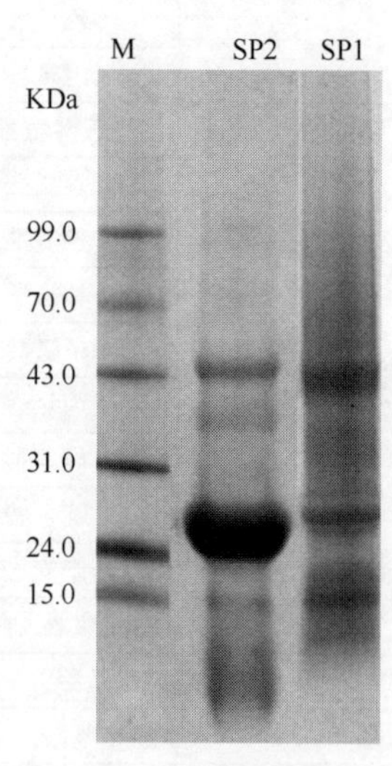

图 7-21　高梁蛋白质的 SDS-Page 图谱

7.4.4　小结

随着物料水分含量和挤压温度的上升，挤压过程中 SME、模头压力和扭矩逐渐降低。从不同挤压条件处理的高粱粉中提取高粱蛋白质，蛋白质提取率和纯度随水分含量和挤压温度的上升先增加后减少，随淀粉酶量的增加先上升后保持稳定；高粱蛋白质体外消化率受挤压条件影响，随水分含量和挤压温度的增加而增大。以高粱蛋白质为原料制备 ACE 抑制肽，ACE 抑制率和水解度在一定范围内随水分含量、挤压温度和淀粉酶量的增加而提高。

通过正交试验优化高粱蛋白质提取条件，在淀粉酶量 2U/g，水分含量 19%，挤压温度 165℃的条件下得到的高粱蛋白质纯度高达 79.23%。对此高粱蛋白质进行氨基酸组成分析及营养学评价，结果表明其营养价值良好并且是制备 ACE 抑制肽的有效来源。

通过 SDS-PAGE 凝胶电泳分析高粱蛋白质分子量，结果表明，挤压协同酶法提取的高粱蛋白质主要有 4 种蛋白质组分，其中有一组分分子质量位于 24～31kDa，主要为醇溶蛋白，其余组分分别为 43kDa、37kDa、15kDa 左右。

7.5 ACE 抑制肽的稳定性研究及初步分离

对于不同方法制备的不同高粱蛋白质及分别酶解制备 ACE 抑制肽来说，如何从高粱蛋白质酶解产物中选择更有研究价值的一种并继续进行分离纯化，需要综合考虑酶解产物的半抑制浓度（IC_{50}）以及 ACE 抑制稳定性。

IC_{50} 是抑制剂的抑制率达到 50%的浓度，是判断 ACE 抑制肽抑制活性的重要指标。IC_{50} 值越小说明抑制剂的灵敏度越高，活性越强。ACE 抑制肽的稳定性是决定其能否长期保存以及具有有效作用的重要影响因素，由于多肽的氨基酸组成序列不同，稳定性也会有差别。通常对 ACE 抑制肽体外稳定性的考察从温度、pH 值、模拟胃肠道稳定性等多方面进行考量，以作为判断 ACE 抑制肽能否投入生产应用的重要标准。

ACE 抑制肽都是通过一步碱性蛋白酶水解得到的，多肽溶液中还存在大量分散性蛋白质、无抑制活性的多肽、游离氨基酸以及其他杂质等，通过进一步的分离纯化，可以得到组分更简单的 ACE 抑制肽，显著提高其纯度以及抑制活性，生产更高效的 ACE 抑制肽。综合考虑高粱蛋白质的提取率、纯度等因素，以及两种 ACE 抑制粗肽的 IC_{50} 和体外稳定性，选择更加合适的一种进行 ACE 抑制肽的初步分离试验。分离试验采用凝胶过滤色谱方式进行，凝胶过滤色谱是利用分子量大小不同的原理，将混合溶液通过具有网状结构的凝胶，小分子物质能进入凝胶内部，大分子物质被排阻在外部，并且分子量越大的物质越早从柱中流出，溶液物质因此而筛分开来。该方法有设备简单、操作方便、重复性好和样品回收率高等优点。因为食源性蛋白质经蛋白酶水解后产生的 ACE 抑制肽分子质量大小一般在 1500Da 以下，通常采用葡聚糖凝胶 Sephadex G-25 对 ACE 抑制肽进行初步分离。

7.5.1 材料

（1）材料与试剂

试验材料：两种高粱蛋白质（前期制备）。

主要试剂：Alacase 碱性蛋白酶、胃蛋白酶、胰蛋白酶、血管紧张素转换酶（ACE）、氢氧化钠、盐酸。

（2）仪器与设备

离心机	湖南湘仪仪器公司
酶标仪	美国 Molecular 公司
旋转蒸发仪	东京理化公司
pHS-3C 精密数显 pH 计	上海精密科学仪器厂
HD-3 紫外检测仪	上海沪西仪器厂

7.5.2 方法

（1）高粱蛋白质 ACE 抑制肽的制备

分别取一定量前期制备的两种高粱蛋白质于 pH8.0 的缓冲液中，加入 Alacase 碱性蛋白酶，在 55℃水浴条件下反应 2h 后，沸水浴灭酶 15min。待冷却后于 5000r/min，4℃条件下离心 20min，测定上清液蛋白质浓度后，冷冻干燥得到两种高粱 ACE 抑制多肽粉。

（2）ACE 抑制活性测定

测定方法及过程同试验 7.3.2

（3）半抑制浓度测定

IC_{50}：ACE 抑制率为 50%时样品的浓度。

分别取一定量的 ACE 抑制肽样品配制成不同浓度的溶液，按照 ACE 抑制活性测定方法测定不同浓度溶液的抑制率。以浓度为横坐标，ACE 抑制率为纵坐标绘图，计算 IC_{50} 值。

（4）ACE 抑制肽的稳定性试验

① 温度对 ACE 抑制肽稳定性的影响

配制两种高粱蛋白质 ACE 抑制肽溶液（浓度为 5mg/mL）分别置于 20℃、40℃、60℃、80℃、100℃水浴中保温 2h 后冰水浴冷却，测定 ACE 抑制率。

② pH 值对 ACE 抑制肽稳定性的影响

配制两种高粱蛋白质 ACE 抑制肽溶液（浓度为 5mg/mL），分别调节 pH 值为 2.0、4.0、6.0、8.0、10.0，在 4℃条件下冷藏保存 24h 后，调节 pH 为 7.0，测定 ACE 抑制率。

③ 体外模拟胃肠消化道酶系对ACE抑制稳定性的影响（刘佳，2008）

a. 高粱ACE抑制肽溶解于0.1mol/L的HCl缓冲液（pH 2.0）中，配制成0.02g/mL溶液并加入适量的胃蛋白酶。在37℃水浴条件下水解3h后，沸水浴灭酶10min，冷却后用2mol/L NaOH调节pH值至7.0。5000r/min离心15min，测定上清液的ACE抑制率。

b. 参照a. 反应过程，高粱ACE抑制肽经过胃蛋白酶酶解后，用2mol/L NaOH调节pH至7.0，加入适量胰蛋白酶，37℃水浴条件下继续水解3h后，沸水浴灭酶10min，冷却后，5000r/min离心15min，测定上清液的ACE抑制率。

（5）Sephadex G-25凝胶分离纯化ACE抑制肽

① 凝胶预处理：将所用的干凝胶于5～10倍超纯水中充分浸泡24h后，除去表面悬浮颗粒物，再用0.5mol/L NaOH-NaCl溶液室温浸泡0.5h后，抽滤去除碱液，水洗至中性。

② 装柱：将色谱柱垂直装好，关闭柱出口后先注入部分超纯水。将凝胶溶液边搅拌边加入柱中，直到所需高度，静置一段时间后，用洗脱液平衡。

③ 加样：吸去上层液体，待平衡液下降至床面时，关闭流出口，加样量为1mL，样品浓度为10mg/mL。

④ 洗脱：用超纯水进行洗脱，流速为1mL/min，收集洗脱液，检测波长为220nm。

⑤ 样品收集：合并各峰的流出液，使用旋转蒸发仪浓缩后冻干，测定各组分IC_{50}。

（6）数据处理和统计分析

采用Origin 8.0数据处理软件对数据进行分析，并用Tukey法进行显著性分析（$p<0.05$）。

7.5.3 结果与讨论

（1）两种高粱ACE抑制肽的半抑制浓度

由图7-22得出高粱ACE抑制肽IC_{50}的计算公式。酶解高粱碱溶蛋白（SP1）得到的ACE抑制肽（ACEIP1）IC_{50}=2.05mg/mL；酶解挤压预处理后提取的高粱蛋白质（SP2）得到ACE抑制肽（ACEIP2）的IC_{50}=1.96mg/mL。ACEIP2略小于ACEIP2，表明ACEIP2的抑制效率略高于ACEIP1，总体相差不是很大。

（2）温度对两种ACE抑制肽稳定性的影响

如图7-23所示，储存温度在20～100℃之间变化时，ACEIP1的ACE抑制率在70.31%～71.37%小范围内波动，变化不显著，说明ACEIP1的抑制活性受温度影响不大，在高温条件下依然保持高活性；ACEIP2的抑制率在66.94%～68.16%之间波动，80℃和100℃时略有下降，下降幅度很小，说明ACEIP2在高温条件下也保持高活性。总体来看，ACEIP1和ACEIP2高温下的稳定性良好。

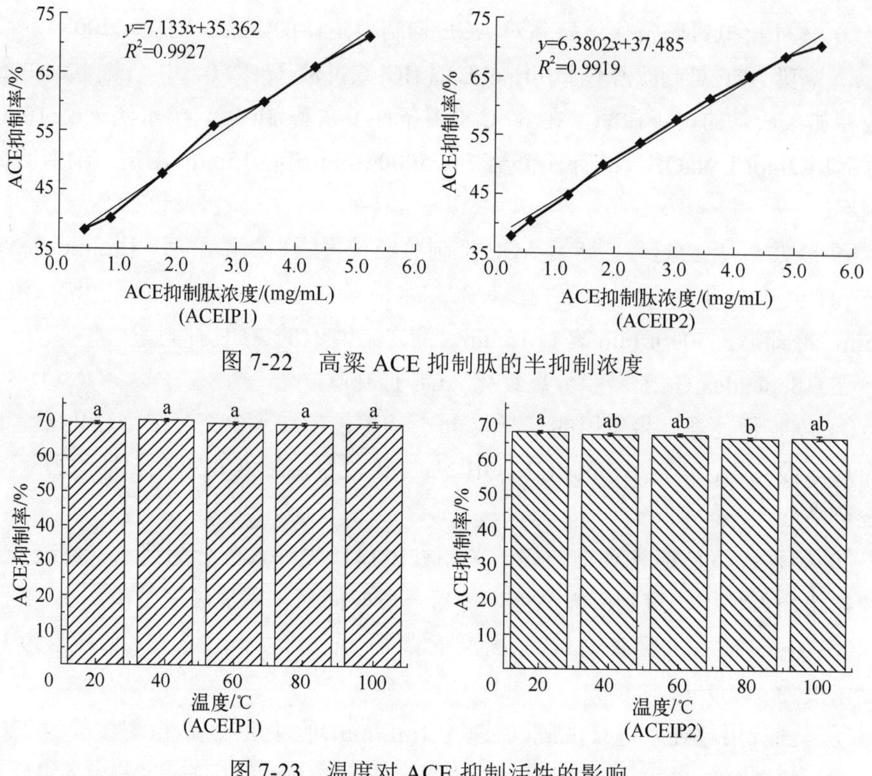

图 7-22　高粱 ACE 抑制肽的半抑制浓度

图 7-23　温度对 ACE 抑制活性的影响

（3）pH 对两种 ACE 抑制肽稳定性的影响

如图 7-24 所示，对于 ACEIP1，在 pH2～8 范围内，ACE 抑制率 70%左右，基本稳定，当 pH=10 时，ACE 抑制率为 68.1%，显著降低，可能是溶液碱性过高，肽发生了消旋作用而改变了肽链结构，使多肽活性降低。对于 ACEIP2，在 pH2～10 范围内，ACE 抑制率在 66.84%～67.59%之间波动，变化不显著。总体看来，两种 ACE 抑制肽在酸性和碱性条件下都能够保持良好的稳定性。

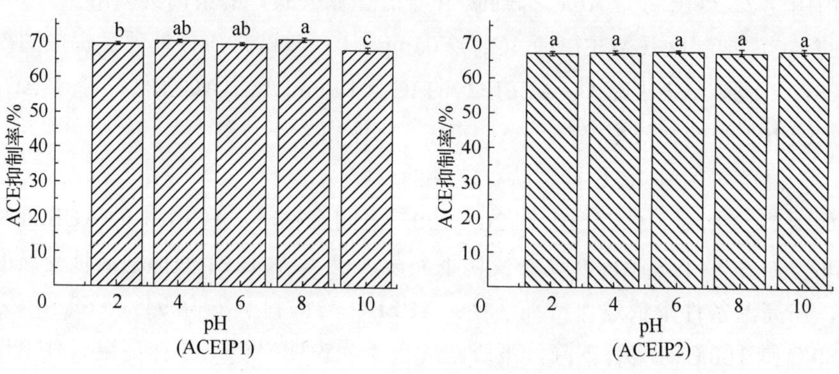

图 7-24　pH 值对 ACE 抑制活性的影响

（4）体外模拟胃肠消化道酶系对 ACE 抑制率的影响

在实际生产应用中，ACE 抑制肽经人体吸收后，若要对血管紧张素转换酶起到有效的抑制作用，必须以不被肠道酶降解丧失活性为前提。通过在体外模拟胃肠道消化系统的方式，利用胃蛋白酶-胰蛋白酶复合水解 ACE 抑制肽后测定其活性，方便操作，并且能作为 ACE 抑制肽在体内消化稳定性的参照，对于高粱 ACE 抑制肽生产应用有一定参考价值。

如表 7-19 所示，ACEIP1 经过胃蛋白酶消化后，ACE 抑制率较未消化处理的多肽有所提高，再经胰蛋白酶消化后，ACE 抑制率基本无变化。ACEIP2 的 ACE 抑制率变化与 P1 类似，经胃蛋白酶和胰蛋白酶水解后，ACE 抑制率略增大。可能在肠胃蛋白酶的水解作用下，ACEIP1、ACEIP2 进一步降解产生更多活性多肽，抑制率上升，说明二者均具有良好的体外消化稳定性。并且，综合前面研究成果，ACEIP1 的 IC_{50} 值、稳定性各方面试验结果与 ACEIP2 区别不大，表明 SP1 和 SP2 都是可以有效制备 ACE 抑制肽的良好来源。但是挤压方法预处理高粱粉提取高粱蛋白质的提取率远高于碱法提取，蛋白质纯度 70%以上，操作过程高效，无污染，因此以 SP2 为蛋白质来源可以制备得到更多的 ACE 抑制肽，具有广泛投入生产的可行性。本研究试验选择 ACEIP2 初步分离纯化，以期得到纯度更高、活性更强的 ACE 抑制肽。

表 7-19　胃肠消化道酶系对 ACE 抑制率的影响

ACE 抑制率/%	未消化处理（空白）	胃蛋白酶	胃蛋白酶+胰蛋白酶
ACEIP1	71.37±0.35	73.54±0.59	73.67±0.74
ACEIP2	68.16±0.57	69.31±0.39	70.02±0.43

（5）Sephadex G-25 分离纯化 ACE 抑制肽

如图 7-25 所示 ACEIP2 经 Sephadex G-25 凝胶过滤分离后，得到两个明显的吸收峰，分别命名为 Ia 和 Ib。由表 7-20 可知，Ia 的 IC_{50} 为 1.084mg/mL，Ib 的 IC_{50} 为 0.244mg/mL，相比于未分离时 ACEIP2 的 IC_{50} 1.96mg/mL，显著降低，并且 Ib 组分抑制活性远大于 Ia 组分。根据凝胶过滤原理，Ib 分子量小于 Ia，说明分子量小的多肽组分具有较高的 ACE 抑制活性，这与前人的研究成果一致。

7.5.4　小结

以前期制备的两种高粱蛋白质（SP1 和 SP2）制备 ACE 抑制肽 P1、P2 并进行性质比较。ACEIP1 的 IC_{50}=2.05mg/mL，ACEIP2 的 IC_{50}=1.96mg/mL，ACEIP2 略低于 ACEIP1，相差不大。对 ACEIP1 和 ACEIP2 进行稳定性试验研究，结果表明两种高粱 ACE 抑制肽有良好的热稳定性和酸碱稳定性，并且在体外经胃肠道酶消化酶解后，依然能保持抑制活性。综合考量蛋白质提取方法的效率以及生产应用的可行性，采用 Sephadex G-25 凝胶过滤方法对 ACEIP2 进行初步分离纯化，得到具有 ACE 抑制活性的两个组分 Ia 和 Ib，IC_{50} 分别为 1.084mg/mL 和 0.244mg/mL，显然 Ib 抑制活性高于 Ia，分子量小的多肽组分具有较高的 ACE 抑制活性。

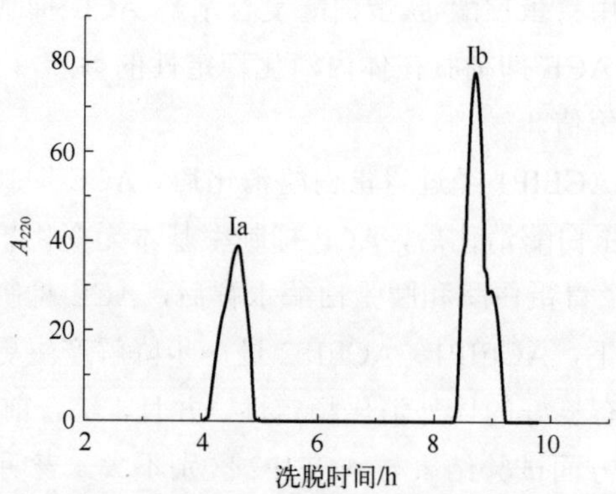

图 7-25　Sephadex G-25 分析图谱

表 7-20　Sephadex G-25 分离后各组分的 IC_{50} 值

组分	IC_{50} 计算公式	IC_{50}/(mg/mL)
Ia	Y=17.40X+31.13(R^2=0.969)	1.084
Ib	Y=36.53X+41.06(R^2=0.995)	0.244

7.6　结论

试验原料高粱粗淀粉含量为 71.61%，粗蛋白质含量 10.17%，粗脂肪含量 2.34%，灰分 2.1%。通过单因素试验研究 NaOH 浓度、料液比、温度、反应时间 4 个因素对蛋白质提取率的影响，并设计正交试验，通过 SPSS 方差分析得到最佳提取条件为 NaOH 浓度 0.15%，料液比 1∶14，提取温度 40℃，提取时间 1.5h。在此条件下进行三次验证试验，蛋白质提取率平均为 21.57%，最终得到的粗蛋白质纯度为 85.47%。在最佳条件下提取高粱蛋白质并测定蛋白质的氨基酸组成。研究表明，高粱碱溶蛋白富含芳香族氨基酸、疏水性氨基酸、支链氨基酸，可以作为有效制备 ACE 抑制肽的蛋白质资源。通过 SDS-PAGE 凝胶电泳对碱溶蛋白进行分子量分析，研究表明高粱碱溶蛋白主要存在分子质量为 43.0kDa、27.0kDa、15.0kDa 左右的 3 种蛋白质组分。

通过比较木瓜蛋白酶、风味蛋白酶、复合蛋白酶、胰蛋白酶、Alacase 碱性蛋白酶水解高粱蛋白质产物的 ACE 抑制率及水解度，选择 ACE 抑制率和水解度都最高的 Alacase 碱性蛋白酶作为后续实验的水解用酶。通过单因素试验研究了底物浓度、酶量、pH 值、温度、反应时间等 5 个因素对水解产物 ACE 抑制率的影响，以此为基础进行响应面试验优化酶解条件。响应面试验结果得到 Alacase 碱性蛋白酶水解高粱碱溶蛋白制备 ACE 抑制肽最优工艺为酶解温度 55.5℃，酶解时间 1.68h，pH 值 7.95，酶量 2360U/g；经 Design-Expert8.0 软件分析得到 ACE 抑制率（Y）对酶解温度（X_1）、反应时间（X_2）、pH 值（X_3）、酶量（X_4）的二次多项回归方程为 $Y=69.68-0.917X_1-4.633X_2+0.960X_3+3.139X_4+0.230X_1X_2-0.754X_1X_3+0.246X_1X_4+0.197X_2X_3+4.015X_2X_4-1.5X_3X_4-2.093X_1^2-3.684X_2^2+2.193X_3^2+0.529X_4^2$，最优条件代入方程后的预测值与实测值相近，模型可靠，具有一定的参考价值。

随着物料水分含量和挤压温度的上升，挤压过程中 SME、模头压力和扭矩逐渐降低。从不同挤压条件处理的高粱粉中提取高粱蛋白质，蛋白质提取率和纯度随水分含量和挤压温度的上升先增加后减少，随淀粉酶量的增加先上升后保持稳定；高粱蛋白质体外消化率受挤压条件影响，随水分含量和挤压温度的增加而增大。以高粱蛋白质为原料制备 ACE 抑制肽，ACE 抑制率和水解度在一定范围内随水分含量、挤压温度和淀粉酶量的增加而提高。

通过正交试验优化高粱蛋白质提取条件，在淀粉酶量 2U/g，水分含量 19%，挤压温度 165℃的条件下得到的高粱蛋白质纯度高达 79.23%。对此高粱蛋白质进行氨基酸组成分析结果表明其是制备 ACE 抑制肽的有效来源。通过 SDS-PAGE 凝胶电泳分析高粱蛋白质分子质量，结果表明挤压辅助提取的高粱蛋白质主要有 4 种蛋白质组分，其中有一组分分子质量位于 24～31kDa，其余组分分别为 43kDa、37kDa、15kDa 左右。

以两种高粱蛋白质（SP1 和 SP2）制备 ACE 抑制肽 ACEIP1、ACEIP2 并进行性质比较。ACEIP1 的 IC_{50}=2.05mg/mL，ACEIP2 的 IC_{50}=1.96mg/mL，ACEIP2 略低于 ACEIP1，相差不大。对 ACEIP1 和 ACEIP2 进行稳定性试验研究，结果表明两种高粱 ACE 抑制肽有良好的热稳定性和酸碱稳定性，并且在体外经胃肠道酶消化酶解后，依然能保持抑制活性。综合考量蛋白质提取方法的效率以及生产应用的可行性，采用 Sephadex G-25 凝胶过滤方法对 ACEIP2 进行初步分离纯化，得到具有 ACE 抑制活性的两个组分 Ia 和 Ib，IC_{50} 分别为 1.084mg/mL 和 0.244mg/mL，显然 Ⅰb 抑制活性高于 Ia，分子量小的多肽组分具有较高的 ACE 抑制活性。

参考文献

陈芳，阚健全，陈宗道，2001. 生物活性肽的酶法制备[J]. 食品与发酵科技，36(3):27-31.

陈锋亮，魏益民，张波，2010. 物料含水率对大豆蛋白挤压产品组织化质量的影响[J]. 中国农业科学，43(4):805-811.

邓惠玲，2013. 猪血红蛋白 ACE 抑制肽的制备及其理化性质研究[D]. 重庆：西南大学.

董玉琛，曹永生，2003. 粮食作物种质资源的品质特性及其利用[J]. 中国农业科学，36(1):111-114.

杜金娟，2013. 甜高粱 ACE 抑制肽的制备及其特性研究[D]. 镇江：江苏科技大学.

杜双奎, 魏益民, 张波, 2005. 挤压膨化过程中物料组分的变化分析[J]. 中国粮油学报, 20(3):39-43.

房岩强, 魏益民, 张波, 2013. 蛋白质结构在挤压过程中的变化[J]. 中国粮油学报, 28(5):100-104.

高福成, 1997. 现代食品工程高新技术[M]. 北京: 中国轻工业出版社, 1997.

耿存花, 2014. 高粱醇溶蛋白的提取及应用研究[D]. 长春：吉林农业大学, 2014.

管骁, 姚惠源, 2006. 酶法制备燕麦麸蛋白 ACE 抑制肽的研究[J]. 食品与机械, 22(6):12-15.

郭海锋, 田承华, 程庆军, 等, 2009. 高粱育种材料种子醇溶谷蛋白的多样性研究[J]. 科学之友, (14):169.

郭兴凤, 2000. 蛋白质水解度的测定[J]. 中国油脂, 25(6):176-177.

郭兴凤, 程谦伟, 徐磊, 等, 2007. 玉米谷蛋白的提取工艺研究[J]. 粮油加工, (2):53-55

贾俊强, 马海乐, 王振斌,等. 降血压肽的构效关系研究[J]. 中国粮油学报, 2009, 24(5):110-114.

蒋菁莉, 任发政, 2006. 食源性降血压肽的评价方法[J]. 中国乳品工业, 34(6):36-39

金英姿, 王大为, 张艳荣, 2005. 超临界 CO_2 流体萃取法在玉米蛋白前处理的应用[J]. 粮油加工与食品机械 (9):84-86.

李朝慧, 2005. 酶解乳清蛋白制备 ACE 抑制肽的研究[D]. 北京：中国农业大学.

李桂霞, 王凤成, 邬大江, 2009. 我国杂粮的营养与加工(上)[J]. 粮食与食品工业, 16(6):5-7.

李路胜, 冯定远, 2006. 小肽的吸收机制与营养研究进展[J]. 饲料工业, 27(1):13-15.

李莹, 2012. 泥鳅蛋白源 ACE 抑制肽的酶法制备及其降压活性研究[D]. 南京：南京农业大学.

刘佳, 2008. 大豆蛋白 ACE 抑制肽的研究[D]. 无锡：江南大学.

刘明, 刘艳香, 张敏,等, 2009. 双螺杆挤压工艺参数对模头压力及白高粱粉挤压产品品质特性的影响[J]. 食品工业科技, 30(9):95-102.

刘文颖, 林峰, 金振涛,等, 2016. 深海鲑鱼皮来源 ACE 抑制肽的分离及鉴定[J]. 现代食品科技(6):170-176.

申瑞玲, 陈明, 任贵兴, 2012. 高粱淀粉的研究进展[J]. 中国粮油学报, 27(7):123-128.

孙君社, 2001. 现代食品加工学[M]. 北京: 中国农业出版社.

谭志光, 2006. 酶法制取大米浓缩蛋白及其功能性质研究[D]. 广州：暨南大学.

汪家政, 范明, 2004. 蛋白质技术手册[M]. 北京: 科学出版社.

王光慈, 2006. 食品营养学[M]. 北京: 中国农业出版社.

王松, 郑炯, 余浪, 2008. 玉米活性肽的生理功能及其开发应用研究进展[J]. 食品科技, 33(4):119-122.

王伟, 印丽萍, 陈沁, 2007. 高粱种子醇溶蛋白的提取条件[J]. 上海大学学报自然科学版, 13(6):746-750.

吴丽 2012. 加工过程对高粱功效成分与功能活性的影响[D]. 北京：中国农业科学院.

徐小华, 张蓉真, 盛思梅, 等, 2001. 毛细管胶束电动色谱法测定血管紧张素转化酶的活性[J]. 色谱, 19(1):68-70.

于志鹏, 2011. 蛋清源 ACE 抑制肽的结构鉴定及稳定性研究[D]. 长春：吉林大学.

袁东振, 2015. 亚临界芝麻粕中蛋白提取及制备 ACE 抑制肽的研究[D]. 郑州：河南工业大学.

翟爱华, 2015. 高活性米糠蛋白 ACE 抑制肽的制备及降血压效果研究[D]. 沈阳：沈阳农业大学.

张丰香, 2009. 酶法制备草鱼鱼鳞明胶及 ACE 抑制肽的研究[D]. 无锡：江南大学.

张铁, 2012. 玉米黄粉谷蛋白的提取、酶解及物性研究[D]. 齐齐哈尔：齐齐哈尔大学.

张伟, 2007. 花生蛋白 ACE 抑制肽的制备和降血压效果的研究[D]. 武汉：华中农业大学.

张小丽, 2011. 酶解鸭骨蛋白制备 ACE 抑制肽的研究[D]. 成都：四川农业大学.

张效荣, 2013. 鮰鱼皮明胶 ACE 抑制肽的制备、分离、纯化及特性研究[D]. 合肥：合肥工业大学.

赵春玲, 刘柳, 陈英,等, 2015. 玉米蛋白粉中醇溶蛋白的提取工艺研究[J]. 广东化工, 42(21):13-14.

赵学伟, 2006. 小米挤压加工特性研究[D]. 咸阳：西北农林科技大学.

郑炯, 邓惠玲, 林茂,等, 2012. ACE 抑制肽的酶法制备及其构效关系的研究进展[J]. 食品工业科技, 33(15):418-422.

AACC 30-25. 2000. Crude fat in wheat, corn, and soy flour, feeds, and mixed feeds[S].

AACC 44-19, 2000. Moisture-Air-oven method, drying at 135℃[S].

AACC 46-11A, 2000. Crude protein-Improved kjeldahl method, copper catalyst modification[S].

Adamson N J, Reynolds E C, 1996. Characterization of casein phosphopeptides prepared using alcalase: determination of enzyme specificity[J]. Enzyme Microb Technol, 19(3):202-207.

Alonso R, Orúe E, J Zabalza, et al., 2000. Effect of extrusion cooking on structure and functional properties of pea and kidney bean proteins[J]. Journal of the Science of Food & Agriculture, 80(3):397-403.

Alsmeyer R H, Cunningham A E, Happich M L, 1974. Equations predict PER from amino acid analysis[J]. Food Technology, 28(7).

Axtell J D, Kirleis A W, Hassen M M, et al., 1981. Digestibility of Sorghum Proteins[J]. Proceedings of the National Academy of Sciences of the United States of America, 1981, 78(3):1333-1335.

Battermanazcona S J, Lawton J W, Hamaker B R, 1999. Effect of specific mechanical energy on protein bodies and alpha-zeins in corn flour extrudates[J]. Cereal Chemistry, 76(2).

Belton P S, Delgadillo I, Halford N G, et al., 2006. Kafirin structure and functionality[J]. Journal of Cereal Science, 44(3):272-286.

Camargo F I, Cortez D A, Ueda-Nakamura T, et al., 2008. Antiviral activity and mode of action of a peptide isolated from Sorghum bicolor[J]. Phytomedicine International Journal of Phytotherapy & Phytopharmacology, 15(3):202-208.

Camire M E, 1991. Protein functionality modification by extrusion cooking[J]. Journal of the American Oil Chemists' Society, 68(3):200-205.

Chaiyakul S, Jangchud K, Jangchud A, et al., 2009. Effect of extrusion conditions on physical and chemical properties of high protein glutinous rice-based snack[J]. LWT-Food Science and Technology, 42(3):781-787.

Chen L, Chen J, Ren J, et al., 2011. Modifications of soy protein isolates using combined extrusion pre-treatment and controlled enzymatic hydrolysis for improved emulsifying properties[J]. Food Hydrocolloids, 25(5):887-897.

Choi S J, Woo H D, Ko S H, et al., 2008. Confocal laser scanning microscopy to investigate the effect of cooking and sodium bisulfite on in vitro digestibility of waxy sorghum flour[J]. Cereal Chemistry, 85(85):65-69.

Cushman D W, Cheung H S, 1971. Spectrophotometric assay and properties of the angiotensin-converting enzyme of rabbit lung[J]. Biochemical Pharmacology, 20(7):1637-1648.

Cushman D W, Cheung H S, 1982. Development and design of specific inhibitors of angiotensin-converting enzyme[J]. American Journal of Cardiology, 1982, 49(6):1390-1394.

Dahlin K, Lorenz K, 1993. Protein digestibility of extruded cereal grains[J]. Food Chemistry, 48(1):13-18.

Dorer F E, Kahn J R, Lentz K E, et al., 1974. Hydrolysis of bradykinin by angiotensin-converting enzyme[J]. Circulation Research, 34(6):824-827.

Duodu K G, Nunes A, Delgadillo I, et al., 2002. Effect of Grain Structure and Cooking on Sorghum and Maize in vitro, Protein Digestibility[J]. Journal of Cereal Science, 35(2):161-174.

Duodu K G, Taylor J R N, Belton P S, et al., 2003. Factors affecting sorghum protein digestibility[J]. Journal of Cereal Science, 38(2):117-131.

Emmambux M N, Taylor J R N, 2009. Properties of Heat-Treated Sorghum and Maize Meal and Their Prolamin Proteins[J]. J Agric Food Chem, 57(3):1045-1050.

Ezeogu L I, Duodu K G, Emmambux M N, et al., 2008. Influence of Cooking Conditions on the Protein Matrix of Sorghum and Maize Endosperm Flours[J]. Cereal Chemistry, 85(85):397-402.

Fapojuwo O O, Maga J A, Jansen G R., 1987. Effect of extrusion cooking on in vitro protein digestibility of sorghum[J]. Journal of Food Science, 52(1):218-219.

Ferreira S H, Silva M R E, 1965. Potentiation of bradykinin and eledoisin by BPF (bradykinin potentiating factor) from Bothrops jararaca, venom[J]. Experientia, 21(6):347-349.

GDe Groot A P, Slump P, 1969. Effects of severe alkali treatment of proteins on amino acid composition and nutritive value[J]. Journal of Nutrition, 98(1):45-46.

Groff J L, Harp J B, Digirolamo M, 1993. Simplified enzymatic assay of angiotensin-converting enzyme in serum[J]. Clinical Chemistry, 39(3):400-404.

Hamaker B R, Kirleis A W, Mertz E T, et al., 1986. Effect of cooking on the protein profiles and in vitro digestibility of sorghum and maize[J]. Journal of Agricultural & Food Chemistry, 1986, 34(4):647-649.

Hamaker B R, Mertz E T, Axtell J D, 1994. Effect of extrusion on sorghum kafirin solubility[J]. Cereal Chemistry, 71(5):515-517.

Hamaker B R, Mohamed A A, Habben J E, et al., 1996. Efficient procedure for extracting maize and sorghum kernel proteins reveals higher prolamin contents than the conventional method[J]. Cereal Chemistry, 72(6):583-588.

Hernández-Ledesma B, Contreras M D M, Recio I, 2010. Antihypertensive peptides: Production, bioavailability and incorporation into foods[J]. Advances in Colloid & Interface Science, 165(1):23-35.

Huang C P, Hejlsoekohsel E, Han X Z, et al., 2000. Proteolytic activity in sorghum flour and its interference in protein analysis[J]. Cereal Chemistry, 77(3):343-344.

Hyoung L D, Ho K J, Sik P J, et al., 2004. Isolation and characterization of a novel angiotensin I-converting enzyme inhibitory peptide derived from the edible mushroom Tricholoma giganteum[J]. Peptides, 25(4):621-627.

Jiang Z M, Bo T, Brodkorb A, et al., 2010. Production, analysis and in vivo evaluation of novel angiotensin-I-converting enzyme inhibitory peptides from bovine casein[J]. Food Chemistry, 123(3):779-786.

Jin M K, Whang J H, Suh H J, 2004. Enhancement of angiotensin I converting enzyme inhibitory activity and improvement of the emulsifying and foaming properties of corn gluten hydrolysate using ultrafiltration membranes[J]. European Food Research and Technology, 218(2):133-138.

Jr M L W, López d R G, Gastañaduy A, et al., 1983. The effect of decortication and extrusion on the digestibility of sorghum by preschool children[J]. Journal of Nutrition, 113(10):2071.

Jrn T, Novellie L, Nvd W L, 1984. Sorghum protein body composition and ultrastructure[J]. Cereal Chemistry, 61(1):69-73.

Jrn T, Schussler L, Wh V D W, 1984. Fractionation of proteins from low-tanin sorghum grain[J]. Journal of Agricultural & Food Chemistry, 32(1):149-154.

Kamath V, Niketh S, Chandrashekar A, et al., 2007. Chymotryptic hydrolysates ofα-kafirin, the storage protein of sorghum (Sorghum bicolor) exhibited angiotensin converting enzyme inhibitory activity[J]. Food Chemistry, 100(1):306-311.

Lawton B T, Henderson G A, Derlatka E J, 2010. The effects of extruder variables on the gelatinisation of corn starch[J]. Canadian Journal of Chemical Engineering, 50(2):168-172.

Levine L, 1999. The effect of differing geometrics on extruder screw performance[J]. Creal Food world, 44(3):48-49.

Llopart E E, Drago S R, De Greef D M, et al., 2014. Effects of extrusion conditions on physical and nutritional properties of extruded whole grain red sorghum (sorghum spp)[J]. International Journal of Food Sciences & Nutrition, 65(1):34-41.

Ma M S, Bae I Y, Lee H G, et al., 2006. Purification and identification of angiotensin I-converting enzyme inhibitory peptide from buckwheat (Fagopyrum esculentum Moench)[J]. Food Chemistry, 96(1):36-42.

Maeno M, Yamamoto N, Takano T, 1996. Identification of an Antihypertensive Peptide from Casein Hydrolysate Produced by a Proteinase from Lactobacillus helveticus, CP790[J]. Journal of dairy science, 79(8):1316-1321.

Maruyama S, Suzuki H, 1982. A Peptide Inhibitor of Angiotensin I Converting Enzyme in the Tryptic Hydrolysate of Casein[J]. Agricultural & Biological Chemistry, 46(5):1393-1394.

Mertz E T, Hassen M M, Cairns-Whittern C, et al., 1984. Pepsin Digestibility of Proteins in Sorghum and Other Major Cereals[J]. Proceedings of the National Academy of Sciences of the United States of America, 81(1):1-2.

Miguel M, Manso M, Aleixandre A, et al., 2007. Vascular effects, angiotensin I-converting enzyme (ACE)- inhibitory activity, and antihypertensive properties of peptides derived from egg white[J]. J Agric Food Chem, 55(26):10615-10621.

Motoi H, Kodama T, 2003. Isolation and characterization of angiotensin I-converting enzyme inhibitory peptides from wheat gliadin hydrolysate[J]. Die Nahrung, 47(5):354-358.

Ondetti M A, Rubin B, Cushman D W, 1977. Design of specific inhibitors of angiotensin-converting enzyme: new class of orally active antihypertensive agents[J]. Science, 196(4288):441-444.

Oria M P, Hamaker B R, Schull J M, 1995. In vitro protein digestibility of developing and mature sorghum grain in relation to alpha-beta-and gamma-kafirin disulfide crosslinking[J]. Journal of Cereal Science, 22(1):85-93.

Oria M P, Hamaker B R, Shull J M, 1995. Resistance of Sorghum. alpha.-. beta.-, and. gamma.-Kafirins to Pepsin Digestion[J]. Journal of Agricultural & Food Chemistry, 43(8):2148-2153.

Oshima G, Shimabukuro H, Nagasawa K, 1979. Peptide inhibitors of angiotensin I-converting enzyme in digests of gelatin by bacterial collagenase[J]. Biochimica Et Biophysica Acta, 566(1):128-137.

Pan D, Cao J, Guo H, et al., 2012. Studies on purification and the molecular mechanism of a novel ACE inhibitory peptide from whey protein hydrolysate[J]. Food Chemistry, 130(1):121-126.

Papadimitriou C G, Vafopoulou-Mastrojiannaki A, Silva S V, et al., 2007. Identification of peptides in traditional and probiotic sheep milk yoghurt with angiotensin I-converting enzyme (ACE)-inhibitory activity[J]. Food Chemistry, 105(2):647-656.

Park S H, Bean S R, 2003. Investigation and optimization of the factors influencing sorghum protein extraction[J]. Journal of Agricultural & Food Chemistry, 51(24):7050-7054.

Rooney L W, 1978. Sorghum and pearl millet lipids[J]. Cereal Chemistry, 55(5):584-590.

Rooney L W, Awika J M, 2005. Overview of products and health benefits of specialty sorghums[J]. Cereal Foods World, 50(3):114-115.

Rooney L W, Pflugfelder R L. 1986, Factors affecting starch digestibility with special emphasis on sorghum and corn[J]. Journal of Animal Science, 63(5):1607-1623.

Schober T J, Bean S R, Boyle D L, 2007. Gluten-free sorghum bread improved by sourdough fermentation: biochemical, rheological, and microstructural background[J]. Journal of Agricultural & Food Chemistry, 55(13):5137-5146.

Seckinger H L, Wolf M J, 1973. Sorghum protein ultrastructure as it relates to composition[J]. Cereal Chemistry, 50(4):455-465.

Shalaby S M, Zakora M, Otte J, 2006. Performance of two commonly used angiotensin-I–converting enzyme inhibition assays using FAPGG and HHL as substrates[J]. Journal of Dairy Research, 73:178-186.

Shull J M, Watterson J J, Kirleis A W, 1991. Proposed nomenclature for the alcohol-soluble proteins (Kafirins) of Sorghum bicolor (L. Moench) based on molecular weight, solubility, and structure[J]. Journal of Agricultural & Food Chemistry, 39(1):83-87.

Tolstoguzov V B, 1993. Thermoplastic extrusion—the mechanism of the formation of extrudate structure and properties[J]. Journal of the American Oil Chemists' Society, 70(4):417-424.

Vanhoof K, De S R, 1995. Effect of unprocessed and baked inulin on lipid-metabolism in normocholesterolemic and hypercholesterolemic rats[J]. Nutrition Research, 15(11):1637-1646.

Wang R S, Kies C, 1991. Niacin status of humans as affected by eating decorticated and whole-ground sorghum (Sorghum gramineae) grain, ready-to-eat breakfast cereals[J]. Plant Foods for Human Nutrition, 41(4):355-369.

Wang Y K, He H L, Chen X L, et al., 2008. Production of novel angiotensin I-converting enzyme inhibitory peptides by fermentation of marine shrimp Acetes chinensis with Lactobacillus fermentum SM 605[J]. Applied

Microbiology and Biotechnology, 79(5):785-791.

Watterson J J, Shull J M, Kirleis A W, 1993. Quantitation of alpha-, beta-, and gamma-kafirins in vitreous and opaque endosperm of Sorghum biocolor[J]. Cereal Chemistry, 70(4):452-457.

Wu X, Zhao R, Bean S R, et al., 2007. Factors impacting ethanol production from grain sorghum in the dry- grind process[J]. Cereal Chemistry, 84(2):130-136.

Xin X U, Zhao M M, Wang J S, et al., 2005. Angiotensin-I-converting Enzyme Inhibitory Peptides from Tryptic Hydrolysates of Sodium Caseinate[J]. Food Science, 26(8):185-188.

Yamaguchi M, Nishikiori F, Ito M, et al., 2014. The Effects of Corn Peptide Ingestion on Facilitating Alcohol Metabolism in Healthy Men[J]. Bioscience Biotechnology & Biochemistry, 61(9):1474-1481.

Yano S, Suzuki K, Funatsu G, 1996. Isolation fromα-Zein of Thermolysin Peptides with Angiotensin I-Converting Enzyme Inhibitory Activity[M]. 60(4):661-663.

Zhang G, Hamaker B R, 1998. Low alpha-amylase starch digestibility of cooked sorghum flours and the effect of protein[J]. Cereal Chemistry, 75(75):710-713.